高等院校化学化工教学改革规划教材

江苏省高等学校重点教材

分析化学

主　编　陈国松　张莉莉

副主编　张红梅　田　澍　翟　春　杨晓庆

参　编　（按姓氏笔画为序）

卜洪忠　王　翼　边　敏　吕金顺

仲　慧　杜江燕　吴文源　张松柏

周秋华　胡玉林　徐　璇　高旭昇

主　审　方惠群

U0250444

南京大学出版社

图书在版编目(CIP)数据

分析化学 / 陈国松，张莉莉主编. — 南京：南京
大学出版社，2024.1
ISBN 978 - 7 - 305 - 27164 - 9

Ⅰ. ①分⋯ Ⅱ. ①陈⋯ ②张⋯ Ⅲ. ①分析化学
Ⅳ. ①O65

中国国家版本馆 CIP 数据核字(2023)第 133204 号

出版发行　南京大学出版社
社　　址　南京市汉口路 22 号　　　邮　编　210093
书　　名　分析化学
　　　　　　FENXI HUAXUE
主　　编　陈国松　张莉莉
责任编辑　刘　飞　　　　　　　编辑热线　025 - 83592146
照　　排　南京南琳图文制作有限公司
印　　刷　南京人民印刷厂有限责任公司
开　　本　787 mm×1092 mm　1/16　印张 20　字数 487 千
版　　次　2024 年 1 月第 1 版　2024 年 1 月第 1 次印刷
ISBN 978 - 7 - 305 - 27164 - 9
定　　价　49.00 元

网址：http://www.njupco.com
官方微博：http://weibo.com/njupco
官方微信号：njupress
销售咨询热线：(025) 83594756

分析化学
教学课件

序

  教材建设是高等学校教学改革的重要内容,也是衡量教学质量提高的关键指标。高校化学化工基础理论课教材在近几年教学改革中取得了丰硕成果,编写了不少有特色的教材或讲义,但就其内容而言基本上大同小异,在编写形式和介绍方法以及内容的取舍等方面不尽相同,充分体现了各校化学基础理论课的改革特色,但大多数限于本校自己使用,面不广、量不大。由于各校化学基础课教师相互交流、相互讨论、相互学习、相互取长补短的机会少,各校教材建设的特色得不到有效推广,不能实施优质资源共享;又由于近几年教学经验丰富的老师纷纷退休,年轻教师走上教学第一线,特别是江苏高校广大教师迫切希望联合编写有特色的化学化工理论课教材,同时希望在编写教材的过程中,实现教师之间相互教学探讨,既能实现优质资源共享,又能加快对年轻教师的培养。

  为此,由南京大学化学化工学院 姚天扬 、孙尔康两位教授牵头,以地方院校为主,自愿参加为原则,组织了南京大学、南京理工大学、苏州大学、南京师范大学、南京工业大学、南京邮电大学、南通大学、苏州科技大学、南京晓庄师院、淮阴师范学院、盐城工学院、盐城师范学院、常熟理工学院、江苏海洋大学、淮阴工学院、江苏第二师范学院、南京大学金陵学院、南理工泰州科技学院等 18 所江苏省高等院校,同时吸收了解放军第二军医大学、湖北工业大学、华东交通大学、湖南文理学院、衡阳师范学院、九江学院等 6 所省外院校,共计 24 所高等学校的化学专业、应用化学专业、化工专业基础理论课一线主讲教师,共同联合编写"高等院校化学化工教学改革规划教材"一套,该系列教材包括《无机化学(上、下册)》《无机化学简明教程》《有机化学(上、下册)》《有机化学简明教程》《分析化学》《物理化学(上、下册)》《物理化学简明教程》《化工原理(上、下册)》《化工原理简明教程》《仪器分析》《无机及分析化学》《大学化学(上、下册)》《普通化学》《高分子导论》《化学与社会》《化学教学论》《生物化学简明教程》《化工导论》等 18 部。

  该系列教材适合于不同层次院校的化学基础理论课教学任务需求,同时适应不同教学体系改革的需求。

  该系列教材体现如下几个特点:

  1. 系统介绍各门基础理论课的知识点,突出重点,突出应用,删除陈旧内容,增加学科前沿内容。

2. 该系列教材将基础理论、学科前沿、学科应用有机融合,体现教材的时代性、先进性、应用性和前瞻性。

3. 教材中充分吸取各校改革特色,实现教材优质资源共享。

4. 每门教材都引入近几年相关的文献资料,特别是有关应用方面的文献资料,便于学有余力的学生自主学习。

该系列教材的编写得到了江苏省教育厅高教处、江苏省高等教育学会、相关高校化学化工系以及南京大学出版社的大力支持和帮助,在此表示感谢!

该系列教材已被评为"十二五"江苏省高等学校重点教材,部分教材又荣获"十三五"江苏省高等学校重点教材。

该系列教材是由高校联合编写的分层次、多元化的化学基础理论课教材,是我们工作的一项尝试。尽管经过多次讨论,在编写形式、编写大纲、内容的取舍等方面提出了统一的要求,但参编教师众多,水平不一,在教材中难免会出现一些疏漏或错误,敬请读者和专家提出批评和指正,以便我们今后修改和订正。

编委会

前　言

　　分析化学广义上涵盖了化学分析和仪器分析两大部分,本书主要讲述化学分析部分的内容。随着仪器分析的快速发展,化学分析的任务和作用已悄然发生了一些改变。定性分析、多组分共存体系的定量分析等不宜过多地在化学分析的范畴内勉为其难。但是化学分析对于培养化学及相关专业的学生在科学研究中牢固树立"量"的概念,合理、灵活地利用化学反应里的计量关系进行定量分析,养成规范严谨的治学作风仍然具有非常重要的作用。

　　本书参照和借鉴了一些优秀分析化学理论教材的成功经验,充分利用了参编各校多年来在分析化学教学中取得的成果,突出了以下五个方面的特点:

　　1. 强化了采样与分析前处理方面的内容,这是化学分析和仪器分析都无法逾越的过程,而在其他课程中一般却未有安排。

　　2. 以实验结果的规范表达为主线,理顺和细化了误差与分析数据处理方面的内容,适当引进了一些简单实用的计算机处理方法。

　　3. 以建立滴定分析方案所必需的知识为主线展开滴定分析的有关章节,调整了溶液 pH 计算的思路和方法,大大减少了记忆性内容。删除了离子强度、活度系数、复杂体系中干扰组分的掩蔽和配位滴定、不对称电对氧化还原滴定误差计算等在其他课程中已有详述或不太实用的内容。并介绍了 MATLAB 在处理滴定曲线相关问题和定量计算中的应用。

　　4. 适当引入了一些具有社会热点问题背景的例题和习题,如 $PM_{2.5}$、食品分析、医学检测和水质分析等。

　　5. 本书还是新形态的立体化教材,书中以嵌入二维码的形式提供了丰富的电子资源,如微课、动画、案例视频、电子课件等,既彰显了信息化教学改革的追求,也提高了学生自主学习的效果和积极性。

　　参加本书编写的有南京工业大学陈国松、卜洪忠、边敏、高旭昇、吴文源、徐璇,淮阴师范学院张莉莉、吕金顺、仲慧,盐城师范学院张红梅、周秋华,南通大学田澍、胡玉林,常熟理工学院翟春,湖南文理学院张松柏,南京师范大学杜江燕,南京理工大学泰州科技学院杨晓庆、王翼。南京工业大学唐美华、张之翼老师,研究生高亚茹、刘琦、殷咏琳、孙倩雯、冯艳、张宝剑、李晓璐、陈勇杰、宋凌羽、朱永宝等同学在文稿校对、附录收集、数据核对等方面付出了辛勤的劳动,在此对以上各位老师和同学表示衷心感谢!

　　全书由南京工业大学陈国松统稿、定稿。南京大学方惠群教授主审,孙尔康老师也提出了许多宝贵的意见和建议,在此对他们的关怀和支持致以深深的敬意和感激!

　　由于编者水平有限,时间仓促,书中会存在不少缺点和错误,希望得到读者的批评指正,我们多所学校的参编人员将仔细研讨,努力在今后的工作中使本书得以不断完善。

编　者

2023 年 12 月

目　录

二维码资源一览表

序号	资源名称	主要内容	资源类型	页码
1	分析化学课件	本书教学课件	PPT	版权页
2	PM$_{2.5}$视频	PM$_{2.5}$的来源、对人体的危害和检测标准	视频	1
3	水中的离子与健康	水中离子与健康效应	PPT	1
4	我们身边的分析对象	环境监测：总磷、总氮、氨氮、TVOC、VOC、氮氧化物、二氧化硫、甲醛 食品安全：三聚氰胺、苏丹红、瘦肉精、塑化剂、方便面中化学物质 医疗健康：14项尿液常规检测试纸、糖化血红蛋白	PDF 图片	1
5	形形色色的分析仪器	气相色谱、液相色谱、离子色谱、ICP、原子吸收、原子荧光、紫外可见、分子荧光、红外、核磁、气质、液质、电位分析仪、电化学工作站、连续流动分析仪	PDF	2
6	认识化学分析中的常用仪器	托盘天平、分析天平、称量纸、称量瓶、牛角匙、干燥器、试剂瓶、洗瓶、烧杯、表面皿、容量瓶、锥形瓶、滴定管、碘量瓶、移液管、玻璃漏斗、滤纸、坩埚、坩埚钳、马弗炉、微波炉	PDF	7
7	排版规范示例	以例1—6为例说明规范排版的细节要求	PDF	18
8	准确度与精密度	准确度与精密度	动画	21
9	用Excel求置信区间	用Excel求置信区间	PDF	30
10	Excel应用实例	用Excel求均值、标准偏差；绘制工作曲线、滴定曲线	视频	45
11	室内有害气体采样与检测	室内气体采样及甲醛和苯的检测	视频	56
12	光催化降解及总磷总氮测定仪	光催化降解试样的原理；磷酸盐的显色方法；硝酸盐的显色方法；总磷总氮连续流动分析仪	视频 PDF	65 278
13	溴水中溴的萃取与分离	溴水中溴的萃取与分离实验操作	视频	75
14	离子交换原理及相关装置和仪器	离子交换原理；实验室和工业离子交换柱；工业用水分析的重要性；水质常见离子多参数快速分析仪	动画	78

（续表）

序号	资源名称	主要内容	资源类型	页码
15	膜分离原理及工艺流程	膜分离原理及工艺流程	视频	88
16	酸碱滴定	以强酸滴定强碱为例说明酸碱滴定过程	微课	101
17	氢离子浓度计算参考	溶液氢离子浓度计算的通用方法	PDF	106
18	用 MATLAB 计算氢离子浓度	用 MATLAB 计算例题中氢离子浓度	视频	107
19	替代滴定的酸碱浓度快速测定新方法	酸碱浓度快速测定方法	PDF	114
20	pH 计的使用	不同型号 pH 计的使用	视频	120
21	酸碱滴定误差估算方法	学习酸碱滴定误差估算的方法原理和示例	PDF	124
22	凯氏定氮法	凯氏定氮装置简介和消解、蒸馏、吸收、滴定过程	视频	128
23	配位滴定曲线的制作	用 MATLAB 制作配位滴定曲线并确定化学计量点和突跃范围	视频	150
24	电对电位的测量	用 3D 打印平面电极配套装置测量 $[Fe(CN)_6]^{4-/3-}$ 电对的实际电位	PDF	179
25	COD 分析法和分析仪	化学需氧量（COD）的定义、主要来源、危害、现有标准分析方法及其存在的主要缺陷，COD 分析方法的新发展	PDF	200
26	卡尔·费休水份测定仪	卡尔·费休水分测定仪	PPT	202
27	吸附指示剂变色原理	吸附指示剂在沉淀滴定过程中变色过程	动画	216
28	重量分析操作要点	重量法测定水泥熟料中 SiO_2 含量的关键操作步骤：样品称量、试样分解、定量转移、过滤、灰化、灼烧、冷却、恒重	视频	220
29	分光光度计原理及操作方法	三种典型分光光度计的简介；单光束、双光束、二级管阵列	视频 PDF	253
30	连续流动总磷总氮测定仪	测定仪原理及操作	视频 PDF	278

绪 论

§0.1 分析化学的任务和作用

分析化学是获取物质化学组成、结构、状态等信息的科学,既包含相关的基础理论,又包含相关的实验技术和方法手段,是化学的重要分支学科。其内涵、手段、学科地位和社会作用正处于迅速更替发展和充实壮大之中。

历史上,铬、镉等众多元素的发现离不开分析化学;倍比定律、定组成定律等一大批基本化学定律的确立离不开分析化学;滴定管、沉淀重量法等很多实验器具和实验方法产生于分析化学实验。雨后春笋般不断涌现的各种分析仪器极大地拓展了人类认识宏观物质世界与微观物质世界的视野,提高了人类认识世界和自身的能力。

· 视频:$PM_{2.5}$
· PPT:水中的离子与健康
· 介绍:我们身边的分析对象

化学、化工、材料、电子等社会生产离不开分析化学;大气、水体、土壤环境的监测离不开分析化学;食品安全、医疗卫生等关乎人民健康的关键问题离不开分析化学;考古、勘探、侦破未知、打击犯罪等也都离不开分析化学。分析化学有科学技术的眼睛之称,是新药、新材料等热点研究的强力支撑。

当前,众多社会热点问题使得 $PM_{2.5}$、PM_{10}、氮氧化物、二氧化硫、总磷、总氮、COD、BOD、TOC、TVOC、三聚氰胺、瘦肉精、塑化剂、甲醛、化学品暴露等专业名词迅速大众化和口语化。表明人们不仅关注名茶、名烟、名酒、真药假药的鉴别问题,也关注果蔬粮食的农药残留问题;不仅关注装修建材的污染超标问题,也关注非法超标使用激素和添加剂所带来的食品安全问题;不仅关注水体富营养化、重金属污染和可生化性下降的水污染问题,也关注不合理的工业布局、管理粗放裸露的建筑工地、总量快速增长的汽车尾气排放等所造成的空气污染问题。这些问题无一不与分析化学的社会责任密切相关。

§0.2 分析方法的分类

根据测定原理、分析对象、分析要求、待测组分的含量或试样的用量、应用领域等的不同,定量分析方法有多种分类,如表 0-1 所示。这些分类并不是绝对的,相互之间可能会有所交叉,无需死记,随着分析化学学习和应用的深入,相信这些不同的表达方式渐渐会成为脱口而出的术语。

介绍:形形色色的分析仪器

表 0-1　定量分析方法的分类

分类依据	分析方法及含量范围			
测定原理	化学分析	滴定分析:酸碱、配位、氧化还原、沉淀		
		重量分析:化学沉淀		
	仪器分析	色谱分析:气相、液相、超临界流体、电泳、层析等		
		光谱分析:发射、吸收、荧光、磷光、激光、发光等		
		波谱分析:紫外-可见、红外、核磁、质谱		
		电化学分析:电位、伏安、电导、库仑等		
		免疫、能谱、流动注射、联用技术等		
分析对象	无机分析			
	有机分析			
	生化分析			
分析要求	定性分析			
	定量分析			
	结构分析			
待测组分含量	常量组分分析	$1\% \sim 100\%$		$10^4 \sim 10^6\ \mu g \cdot g^{-1}$
	微量组分分析	$0.01\% \sim 1\%$		$10^2 \sim 10^4\ \mu g \cdot g^{-1}$
	痕量组分分析	$10^{-4}\% \sim 0.01\%$		$1 \sim 10^2\ \mu g \cdot g^{-1}$
	超痕量分析	$<10^{-4}\%$		$<1\ \mu g \cdot g^{-1}$
试样用量	常量分析	$>0.1\ g$		$>10\ mL$
	半微量分析	$0.01 \sim 0.1\ g$		$1 \sim 10\ mL$
	微量分析	$10^{-4} \sim 0.01\ g$		$0.01 \sim 1\ mL$
	痕量分析	$<10^{-4}\ g$		$<0.01\ mL$
应用领域	食品分析			
	药物分析			
	临床检验			
	环境监测			
	刑侦分析			
实际作用	例行分析			
	仲裁分析			
其他	微区分析、无损分析、瞬态分析、POCT、快检、微纳流控、芯片实验室等			

　　本课程主要系统地讲述分析化学中化学分析的基本理论,期望读者能够初步掌握定量化学分析的一般过程,明晰需要着力考虑的基本问题,能够综合化学及其他相关知识,较好地制订相应的分析方案,进行实验操作和有关定量计算,科学规范地评价和表达分析结果。形成良好的习惯,为后续课程的学习和今后从事科学

研究打下基础。

§0.3 分析化学的发展空间

分析化学综合了无机化学、有机化学、物理化学、生命科学、仪器分析、材料、机械、电子、信息等领域的研究成果,正向着不同方向交汇融合,快速渗透,热点众多,空间浩大,为思维活跃、热爱科学的年轻一代提供了发展和创新的广阔舞台。图0-1为分析化学的一些发展趋向。

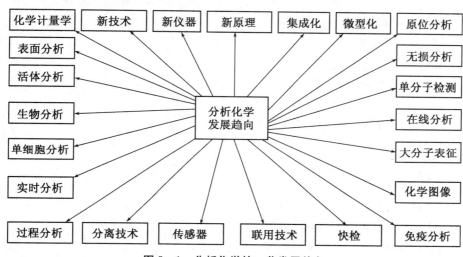

图 0-1 分析化学的一些发展趋向

随着知识的积累和科技的进步,以及社会生产和人民生活需求的提高,分析化学将会有更多的发展趋向进入人们的视野。每个人都可以向分析化学提出新的要求,分析化学也将在发展中不断地向前推进。

§0.4 常用分析化学文献资源简介

丰富的文献资源是学好分析化学的一个重要支撑。在系统地学习化学化工文献检索课程之前,本书列举一些分析化学相关的文献资源,以期对分析化学的学习有所帮助。

0.4.1 丛书、大全、手册

杭州大学化学系分析化学教研室.《分析化学手册(第二版)》,北京:化学工业出版社,1997.

高小霞.《分析化学丛书》,北京科学出版社,1986.

Meites L. Handbood of Analytical Chemistry. New York：McGraw-Hill，1963.

0.4.2 期刊

《分析化学》，中国化学会主办.

《分析测试学报》，中国分析测试学会主办

《分析试验室》，中国有色金属学会等主办

《分析科学学报》，武汉大学，北京大学，南京大学联合主办

《理化检验》化学分册，上海材料研究所，机械工程学会理化检验分会联合主办

Analytical Chemistry(美)

The Analyst(英)

Analytical Letter(美)

Analytical Abstracts(英)

Talanta(英)

Analytica Chimica Acta(荷)

分析化学(日)

0.4.3 网络资源

百度：http：//www. baidu. com

搜狐：http：//www. sohu. com

新浪：http：//www. sina. com. cn

网易：http：//www. 163. com

雅虎：http：//www. yahoo. com(英文版)

　　　http：//www. yahoo. com. cn(中文版)

中国期刊网：http：//www. cnqk. org

中国知网：http：//www. cnki. net

中国标准网：http：//www. chinabzw. com

中国国家数字图书馆化学学科信息门户：http：//www. chinweb. com. cn

美国国家标准与技术研究院物性数据库：http：//webbook. nist. gov/chemistry

Cambridgesoft 公司化学数据库：http：//chemfinder. canmbridgesoft. com

美国材料与试验协会标准与出版物：http：//www. astm. org

0.4.4 参考书

武汉大学. 《分析化学》第五版上册. 北京：高等教育出版社，2006.

华东理工大学化学系，四川大学化工学院. 《分析化学》. 北京：高等教育出版社，2003.

华中师范大学，东北师范大学，陕西师范大学等. 《分析化学》第四版上册. 北

京:高等教育出版社,2011.

张正奇.《分析化学》第二版.北京:科学出版社,2006.

李克安.《分析化学教程》.北京:北京大学出版社,2005.

Kolthoff I M 著,南京化工学院分析化学教研组张恩隆等译.《定量化学分析》.北京:人民教育出版社,1981.

第一章   定量化学分析概论

§1.1   概   述

定量化学分析是依据定量化学反应中物质间的计量关系,测定样品中某个或某些组分含量的方法。主要分为两类:滴定分析法和重量分析法。其中,根据滴定分析所依据的化学反应类型的不同,滴定分析法又分为四类:酸碱滴定法、配位滴定法、氧化还原滴定法、沉淀滴定法。

通过目视滴定体系的颜色变化来确定滴定分析终点的上述四类滴定方法是本书的重点内容。本章主要讲述定量化学分析中的几个共性问题。

1.1.1   滴定分析法

滴定分析法是将一种已知准确浓度的试液(滴定剂),通过滴定管滴加到被测物质的溶液中,直到所加的试剂溶液与被测物质按确定的化学计量关系恰好完全反应为止(这一点称为化学计量点,stoichiometric point,简称 sp),根据所用试剂溶液的浓度和消耗的体积,计算被测物质浓度或含量的方法。滴定分析以测量试液的体积为基础,又曾被称作容量分析法。

许多滴定体系本身在到达化学计量点时,外观上并无明显的变化,为了确定化学计量点的到达,常在滴定体系中加入一种辅助试剂,借助其颜色的明显变化(突变)指示化学计量点的到达。这种能通过颜色突变指示化学计量点到达的辅助试剂称为指示剂(indicator)。

指示剂在滴定过程中存在两种不同的形体,且两种形体具有显著不同的颜色。两种形体的浓度恰好相等时,称为指示剂的理论变色点。当观察到指示剂的颜色发生突变而终止滴定时,称为滴定终点(end point,简称 ep)。由于人眼对不同颜色的敏感程度不同,滴定终点与指示剂的理论变色点往往并不完全一致。

当然,滴定终点与化学计量点在实际滴定操作中也不完全一致,由此而造成的分析误差称为终点误差或滴定误差(titration error),用 E_t 表示。通常,它并不包括由具体人为操作所引起的不确定性,因此,指示剂在一定条件下的理论变色点就被称作滴定终点。这样,终点误差就是一种仅与滴定反应和滴定操作条件相关,而与实际滴定操作无关的、可估算的理论值。

滴定分析简便、快速,可用于测定很多元素和化合物,特别是在常量分析中,一个设计合理的滴定分析,测定结果的相对误差一般可以达到 0.2% 甚至更小,常作为标准方法使用。

1. 滴定分析过程

（1）将一定量的试样处理成待测试液。

（2）将全部试液或定量移取部分试液（体积 V_1）转移至锥形瓶中（若是定量移取部分试液，须预先确定试液的总体积）。

介绍：认识化学分析中的常用仪器

（3）加入控制滴定条件的试剂和适量指示剂（有时可以不加）。

（4）将已知浓度 c_2 的标准溶液由滴定管计量滴入锥形瓶，当锥形瓶中的滴定体系颜色突变时终止滴定，读取此时消耗的标准溶液体积 V_2。

（5）根据试液体积 V_1、标准溶液体积 V_2、标准溶液浓度 c_2 及相关化学反应的计量比 k 得到 sp 时的定量关系式（1-1），由此可得试液中待测组分的浓度 c_1。

$$c_1 V_1 = k\, c_2 V_2 \qquad\qquad (1-1)$$

标准溶液和待测试液的位置有时可以互换，有时却不行。

例如，测定盐酸溶液的浓度时，就是将待测盐酸溶液装入滴定管中，而将一定质量的高纯碳酸钠用水直接溶解在锥形瓶中进行滴定。此时待测试液在滴定管中。

但是，用高锰酸钾标准溶液滴定二价铁离子是可行的，而用二价铁离子标准溶液滴定高锰酸钾则不可行。MnO_4^- 滴入 Fe^{2+} 溶液时，滴定体系中剩余的 Fe^{2+} 与生成的 Fe^{3+}、Mn^{2+} 可以稳定共存；而 Fe^{2+} 滴入 MnO_4^- 溶液时，滴定体系中剩余的 MnO_4^- 与生成的 Mn^{2+} 和 Fe^{3+} 不能稳定共存，其中的 MnO_4^- 会与 Mn^{2+} 发生一系列副反应，破坏 MnO_4^- 与 Fe^{2+} 之间原有的化学反应计量比（1∶5）而使定量分析无法完成。

2. 滴定分析对化学反应的要求

化学反应的种类不计其数，但是能够直接用于滴定分析的化学反应其实并不很多。适用于滴定分析的化学反应必须具备以下三个条件：

（1）定量

标准物质与被测物质之间的反应要能按一定的化学反应方程式进行，具有明确的计量比，且反应定量完成的程度要达到 99.9% 以上，无明显的副反应发生，这是定量计算的基础。

（2）快速

滴定反应要能迅速完成，对于速度较慢的反应，可通过加热或加入催化剂等措施提高反应速率。由于人眼存在视觉暂留，若反应过慢，则化学计量点附近颜色转变的过程将拖长，没有目视可察的颜色突变来准确确定滴定终点的到达。

（3）可指示

要有适宜的指示剂或其他简便可靠的方法确定滴定终点的到达。很多满足前两个条件的化学反应因不具备第三个条件而不能用于滴定分析。

3. 滴定的方式

能满足上述三个条件的化学反应可用于直接滴定分析，若不能完全满足上述

条件,有时也可通过一定的化学转换后而可以滴定。相应地,除直接滴定外,还有另外三种滴定方式,举例说明如下:

（1）返滴定

若滴定反应速率慢;或被滴定物质难溶于水,加入等量的滴定剂后,反应不能立即定量完成;或没有合适的指示剂,可先在被滴定物质溶液中加入"一定量过量的"A 标准溶液,待反应完成后,再用 B 标准溶液滴定过量的 A,根据两种标准溶液的浓度、用量和相关反应的计量关系,求得被测物质的含量,这种滴定方式称为返滴定。

例如,测定氧化锌时,由于 ZnO 难溶于水,可先加入一定量过量（已知浓度和体积）的稀 HCl 标准溶液使之完全溶解,然后用 NaOH 标准溶液返滴定剩余的 HCl,即可测定 ZnO。相关反应如下:

$$ZnO + 2HCl \Longrightarrow ZnCl_2 + H_2O$$
$$HCl + NaOH \Longrightarrow NaCl + H_2O$$

氧化锌的物质的量可由下式计算:

$$n_{ZnO} = \frac{1}{2} \times (c_{HCl}V_{HCl} - c_{NaOH}V_{NaOH})$$

又如,用 EDTA 标准溶液滴定 Al^{3+} 时,由于两者反应较慢,当接近化学计量点时 Al^{3+} 浓度更低,反应更慢,难以使指示剂产生颜色突变而确定滴定终点。可在 Al^{3+} 溶液中先加入一定量过量的 EDTA 标准溶液并加热使其与 Al^{3+} 完全反应,然后用 Cu^{2+} 标准溶液返滴定过量的 EDTA,从而得到 Al^{3+} 的浓度。Al^{3+} 的物质的量可由下式计算:

$$n_{Al^{3+}} = c_{EDTA}V_{EDTA} - c_{Cu^{2+}}V_{Cu^{2+}}$$

（2）间接滴定

当被测物质没有合适的标准溶液与之直接定量反应时,可将其定量转换成另一种能与现有的标准溶液定量反应的物质进行滴定,这种滴定方式称为间接滴定。

例如,硼酸的离解常数 K_a 太小,酸性太弱,不能用碱标准溶液直接滴定。可用甘露醇与之发生定量反应,生成离解常数较大的配合酸,再用 NaOH 标准溶液准确滴定生成的配合酸而得到硼酸的含量。

$$n_{B(OH)_3} = n_{NaOH}$$

又如,测定石灰石中 $CaCO_3$ 的含量时,可在酸溶石灰石后加入 $(NH_4)_2C_2O_4$ 并调节 pH 使 Ca^{2+} 定量沉淀为 CaC_2O_4 沉淀,将沉淀过滤、洗涤、酸溶后,用 $KMnO_4$ 标准溶液滴定 $C_2O_4^{2-}$ 的量从而间接得到钙的量。相关反应及定量关系式如下:

$$Ca^{2+} + C_2O_4^{2-} \Longrightarrow CaC_2O_4 \downarrow$$

$$5C_2O_4^{2-} + 2MnO_4^- + 16H^+ \xrightarrow{\quad\quad} 10CO_2 \uparrow + 2Mn^{2+} + 8H_2O$$

$$n_{CaCO_3} = n_{Ca^{2+}} = n_{C_2O_4^{2-}} = \frac{5}{2}n_{MnO_4^-} = \frac{5}{2}c_{KMnO_4}V_{KMnO_4}$$

（3）置换滴定

有些反应伴有副反应,使标准溶液与待测物质之间没有确定的计量比。可先用适当的试剂与标准溶液或待测物质反应,使之定量置换成另一种物质再进行滴定,这种滴定方式称为置换滴定。

例如,标定 $Na_2S_2O_3$ 溶液的浓度时,若直接用 $K_2Cr_2O_7$ 标准溶液与之反应,则 $S_2O_3^{2-}$ 一部分被氧化生成 $S_4O_6^{2-}$,另一部分被氧化生成 SO_4^{2-},不同产物生成的比例并不确定,而是与具体操作条件相关,因此无法确定 $K_2Cr_2O_7$ 与 $S_2O_3^{2-}$ 的计量关系。可在酸性条件下向 $K_2Cr_2O_7$ 标准溶液中加入过量的 KI,定量生成 I_2（物质的量由 $K_2Cr_2O_7$ 决定）,此时再用 $Na_2S_2O_3$ 溶液滴定生成的 I_2,即可利用 $S_2O_3^{2-}$ 与 I_2 之间的定量反应得到其浓度。相关反应及定量关系式如下。

$$Cr_2O_7^{2-} + 6I^- + 14H^+ \xrightarrow{\quad\quad} 2Cr^{3+} + 3I_2 + 7H_2O$$

$$I_2 + 2S_2O_3^{2-} \xrightarrow{\quad\quad} 2I^- + S_4O_6^{2-}$$

$$n_{S_2O_3^{2-}} = 2n_{I_2} = 6n_{K_2Cr_2O_7}$$

可见,根据化学反应的特点灵活地采用恰当的滴定方式,可以大大地扩展滴定分析的应用范围。

1.1.2 重量分析法

重量分析法是通过分析天平进行称量操作,得到待测组分或其定量转化形式的质量,以确定其含量的一种分析方法。详见第八章。

§1.2 标准溶液和基准物质

标准溶液,即已知准确浓度（通常要求保留 4 位有效数字）的溶液。在滴定分析中,标准溶液的浓度和用量是计算待测组分含量的重要依据,因此正确地配制标准溶液,准确地测定标准溶液的浓度并进行妥善的储存,对提高滴定分析的准确度有着重要的意义。

1.2.1 基准物质

能直接配制标准溶液的物质称为基准物质。基准物质应符合以下要求:
（1）组成与化学式完全相符

试剂的组成（包括所含结晶水的分子数）应与化学式完全相符,如 $H_2C_2O_4 \cdot 2H_2O$、$Na_2B_4O_7 \cdot 10H_2O$ 等。

（2）纯度足够高

化学式所标明的组分其质量分数一般应在 99.9% 以上。

（3）性质应较稳定

不易与空气中的 O_2 和 CO_2 等组分反应，不易吸收空气中的水分，以保证在储存和称量等操作中组成几乎不发生变化。

（4）摩尔质量较大

摩尔质量越大，需称取的质量就越多，称量的相对误差可相应地减小。

带有结晶水的基准物质要保存在适当湿度的恒湿容器中或贮存在密闭容器中，以免失去部分结晶水；不带结晶水的基准物质要防止吸潮，使用前需在适当的条件下进行干燥处理并妥善保存。滴定分析中常用的基准物质及其干燥条件见表1-1。

表1-1 滴定分析中常用的基准物质和干燥条件

标定对象	基准物质		干燥后的组成	干燥条件
	名称	化学式		
酸	碳酸氢钠	$NaHCO_3$	Na_2CO_3	270～300 ℃
	十水合碳酸钠	$Na_2CO_3 \cdot 10H_2O$	Na_2CO_3	270～300 ℃
	无水碳酸钠	Na_2CO_3	Na_2CO_3	270～300 ℃
	硼砂	$Na_2B_4O_7 \cdot 10H_2O$	$Na_2B_4O_7 \cdot 10H_2O$	装有 NaCl 和蔗糖饱和溶液的密闭器皿中
碱	邻苯二甲酸氢钾	$KHC_8H_4O_4$	$KHC_8H_4O_4$	105～110 ℃
	二水合草酸	$H_2C_2O_4 \cdot 2H_2O$	$H_2C_2O_4 \cdot 2H_2O$	室温干燥器中
还原剂	重铬酸钾	$K_2Cr_2O_7$	$K_2Cr_2O_7$	140～150 ℃
	溴酸钾	$KBrO_3$	$KBrO_3$	130 ℃
	碘酸钾	KIO_3	KIO_3	130 ℃
	铜	Cu	Cu	室温干燥器中
氧化剂	三氧化二砷	As_2O_3	As_2O_3	浓硫酸干燥器中
	草酸钠	$Na_2C_2O_4$	$Na_2C_2O_4$	130 ℃
EDTA	碳酸钙	$CaCO_3$	$CaCO_3$	110 ℃
	锌	Zn	Zn	室温干燥器中
	氧化锌	ZnO	ZnO	900～1 000 ℃
$AgNO_3$	氯化钠	$NaCl$	$NaCl$	500～600 ℃
	氯化钾	KCl	KCl	500～600 ℃
氯化物	硝酸银	$AgNO_3$	$AgNO_3$	220～250 ℃

1.2.2 标准溶液的配制、标定和保存

1. 直接配制法

根据所需配制标准溶液的浓度计算基准物质的量，用分析天平准确称取一定质量的基准物质，溶解后，定量转移至容量瓶中，稀释至刻度并摇匀（定容）即得。当称样量难以非常准确地控制时，可在计算值附近准确称出基准物质的质量 m，溶解、转移后，根据定容体积 V 计算出标准溶液的浓度。

2. 间接标定法

对于不符合基准物质要求的试剂,如 HCl、$NaOH$、$KMnO_4$、$Na_2S_2O_3$ 等,配制标准溶液时,可采用间接标定法,即先配制成近似浓度的溶液,然后用基准物质或已知准确浓度的标准溶液进行滴定操作,确定其准确浓度。该过程简称为标定。

例如,欲配制 $0.1\ mol \cdot L^{-1}$ HCl 标准溶液时,先用浓盐酸稀释配制成浓度约为 $0.1\ mol \cdot L^{-1}$ 的 HCl 稀溶液,然后称取一定量的基准物质硼砂进行标定。或者用已知准确浓度的 $NaOH$ 标准溶液进行标定。

§1.3 定量化学分析的一般步骤和原则

1.3.1 定量化学分析的一般步骤

从分析对象至分析结果往往需要经过很多步骤,图 1-2 所示为定量化学分析的一般步骤。

分析对象 → 采样 → 制样 → 溶样 → 分离富集 → 分析测试 → 数据处理 → 分析报告

图 1-1 定量化学分析的一般步骤

其中,分析测试之前的步骤和内容初学者在学习分析化学课程时常常不够重视,导致面临实际分析问题时无从下手。本书将在第三章详述相关内容。

1.3.2 选择定量分析方法的一般原则

根据分析目标的不同选择恰当的分析方法是分析化学工作者所应具备的基本能力,需要通过学习和实践中的积累得到不断提高。在分析方法的选择中,有许多因素需要综合考虑。

(1) 待测组分的性质、含量及分析结果准确度等方面的要求;

(2) 分析方法的灵敏度、选择性、适用范围以及分析测试的速度、消耗的成本等;

(3) 样品的形态尤其是其中共存干扰组分的情况。

常量分析一般采用化学分析方法,微量或痕量分析一般选择灵敏度较高的仪器分析方法。生产过程的中间控制分析常选用快速简便的分析方法。对于标准物质和重要产品(如食品、药品、化妆品等)的分析,常常必须采用带有一定强制性的国家标准、部颁标准或行业标准分析方法。进出口产品的分析检验往往采用国际通用标准,以便与国际接轨。

§1.4 定量分析结果的计算

1.4.1 溶液浓度的表示

1. 物质的量浓度

含有物质 B 的溶液常称作 B 溶液,其浓度常用物质的量浓度表示。物质 B 的物质的量浓度是指单位体积溶液中所含溶质 B 的物质的量,用 c_B 表示,常用单位为 $mol \cdot L^{-1}$。

$$c_B = \frac{n_B}{V}$$

式中:n_B 为溶液中溶质 B 的物质的量,mol 或 mmol;V 为溶液的体积,L 或 mL;c_B 为物质 B 的浓度,$mol \cdot L^{-1}$。

【例 1-1】 准确称取 1.523 0 g 基准物质 $K_2Cr_2O_7$($M=294.18$ g·mol^{-1}),溶于水后定量转移至 250 mL 容量瓶中定容,计算所得 $K_2Cr_2O_7$ 标准溶液的浓度。

解: $c_{K_2Cr_2O_7} = \dfrac{n_{K_2Cr_2O_7}}{V} = \dfrac{\frac{m_{K_2Cr_2O_7}}{M_{K_2Cr_2O_7}}}{V} = \dfrac{\frac{1.523\ 0}{294.18}}{\frac{250.00}{1\ 000}} = 0.020\ 71(mol \cdot L^{-1})$

物质的量与该物质的质量存在如下关系:

$$n = \frac{m}{M}$$

式中:m 为物质的质量,g;M 为物质的摩尔质量,g·mol^{-1};n 为物质的量,mol。

物质的量 n_B 取决于基本单元 B 的选择,因此,表示物质的量浓度时,必须指明基本单元。基本单元的选择一般可根据标准溶液在滴定反应中的质子转移数(酸碱反应)、电子得失数(氧化还原反应)或反应的计量关系来确定。如在酸碱反应中常以 NaOH、HCl、$\frac{1}{2}H_2SO_4$ 为基本单元;在氧化还原反应中常以 $\frac{1}{2}I_2$、$Na_2S_2O_3$、$\frac{1}{5}KMnO_4$、$\frac{1}{6}K_2Cr_2O_7$ 等为基本单元。物质 B 在反应中的转移质子数或得失电子数为 Z_B 时,基本单元选为 B 的 $1/Z_B$。显然

$$n_{\frac{1}{Z_B}B} = Z_B \cdot n_B$$

因此有

$$c_{\frac{1}{Z_B}B} = Z_B \cdot c_B$$

例如,当以 $KMnO_4$ 为基本单元时,某溶液的浓度为 $c_{KMnO_4} = 0.100\ 0$ mol·L^{-1}。该溶液以 $\frac{1}{5}KMnO_4$ 为基本单元时,其浓度可表示为 $c_{\frac{1}{5}KMnO_4} = 0.500\ 0$ mol·L^{-1}。

又如,某 H_2SO_4 溶液的浓度 $c_{H_2SO_4}=0.05\ mol\cdot L^{-1}$,也可以表示为 $c_{\frac{1}{2}H_2SO_4}=0.1\ mol\cdot L^{-1}$。

2. 滴定度

在生产单位的例行分析中,分析和计算的过程相对固定,为了便于快速获得分析结果,也用"滴定度"表示标准溶液的浓度。滴定度是指每毫升滴定剂标准溶液相当于被测物质的质量。例如,若每毫升 $KMnO_4$ 标准溶液恰好能与 $0.005\ 585\ g\ Fe^{2+}$ 反应,则该 $KMnO_4$ 标准溶液的滴定度可表示为 $T_{Fe/KMnO_4}=0.005\ 585\ g\cdot mL^{-1}$。

【例 1-2】　称取铁矿试样 0.200 0 g,配制重铬酸钾标准溶液滴定其中的铁,欲使滴定中所消耗的重铬酸钾溶液体积(单位 mL)与铁的质量分数(以％表示)相同,则所配制的重铬酸钾标准溶液的滴定度应是多少? 相应的物质的量浓度是多少?

解: $$Cr_2O_7^{2-}+6Fe^{2+}+14H^+{=\!=\!=}2Cr^{3+}+6Fe^{3+}+7H_2O$$

设配制的重铬酸钾溶液滴定度 $T_{Fe/K_2Cr_2O_7}=t\ g\cdot mL^{-1}$。

由题意,若滴定中消耗 V mL 重铬酸钾溶液,则试样中有 tV g 铁,铁的质量分数为 w。

$$w=\frac{tV}{0.200\ 0}\times100$$

$$t=0.002\ 000$$

$$T_{Fe/K_2Cr_2O_7}=0.002\ 000(g\cdot mL^{-1})$$

$$c_{K_2Cr_2O_7}=\frac{T_{Fe/K_2Cr_2O_7}}{M_{Fe}}\times\frac{n_{K_2Cr_2O_7}}{n_{Fe^{2+}}}\times1\ 000=\frac{0.002\ 000}{55.85}\times\frac{1}{6}\times1\ 000$$

$$=5.968\times10^{-3}(mol\cdot L^{-1})$$

"滴定度"与"物质的量浓度"之间的换算不必专门总结和记忆公式,根据两者的物理意义之间的关系即可。① 滴定度是指每毫升溶液的量,而物质的量浓度是指每升溶液的量,在这一点上,后者是前者的 1 000 倍。② 滴定度在数值上表示的是以 g 为单位的待测物,而物质的量浓度在数值上表示的是以 mol 为单位的滴定剂,两者可用摩尔质量和物质的量之比相关联。可从上述【例 1-2】的计算过程中仔细领会。

1.4.2　反应物之间计量关系的确定

设滴定剂 A 与被测组分 B 发生下列反应:

$$aA+bB{=\!=\!=}cC+dD$$

则被测组分 B 的物质的量 n_B 与滴定剂 A 的物质的量 n_A 之间的关系可用两种方式求得。

1. 根据滴定剂 A 与被测组分 B 的化学计量比进行计算

由上述反应式可得

$$n_A : n_B = a : b$$

因此有

$$n_A = \frac{a}{b} n_B \ \text{或} \ n_B = \frac{b}{a} n_A$$

$\frac{b}{a}$ 或 $\frac{a}{b}$ 称为化学计量比（也称物质的量之比），它是该反应的化学计量关系，是滴定分析进行定量测定的依据。

【例 1-3】 确定用基准 Na_2CO_3 标定 HCl 溶液时滴定反应物间的化学计量比。

解：
$$2HCl + Na_2CO_3 = 2NaCl + CO_2\uparrow + H_2O$$
$$n_{HCl} = 2n_{Na_2CO_3}$$

这种处理方式主要依据滴定反应方程式中反应物的系数之比，比较符合具有"摩尔"概念的学习者的习惯。

2. 根据等物质的量规则进行计算

在滴定分析中，若根据滴定反应选取适当的基本单元，则滴定到达化学计量点时，被测组分的物质的量就等于所消耗的标准溶液的物质的量。即

$$n_{\frac{1}{Z_B}B} = n_{\frac{1}{Z_A}A}$$

其中 Z_A 和 Z_B 分别为 A 或 B 中所包含的基本单元数。

【例 1-4】 用等物质的量规则写出高纯 Na_2CO_3 标定 HCl 溶液浓度的滴定反应中两者间的计量关系。

解： 两者反应中，Na_2CO_3 得质子数为 2，以 $\frac{1}{2}Na_2CO_3$ 为基本单元；HCl 失质子数为 1，以 HCl 为基本单元。则

$$n_{\frac{1}{2}Na_2CO_3} = n_{HCl}$$

【例 1-5】 用等物质的量规则写出酸性条件下用 $K_2Cr_2O_7$ 标准溶液测定 Fe^{2+} 的滴定反应中两者间的计量关系。

解： 两者反应中，$K_2Cr_2O_7$ 得电子数为 6，以 $\frac{1}{6}K_2Cr_2O_7$ 为基本单元；Fe^{2+} 失电子数为 1，以 Fe^{2+} 为基本单元。则

$$n_{\frac{1}{6}K_2Cr_2O_7} = n_{Fe^{2+}}$$

这种处理方式在任意滴定反应中均可得到简单的 1:1 相等关系，虽然看似简单，但需根据不同反应的实质确定恰当的基本单元，本质上与前述化学计量比法并没有区别。同一溶液由于选取的基本单元不同而具有不同的浓度值，有时易引起误解。这种处理方式比较符合具有"当量"概念的学习者的习惯。

1.4.3 滴定分析计算示例

【例 1-6】 欲配制 $c_{\frac{1}{2}Na_2CO_3} = 0.1000 \ mol \cdot L^{-1}$ 的 Na_2CO_3 标准溶液 250.0 mL，

应称取基准试剂 Na_2CO_3 多少克？已知 $M_{Na_2CO_3}=106.0 \ g \cdot mol^{-1}$。

解：$m_{Na_2CO_3}=c_{\frac{1}{2}Na_2CO_3} \cdot V \cdot M_{\frac{1}{2}Na_2CO_3}=0.100\ 0 \times \dfrac{250.0}{1\ 000} \times \dfrac{106.0}{2}=1.325 \ g$

【例 1-7】 称取基准物草酸（$H_2C_2O_4 \cdot 2H_2O$）0.200 2 g 溶于水中，用 NaOH 溶液滴定，消耗 28.52 mL，计算 NaOH 溶液的浓度。已知 $M_{H_2C_2O_4 \cdot 2H_2O}=126.1 \ g \cdot mol^{-1}$。

解：
$$2NaOH+H_2C_2O_4=\!\!=Na_2C_2O_4+2H_2O$$
$$n_{NaOH}=2n_{H_2C_2O_4 \cdot 2H_2O}$$

$$c_{NaOH}=\frac{n_{NaOH}}{V_{NaOH}}=\frac{2n_{H_2C_2O_4 \cdot 2H_2O}}{V_{NaOH}}=\frac{2 \times \dfrac{m_{H_2C_2O_4 \cdot 2H_2O}}{M_{H_2C_2O_4 \cdot 2H_2O}}}{V_{NaOH}}=\frac{2 \times \dfrac{0.200\ 2}{126.1}}{\dfrac{28.52}{1\ 000}}=0.111\ 3 \ mol \cdot L^{-1}$$

【例 1-8】 称取铁矿试样 0.314 3 g 溶于酸并将 Fe^{3+} 还原为 Fe^{2+}。用 $c_{\frac{1}{6}K_2Cr_2O_7}=0.120\ 0 \ mol \cdot L^{-1}$ 的 $K_2Cr_2O_7$ 标准溶液滴定，终点时耗去 21.30 mL。计算铁矿试样中 Fe_2O_3 的质量分数。（已知 $M_{Fe_2O_3}=159.7 \ g \cdot mol^{-1}$）

解：
$$Cr_2O_7^{2-}+6Fe^{2+}+14H^+=\!\!=2Cr^{3+}+6Fe^{3+}+7H_2O$$
$$n_{\frac{1}{2}Fe_2O_3}=n_{\frac{1}{6}K_2Cr_2O_7}$$

$$w_{Fe_2O_3}=\frac{m_{Fe_2O_3}}{m_S}=\frac{n_{\frac{1}{2}Fe_2O_3}M_{\frac{1}{2}Fe_2O_3}}{m_S}=\frac{n_{\frac{1}{6}K_2Cr_2O_7}M_{\frac{1}{2}Fe_2O_3}}{m_S}=\frac{c_{\frac{1}{6}K_2Cr_2O_7}V_{\frac{1}{6}K_2Cr_2O_7}M_{\frac{1}{2}Fe_2O_3}}{m_S}$$

$$=\frac{0.120\ 0 \times \dfrac{21.30}{1\ 000} \times \dfrac{159.7}{2}}{0.314\ 3}=0.649\ 4$$

【例 1-9】 将 0.249 7 g 氧化钙试样溶于 25.00 mL 0.280 3 $mol \cdot L^{-1}$ 的 HCl 溶液中，剩余的酸用 0.278 6 $mol \cdot L^{-1}$ 的 NaOH 标准溶液返滴定，终点时耗去 11.64 mL。计算试样中 CaO 的质量分数。（已知 $M_{CaO}=54.08 \ g \cdot mol^{-1}$）

解：
$$CaO+2HCl=\!\!=CaCl_2+H_2O$$
$$HCl+NaOH=\!\!=NaCl+H_2O$$

$$w_{CaO}=\frac{\dfrac{1}{2} \times (c_{HCl}V_{HCl}-c_{NaOH}V_{NaOH}) \times M_{CaO}}{m_S}$$

$$=\frac{\dfrac{1}{2} \times (0.280\ 3 \times 25.00-0.278\ 6 \times 11.64) \times 54.08}{0.249\ 7 \times 1\ 000}=0.422\ 7$$

【例 1-10】 检验某患者血液样本中离子钙的含量。移取 20.00 mL 血样并适当稀释后，加入适量 $(NH_4)_2C_2O_4$ 溶液并控制 pH 约 4.0 使 Ca^{2+} 完全形成 CaC_2O_4 沉淀。沉淀经过滤、洗涤后溶解于 1 $mol \cdot L^{-1}$ 的稀硫酸中，然后用 $c_{\frac{1}{5}KMnO_4}=0.050\ 0 \ mol \cdot L^{-1}$ 的 $KMnO_4$ 溶液滴定，终点时用去 1.20 mL，计算该血样中离子钙的含量。（已知 $A_{r,Ca}=40.08$）

解：
$$Ca^{2+}+C_2O_4^{2-}=\!\!=CaC_2O_4\downarrow$$

$$5C_2O_4^{2-}+2MnO_4^-+16H^+ \!=\!=\!10CO_2 \uparrow +2Mn^{2+}+8H_2O$$

$$n_{Ca^{2+}}=n_{C_2O_4^{2-}}=\frac{5}{2}n_{MnO_4^-}$$

$$\rho_{Ca}=\frac{m_{Ca}}{V_S}=\frac{\dfrac{5}{2}c_{KMnO_4}V_{KMnO_4}A_{r,Ca}}{V_S}=\frac{\dfrac{5}{2}\times\dfrac{0.050\,0\times\dfrac{1.20}{1\,000}\times 40.08\times 10^6}{5}}{20.00}$$

$$=60.1\ \mu g \cdot mL^{-1}$$

1.4.4　定量分析结果的表示

1. 待测组分的化学表示形式

分析结果通常以待测组分实际存在形式的含量来表示。例如,测得试样中的磷含量后,根据磷的实际情况以 P、P_2O_5、PO_4^{3-}、HPO_4^{2-}、$H_2PO_4^-$ 等形式的含量来表示分析结果。

若待测组分有多种存在形式,或实际存在形式不完全清楚,则分析结果可以元素或其氧化物形式的含量来表示。例如,在矿石分析中,各元素的含量常以其氧化物形式(如 K_2O、CaO、MgO、Fe_2O_3、Al_2O_3、P_2O_5 和 SiO_2 等)的含量来表示;在金属材料和有机分析中,常以元素形式(Fe、Al、Cu、Zn、Sn、Cr、W 和 C、H、O、N、S 等)的含量来表示。

电解质溶液的分析结果常以所存在的离子的含量表示。

2. 待测组分含量的表示方法

不同状态的试样其待测组分含量的表示方法习惯上也有所不同。

(1) 固体试样

固体试样中待测组分的含量通常以质量分数表示。若试样中含有的待测组分 B 的质量以 m_B 表示,试样的质量以 m_S 表示,则物质 B 的质量分数以符号 w_B 表示。

$$w_B=\frac{m_B}{m_S}$$

计算结果为小于等于 1 的数值,也可用百分数的形式表示。例如,某水泥试样中 CaO 的质量分数可表示为 $w_{CaO}=0.598\,2$,也可表示为 $w_{CaO}=59.82\%$。

若待测组分含量很低,可采用 $\mu g \cdot g^{-1}$(或 10^{-6})、$ng \cdot g^{-1}$(或 10^{-9})和 $pg \cdot g^{-1}$(或 10^{-12})表示。

(2) 液体试样

液体试样中待测组分的含量通常用浓度或各种分数表示。

① 物质的量浓度 c_B;② 质量分数 w_B;③ 体积分数 φ_B;④ 质量浓度 ρ_B。

(3) 气体试样

气体试样中的常量或微量组分的含量通常以体积分数 φ_B 表示。

3. 分析化学中的常用计量单位和符号

计量单位的统一对于评价和比较分析测试的结果非常重要,也可以减少许多误解和不必要的麻烦,世界各国都十分重视计量单位的统一问题。我国先后颁布了《关于在我国统一实行法定计量单位的命令》(1984)、《中华人民共和国计量法》(1985)、国家标准 GB 3100—1993《国际单位制及其应用》和 GB 3001—1993《有关量、单位和符号的一般原则》。为了能够顺利阅读和参考国内外的书刊文献,不仅需要学会使用法定计量单位,也应当了解一些现在已经禁用、但过去曾长期使用的计量单位。详见表 1-2。

表 1-2　分析化学中常用的物理量和法定计量单位

量的名称	符号	意义	单位符号
相对原子质量	A_r	元素的平均原子质量与^{12}C原子质量的 1/12 之比	1
相对分子质量	M_r	分子或特定单元的平均质量与^{12}C原子质量的 1/12 之比	1
基本单元数	N	分子或其他基本单元在系统中的数目	1
物质的量	n	分子或其他基本单元在系统中的数目除以阿佛伽德罗常数	mol
摩尔质量	M	质量除以物质的量 $M=m/n$	$kg \cdot mol^{-1}$ $g \cdot mol^{-1}$
摩尔体积	V_m	体积除以物质的量 $V_m=V/n$	$m^3 \cdot mol^{-1}$ $L \cdot mol^{-1}$
密度(质量密度、体积质量)	ρ	单位体积的质量 $\rho=m/V$	$kg \cdot m^{-3}$ $g \cdot m^{-3}$ $g \cdot cm^{-3}$
相对密度	d	两物质的密度之比 $d=\rho_1/\rho_2$(通常相对于 4 ℃纯水的密度)	1
B 的物质的量浓度	c_B	B 的物质的量除以混合物的体积 $c_B=n_B/V$	$mol \cdot m^{-3}$ $mol \cdot L^{-1}$
B 的质量浓度	ρ_B	B 的质量除以混合物的体积 $\rho_B=m_B/V$	$kg \cdot m^{-3}$ $\mu g \cdot m^{-3}$ $\mu g \cdot mL^{-1}$
B 的质量分数	w_B	B 的质量与混合物的质量之比 $w_B=m_B/m$	1 % $\mu g \cdot g^{-1}$
B 的摩尔分数	x_B	B 的物质的量与混合物的物质的量之比 $x_B=n_B/n$	1
B 的体积分数	φ_B	$\varphi_B = x_B V_{m,B}^* / \sum x_A V_{m,A}^*$(其中 $V_{m,A}^*$ 为纯物质 A 在相同温度和压力下的摩尔体积)	1 % mL/L
溶质 B 的物质的量之比	r_B	溶质 B 的物质的量与溶剂 S 的物质的量之比 $r_B=n_B/n_S$	1

**PDF：排版
规范示例**

注意：分析报告中关于各种符号格式的要求

代表物理量的符号用斜体表示，如 c, V, m。

代表物质名称的符号用正体表示，在公式中常表示为物理量主符号的右下标，如 $c_{H_2SO_4}$；也可表示在与主符号齐线的括号中，如 $c(H_2SO_4)$。建议用前者更好，以突出物理量在文字或计算公式中的主体地位。

单位符号用正体表示，如 $mol \cdot L^{-1}, \mu g \cdot g^{-1}$。

运算符号用正体表示，如 $+, -, =, \leqslant, -\lg[H^+], pH, \Delta c$。

数值与单位之间空 $\frac{1}{4}$ 格，数字以小数点为中心，向左向右每逢三位空 $\frac{1}{4}$ 格以便于读取，如 1 027 mg，25.08 mL，0.321 0 g。

本章小结

一、本章主要知识点梳理

（1）滴定分析按照化学反应的不同分为酸碱、配位、氧化还原、沉淀滴定四大类；

（2）直接滴定分析对化学反应有三个基本要求：定量、快速、可指示；不满足上述要求的化学反应有的可以通过化学转换而满足要求，相应地有另外三种滴定方式：返滴定、间接滴定、置换滴定；

（3）对化学计量点、指示剂的理论变色点、滴定终点、滴定误差及相互关系做了阐述；

（4）基准物质应满足：组成与化学式完全相符；纯度足够高；性质应较稳定；摩尔质量较大这四个要求。

（5）标准溶液的浓度可由基准物质直接配制或通过滴定分析（标定）来确定。标准溶液的浓度一般用物质的量浓度来表示，特定场合也用滴定度来表示，两者之间可以换算。

（6）滴定分析的计算重点在于确定物质间的化学计量关系。

二、各主要知识点之间的相互关系

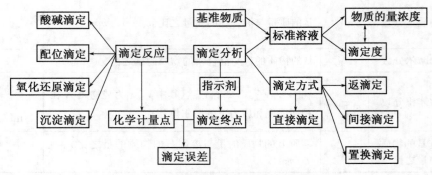

图 1-2　滴定分析基本知识关系图

习 题

1. 能用于直接滴定分析的化学反应必须符合哪些条件？

2. 什么是化学计量点？什么是滴定终点？

3. 基准物质应满足哪些要求？

4. 什么叫滴定度？滴定度与物质的量浓度如何换算？

5. 市售盐酸的密度为 $1.18\ g\cdot mL^{-1}$，其中 HCl 的含量为 37%。欲用此盐酸配制 500 mL $0.10\ mol\cdot L^{-1}$ HCl 溶液，应量取市售盐酸多少毫升？

6. 已知某海水样品的平均密度为 $1.02\ g\cdot mL^{-1}$，若其中 Mg^{2+} 的含量为 0.115%。求每升海水中所含 Mg^{2+} 的物质的量及其浓度。取海水 2.50 mL，以蒸馏水稀释至 250.0 mL，计算该溶液中 Mg^{2+} 的质量浓度。

7. 将 100.0 mL $0.545\ 0\ mol\cdot L^{-1}$ 的 NaOH 稀释至 $0.500\ 0\ mol\cdot L^{-1}$，需加水多少毫升？

8. 滴定度 $T_{NaOH/HCl}=0.003\ 462\ g\cdot mL^{-1}$ 的 HCl 溶液，其物质的量浓度是多少？

9. 计算下列溶液的滴定度，以 $g\cdot mL^{-1}$ 为单位。

(1) $0.261\ 5\ mol\cdot L^{-1}$ 的 HCl 溶液，分别用来滴定 $Ba(OH)_2$ 和 NaOH；

(2) $0.103\ 2\ mol\cdot L^{-1}$ 的 NaOH 溶液，分别用来滴定 H_2SO_4 和 CH_3COOH。

10. 将 4.18 g 高纯 Na_2CO_3 溶解于 500.0 mL 水中，所得溶液的浓度 $c_{\frac{1}{2}Na_2CO_3}$ 是多少？

11. 称取 0.158 0 g 基准 Na_2CO_3 标定 HCl 溶液的浓度，滴定至终点时消耗该 HCl 溶液 24.80 mL，计算此 HCl 溶液的浓度。

12. 称取 0.328 0 g 基准邻苯二甲酸氢钾 ($M_r=204.22$) 标定 NaOH 溶液的浓度，滴定至终点时消耗该 NaOH 溶液 28.78 mL，计算此 NaOH 溶液的浓度。

13. 用 0.470 9 g 硼砂 ($Na_2B_4O_7\cdot 10H_2O$) 标定 HCl 溶液，终点时消耗 25.20 mL，计算该 HCl 溶液的浓度。（提示：$Na_2B_4O_7+2HCl+5H_2O \Longrightarrow 4H_3BO_3+2NaCl$）

14. 测定某补钙制剂中碳酸钙的含量。称取试样 0.600 0 g，加入 $0.250\ 0\ mol\cdot L^{-1}$ HCl 标准溶液 25.00 mL，持续微沸除去生成的 CO_2 并冷却至室温，用 $0.201\ 2\ mol\cdot L^{-1}$ NaOH 标准溶液返滴定过量的酸，终点时消耗了 5.84 mL，计算该补钙制剂中 $CaCO_3$ 的质量分数。

15. 含硫有机试样 0.471 g，在氧气中充分燃烧使 S 氧化为 SO_2，用预先中和过的 H_2O_2 溶液吸收使其全部转化为 H_2SO_4，然后用 $0.108\ 0\ mol\cdot L^{-1}$ KOH 标准溶液滴定，终点时消耗 28.20 mL，求试样中 S 的含量。

16. 称取 5.00 g 某品牌的牛奶样品，用浓硫酸消化，将氮全部转化为 NH_4HSO_4，加浓碱蒸出 NH_3，吸收在过量硼酸溶液中，然后再用 HCl 标准溶液滴定，用去 10.50 mL。另取 0.200 0 g 纯 NH_4Cl，经同样处理，滴定时耗去相同的

HCl 标准溶液 20.10 mL。计算该牛奶中蛋白质的质量分数。(已知牛奶中蛋白质的平均含氮量为 15.7％,吸收反应为 $NH_3+H_3BO_3+H_2O \Longrightarrow NH_4^{+}+B(OH)_4^{-}$,滴定反应为 $H^{+}+B(OH)_4^{-} \Longrightarrow H_3BO_3+H_2O$)

17. 测定某市售食盐中 NaCl 的含量。称取食盐试样 2.000 0 g,用水溶解后定量转移至 250 mL 容量瓶中定容,移取 25.00 mL,以 K_2CrO_4 作指示剂,用 0.100 0 mol·L^{-1} $AgNO_3$ 标准溶液滴定,至终点时消耗 33.85 mL,试计算该食盐中 NaCl 的含量。

第二章 误差与分析数据的统计处理

§2.1 误差的基本概念

　　测量是人类认识和改造客观世界的一种必不可少的重要手段。定量分析是对化学体系的某个性质(如质量、体积、酸碱度、电学性质、光学性质等)进行测量的方法学。定量分析的目的是通过实验准确测定试样中被测组分的量。

　　由于受分析方法、测量仪器、所用试剂和分析工作者主观条件等方面的限制,测定结果不可能与真实含量完全一致;同时,一个定量分析往往需要经过一系列的步骤,其中每个步骤的误差都对最终结果会有影响。因此,即使非常娴熟的分析工作者,采用最可靠的分析方法和最精密的分析仪器,在相同条件下对同一样品进行多次测定,所得结果也不尽相同。所以,分析结果中的误差是客观存在的。

　　了解误差的概念,估算分析结果的误差并进行合理的评价,找出产生误差的原因,采取减小误差的有效措施,从而不断改善分析结果,使其尽量接近真值,这是从事分析化学工作必须具备的能力。

2.1.1 评价测定结果的两个主要指标——准确度和精密度

　　准确度(accuracy)表示测量值与真值接近的程度。

　　精密度(precision)表示各测量值相互接近的程度。

　　关于准确度和精密度的关系,可以用靶面上弹着点的分布来形象地说明。靶心相当于真值,每一个弹着点相当于一次测量值。如图 2-1。

动画:准确度与精密度

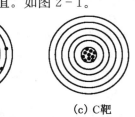

(a) A靶　　　　　(b) B靶　　　　　(c) C靶

图 2-1　靶面弹着点的不同分布

　　A 靶上弹着点较接近,精密度好;但离靶心较远,准确度差。

　　B 靶上弹着点较分散,精密度和准确度都差。

　　C 靶上弹着点较接近,且均在靶心附近,精密度和准确度都好。

　　A 靶的情况是射击水平较高,很稳定,但枪的调校不好,如果把枪调校好了则有可能得到很好的结果。B 靶的情况是射击技术不行,稳定性差,即使射中靶心也只能是偶然为之,不能保证下一枪或每一枪都准。C 靶的情况则是一位射击高手用了只好枪。

可见,精密度是保证准确度的先决条件,精密度差,所得结果不可靠。但高精密度并不能完全保证高准确度。因此,精密度高是准确度高的必要但非充分条件。

2.1.2　真值的来源

由于误差是客观存在的,因此在实际分析工作中不可能得到绝对的真值,只能获得一定条件下的"真值",常用的有三种:理论真值、约定真值和相对真值,举例说明如下。

（1）理论真值

来源于理论数据,或依据公认的量值可以计算得出。例如 NaCl 中 Cl 的含量。

（2）约定真值

由最高计量标准复现而赋予该特定量的值,或采用权威组织推荐的该量的值。例如由国际科技数据委员会（CODATA）推荐的真空光速、阿伏伽德罗常数等特定量的最新值。

（3）相对真值

常用标准试样证书上所给出的含量作为相对真值。

标准试样是经公认的权威机构鉴定,并给予证书的物质。这种具有法定意义的标准试样是分析工作的标准参考物质。如标准品或对照品等。

若以上三种真值都不知道,则建议采用可靠的分析方法,在不同实验室,由不同分析人员对同一试样进行反复多次测定,然后将大量测定数据进行统计处理而得到的最终测定结果作为真值的替代值。

2.1.3　误差的表征

1. 误差（error）

分析结果与真值之差称为误差。常用绝对误差和相对误差表示。

（1）绝对误差

测量值 x_i 与真值 x_T 之差称为绝对误差,用 E 表示。

$$E = x_i - x_T \tag{2-1}$$

绝对误差可正可负,绝对值越小,表明测量值越接近真值,测量的准确度越高。

（2）相对误差

绝对误差 E 在真值 x_T 中所占的比例称为相对误差,用 E_r 表示。若不知道真值,相对误差也可以用测量值 x 为参照表示。

$$E_r = \frac{E}{x_T} = \frac{x_i - x_T}{x_T} \tag{2-2}$$

相对误差也可正可负,常用百分数表达。由于消除了量纲的影响,更符合人们对误差的一般理解,因此在实际工作中相对误差比绝对误差应用得更加普遍。误差是衡量准确度的指标。

2. 偏差(deviation)

在实际工作中,真值往往是不可知的。因此,以真值作为参照的误差也就无法计算。若以测量结果作为参照值,则可以得到绝对偏差。当以一组测量值的平均值 $\bar{x}$ 作为测量结果时,绝对偏差用 d_i 表示。

$$d_i = x_i - \bar{x} \qquad\qquad (2-3)$$

偏差反映单次测量值与最终测定结果接近的程度,是衡量精密度的指标。

2.1.4　误差的分类

1. 系统误差(systematic error)

系统误差也称可测误差或恒定误差,是由分析测定过程中某些固有因素造成的,理论上原因是可知的,在一定程度上也是可以克服的。按其产生的原因不同常分为以下几种。

(1) 方法误差　例如滴定分析中指示剂变色点与化学计量点不完全一致。在重量法中,因所有的沉淀都具有一定的溶解度,这个因素会使结果偏低;而所有的沉淀都多少会吸附杂质或包夹母液,这个因素又会使结果偏高。

(2) 仪器误差　例如滴定管、容量瓶等的刻度不够准确。天平砝码的质量与标称值不绝对相等。

(3) 试剂误差　试剂纯度不够或蒸馏水中含有微量杂质及干扰组分。

(4) 操作误差　如不同人对指示剂变色点的敏感程度和掌握尺度有所不同,有的人偏深些,有的人偏浅些。

系统误差最显著的特征是具有单向性,即在一定的条件下要么系统地偏高,要么系统地偏低,在重复测定中会重复出现。

系统误差只影响准确度,不影响精密度。上述几类系统误差分别可以采用对照试验、校准仪器、空白试验、加强训练等办法减小其影响。

2. 随机误差(random error)

随机误差也称偶然误差或不可测误差,是由于某些难以控制、无法避免的偶然因素(如测定时环境的温度、湿度和气压的微小波动,仪器性能状态的微小变化等)所引起的,与人为因素无关。随机误差表面上是无规律的、随机出现的,但在较多次的测定中可以发现它依然具有一定的规律。

(1) 正、负误差出现的几率相等;

(2) 小误差出现的几率大,大误差出现的几率小;

(3) 总体呈正态分布(见 2.2.2),绝对值特别大的正、负误差出现的几率很小。

随机误差影响精密度。不能通过校正而减小或消除,由于其分布的对称性,适当增加测量次数并以算术平均值作为测定结果,将使随机误差的影响逐渐下降趋向于零。

3. 过失误差(gross error)

过失误差也称粗差或差错,是指分析工作中的错误所引起的误差。例如,容器不洁净,试剂加错,溶液溅失,沉淀穿滤,数值读错或记错,计算错误等。这些均是不允许的,须竭力避免,相关结果应弃去不用。

§2.2 有限实验数据的统计处理

由随机误差的分布规律可知,当没有系统误差,且测量次数为无穷多时,全部测量值(总体)的算术平均值趋于真值。但实际测量总是次数有限的,n 次测量就相当于从无穷多个的总体中随机抽取了 n 个样本,n 称为样本容量。统计处理的目的是根据有限的样本对总体做出科学的估计,得到合理的测定结果。

2.2.1 统计指标

1. 平均值(mean)

n 次测量值的算术平均值 $\bar{x}$ 比单次测量值能更稳定地接近总体均值 μ,是对 μ 的最佳估计,$n \to \infty$ 时,$\bar{x} \to \mu$。

$$\bar{x} = \frac{x_1 + x_2 + \cdots + x_n}{n} = \frac{1}{n} \sum_{i=1}^{n} x_i \qquad (2-4)$$

2. 中位数(meadian)

把一组测量数据按大小顺序排列,中间那个即为中位数。当数据个数为偶数时,中位数为中间两个数据的平均值。中位数的优点是比较稳健,尤其在计算机时代,若发生某个数据漏输了小数点之类的情况,平均值往往会受到很大的影响,而中位数基本不受影响。缺点是不如平均值能更好地趋向于总体均值。

3. 平均偏差(average deviation)

用 $\bar{d}$ 表示。各次测量值的偏差需取绝对值后再相加,否则偏差之和为零。

$$\bar{d} = \frac{|d_1| + |d_2| + \cdots + |d_n|}{n} = \frac{1}{n} \sum_{i=1}^{n} |d_i| \qquad (2-5)$$

相对平均偏差是 $\dfrac{\bar{d}}{\bar{x}}$,常用百分数或千分数表示。

4. 极差(range)

极差又称全距或范围误差,是一组测量数据的最大值($x_{\max}$)与最小值($x_{\min}$)之差。一般用 R 表示,即

$$R = x_{\max} - x_{\min} \qquad (2-6)$$

相对极差是 $\dfrac{R}{\bar{x}}$,常用百分数或千分数表示。

5. 公差(tolerance)

公差又称最大允许误差。公差范围的确定,与诸多因素有关。首先,必须根据实际情况对分析结果的准确度提出要求。一般来说,工业分析允许的相对误差常在百分之几至千分之几;而相对原子质量和一些物理常数的测定,允许的相对误差

可小到十万分之几甚至百万分之几。试样的组成越复杂,进行某些分析时遇到的干扰可能就越多,引起误差的可能性就越大,故分析复杂试样时,应比分析简单试样的允许误差范围要宽一些。此外,各种分析方法能够达到的准确度不同,其公差范围也不相同。例如,比色分析法、极谱分析法、光谱分析法的相对误差较大,而重量分析法和滴定分析法的相对误差较小。因此确定允许的公差范围必须考虑具体的分析方法。公差通常是以绝对误差来表示的。

6. 标准偏差(standard deviation)

采用平均偏差或极差表示一组数据的好坏虽然比较简单,但有其不足之处。标准偏差能比极差更充分地利用所有测量数据,又更灵敏地体现大的偏差对实际结果的影响,因而在统计上更有意义。

(1) 总体标准偏差(σ)

当平行测定的次数 n 趋于无穷时,所有数据的平均值称为总体均值(μ)。没有系统误差时,总体均值近似等于真值,此时的标准偏差称为总体标准偏差,用 σ 表示。

$$\sigma = \sqrt{\frac{\sum_{i=1}^{n}(x_i - \mu)^2}{n}} \qquad (2-7)$$

(2) 样本标准偏差(s)

对于实际工作中的有限次测定,标准偏差用 s 表示。

$$s = \sqrt{\frac{\sum_{i=1}^{n}(x_i - \overline{x})^2}{n-1}} = \sqrt{\frac{\sum_{i=1}^{n} d_i^2}{n-1}} \qquad (2-8)$$

式中:$n-1$ 为自由度,为独立偏差的个数,常用 f 表示。

相对标准偏差(relative standard deviation,简记为 RSD),又称变异系数(coefficient of variation,简记为 CV),用百分数表示。

$$CV = \frac{s}{\overline{x}} \times 100\% \qquad (2-9)$$

(3) 平均值的标准偏差

通常用一组测定值的均值 $\overline{x}$ 来估计总体均值 μ,相当于从总体的无穷多个样本中随机抽取了 n 个样本求算术平均。与单次测量值 x_i 相比,抽样结果 $\overline{x}$ 作为总体均值的一种估计,其波动要小得多。$\overline{x}$ 的波动情况也遵从正态分布,统计学已证明,其标准偏差为

$$s_{\overline{x}} = \frac{s}{\sqrt{n}} \qquad (2-10)$$

即平均值的标准差与测定次数的平方根呈反比。从图 2-2 可见,适当增加测定次数可以

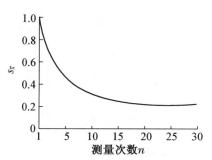

图 2-2 平均值的标准偏差与测量次数的关系

提高测定结果的精密度,但过分增加测定次数(10 次以上)则效果也不明显。

因此,分析测试中若无特殊情况,至少应做两次相同条件下的测定(平行测定),这是分析测试工作的一般原则。当要求较高时,如做标定实验时,建议做 3 次甚至 4~6 次平行测定,次数再多也无必要。

【例 2-1】 某建材标样中钙的含量(以 CaO 计)为 20.45%。6 次平行测定的结果分别是 20.48%,20.55%,20.58%,20.60%,20.53%,20.50%。

(1) 计算这组数据的平均值、中位数、极差、平均偏差、标准偏差和相对标准偏差;

(2) 以平均值为测定结果时,绝对误差和相对误差各是多少?

解:(1) 将该组数据升序排列:20.48%,20.50%,20.53%,20.55%,20.58%,20.60%。

$$\bar{x} = \frac{1}{n}\sum_{i=1}^{n} x_i = \frac{20.48\% + 20.55\% + 20.58\% + 20.60\% + 20.53\% + 20.50\%}{6}$$
$$= 20.54\%$$

$$x_M = \frac{20.53\% + 20.55}{2} = 20.54\%$$

$$R = x_{max} - x_{min} = 20.60\% - 20.48\% = 0.12\%$$

$$\bar{d} = \frac{\sum_{i=1}^{n} |d_i|}{n}$$
$$= \frac{|-0.06\%| + |0.01\%| + |0.04\%| + |0.06\%| + |-0.01\%| + |-0.04\%|}{6}$$
$$= 0.04\%$$

$$s = \sqrt{\frac{\sum_{i=1}^{n} d_i^2}{n-1}}$$
$$= \sqrt{\frac{(-0.06\%)^2 + (0.01\%)^2 + (0.04\%)^2 + (0.06\%)^2 + (0.01\%)^2 + (0.04\%)^2}{6-1}}$$
$$= 0.05\%$$

$$CV = \frac{s}{x} \times 100\% = \frac{0.046\%}{20.54\%} \times 100\% = 0.2\%$$

(2) $E = \bar{x} - x_T = 20.54\% - 20.45\% = 0.09\%$

$$E_r = \frac{E}{x_T} \times 100\% = \frac{0.09\%}{20.45\%} \times 100\% = 0.4\%$$

2.2.2　随机误差的分布

1. 正态分布

无限多次测量值的随机分布遵从正态分布规律。正态分布又称高斯分布,记为 $N(\mu, \sigma^2)$,是以数学家高斯(C. F. Gauss)命名的分布,它的数学表达式又称高斯方程。

曲线如图 2-3 所示。

$$y = f(x) = \frac{1}{\sigma \sqrt{2\pi}} e^{-\frac{(x-\mu)^2}{2\sigma^2}} \qquad (2-11)$$

式中：μ 为总体平均值（无限多次测量的平均值）；σ 为总体标准偏差（无限多次测量的标准偏差）；x 为单次测量值；y 为 x 出现的概率密度。

σ 大的测量数据分散程度大，分布曲线较宽矮；σ 小的测量数据集中程度高，分布曲线较窄高。

2. 标准正态分布

若令 $u = \dfrac{x - \mu}{\sigma}$（即以 σ 为单位来表示随机误差），以 u 为横坐标，以相应的概率密度 y 为纵坐标，则

$$f(x) = \frac{1}{\sigma \sqrt{2\pi}} e^{-u^2/2}$$

因为 $\mathrm{d}x = \sigma \mathrm{d}u$，所以

$$f(x)\mathrm{d}x = \frac{1}{\sqrt{2\pi}} e^{-u^2/2} \mathrm{d}u$$

即

$$y = f(\mu) = \frac{1}{\sqrt{2\pi}} e^{-u^2/2} \qquad (2-12)$$

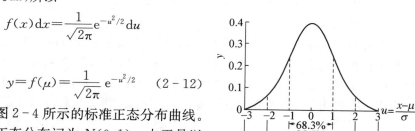

图 2-3 正态分布曲线
（两组数据精密度不同）

作图得如图 2-4 所示的标准正态分布曲线。

标准正态分布记为 $N(0,1)$。由于是以 σ 为单位来表示随机误差，所以当不同的正态分布转化为标准正态分布时，在形式上是统一的。

图 2-4 标准正态分布曲线

3. 随机误差的区间分布概率

正态分布曲线下的面积表示全部数据出现概率的总和，显然为 1（即 100%）。

$$\int_{-\infty}^{\infty} f(u)\mathrm{d}u = \frac{1}{\sqrt{2\pi}} \int_{-\infty}^{\infty} e^{-u^2/2} \mathrm{d}u = 1$$

随机误差在某一区间内出现的概率，可取不同 u 值对上式积分得到，不同 u 值对应的积分结果列于表 2-1（单边表）。若求 $\pm u$ 区间内的概率，则表内的数值须乘以 2。

表 2-1 正态分布概率积分表

$|u|$	面积	$|u|$	面积	$|u|$	面积
0.0	0.000 0	1.0	0.341 3	2.0	0.477 3
0.1	0.039 8	1.1	0.364 3	2.1	0.482 1
0.2	0.079 3	1.2	0.384 9	2.2	0.486 1

$|u|$	面积	$|u|$	面积	$|u|$	面积
0.3	0.117 9	1.3	0.403 2	2.3	0.489 3
0.4	0.155 4	1.4	0.419 2	2.4	0.491 8
0.5	0.191 5	1.5	0.433 2	2.5	0.493 8
0.6	0.225 8	1.6	0.445 2	2.6	0.495 3
0.7	0.258 0	1.7	0.455 4	2.7	0.496 5
0.8	0.288 1	1.8	0.464 1	2.8	0.487 4
0.9	0.315 9	1.9	0.471 3	3.0	0.498 7

由表 2-1 可得,对于 u 在 ±1、±2 和 ±3 以内的概率积分,即随机误差在 ±σ、±2σ 和 ±3σ 以内的概率分别为 68.3%,95.5% 和 99.7%。一般情况下,随机误差超出 ±3σ 范围的概率仅 0.3%,是小概率事件。这个概念在排除异常数据、确定仪器分析方法的检出限等方面均有应用。

4. t 分布

正态分布建立在无限多次测量的基础之上,而实际测量只可能进行有限多次,通常只进行很少几次,因而总体标准偏差 σ 是未知的,只能得到样本标准偏差 s。当以 s 代替 σ 时,统计学家兼化学家戈塞特(W. S. Gosset)在正态分布的基础上针对有限数据提出了一个新的分布规律——t 分布规律。与 u 类似,t 定义为

$$t = \frac{|x - \mu|}{s} \tag{2-13}$$

t 分布曲线的纵坐标为概率密度 y,横坐标为统计量 t,t 分布曲线与正态分布曲线相似,只是由于测量次数少,数据的集中程度较小,分散程度较大,t 分布曲线的形状比正态分布更宽矮,如图 2-5 所示。

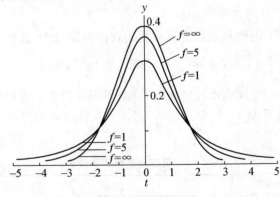

图 2-5 t 分布曲线

t 分布曲线随自由度 f($f = n - 1$)而改变,当 $f \to \infty$ 时,t 分布就趋近于正态分布,此时 t 值等于 u 的绝对值。t 分布曲线下某区间的面积,是以 s 为单位的随机

误差在该范围内出现的概率。t 分布值见表 2-2。

表 2-2　t 分布值表

f ＼ α	0.10(双侧) 0.05(单侧)	0.05(双侧) 0.025(单侧)	0.01(双侧) 0.005(单侧)
1	6.31	12.71	63.66
2	2.92	4.30	9.92
3	2.35	3.18	5.84
4	2.13	2.78	4.60
5	2.02	2.57	4.03
6	1.94	2.45	3.71
7	1.90	2.36	3.50
8	1.86	2.31	3.36
9	1.83	2.26	3.25
10	1.81	2.23	3.17
20	1.72	2.09	2.84
∞	1.64	1.96	2.58

双侧检验的 α 值　　　　　单侧检验的 α 值

用 P 表示置信水平(confidence level),也称为置信度或置信概率。它表示在某一 t 值时,测定值 x 落在 $\mu \pm ts$ 区间的概率;测定值 x 落在 $\mu \pm ts$ 区间之外的概率为 $(1-P)$,称为显著性水平(significance level),用 α 表示。由于 t 值与 α、f 有关,故引用时需要加脚注,用 $t_{\alpha,f}$ 表示。

2.2.3　分析结果的规范表达——平均值的置信区间

由 $t = \dfrac{|x-\mu|}{s}$,可得

$$\mu = x \pm ts$$

当用一组测定数据的平均值表达分析结果时,则有

$$\mu = \overline{x} \pm ts_{\overline{x}} = \overline{x} \pm \frac{ts}{\sqrt{n}} \tag{2-14}$$

该式的意义为:以 n 次测量值的均值 $\overline{x}$ 为中心的包含真值 μ 的范围,置信度由所选的 t 值决定。这个区间称为置信区间。

阅读：用
Excel 求置
信区间

显然，置信区间的大小受到置信度的影响。由 t 值分布表可知，同一自由度下，置信度 P 越大，t 越大，置信区间越宽；反之，置信度 P 越小，t 越小，置信区间越窄。

当然希望置信区间尽量小一些，这样对真值的估计就较精确，但 t 值较小时置信度较低，结果就失去了可靠性。如果要提高结论的可靠性，即提高置信度，则 t 值和置信区间将变大，结果就失去了价值。极端的例子是置信度 100% 的置信区间为无穷大，这种 100% 的可靠性也就失去了任何实际价值。

决定置信区间大小的三项参数 t、s 和 $\sqrt{n}$ 都受到测定次数的影响。n 越大，在相同置信度下的置信区间就越小，用平均值估计真值的精确性就越高。从这个原因上讲，适当增加平行测定的次数对提高测量的精确性是有利的。但是，过多增加测定次数，所消耗的物资、人力和时间都将大大增加，需视具体情况而定。

【例 2-2】 要使置信度 95% 时平均值的置信区间不超过 $\pm s$，至少应平行测定几次？

解： $\mu = \overline{x} \pm \dfrac{ts}{\sqrt{n}}$，要满足题目要求则必须满足 $\dfrac{ts}{\sqrt{n}} \leqslant s$，即 $\dfrac{t}{\sqrt{n}} \leqslant 1$。

用尝试法，由表 2-2 查出 $t_{\alpha, f}$ 的值进行计算：

当 $\alpha = 0.05$，$f = 6$ 时，$t_{0.05,6} = 2.45$，此时 $n = f+1 = 7$，$\dfrac{t}{\sqrt{n}} = \dfrac{2.45}{\sqrt{7}} = 0.93 < 1$

当 $\alpha = 0.05$，$f = 5$ 时，$t_{0.05,5} = 2.57$，此时 $n = f+1 = 6$，$\dfrac{t}{\sqrt{n}} = \dfrac{2.57}{\sqrt{6}} = 1.05 > 1$

故至少要平行测定 7 次。

【例 2-3】 测定某污水处理厂活性污泥的含水率，6 次测定结果分别为 30.48%、30.42%、30.59%、30.51%、30.56%、30.49。用置信度为 95% 的平均值的置信区间表达测定结果。

解： $\overline{x} = \dfrac{30.48\% + 30.42\% + 30.59\% + 30.51\% + 30.56\% + 30.49\%}{6}$

$= 30.51\%$

$$s = \sqrt{\dfrac{\sum\limits_{i=1}^{6}(x_i - \overline{x})^2}{6-1}}$$

$$= \sqrt{\dfrac{(0.03\%)^2 + (0.09\%)^2 + (0.08\%)^2 + (0.05\%)^2 + (0.02\%)^2}{6-1}}$$

$= 0.06\%$

查表 2-2，得 $t_{0.05,5} = 2.57$，则

$$\mu = \overline{x} \pm \dfrac{ts}{\sqrt{n}} = 30.51\% \pm \dfrac{2.57 \times 0.06\%}{\sqrt{6}} = 30.51\% \pm 0.06\%$$

2.2.4　显著性检验

在实际分析工作中常会遇到这样一些情况，新旧两台仪器对同一试样进行多

次测定,所得结果不尽相同;又如,对标准试样进行多次测定,所得结果与标称值不一致。这时需要做显著性检验。若有显著性差异,则存在系统误差;若无显著性差异,则仅存在随机误差。

在做显著性检验时,首先要对结论做一个假设,即假设不存在显著性差异,然后再确定一个合适的置信度或显著性水平。若被检验的差异出现几率在95%以上,则认为被检验的差异存在显著性。分析化学中经常采用的是 t 检验和 F 检验。

1. F 检验(精密度的检验)

F 检验是通过计算两组数据的方差(s^2)之比来检验两组数据的精密度(s_1 和 s_2 之间)是否存在显著性差异。首先计算 $F_{计}$,即

$$F_{计} = \frac{s_1^2}{s_2^2} \quad (s_1 > s_2) \tag{2-15}$$

由于总是以较大的标准偏差的平方值为分子,所以 $F_{计} \geqslant 1$。再查一定置信度下的 F 值表(表2-3),由两组测定的自由度 f_1 和 f_2 查得相应的 $F_表$。若两组数据的精密度相差很小,则 F 值趋近1;若两组数据的精密度相差较大,则 F 值也较大。因此,若 $F_{计} > F_表$,表明两组数据的精密度 s_1 与 s_2 之间存在显著性差异。若 $F_{计} \leqslant F_表$,表明两组数据的精密度不存在显著性差异。所得结论的置信度为95%。

表2-3 置信度为95%的 F 值表(单侧)

f_2 \ f_1	2	3	4	5	6	7	8	9	10	20	∞
2	19.00	19.16	19.25	19.30	19.33	19.36	19.37	19.38	19.39	19.40	19.50
3	9.55	9.28	9.12	9.01	8.94	8.88	8.84	8.81	8.78	8.66	8.53
4	6.94	6.59	6.39	6.26	6.16	6.09	6.04	6.00	5.96	5.80	5.63
5	5.79	5.41	5.19	5.05	4.95	4.88	4.82	4.78	4.74	4.56	4.36
6	5.14	4.76	4.53	4.39	4.28	4.21	4.15	4.10	4.06	3.87	3.67
7	4.74	4.35	4.12	3.97	3.87	3.79	3.73	3.68	3.63	3.44	3.23
8	4.46	4.07	3.84	3.69	3.58	3.50	3.44	3.34	3.34	3.15	2.93
9	4.26	3.86	3.63	3.48	3.37	3.29	3.23	3.18	3.13	2.94	2.71
10	4.10	3.71	3.48	3.33	3.22	3.14	3.07	3.02	2.97	2.77	2.54
20	3.49	3.10	2.87	2.71	2.60	2.51	2.45	2.39	2.35	2.12	1.84
∞	3.00	2.60	2.37	2.21	2.10	2.01	1.94	1.88	1.83	1.57	1.00

值得注意的是,在用 F 检验法来检验两组数据的精密度是否有显著性差异时,应首先确定这种检验是属于单侧检验还是双侧检验。若事先并不确定这两组数据在精密度上的优劣,第一组数据的 s_1 既可能大于第二组的 s_2,也可能小于 s_2,则此时的 F 检验为双侧检验。若事先已经确定 s_1 和 s_2 的优劣,如已知 s_1 只可能大于或等于 s_2,而不可能小于 s_2,只是为了确定 s_1 是否显著大于 s_2,则此时的 F 检验为单侧检验。

【例 2-4】 两单位各派一位检测人员对同一试样进行 6 次测定,两位检测人员的测试精密度有无显著性差异?

a. 9.56,9.49,9.62,9.51,9.58,9.63;

b. 9.33,9.51,9.49,9.51,9.56,9.40。

解: $\overline{x_a} = \dfrac{\sum\limits_{i=1}^{6} x_{ai}}{6} = 9.56, s_a = \sqrt{\dfrac{\sum\limits_{i=1}^{6}(x_{ai}-\overline{x_a})^2}{6-1}} = 0.057$

$\overline{x_b} = \dfrac{\sum\limits_{i=1}^{6} x_{ai}}{6} = 9.47, s_b = \sqrt{\dfrac{\sum\limits_{i=1}^{6}(x_{ai}-\overline{x_a})^2}{6-1}} = 0.085$

$F_{计} = \dfrac{0.085^2}{0.057^2} = 2.22$

$f_{大} = 5, f_{小} = 5$,由表 2-3 查得 $F_{表} = 5.05$,则

$F_{计} < F_{表}$

两位检验人员的测试精密度无显著性差异(置信度 90%)。

2. t 检验(准确度的检验)

(1)平均值与标准值的比较

由平均置信区间

$$\mu = \overline{x} \pm \frac{ts}{\sqrt{n}}$$

可以看出,若这一区间可将标准值 μ 包含其中,即使 $\overline{x}$ 与 μ 不完全一致,$\overline{x}$ 与 μ 之间也不存在显著性差异。这是因为,按照 t 分布规律,这些差异是由随机误差造成的,不属于系统误差。将上式变换可得:

$$t = \frac{|\overline{x} - \mu|}{s}\sqrt{n} \tag{2-16}$$

将多次测定结果计算得到的 $\overline{x}$、s 以及 n、μ 代入式(2-16),得 $t_{计}$。再查表 2-2 得 $t_{表}$。若 $t_{计} > t_{表}$,则表明 $\overline{x}$ 与 μ 之间存在显著性差异,反之则不存在显著性差异。

(2)两组平均值的比较

设两组分析数据为:

$$n_1 \quad s_1 \quad \overline{x_1}$$
$$n_2 \quad s_2 \quad \overline{x_2}$$

先用 F 检验验证两组数据的精密度有无显著性差异。若有显著性差异则不必再做 t 检验。若 F 检验结果无显著性差异,则先计算合并标准偏差或组合标准偏差。

$$s_R = \sqrt{\frac{(n_1-1)s_1^2 + (n_2-1)s_2^2}{n_1+n_2-2}} \tag{2-17}$$

也可由两组原始数据求 s_R:

$$s_R = \sqrt{\frac{\sum\limits_{i=1}^{n_1}(x_{1i} - \overline{x_1})^2 + \sum\limits_{i=1}^{n_2}(x_{2i} - \overline{x_2})^2}{(n_1 - 1) + (n_2 - 1)}} \tag{2-18}$$

此时统计量 t 值为：

$$t = \frac{|\overline{x_1} - \overline{x_2}|}{s_R} \sqrt{\frac{n_1 n_2}{n_1 + n_2}} \tag{2-19}$$

由上式求出 $t_{计}$，再查表 2-2 得 $t_{表}$。若 $t_{计} < t_{表}$，则表明两组数据的平均值之间不存在显著性差异；反之则有显著性差异。

【例 2-5】 某工程师提出一个测定消毒液中有效氯含量的新方法，他用该新方法分析了一个标准试样(16.62%)，得到下面数据：4 次测定结果的平均值为 16.72%，标准偏差为 0.08%。请对新方法做出评价(置信度 95%)。

解：$t = \dfrac{|\overline{x} - \mu|}{s}\sqrt{n} = \dfrac{|16.72\% - 16.62\%|}{0.08\%} \times \sqrt{4} = 2.5$

查表 2-2 得 $t_{0.05,3} = 3.18$，则

$$t_{计} < t_{表}$$

新方法测定结果较准确，系统误差可以忽略不计。

3. 显著性检验的几点注意事项

(1) 两组数据的显著性检验

检验的顺序是先进行 F 检验，后进行 t 检验。先由 F 检验确认两组数据的精密度(或偶然误差)有无显著性差异后，才能进行两组数据的均值是否存在系统误差的 t 检验。

(2) 单侧与双侧检验

检验两个分析结果间是否存在着显著性差异时，用双侧检验；若检验某分析结果是否明显高于(或低于)某值，则用单侧检验。表 2-2 为 $P = 0.95$ 时的单侧检验 F 值表。如果要进行双侧 F 检验，由于此时显著性水平 $\alpha = 1 - P$ 应为单边检验的 2 倍，即 $\alpha = 0.10$，相当于显著性水平由 5% 变为 10%，而置信度则由 95% 变为 90%。可见，同一个 F 值表既可以用于单侧检验又可以用于双侧检验，只不过两者的置信度不同。

(3) 置信度 P 或显著性水平 α 的选择

由于 t 与 F 等的临界值随 α 的不同而不同，因此 α 的选择必须适当。α 选择过小，则放宽对差别要求的限度，容易把本来有差别的情况判断为没有差别；α 选择过大，则提高对差别要求的限度，容易把本来没有差别的情况判定为有差别。在分析化学中，通常以 $\alpha = 0.05$ 或 $P = 95\%$ 作为判断差别是否显著性的标准。

【例 2-6】 实验室有两瓶 NaCl 试剂，标签上未标明出厂批号，为了判断这两瓶试剂含 Cl^- 的质量分数是否有显著性差异，某人用莫尔法对它们进行测定，结果如下：

A 瓶　60.52%，60.41%，60.43%，60.45%

B瓶 $60.15\%,60.15\%,60.05\%,60.08\%$

问置信度90%时,两瓶试剂含Cl^-的质量分数是否有显著性差异?

解:A瓶 $\overline{x_A}=\dfrac{\sum\limits_{i=1}^{n}x_{Ai}}{n}=60.45\%$, $s_A=\sqrt{\dfrac{\sum\limits_{i=1}^{n}(x_{Ai}-\overline{x_A})^2}{n-1}}=0.048\%$

B瓶 $\overline{x_B}=\dfrac{\sum\limits_{i=1}^{n}x_{Bi}}{n}=60.11\%$, $s_B=\sqrt{\dfrac{\sum\limits_{i=1}^{n}(x_{Bi}-\overline{x_B})^2}{n-1}}=0.051\%$

$$F_{计}=\dfrac{0.051\%^2}{0.048\%^2}=1.13$$

由于$f_{大}=3,f_{小}=3$,查表2-3得$F_{表}=9.28$,则

$$F_{计}<F_{表}$$

精密度无显著性差异(置信度90%)。

$$t=\dfrac{|\overline{x_1}-\overline{x_2}|}{s_R}\sqrt{\dfrac{n_1n_2}{n_1+n_2}}=\dfrac{|60.45\%-60.11\%|}{0.050\%}\sqrt{\dfrac{4\times4}{4+4}}=9.6$$

$f=n_1+n_2-2=6$,查表2-2得$t_{0.10,6}=1.94$,则

$$t_{计}>t_{表}$$

两瓶试剂Cl^-的质量分数存在显著性差异(置信度90%)。

2.2.5 异常值的取舍

在一组平行测定的数据中,常常会有个别测定值偏离其他数据较远,称为异常值,又称可疑测定值、离群值、极端值或逸出值。初学者多倾向于随意舍弃这些可疑值,以求获得精密度较好的分析结果。但这样做是不妥的,尤其在实验数据较少时更不能这样处理。必须根据误差理论从统计意义上判断其取舍。常用的决定异常值取舍的方法有以下几种。

1. Q检验法

Q检验法是由迪安(Dean)和狄克逊(Dixon)于1951年提出的,该法特别适用于3～10次测定时的检验。具体处理步骤如下:

第一步 将所有数据按升序排列:$x_1,x_2,x_3,\cdots,x_n$,其中x_1或x_n可能是异常值;

第二步 求极差(最大值与最小值之差:$R=x_{max}-x_{min}=x_n-x_1$);

第三步 求异常值与邻近值之差(x_n-x_{n-1}或x_2-x_1);

第四步 计算统计量$Q_{计}$,即

$$Q_{计}=\dfrac{x_n-x_{n-1}}{x_n-x_1} \quad 或 \quad Q_{计}=\dfrac{x_2-x_1}{x_n-x_1}$$

第五步 根据测定次数n和要求的置信度(如95%)查Q值表得$Q_{a,n}$;

第六步 将$Q_{计}$与$Q_{a,n}$比较,若$Q_{计}>Q_{a,n}$,则弃去异常值,否则应保留。

表 2 - 4　Q 值表

n $\diagdown$ P	3	4	5	6	7	8	9	10
90%	0.94	0.76	0.64	0.56	0.51	0.47	0.44	0.41
95%	0.97	0.83	0.71	0.62	0.57	0.53	0.49	0.47
99%	0.99	0.93	0.82	0.74	0.68	0.63	0.60	0.57

Q 检验法具有直观、简便的优点。缺点是：$Q_{计}$ 值的分母 x_n-x_1 体现了数据的离散性。数据的离散性越大，x_n-x_1 越大，则异常数据越不易被舍去，尤其两个相近的离群值更不易被舍去。

【例 2 - 7】　监测某厂烟道气中 SO_2 的质量分数，得到下列数据：4.88%、4.92%、4.90%、4.88%、4.86%、4.85%、4.71%、4.86%、4.87%、4.99%。用 Q 检验法判断有无异常值需舍去（置信度为 99%）。

解：将数据升排列：4.71%、4.85%、4.86%、4.86%、4.87%、4.88%、4.88%、4.90%、4.92%、4.99%

4.71% 为可疑值，$Q_{计}=\dfrac{x_2-x_1}{x_n-x_1}=\dfrac{4.85\%-4.71\%}{4.99\%-4.71\%}=0.5$

查表 2 - 4，得 $Q_{0.99,10}=0.57$，则

$Q_{计}<Q_{0.99,10}$

故 4.71% 应保留。

2. 格鲁布斯（Grubbs）检验法

格鲁布斯检验法也称为 G 检验法。采用格鲁布斯检验法处理可疑数据时，应根据下述三种不同情况进行处理。

（1）仅有一个离群异常值的情况

第一步　将所有数据按升序排列：$x_1,x_2,x_3,\cdots,x_n$，其中 x_1 或 x_n 可能是异常值；

第二步　计算平均值 $\bar{x}$ 和标准偏差 s（可疑值参与计算）；

第三步　计算统计量 $G_{计}$（与统计量 t 有相似之处）。若 x_1 为异常值，则 $G_{计}=\dfrac{\bar{x}-x_1}{s}$；若 x_n 为异常值，则 $G_{计}=\dfrac{x_n-\bar{x}}{s}$；

第四步　根据测定次数 n 和要求的置信度查 G 值表得 $G_{P,n}$；

第五步　将 $G_{计}$ 与 $G_{P,n}$ 比较，若 $G_{计}\geqslant G_{0.95,n}$，则弃去异常值，否则应保留。

表 2-5　**G 值表**

n ＼ P	95%	97.5%	99%	n ＼ P	95%	97.5%	99%
3	1.15	1.15	1.15	10	2.18	2.29	2.41
4	1.46	1.48	1.49	11	2.23	2.36	2.48
5	1.67	1.71	1.75	12	2.29	2.41	2.55
6	1.82	1.89	1.94	13	2.33	2.46	2.61
7	1.94	2.02	2.10	14	2.37	2.51	2.63
8	2.03	2.13	2.22	15	2.41	2.55	2.71
9	2.11	2.21	2.32	20	2.56	2.71	2.88

（2）异常值有两个以上，且分布在平均值 $\bar{x}$ 的同一侧

如 x_1，x_2（或 x_{n-1}，x_n）均为异常值时，应先从内侧的一个数据进行检验，通过计算 G 来检验 x_2（或 x_{n-1}）是否应舍弃。若 x_2（或 x_{n-1}）应舍弃，则 x_1（或 x_n）自然也应舍去，即两个数据均舍去。需要注意的是检验 x_2（或 x_{n-1}）时，测定次数按 $n-1$ 次计。

（3）异常值有两个或以上，且分布在平均值（$\bar{x}$）的两侧

如 x_1，x_n 均属于异常值，则应分别先后检验 x_1 和 x_n 是否要舍弃。若其中一个决定舍去，再检验另一个数据时，测定次数要相应减少一次。

格鲁布斯检验法的优点在于，判断可疑值的过程中引入了两个最重要的统计参数：样本的平均值 $\bar{x}$ 和标准偏差 s，因此合理性较高。缺点是需要求 $\bar{x}$ 和 s，计算量稍大。不过现在的计算器均具有计算平均值和标准偏差的功能键，因此格鲁布斯法的实用性还是较强的。但 Q 检验法应用更为普遍。

【例 2-8】　卡尔·费休（Karl Fischer）法是测定无水乙醇中微量水分的标准方法，现在也常用更方便的气相色谱（GC）法进行测定。针对以下两种方法的测定数据，试用统计检验方法评价 GC 法可否用于无水乙醇中微量水分含量的测定。

Karl Fischer 法：0.246%，0.252%，0.250%，0.250%，0.278%，0.264%；

GC 法：0.265%，0.252%，0.248%，0.275%，0.252% 及 0.260%。

解：（1）可疑值的取舍

Karl Fischer 法：$n_1 = 6$，$\bar{x}_1 = 0.257\%$，$s_1 = 0.012\%$

可疑值为 0.278%，$G = \dfrac{0.278\% - 0.257\%}{0.012\%} = 1.75$，查表 2-4 得 $G_{0.05,6} = 1.89$。

$G < G_{0.05,6}$，应保留。

GC 法：$n_2 = 6$，$\bar{x}_2 = 0.259\%$，$s_2 = 0.010\%$

可疑值为 0.275%，$G = \dfrac{0.275\% - 0.259\%}{0.010\%} = 1.6$，查表 2-4 得 $G_{0.05,6} = 1.89$。

$G < G_{0.05,6}$，应保留。

（2）F 检验

$$F=\frac{(0.012\%)^2}{(0.010\%)^2}=1.44,查表\ 2-3\ 得\ F_{0.05,5,5}=5.05$$

$F<F_{0.05,5,5}$，两种方法的精密度无显著性差异。

（3）t 检验

$$s_R=\sqrt{\frac{(n_1-1)s_1^2+(n_2-1)s_2^2}{n_1+n_2-2}}$$

$$=\sqrt{\frac{(6-1)(0.012\%)^2+(6-1)(0.010\%)^2}{(6-1)+(6-1)}}=0.011\%$$

$$t=\frac{|\overline{x_1}-\overline{x_2}|}{s_R}\sqrt{\frac{n_1n_2}{n_1+n_2}}=\frac{|0.257\%-0.259\%|}{0.011\%}\sqrt{\frac{6\times6}{6+6}}=0.31$$

$$f=n_1+n_2-2=10,查表\ 2-2\ 得\ t_{0.05,10}=2.23$$

$t<t_\text{表}$，置信度 95% 时，两种分析方法测得的均值无显著性差异。

因此 GC 法可以替代 Karl Fischer 法用于无水乙醇中微量水分含量的测定。

§2.3 误差的传递

定量分析结果往往要通过许多测量步骤和计算才能得到，每一个测量或计算步骤都可能引入误差，这些误差或多或少地会对分析结果产生影响，并最后被传递到最终的结果中，这就是误差的传递。因此，根据分析的原理和步骤列出结果的计算公式，可以了解每步测量和计算误差对分析结果的影响。系统误差的传递和偶然误差的传递具有不同的规律。

2.3.1 系统误差的传递

表 2-6 系统误差对计算结果的影响

运算式	误差的传递
$R=mA+nB-pC$（加减法）	$E_R=mE_A+nE_B-pE_C$
$R=\dfrac{mA\times nB}{pC}$（乘除法）	$\dfrac{E_R}{R}=\dfrac{E_A}{A}+\dfrac{E_B}{B}-\dfrac{E_C}{C}$
$R=mA^n$（指数运算）	$\dfrac{E_R}{R}=n\dfrac{E_A}{A}$
$R=m\lg A$（对数运算）	$E_R=0.434m\dfrac{E_A}{A}$

其规律可概括为：① 和、差的绝对误差等于各测量值绝对误差的和、差；② 积、商的相对误差等于各测量值相对误差的和、差；③ 指数的相对误差等于测量值的

相对误差乘以指数;④ 对数的绝对误差等于真数相对误差的 0.434 倍。

2.3.2 随机误差的传递

1. 标准偏差

表 2-7 随机误差对计算结果的影响(一)

运算式	误差的传递
$R=mA+nB-pC$(加减法)	$s_R^2=(ms_A)^2+(ns_B)^2+(ps_C)^2$
$R=\dfrac{mA \times nB}{pC}$（乘除法）	$\left(\dfrac{s_R}{R}\right)^2=\left(\dfrac{s_A}{A}\right)^2+\left(\dfrac{s_B}{B}\right)^2+\left(\dfrac{s_C}{C}\right)^2$
$R=mA^n$(指数运算)	$\dfrac{s_R}{R}=n\dfrac{s_A}{A}$
$R=m\lg A$(对数运算)	$s_R=0.434m\dfrac{s_A}{A}$

其规律可概括为:① 和、差的标准偏差平方等于各项测量值的标准偏差平方和;② 积、商的相对标准偏差平方等于各项测量值的相对标准偏差平方和;③ 指数的相对标准偏差等于测量值的相对标准偏差乘以指数;④ 对数的标准偏差等于真数相对标准偏差的 0.434 倍。

在实际定量分析过程中,各测量步骤的系统误差和随机误差是混合在一起的,因而都包含在计算结果的误差中。而标准偏差法只处理随机误差的传递问题,因此在用标准偏差法计算结果的误差时,须将系统误差消除后才有意义。

2. 极值误差

假设各步测量的误差既是最大的,又是同向叠加的,则分析结果的误差显然也是最大的,故称极值误差。极值误差是最大可能误差,计算方法如表 2-8 所示。

表 2-8 随机误差对计算结果的影响(二)

运算式	误差的传递
$R=mA+nB-pC$(加减法)	$E_R=m\|E_A\|+n\|E_B\|+p\|E_C\|$
$R=\dfrac{mA \times nB}{pC}$(乘除法)	$\dfrac{E_R}{R}=\dfrac{\|E_A\|}{A}+\dfrac{\|E_B\|}{B}+\dfrac{\|E_C\|}{C}$

其规律是:不论加和减,结果的绝对误差等于各项的绝对误差之和,有系数时须按系数倍放大;不论乘和除,结果的相对误差等于各项的相对误差之和,与系数无关。

【例 2-9】 滴定分析中,欲使 50 mL 滴定管的读数相对误差不超过 ±1‰,设计实验时滴定剂的最少消耗量应是多少?

解:50 mL 滴定管的最小分度为 0.1 mL,可估读至 0.01 mL,因而每个读数可能有 ±0.01 mL 的最大不确定性。而任一滴定剂消耗体积的数值均由终读数减初读数获得,因此滴定剂消耗体积可能有±0.02 mL 的最大不确定性。为使其影响不超过±1‰,滴定剂的消耗量应不少于 20 mL。

【例 2-10】 欲使分析天平的称量误差不超过±1‰,设计实验时的最小称样量是多少?

解: 分析天平(电子天平)以 g 为单位可读至小数点后第 4 位,末位有±1 的最大不确定性,即±0.000 1 g。而任一称量值均由终读数减初读数获得,因此所得质量可能有±0.000 2 g 的最大不确定性。为使其影响不超过±1‰,称样量应不少于 0.2 g。

§2.4 有效数字及其运算规则

在实际分析工作中,不仅要准确测定每个数据,还要正确记录和计算测定结果。所记录的数据不但要准确表示测量结果的数量,还要如实反映测量的精度。因此,在记录数据和计算结果时,保留几位数字不是随意的,而应根据测量仪器和分析方法的精度来确定,并采用有效数字的运算规则来计算。

2.4.1 有效数字

有效数字(significant figure)是指能够测量到的具有实际意义的数字。具体地说,把通过直读获得的准确数字叫做可靠数字,把通过估读得到的那部分数字叫做可疑数字,把测量结果中能够反映被测量大小的带有一位可疑数字的全部数字叫做有效数字。例如,在滴定实验中,最终读数为 20.32 mL,由于滴定管的最小分度为 0.1 mL,显然 20.32 这个数值中,前三位是从滴定管的刻度上直接读取的可靠数字,而最后一位是实验者根据滴定剂凹液面的位置进行的一个估读,这个数字就是可疑数字。

有效数字位数是从第一个非零数字开始的所有数字的位数(包括所有可靠数字和一位可疑数字)。例如:

20.456 7 第一个非零数字 2,其后还有 5 位数字,有效数字为 6 位;

0.003 78 第一个非零数字 3,其后还有 2 位数字,有效数字为 3 位;

0.234 00 第一个非零数字 2,其后还有 4 位数字,有效数字为 5 位。

在计算有效数字位数的过程中应注意以下几点:

(1) 在 0~9 中,只有 0 既是有效数字,又是定位数字。

例如,在 0.060 50 中,第一个非零数字前面的两个"0"仅起定位作用,而最后面的两个"0"均是实验测得的数字,0.060 50 是 4 位有效数字。

(2) 单位变换不影响有效数字的位数。

例如,用分析天平称得试样质量 0.670 0 g,是 4 位有效数字。当用千克(kg)为单位时,结果应记为 0.000 670 0 kg,此时数字前面的 4 个"0"起的是定位作用,仍为 4 位有效数字。当用毫克(mg)为单位时,结果应记为 67.00 mg。若记为

67 mg,则成了 2 位有效数字,测量精度上与原始记录不符。

（3）pH,pM,pK,$\lg c$ 等对数值,有效数字的位数取决于小数部分（尾数）的位数,而整数部分只代表该数值的次方。

例如,在以下 pH 和对应的氢离子平衡浓度$[H^+]$/(mol·L^{-1})中,有

pH=11.20　$[H^+]=6.3\times10^{-12}$　　　　pH=11.02　$[H^+]=9.5\times10^{-12}$

pH=10.20　$[H^+]=6.3\times10^{-11}$　　　　pH=10.02　$[H^+]=9.5\times10^{-11}$

pH=9.20　$[H^+]=6.3\times10^{-10}$　　　　pH=9.02　$[H^+]=9.5\times10^{-10}$

可见 pH 的小数部分"20"和"02"的具体大小决定了浓度值中"6.3"和"9.5"的具体大小,而 pH 的整数部分"11"、"10"和"9"只决定了浓度值的次方或小数点的定位。因而左边的一列 pH 均为两位有效数字。一个需要注意的细节是:"02"中的"0"在此处并不只是起定位的作用,而是直接决定了浓度数据的具体大小,是有实际意义的有效数字。类似地,在第九章分光光度法中,吸光度 $A=0.002$ 应为三位有效数字而不是一位有效数字。处理相关问题时需注意。

对于10^x,e^x等幂指数,有效数字的位数只与指数 x 中小数点后的位数相同。例如,$10^{0.058}$有效数字是三位而不是两位;$10^{5.76}$有效数字是两位而不是三位。在数值计算时需格外注意。例如 $10^{0.058}=1.14$,而 $10^{5.76}=5.8\times10^5$。

（4）分数、倍数等在计算中不考虑其有效数字位数。

2.4.2　有效数字的修约规则

使用不同规格的仪器,会造成测定数据的有效数字不同。在记录或计算前,需按统一的规则,确定合理的有效位数,舍去某些数据后部多余的数字,尽管这些舍去的数值在单次测量中有其确定的意义,这个过程称为有效数字的修约。

（1）拟修约的数字最左一位小于 5,则全部舍去。

例如,将 3.141 5 修约到只有一位小数,拟修约的数字是 415,结果为 3.1;

又如,将 3.141 5 修约为三位有效数字,拟修约的数字是 15,结果为 3.14。

（2）拟修约的数字最左一位大于 5,或者是 5,而其右并非全部为 0,则进 1。

例如,将 4 167 修约为三位有效数字,拟修约数字是 7,修约后得 4.17×10^3;

又如,将 23.050 7 修约为三位有效数字,拟修约数字为 507,修约后得 23.1。

（3）拟修约的数字最左一位是 5,其右无数字或皆为 0,若进 1 后所得数字末位为偶数（双数）则进 1;若进 1 后所得数字末位为奇数,则舍去不进。

例如,将 0.032 50 修约为两位有效数字,结果为 0.032;

又如,将 0.635 0 修约为两位有效数字,结果为 0.64。

数据较多时,若按"4 舍 5 入"规则,求和时结果会显著偏大。若按"4 舍 6 入 5 留双"规则,则处于中间大小的"5"进和舍的概率各半,求和时结果基本不受影响。

（4）修约数字时应一次修约到位,不得多次连续修约。

例如,将 2.451 修约为两位有效数字,一次修约到位结果应该为 2.5;若分两次连续修约,则先修约为 2.45,再继续修约为 2.4,则不合适。

2.4.3 有效数字的运算规则

有效数字的运算规则参照误差传递的规律;加减运算考察可疑数字引起的绝对误差;乘除运算考察可疑数字引起的相对误差。

1. 加减运算

几个数据进行加减运算时,运算结果的末位应与原始数据中末位最大的一致。

【**例 2-11**】 计算 $23.54+0.006\ 95+3.487=?$

解:三个原始数据中 23.54 的末位是百分位(0.04 不可靠);0.006 95 的末位是十万分位(0.000 05 不可靠);3.487 的末位是千分位(0.007 不可靠)。23.54 的末位最大,计算结果应保留到百分位。将三个数的和 27.033 95 修约至百分位,结果为 27.03。

2. 乘除运算

几个数据进行乘除运算时,运算结果的有效位数应与原始数据中有效位数最少的一致。

【**例 2-12**】 计算 $14.131\times0.076\ 54/0.78=?$

解:三个原始数据中,14.131 是 5 位有效数字(末位±1 的不确定性引起的相对误差最小);0.076 54 是 4 位有效数字,0.78 是两位有效数字(末位±1 的不确定性引起的相对误差最大)。因此计算结果 1.386 649 6 应修约到两位有效数字,结果为 1.4。

乘除运算中,若某数值的首数为"8"或"9",则有效数字有时可多计一位。例如 8.98 末位的不确定性为±0.01,约占数值本身的±1/898,更接近 1/1 000 而不是 1/100,所以多计一位有其合理性。

【**例 2-13**】 计算 $9.0\times0.781\div2.673=?$

解:其中 9.0 的有效位数最少,只有两位,其末位±1 的不确定性所引起的误差为±0.1/9.0,约为±1%,与 10.0 等三位有效数字末位不确定性引起的相对误差接近,故在实际运算中常将这样的数据多算一位有效数字。本例中计算结果 2.629 修约为 2.63。

分析化学计算中,有关化学平衡中各物质浓度的计算,由于计算过程中通常使用有关的平衡常数,如 K_a,K_b,$K_稳$ 和 K_{sp} 等相对误差较大的常数,最终结果一般只需保留 2~3 位有效数字。有效数字的位数有时还取决于待测组分在试样中的相对含量。一般对于高含量组分(>10%)的测定结果应保留四位有效数字;中等含量组分(1%~10%)的测定结果应保留三位有效数字;微量组分(<1%)的测定结果通常保留两位有效数字就足够了。

§2.5 提高分析结果准确度的方法

选择合适的分析方法和减小分析过程中的误差是提高分析结果准确度的有效措施。在此仅介绍一些大致的思路,具体措施需在学习后续各章的分析方法之后,根据试样、方法、试剂、仪器、操作和计算等具体过程来确定。

2.5.1 选择合适的分析方法

在生产实践和科研工作中,测定结果要求的准确度总是与试样的组成、性质和待测组分的相对含量有关。定量化学分析方法的灵敏度虽然不高,但对于常量组分的测定能得到较准确的结果;相对而言,多数仪器分析方法灵敏度较高,但准确度并不占优,一般适用于对测定结果允许有较大相对误差的微量或痕量组分的测定。当然随着技术的进步,色谱、质谱等一些仪器分析方法的准确度和精密度已得到大幅度的提高,在很多领域已经达到甚至超过了化学分析法。仪器分析方法看似简单,其实准备标准溶液、制作工作曲线或进行标准加入操作及数据处理等方面的工作量比化学分析法更大。

例如,用原子吸收法测定饮用水中铝离子的含量结果为 $1.0 \times 10^{-5}\%$,若该法的相对误差为 10%,则试样中铝的含量应在 $0.9 \times 10^{-5}\% \sim 1.1 \times 10^{-5}\%$。虽然看起来相对误差很大,但由于待测组分含量很低,引入的绝对误差很小,能满足对测定结果准确度的要求。但若选择采用化学分析方法,因为浓度太低,测定根本无法进行。

又如,测定矿石中铁的质量分数,由于待测组分含量较高,采用重铬酸钾滴定法这种化学分析法完全可以胜任,也就无需使用相对误差较大的可见分光光度法或原子吸收法等仪器分析方法。假设我们测得含量为 52.19%,若测定的相对误差为 0.2%,则试样中铁的质量分数应在 $52.09\% \sim 52.29\%$。若采用可见光分光光度法来测定这一试样,方法的相对误差约为 $1\% \sim 5\%$。由此得出铁的含量范围可能会扩大到 $49.58\% \sim 54.8\%$,超出了多数用户允许接受的范围。

2.5.2 减小分析过程中的误差

1. 减小测量误差

不同的分析方法,能够达到的准确度要求不同,应根据具体情况,尽量控制各测量步骤的误差,使最终测定结果的准确度与分析方法的准确度相适应。

例如,在化学分析中,通常要求结果的相对误差不大于 0.1%,因此在试样称量时所引起的误差也应该不大于 0.1%。使用万分之一的天平作为称量工具,采用减量法称量,所引入的绝对误差为 $\pm 0.0002\,g$,如欲使称量的相对误差不大于 $\pm 0.1\%$,最小称取质量应不低于 $0.2\,g$。

在采用滴定分析法和重量法进行测定时,应该考虑上述因素以减小称量和读数等步骤的误差,才有可能达到方法预期的准确度。虽然增加称量质量有利于减小称量的相对误差,但称量的试样质量过大也是不必要的。例如采用邻二氮菲分光光度法测定某试样中铁的含量,方法的相对误差一般为 2%。此时试样的质量只需 0.000 2 g/2%＝0.01 g 即可满足要求。同样,若需称取 0.5 g 试样,那么理论上只要称量的绝对误差小于 0.5 g×2%＝0.01 g,而不必像滴定法和重量法那样强调将试样称准至 ±0.000 1 g。但在实际工作中,如果方便时(不必苛求),通常将分步进行的每一步操作的准确度提高一个量级,以利于提高分析结果的准确度,并且当限制步骤出现问题时也便于排查原因。

2. 减小随机误差

在消除系统误差的前提下,适当增加平行测定的次数可以减小随机误差,提高测定结果的准确度。在定量分析实验中,一般平行测定 2～4 次即可,如对结果的准确度要求较高时,可以增加测定次数,但一般也不需超过 10 次。平行测定 2 次是基本原则,也是一般情况下的最低要求。平行性不好的现象可以提示分析人员不要急于处理数据,而是仔细思考分析结果波动较大的原因。

3. 消除测定过程中的系统误差

有时几次平行测定的结果非常接近,精密度很高,似乎结果很可靠。但事实上,如果存在系统误差,此时所得结果并不准确,甚至可能带有严重错误。检验和消除系统误差,是提高分析结果准确性的重要途径。

(1) 系统误差的检验

① 用标准试样做对照试验

用已知准确组成的试样,例如标准试样或纯物质,与被测试样在完全相同的条件下做平行测定,以此来检验分析方法是否存在系统误差。由于对照实验是在相同实验条件下进行的,所以比较标准试样的测定值与标准值,用 t 检验法检验是否存在系统误差。若无系统误差,可不加校正;若有系统误差,需对未知试样的测定结果加以校正

② 用标准方法做对照试验

实际工作中,标准试样种类有限,部分标准试样价格昂贵,在无法找到合适的标准试样时,可以采用标准方法或公认的经典方法与待检验的方法做对照试验。即以标准方法和被检验的方法对某试样进行检测,然后对两种方法的结果进行统计学检验。若发现两种方法间存在系统误差,需找出原因并加以校正。

③ 加标回收试验

如果仅能确定试样中的一个或几个组分,试样的组成信息并不完全,可以采用"加标回收法"做对照试验。即取两份等量的试样,向其中一份加入一定量的已知组分的标准品,进行平行试验,看看加入的被测组分是否被定量测出,通过计算回收率(recovery)来判断有无系统误差。

$$回收率＝\frac{加标试样测定值－试样测定值}{加标量}×100\% \qquad (2-20)$$

回收率要能够满足方法准确度的要求。例如,要求分析结果的相对误差小于0.2%,则回收率应在99.8%～100.2%范围内。

④ 内检和外检

实际工作中,为了检验分析人员之间的操作是否存在系统误差,常将一部分试样安排给同单位内不同分析人员进行重复测定,通过 F 检验法来判断两者是否存在系统误差,称为"内检"。有时为了确定试样分析结果的可靠性,可以将部分试样送交其他测试单位进行检测,称为"外检"。

（2）系统误差的消除

如果通过对照试验证明,方法或结果存在系统误差,则应设法找出产生误差的原因。由于系统误差是由某种固定的原因造成的,找出这一原因,就可以消除系统误差的来源。通常采用以下方法:

① 空白试验

空白试验是指在不加待测组分的情况下,按照试样分析同样的步骤和条件进行测试,所得结果称为空白值。从试样测定结果中扣除空白值,就可以起到校正误差的作用。空白试验可以消除由试剂、蒸馏水、实验器皿和环境引入的待测组分或杂质引起的系统误差。

空白值一般相对较小,经扣除后就可以得到比较可靠的测定结果。如果发现测得的空白值较大,就应该通过提纯试剂、改用纯度更高的溶剂、采用更合适的分析器具或在能够排除环境干扰的氛围中进行试验,才能提高测定结果的准确度。必须强调的是,空白试验对于微量(痕量)组分的测定具有很重要的意义。

② 校准仪器

仪器或量具不准确所引起的系统误差,可以通过校准仪器来减小其影响。例如砝码、移液管和滴定管等,在准确度要求较高的分析中,都必须进行校准,并在计算结果时采用校正值。例如,从滴定管中放出不同体积的纯水,用分析天平准确称出其质量,同时读出滴定管上标示的纯水体积,根据当时温度下纯水密度的标准数据,就可以得到纯水的准确体积,以此校正滴定管的刻度。

③ 校正分析结果

分析方法固有的系统误差可以用其他方法进行辅助校正。例如,利用沉淀重量法测定试样中高含量的 SiO_2,因硅酸盐沉淀不完全而使测定结果偏低,此时可用分光光度法测定滤液中少量的硅,将所得结果与重量分析结果相加作为最终结果。

§2.6　Excel 在实验数据处理与误差分析中的应用

Excel 是微软公司 Microsoft Office 的重要组成部分,是世界上使用最普遍的办公自动化软件之一,可以大大提高误差计算和实验数据统计处理工作的效率。本书以当前使用最普遍的 2003 版为模板介绍 Excel 在实验数据处理与误差分析中的应用。同样的功能在 Excel 中可以有多种实现路径,读者熟练以后可以根据自己的习惯选择最便捷的方式。

2.6.1 排序

Q 检验等实验数据统计中常需要对数据从小到大或从大到小进行排列,少量数据尚可以手工进行,但当数据量较大时,手工排序就显得非常不便。将数据输入 Excel 表格中,选中需要排序的数据,点击菜单栏中的"数据",选择"排序",在对话框中根据要求选择"升序"或"降序",点击"确定"即可。

2.6.2 常用函数的使用

在数据统计中,经常需要反复进行求平均值、求标准偏差这些运算,Excel 中具有这些常用函数可以直接调用。将数据输入 Excel 的表格中以后,将光标移入某空白单元格以放置运算结果,点击菜单栏中的"插入",选择"函数",在图 2-6 所示的对话框中选择所需的类别(如常用函数),并选中相应的具体函数,如:求和 (SUM)、平均值(AVERAGE)、中位数(MEDIAN)、标准偏差

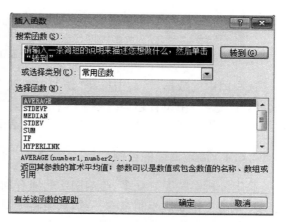

图 2-6 Excel 选择常用函数的对话框

(STDEVP)等,然后点击"确定",在出现的对话框中选择带红色箭头的按钮,用键盘输入或用鼠标选中的方式将所需运算的原始数据区域加入其中,点击"确定"即可。

2.6.3 工作曲线的绘制

在分光光度法(第 9 章)中,吸光度与浓度呈正比是基本的定量关系,经常需要得到标准溶液的浓度与相应吸光度之间的线性关系并作图,这些功能可以用最小二乘法编程完成,也可以用函数计算器完成,但均不如 Excel 方便。将标准溶液的浓度和相应的吸光度数据输入 Excel 中整理成表格,如图 2-7 中所示。从菜单栏里选择"插入",再依次选择"图表"、"XY 散点图",并在右方根据需要选择子图表类型,一般选择"散点图",点击"下一步"。在"数据区域"一栏里输入或选中用于作图的数据区域,根据表格类型选择系列产生在"行"还是"列",点击"系列"选项卡,设定图的名称和坐标名称,点击"下一步",在图表选项的各个选项卡中根据要求设置图的各项参数,单击"完成"即可绘成散点图。双击或右击图中的坐标轴、图标等任意对象,均可对这些对象进行格式修改。

视频:Excel
应用实例

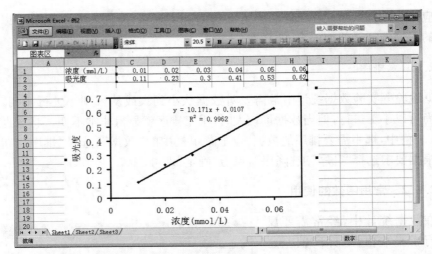

图 2 - 7 用 Excel 绘制工作曲线

选中图中的数据点,右击选择"添加趋势线",在"类型"中选择数据线类型(如线性),在"选项"中设置趋势线参数,点击"确定"得到趋势线(如直线)。图中所有对象的格式均可通过双击对象后唤出设置对话框进行更改。

2.6.4 滴定曲线的绘制

滴定分析影响因素众多,绘制滴定曲线有利于从宏观上了解滴定的客观过程。绘制步骤与工作曲线绘制基本一致,只需将子图表类型选择为"无数据点的平滑线散点图",无需添加趋势线。其他重复部分不再赘述。图 2 - 8 为用 $0.100\ 0\ \text{mol} \cdot \text{L}^{-1}$ NaOH 溶液滴定 20.00 mL $0.100\ 0\ \text{mol} \cdot \text{L}^{-1}$ HCl 溶液的过程中相关数据及所绘滴定分数 - pH 变化曲线。

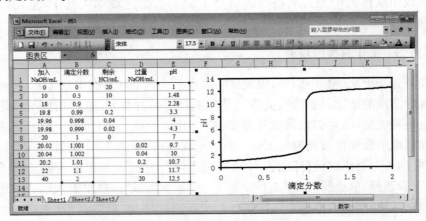

图 2 - 8 用 Excel 制作酸碱滴定曲线

本章小结

一、本章主要知识点梳理

（1）误差的表征

① 准确度：绝对误差、相对误差

② 精密度：偏差、标准偏差、相对标准偏差、平均值的标准偏差

（2）误差的分类

① 系统误差：单向性、重现性、可测性，原因可知、理论上可以克服

② 随机误差：双向性、不可消除

③ 过失误差：应该避免

（3）数据统计指标：平均值、中位数、平均偏差、极差、公差、标准偏差

（4）随机误差的分布：正态分布（无限多次测定）、t 分布（有限次测定）

（5）平均值的置信区间：统计指标的计算和分析结果的规范表达

（6）可疑值的取舍：Q 检验法、格鲁布斯法。

（7）显著性检验（是否存在系统误差）：F 检验（精密度）、t 检验（准确度）

（8）误差传递的规律

① 系统误差：对于加减运算，最终结果的绝对误差为各测量值的绝对误差之和（加）或差（减）；对于乘除运算，最终结果的相对误差为各测量值的相对误差之和（加）或差（减）。

② 随机误差：对于加减运算，最终结果的极值绝对误差为各测量值的绝对误差的绝对值之和；对于乘除法运算，最终结果的极值相对误差为各测量值的相对误差的绝对值之和。

（9）有效数字问题：位数的确定，修约规则，运算规则。

（10）提高分析结果准确度的方法

① 消除系统误差：对照试验、空白试验、校准仪器与量器、校正结果

② 减小随机误差：适当增加平行测定的次数

二、本章主要知识点间的相互关系

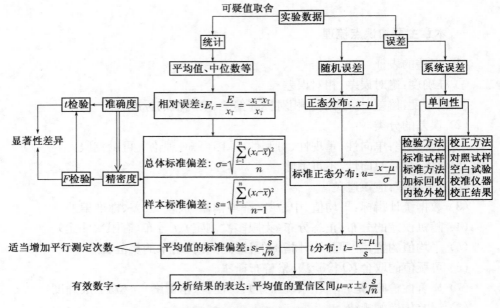

图 2-9　误差与分析数据统计知识关系图

1．回答下列问题：

（1）什么是误差和偏差？

（2）如何衡量准确度和精密度？

（3）误差可以用绝对误差来表示，为何还要引入相对误差的概念？

（4）如何减小随机误差？

（5）平均值的置信区间具有什么含义？

（6）什么叫做误差传递？ 为何在测量过程中要控制好易出现大误差的环节？

（7）下列步骤应按什么顺序进行：F 检验，可疑数据的取舍，t 检验？

（8）举例说明双侧检验与单侧检验的区别？

（9）提高分析结果的准确度可以采取哪些措施？

2．下列情况会引起什么误差？ 如果是系统误差，应如何消除？

（1）移液管与容量瓶使用前未经校准；

（2）天平的零点在称量过程中受环境影响有微小变动；

（3）试剂中含有微量待测组分；

（4）滴定管读数的最后一位估读不准；

（5）滴定过程中发现滴定管漏水；

（6）沉淀重量法中沉淀不完全。

3. 两位分析人员平行测定某铁矿石试样中铁的质量分数，称取试样质量 1.25 g，测定结果分别报告如下：

甲：40.78%，40.56%，40.70%；

乙：40.4%，40.6%，40.5%。

哪份报告是合理的，为什么？

4. 下列数值各有几位有效数字？

0.009 876，3.004 50，1.76×10^4，100.00，1 000，pH7.0 时的 $[H^+]$，$pK_a = 4.74$，$\lg K_{MY} = 16.79$

5. 按要求修约下列数值：

0.067 54 修约至三位有效数字；　　　　6.345 6 修约至四位有效数字；

2.345 00 修约至三位有效数字；　　　　3.141 59 修约至四位有效数字；

0.267 5 修约至三位有效数字；　　　　0.367 450 1 修约至四位有效数字。

6. 按有效数字的运算规则计算结果并进行修约：

（1）6.865 20＋5.102＋0.006 432；

（2）8.985 47÷1.054 5－6.43；

（3）0.236 7×9.36×23.54÷125.4；

（4）（1.262×4.237 1）＋1.3×10^{-5}－（0.007 689 6×0.032 4）；

（5）pH 4.74 的 $[H^+]$。

7. 间接碘量法测定样品中葡萄糖的含量，结果计算式如下：

$$\frac{\left[0.051\ 23 \times 20.04 - \dfrac{1}{2}(8.26 \times 0.105\ 4)\right] \times 10^{-3} \times 180.16}{0.506\ 7} \times 100\%$$

按有效数字的运算规则计算，结果应为多少？

8. 两人测定同一标准试样，各得一组数据的偏差如下：

甲：0.3，－0.2，－0.4，0.2，0.1，0.4，0.0，－0.3，0.2，－0.3；

乙：0.1，0.1，－0.6，0.2，－0.1，0.2，0.5，－0.2，0.3，0.1。

（1）求两组数据的平均偏差和标准偏差；

（2）为什么两组数据计算出的平均偏差相等，而标准偏差不等？

（3）哪组数据的精密度更高？

9. 一位气相色谱工作新手，要确定自己注射样品的精密度。同一样品注射了 10 次，每次 0.5 μL，色谱峰高分别为：142.1、147.0、146.2、145.2、143.8、146.2、147.3、150.3、145.9 及 151.8。求标准偏差与相对标准偏差，并对其色谱进样技术水平做出评价（有经验的色谱工作者，很容易达到 RSD ≤ 1%）。

10. 一组测定碳的相对原子质量所得数据为：12.008 0、12.009 5、12.009 9、12.010 1、12.010 2、12.010 6、12.011 1、12.011 3、12.011 8 和 12.012 0。计算：① 平均值；② 标准偏差；③ 平均值的标准偏差；④ 平均值在 99% 置信度的置信区间。

11. 用重量法测定试样中 Fe 的含量时,6 次测定结果的平均值为 46.20%,用滴定分析法 4 次测定结果的平均值为 46.02%,两者的标准偏差都是 0.08%。这两种方法所得的结果是否存在显著性差异?

12. 用氯丁二烯氯化生产二氯丁二烯时,产品中总有少量的三氯丁二烯杂质存在。分析表明,杂质的平均含量为 1.60%。改变反应条件进行试生产,每 5 h 取样 1 次,共取 6 次,测得杂质含量分别为:1.46%、1.62%、1.37%、1.71%、1.52% 及 1.40%。问改变反应条件后,产品中杂质含量与改变前相比是否有明显差别($\alpha=0.05$)?

13. 用化学法和高效液相色谱法(HPLC)测定同一复方乙酰水杨酸(APC)片剂中乙酰水杨酸的含量,测得的标示含量如下:HPLC(3 次进样的均值):97.2%、98.1%、99.9%、99.3%、97.2%、98.1%;化学法:97.8%、97.7%、98.1%、96.7%、97.3%。问在该项分析中可否用 HPLC 法替代化学法?(提示:两种方法分析结果的精密度是否存在显著性差异?两种方法的平均值是否存在显著性差异?)

14. 用 HPLC 分析某复方制剂中氯原酸的含量,共测定 6 次,$\bar{x}=2.74\%$,$s_{\bar{x}}=0.56\%$。试求置信度分别为 95% 和 99% 时平均值的置信区间。

第三章　分析试样的采集和前处理

§3.1　概　述

分析过程中,将采样之后、测定之前的步骤统称为前处理。包括样品的保存和试样的制备、试样的分解、待测组分的分离与富集这些前处理方法。

定量化学分析的目的是获取物质的"量",而"量"的价值所在是准确。如何获取待测物质准确的"量"是分析化学的主要内容。初学者往往更多地关注于分析测试的方法、步骤和结果的计算,对取样、制样、分离等环节重视不够。

如果采集的样品没有代表性,就有"以点带面"之嫌,此时追求测试结果的准确性意义不大。在样品的前处理过程中损失了待测试组分或是引入了干扰及污染物质,同样也会造成定量的不准确。以上这些影响远远大于分析方法本身所带来的误差。

对于绝大多数实际样品,如食品、土壤、建材等,若不经过适当的前处理,是无法直接进行滴定分析或重量分析的,必须经过适当的前处理过程,将待测组分转化进入待测试样(一般是液体试样)后才能进行分析。

另外,前处理在整个分析过程中所占工作量的比重往往也是最大的。图3-1是分析过程中各个步骤的工作量在整个分析过程中所占的比例统计结果。

很多已经学过分析化学的人,当真正面对实际样品时却感到无从下手,究其原因还是对样品前处理的知识和手段缺乏足够的了解。样品的采集和前处理是分析过程中首先面临的,而且是非常重要的环节,基于这一观点,本书将相关内容单

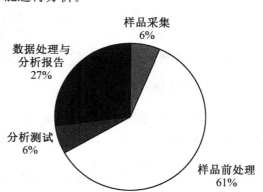

图 3-1　各分析步骤在整个分析
工作中所占工作量的一般比重

独列在第三章讲解,以突出分析试样采集和前处理的重要性及实用性。

§3.2　试样的采集

分析过程的第一步是试样的采集,即从大量待测对象中抽取具有代表性的少量样本。若试样采集方法不合理,所采集的试样不具有代表性,那么,无论测试方法多么准确,检测过程多么认真,分析结果也意义不大。使用正确的方法采集试样十分重要。

(1) 几个采样中常用的定义

① 物料　指分析对象。形态可以是固体、液体或气体,其量可从几克至成千上万吨。

② 子样　也称试样物料,指按照试样采集的要求和规范所采集到的具有代表性的物料。子样可用于制备试样。

③ 子样数目　指在一个物料中应布采集试样物料点的个数。通常子样数目应根据物料本身的颗粒大小、均匀程度、杂质含量的高低以及物料总量的多少等因素来决定。

④ 原始平均试样物料　指将所采集的子样合并在一起混匀所得的物料。

⑤ 试样　指将所采集的试样物料按照规定的操作过程处理后,取一定质量的可直接用于分析测定的物料。

(2) 采样时应遵循以下采样原则

① 物料总体的各部分被采集的概率应相同;

② 根据物料的性质与准确度的要求,确定适宜的采样量;

③ 采样技术不能对物料待测性质有任何影响;

④ 在达到采样预期要求的前提下,采样费用尽可能较低。

根据以上原则,不同形态的物料应有不同的采样方法。

3.2.1　固体试样的采集

根据固体物料试样的形式、均匀度和所处环境的不同,可设置不同的采样点,用不同的方式进行采样,以保证所采试样具有代表性。

常见的固体试样包括粉末或颗粒物(如土壤、水泥、化肥、药物、谷物、矿物等)、片状和棒状材料(如聚合物薄膜、金属线材和板材等)。物料形式不同,自身的均匀度不同,采样方法也各异。若物料为粉末或颗粒物,且分布较均匀,则采样操作较简单。例如,物料包装为物料袋时,可用图3-2所示的固体采样管沿对角线插入袋中,旋转180°抽出,所得物料即为一份子样。如果固体物料的颗粒大小不均匀(如原料矿石),甚至相差较大,则需根据采样准确度的要求与物料的均匀度,确定子样

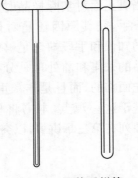

图 3-2　固体采样管

数目。

设整批物料中待测组分的平均含量为 μ，且测定误差主要来源于采样，则包含总体平均值的置信区间为：

$$\mu = \bar{x} \pm t \frac{\sigma}{\sqrt{n}} \qquad (3-1)$$

式中：$\bar{x}$ 为试样中待测组分的平均含量；n 为子样数目；σ 为试样中待测组分含量的标准偏差；t 为与置信度和子样数目相关的统计量（见表 2-2）。

设试样中待测组分的平均含量与整批物料中该组分的平均含量差值为 E，则

$$E = \bar{x} - \mu$$

$$n = \left(\frac{t\sigma}{E}\right)^2 \qquad (3-2)$$

由此可见，对分析结果的准确度要求越高，即 E 越小，子样数目 n 就越大；物料均匀程度越差，σ 越大，子样数目也越大；此外，若置信度高，相应统计量 t 值增大，子样数目也需增加。

取样时除了需要确定子样的数目，根据物料粒度的大小和均匀度不同，还需确定试样的采样量。设最小采样量为 Q，单位 kg。Q 值可按照切乔特公式（Qeqott formula）计算：

$$Q \geqslant Kd^2 \qquad (3-3)$$

式中：d 为物料中最大颗粒的直径（mm）；K 为反映物料特性的缩分系数，因物料种类和性质不同而异，由各行业部门根据经验拟定，通常在 $0.05 \sim 1$。

【例 3-1】　有试样 20 kg，粗碎后最大颗粒直径约 6 mm，设 K 值为 0.2，问可缩分几次？ 如缩分后再破碎至全部通过 10 号筛（见表 3-2），还需再缩分几次？

解：$Q \geqslant Kd^2 = 0.2 \times 6^2 = 7.2$ kg，

缩分一次剩余量为 $\frac{1}{2}$，所以只能缩分 1 次，留下试样 10 kg。

过 10 号筛后，最大粒径 d 为 2 mm，则

$Q \geqslant 0.2 \times 2^2 = 0.8$ kg，

$10 \times \left(\frac{1}{2}\right)^n \geqslant 0.8$。

$n = 3$，还需缩分 3 次。

可见，物料的粒径较小时，可以减小最低采样质量。

对于质地非常均匀的金属片、板材或丝状物料试样，剪一部分即可作为子样进行分析。但对钢锭或铸铁等物料试样，虽然也经过熔融、冶炼处理，但是在冷却凝固的过程中，纯组分的凝固点比较高，杂质的凝固点较低，在冷却凝固过程中会向内部移动，造成其表面和内部的组成不均匀。采样时应采用钢钻钻取不同深度、不同部位的碎屑混合后进行处理和测定。

此外，还可根据物料所处环境的不同，采取不同的方法进行采样。

1. 物料流的采样

随输送皮带、运输机械等运送工具运转的物料,称为物料流。采样时应先根据物料流的相关性质及大小确定子样数目后,再按照相关规定合理布点采样。人工采集物料流的样品时,应在物料流的左、中、右位置分别布点,使用图3-3所示的采样铲,在多个采样点同时采取规定量的物料。采样时应注意将采样铲紧贴传送带,不能抬高铲子仅取物料流表面的物料。

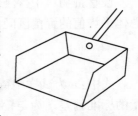

图3-3 人工固体采样铲

2. 运输工具中物料的采样

对于在火车、斗车等运输工具中的物料,可根据容积大小的不同,在车厢对角线上按照布点数目平均设点采样。具体布点数与车厢容量的关系如图3-4所示。

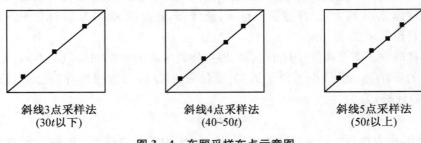

斜线3点采样法
(30t以下)

斜线4点采样法
(40~50t)

斜线5点采样法
(50t以上)

图3-4 车厢采样布点示意图

在采样过程中还需注意,如果在所布的采样点处恰好有直径大于150 mm的块状物,且质量占所取物料总量的5%以上时,应将块状物粉碎,再按照四分法(详见§3.3)取样作为子样。

3. 物料堆的采样

物料堆积呈现为物料堆的形式,这种情况最为常见,例如煤炭、谷物等。物料堆的质量从几克到成千上万吨不等,为了能在物料堆中采集有代表性的试样,首先应根据物料堆颗粒的大小及均匀程度,计算应采集的

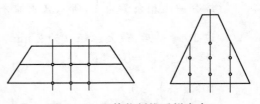

图3-5 固体物料堆采样布点

子样数目和最小采集物料的质量,然后根据相关标准布点采样。图3-5是常见物料堆的采样布点方式。

为了避免采集到的固体试样受到外界污染,所采试样应保存在适当的容器中。对于易被氧化的固体试样应作密封处理以隔绝氧气。

3.2.2 液体试样的采集

液态物料,形式多样,例如液体状口服制剂、酒等饮料、天然水、工业水等。对于较均匀的液体物料,可直接用虹吸管或注射器抽取。但大多数的液体物料并非

完全均匀,根据其存在形式及状态的不同,应采取不同的采样方式。

1. 流动状态液体物料的采集

若流动液体物料为天然的江河流水,应先按照地表水采样技术与规范进行布点,再进行水样的采集。若物料在输送管道中,应先根据单位时间内的总流量确定子样数目、采集子样的间隔时间和采集量,然后通过在管道不同部位安装采样阀(见图3-6)采集子样。为了保证所采子样具有代表性,在采样时应先将采样阀口及初流物料弃去,再进行正式采样。

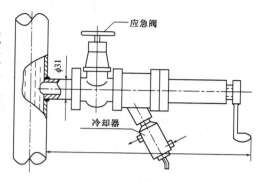

图3-6 液体物料管道采样阀

2. 总量较大且呈静止状态的液体物料采集

该类物料常见形式有湖泊水、工业废水池等。由于总量很大,故应采用分点、分时的采样方法。例如,分析某水体的重金属污染情况,应在水体的不同深度、不同区域进行采样。所采集的子样可以单独处理成试样进行测定,以了解水体重金属污染的空间分布情况。也可将所采集的子样混合均匀,制备成原始平均试样物料,再吸取一定试样进行分析测定。

3. 贮罐(瓶)中液态物料的采集

这类液体物料一般组成均匀,采样也容易。对于一般样品,可搅拌均匀后直接取样分析。如果是不易搅拌均匀的样品,可采用液态物料采样器(见图3-7)进行采样。

对于液态物料,无论采用哪种方式进行采样,都应注意两点:① 采样容器和采样工具使用前必须清洁,采样前需用被测物进行冲洗;② 在采样中应防止物料组成改变。例如,不要让挥发性组分、气体逸出;对于包含于液体物料中的不溶微粒或其他液体,应搅拌均匀后一同采集入试样中。

容器的材质在采集液态物料时需特别注意。例如分析有机物、杀虫剂和油污时,由于这些物质常与塑料表面相互作用,故应选用玻璃容器;而在分析痕量金属离子时,由于玻璃容器对金属离子有吸附作用,故应选用塑料容器。

图3-7 液体物料采样器

液态物料采集后所得样品,其化学组分还可能受化学、物理等环境因素变化的影响。因而,在样品采集后,要合理控制试样的 pH 和温度,应密封并避光保存,必要时还需加入防腐剂。液态样品的保存时间和条件因样品不同而异,表3-1列出了常见水质分析中部分分析物的保存方法及保存时间。

表 3-1　常见水质分析中样品的保存方法及时间

分析物	保存方法	保存时间(d)
氨	4℃；pH<2(H₂SO₄)	28
氯	无需特殊保存条件	28
金属 Cr(Ⅵ)	4℃	1
金属 Hg	pH<2(HNO₃)	28
其他金属离子	pH<2(HNO₃)	180
硝酸根	无需特殊保存条件	2
待测 pH 的样品溶液	无需特殊保存条件	立即测定
有机氯	1 mL 10 mg·mL⁻¹ HgCl₂ 或加入溶剂萃取	7(无萃取剂) 40(有萃取剂)

3.2.3　气体试样的采集

视频:室内
有害气体
采样与检
测

　　典型的气体物料试样包括大气、工业废气、汽车尾气和压缩气等。由于气体具有很好的扩散性、流动性和均匀性,所以对于一般气体物料,最简单的采集方法是用气泵将气体充入密闭容器中。这种方法简单快速,但所采集试样的浓度较低,且易混入杂质。因此,为了保证采样的浓度与纯度,应根据气体物料性质及状态的不同,选用相应的方法,并注意采样操作安全。气体物料采样方法主要有以下几种。

　　1. 液体吸收法

　　此法主要用于采集低浓度的气态物料,吸收溶剂多采用水溶液或有机溶剂。根据气体物料的性质及后续所采用的测定方法不同,选择的吸收溶剂也不同。例如,大气中二氧化硫气体的采集可采用甲醛溶液吸收,因为两者反应可生成稳定的羟基甲基磺酸,该产物在碱性条件下与盐酸副玫瑰苯胺作用,生成紫红色化合物,用分光光度法定量分析。对吸收溶剂的选择,要求其不仅能与被采集物质快速作用,保证高吸收率,而且反应后的产物应易于后续的分析测定。

　　2. 固体吸附剂法

　　此法主要用于采集气溶胶物料,吸附剂的作用主要是物理性阻留。常用的固体吸附剂有两类:一类为颗粒状吸附剂,例如硅胶、素陶瓷、氧化铝等。其中硅胶又分为粗孔及中孔硅胶,这两种硅胶均有物理和化学吸附作用。素陶瓷在使用前需用酸或碱除去杂质,并在110~120 ℃烘干。由于素陶瓷不是多孔性物质,被吸附的物质仅停留在粗糙表面,所以取样后比较容易洗脱。另一类固体吸附剂为纤维状,例如滤纸、滤膜、脱脂棉、玻璃棉等。若采用滤纸、滤膜,要求致密均匀,否则取样效率较低。

　　3. 真空瓶法

　　此法主要用于采集高浓度的气态物料或不易被液体或固体吸附剂吸收的物

料。具体操作方法是先将具有活塞的密闭容器抽空,在取样点打开活塞,被测气态物料立即充满容器,再向采集容器中加入吸收液,使气态物料与吸收液长时间接触,以利于被测物质的吸收。

若采样时没有抽气泵,也可采取液体置换法。对于选用的液体,要求气态物料在液体中的溶解度小,且不与被测物质反应。取样时先将液体注满取样器,在取样点放出液体,被测气态物料即可充满取样器。

4. 静电沉降法

此法常用于采集气溶胶状物质。将气态物料通过 12 000~20 000 V 的电场,气态分子在电场中电离成气态离子,并附着在气溶胶粒子上,带电荷的溶胶粒子在电场作用下沉降聚集在电极表面,再将电极表面沉降的物质洗下,进行分析测定。与固体吸附剂法比较,此法取样效率高、速度快,但若有易爆炸性气体、蒸气或粉尘存在时,不能使用。

此外,如果采集的气态物料为负压气体,需连接抽气泵如机械真空泵和流水真空泵。对于高压气体,可用预先抽真空的容器抽取试样。

气体试样一般比较稳定,无需特殊保存。对于用吸附剂采集的试样,可通过加热或用适当的溶剂萃取后用于分析。对于贮存在大容器(如贮气柜或贮气槽)内的气体,因上下密度和均匀性可能不同,应在上、中、下等不同部位采集部分试样后混匀。

§3.3　试样的制备

由于液体与气体物料较均匀,将所采集的多个试样分取一部分,经过充分混合,即可直接进行分析。但固体物料采样量大,粒径不一,均匀度较差,不能直接进行分析。为了能从大量原始平均物料中取出一部分具有代表性的试样用于分析测定,必须对原始平均物料进行试样制备处理。

固体试样的制备,包括破碎、过筛、混合、缩分四步。为了达到分析测试的要求,有时需要反复进行。

3.3.1　破碎

破碎是将大块固体物料通过机械或手工方法分散成粒径较小的物料的过程。机械破碎是指使用颚式破碎机(图3-8)、锥式轧碎机、圆盘粉碎机等机械工具对物料进行粉碎。手工破碎是指用手锤、压磨锤、研钵等将物料粉碎。工具的选择,应根据物料性质和测定要求。例如性质较脆的煤、焦炭,可用手锤、压磨锤等工具,而大量块状矿石,可选用颚式破碎机。

图 3-8　颚式破碎机

根据破碎的程度和物料的粒径大小,整个破碎过程可分为三个阶段。

(1)粗碎:用颚式破碎机将物料破碎至通过 3~6 号筛(见表 3-2);

表 3-2　标准筛的筛号

筛号(网目)	3	6	10	20	40	60	80	100	120	140	200
筛孔直径/mm	6.72	3.36	2.00	0.83	0.42	0.25	0.177	0.149	0.125	0.105	0.074

(2)中碎:用圆盘式粉碎将物料破碎至通过 20 号筛(见表 3-2);

(3)细碎:用圆盘式粉碎机进一步将物料破碎,必要时用压磨锤、研钵研磨至通过 100~200 号筛。

破碎过程的目的是使制备试样的组成更均匀,易被试剂分解。如果制备试样未达到要求,可不断破碎,甚至反复进行。但如果已满足要求,则不必研磨过细,否则可能会引起试样组成的改变。引起组分改变的可能情况有以下几种:① 粉碎试样过细引起试样中水含量的改变;② 由于破碎机械的磨损引入某些杂质;③ 破碎研磨发热引起的升温导致某些挥发性组分逸去;④ 粉碎后表面积增大,导致某些组分易被空气氧化;⑤ 破碎中的锤击使物料飞溅而导致损失。

3.3.2　过筛

破碎过程完成后,为了保证试样颗粒的均匀性,需进行筛分。在筛分前,首先应根据物料情况决定是否需要烘干,以免过筛时黏结,将筛孔堵塞。过筛所用的筛子,材质通常为铜合金网或不锈钢网(见图 3-9)。

根据筛孔直径大小不同,筛子可分为不同型号的标准筛。表 3-2 列出我国现用的标准筛孔径。在物料破碎后应根据物料颗粒大小,

图 3-9　不同规格的标准筛

选择合适的筛子进行筛分。对于大于筛孔而被截留的物料,不能弃去,应将其反复破碎,最终保证物料全部通过筛孔。

3.3.3　混合

混合试样的方法,通常采用堆堆法。把破碎过筛后的物料,用铁铲堆成一个圆锥体。然后围绕物料堆,由圆锥体底部开始一铲一铲将物料铲起,在距圆锥体一定距离处的另一中心重新堆成一个圆锥体。注意每一铲物料都应由锥体顶部自然滑落,这样操作反复三次后,即可认为混合均匀。

如果试样量较小,也可将试样放在光滑的油光纸或塑料膜上,按照对角线方向依次反复提起,使试样不断滚动,也可达到混合的目的。

如果物料量较大,可将其倒入机械搅拌器中进行混匀。

3.3.4　缩分

由于所采集的原始平均试样量较大,没有必要全部将其制备成分析试样,因此需要将破碎混合后的样品进行多次缩分,逐步减少试样量,直至达到测定所需量。常用的缩分法有两种。

1. 分样器二分法

此法是利用分样器(也称二分器,见图 3-10)缩分试样。具体操作如下:用一个宽度与分样器进料口相吻合的铲子,将物料缓缓倾倒入分样器中,二分器能自动地把相间格槽中的试样收集起来,平均分成两份,顺着出口两侧流出。将其中一份弃去,另一份保留。如果试样量仍然较大,可继续进行再破碎、过筛、混合、缩分。这种方法简便快捷,劳动强度小。分样器也有不同规格,可根据试样量和测定要求的需要选择。

图 3-10　分样器(二分器缩样机)

2. 四分法

当没有分样器时,最常用的手工缩分方法是四分法(见图 3-11)。具体操作方法是:首先将混匀好的圆锥体物料堆的锥顶压平,然后通过圆心按十字形将试样堆平分为四等份。保留其中任意对角线的两份,弃去其余的两份。经过一次四分法处理,试样量缩减为一半。反复用四分法缩分,直至试样量达到分析测定要求。

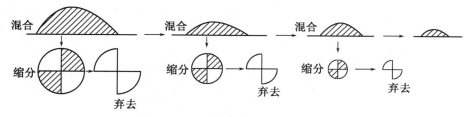

图 3-11　四分法示意图

将缩分后得到的物料装入密封袋或磨砂广口试剂瓶中,同时贴上标签,表明该物料的基本信息,例如采集地点、时间、制样时间、试样性状、试样量等,供分析测定时参考。

§3.4　试样的分解

在实际分析工作中,通常要先将试样分解,把待测组分定量转入溶液后再进行测定。在分解试样的过程中,应遵循以下几个原则:

（1）试样的分解必须完全；

（2）在分解试样的过程中，待测组分不能有损失；

（3）不能引入待测组分和干扰物质。

根据试样的性质和测定方法的不同，常用的分解方法有溶解法、熔融法和干式灰化法，近来也出现纳米材料光催化降解等新方法。

3.4.1 溶解法

采用适当的溶剂将试样溶解后制成溶液的方法称为溶解法。常用的溶剂有水、酸和碱等。

1. 水溶法

对于可溶性的无机盐，可直接用蒸馏水溶解制成溶液。

2. 酸溶法

多种无机酸及混合酸常用作溶解试样的溶剂。利用这些酸的酸性、氧化性或配位性，使被测组分转入溶液。常用的酸有以下几种。

（1）盐酸（HCl）

大多数氯化物均溶于水，电位序在氢之前的金属及大多数金属氧化物和碳酸盐都可溶于盐酸中，另外，Cl^-可与许多金属离子生成配离子（如 $FeCl_4^-$，$SbCl_4^-$ 等）而利于试样的溶解。常用来溶解赤铁矿（Fe_2O_3）、辉锑矿（Sb_2S_3）、碳酸盐、软锰矿（MnO_2）等样品。

盐酸和 Br_2 的混合溶剂具有很强的氧化性，可有效地分解大多数硫化矿物。盐酸和 H_2O_2 的混合溶剂可以溶解不锈钢和铝、钨、铜及其合金等。用盐酸溶解砷、锑、硒、锗的试样，生成的氯化物在加热时易挥发而造成损失，在开放性容器中加热时应避免温度过高。

（2）硝酸（HNO_3）

具有较强的氧化性，几乎所有的硝酸盐都溶于水，除铂、金和某些稀有金属外，浓硝酸几乎能溶解所有的金属及其合金。铁、铝、铬等会被硝酸钝化，溶解时加入非氧化酸，如盐酸除去氧化膜即可很好地溶解。

$$2Cr + 2HNO_3 = Cr_2O_3 + 2NO\uparrow + H_2O$$
$$Cr_2O_3 + 6HCl = 2CrCl_3 + 3H_2O$$

几乎所有的硫化物也都可被硝酸溶解，但应先加入盐酸，使硫以 H_2S 的形式挥发除去，以免被氧化为单质硫而将试样包裹，影响继续分解。

（3）硫酸（H_2SO_4）

除钙、锶、钡、铅外，其他金属的硫酸盐都溶于水。热的浓硫酸具有很强的氧化性和脱水性，常用于分解铁、钴、镍等金属和铝、铍、锑、锰、钍、铀、钛等金属合金，还可分解土壤等样品中的有机物，并使析出的碳进一步氧化除去。

$$2H_2SO_4 + C = CO_2\uparrow + 2SO_2\uparrow + 2H_2O$$

硫酸的沸点较高（338 ℃），当硝酸、盐酸、氢氟酸等低沸点酸的阴离子对测定有干扰时,常加硫酸并蒸发至冒白烟(SO_3)来驱除。在稀释浓硫酸时,切记,一定要把浓硫酸缓慢倒入水中(不要把水倒在密度较大的浓硫酸表面),并用玻璃棒不断搅拌,如沾到皮肤要立即用大量水冲洗,若黏附的量较大,则宜先迅速擦吸再立即用大量水冲洗。

（4）磷酸（H_3PO_4）

磷酸根具有很强的配位能力,因此,几乎 90％的矿石都能溶于磷酸,包括许多其他酸不溶的铝钡土、铬铁矿、钛铁矿、铌铁矿、金红石（TiO_2）等。对于含有高碳、高铬、高钨的合金也能很好地溶解。单独使用磷酸溶解时,一般应控制在 500～600 ℃、5 min 以内。若温度过高、时间过长,则会析出焦磷酸盐难溶物,或生成聚硅磷酸黏结于器皿底部,同时也腐蚀玻璃。

（5）高氯酸（$HClO_4$）

热的、浓的高氯酸具有很强的氧化性,能迅速溶解钢铁和各种铝合金。能将 Cr、V、S 等元素氧化成最高价态。高氯酸的沸点为 203℃,蒸发至冒烟时,可驱除低沸点的酸,残渣易溶于水。高氯酸也常作为重量法中测定 SiO_2 的脱水剂。使用 $HClO_4$ 时,应避免与有机物接触,当样品含有机物时,应先用硝酸氧化破坏有机物和还原性物质后再加高氯酸,以免发生爆炸。

（6）氢氟酸（HF）

氢氟酸的酸性很弱,但 F^- 的配位能力很强,能与 Fe(Ⅲ)、Al(Ⅲ)、Ti(Ⅳ)、Zr(Ⅳ)、W(Ⅴ)、Nb(Ⅴ)、Ta(Ⅴ)、U(Ⅵ)等形成配离子而溶于水,并可与硅形成 SiF_4 而逸出。氢氟酸对玻璃有腐蚀作用,使用氢氟酸分解试样应在铂皿或聚四氟乙烯器皿中进行。氢氟酸及多数氟化物尤其是挥发性氟化物对人体有害,一定要在通风柜中操作。一旦沾到皮肤要立即用水冲洗干净。

3. 混合酸溶法

（1）王水

浓 HNO_3 与浓 HCl 按 1∶3（体积比）混合。

$$HNO_3 + 3HCl = 2H_2O + Cl_2 + NOCl$$

由于硝酸的氧化性和盐酸的配位性,使其具有更好的溶解能力。能溶解 Pb、Pt、Au、Mo、W 等金属和 Bi、Ni、Cu、Ga、In、U、V 等的合金,也常用于溶解 Fe、Co、Ni、Bi、Cu、Pb、Sb、Hg、As、Mo 等的硫化物和 Se、Sb 等矿石。

$$HgS + 2NO_3^- + 4H^+ + 4Cl^- = HgCl_4^{2-} + 2NO_2 \uparrow + 2H_2O + S$$
$$Au + 4HCl + HNO_3 = HAuCl_4 + NO \uparrow + 2H_2O$$
$$3Pt + 4HNO_3 + 18HCl = 3H_2PtCl_6 + 4NO \uparrow + 8H_2O$$

（2）逆王水

浓 HNO_3 与浓 HCl 按 3∶1（体积比）混合。氧化性比王水更强,可分解 Ag、Hg、Mo 等金属及 Fe、Mn、Ge 的硫化物。

（3）硫王水

浓 HCl、浓 HNO_3、浓 H_2SO_4 的混合物。可溶解含硅量较大的矿石和铝合金。

（4）$HF+H_2SO_4+HClO_4$

可分解 Cr、Mo、W、Zr、Nb、Tl 等金属及其合金,也可分解硅酸盐、钛铁矿、粉煤灰及土壤等样品。

（5）$HF+HNO_3$

常用于分解硅化物、氧化物、硼化物和氮化物等。

（6）$H_2SO_4+H_2O_2+H_2O$

H_2SO_4：H_2O_2：H_2O 按 2：1：3（体积比）混合。可用于油料、粮食、植物等样品的消解。若加入少量的 $CuSO_4$、K_2SO_4 和硒粉作催化剂,可使消解更加快速完全。

（7）$HNO_3+H_2SO_4+HClO_4$（少量）

常用于分解铬矿石及一些生物样品,如动植物组织、尿液、粪便和毛发等。

（8）$HCl+SnCl_2$

主要用于分解褐铁矿、赤铁矿及磁铁矿等。

4. 碱溶法

碱溶法的主要溶剂为 NaOH、KOH 溶液或加入少量的 Na_2O_2、K_2O_2。常用来溶解两性金属,如铝、锌及其合金以及它们的氢氧化物或氧化物,也可用于溶解酸性氧化物如 MoO_3、WO_3、GeO_2 和 V_2O_5 等。

5. 有机物的溶解

对于有机物中的低级醇、多元酸、糖类、氨基酸、有机酸的碱金属盐,可用水溶解。许多有机物不溶于水但可溶于有机溶剂。例如,酚等有机弱酸易溶于乙二胺、丁胺等碱性有机溶剂;生物碱等有机碱易溶于甲酸、冰醋酸等酸性有机溶剂。一般可根据相似相溶的原理选择溶剂,极性有机化合物用甲醇、乙醇等极性有机溶剂溶解;非极性有机化合物用氯仿、四氯化碳、苯、甲苯等非极性有机溶剂溶解。溶剂的选择也可参考有关资料。表 3-3 列出了几种溶解高聚物的有机溶剂。

表 3-3　工业高聚物的溶剂

高聚物	溶剂
聚苯乙烯,醋酸纤维,醋酸-丁酸纤维	甲基异丁基酮
聚丙烯腈,聚氯乙烯,聚碳酸酯	二甲替甲酰胺
聚氯乙烯-聚乙烯共聚物	环己酮
聚酰胺	60%甲酸
聚醚	甲醇

3.4.2　熔融法

熔融法是将试样与酸性或碱性熔剂混合,利用高温下试样与熔剂发生的多相反应,使试样组分转化为易溶于水或酸的化合物。该法是一种高效的分解方法。但要注意,熔融时,需加入大量的熔剂(一般为试样的 6~12 倍)而增加引入干扰的机会。另外,熔融时,由于坩埚材料的腐蚀,也会引入其他组分。根据所用熔剂的性质和操作条件,可将熔融法分为酸熔、碱熔和半熔法。

1. 酸熔法

酸熔法适用于碱性试样的分解。常用的熔剂有 $K_2S_2O_7$、$KHSO_4$、KHF_2、B_2O_3 等。$KHSO_4$ 加热脱水后生成 $K_2S_2O_7$,两者的作用是一样的。在 300 ℃ 以上时,$K_2S_2O_7$ 中部分 SO_3 可与碱性或中性氧化物(如 TiO_2、Al_2O_3、Cr_2O_3、Fe_3O_4、ZrO_2 等)作用,生成可溶性硫酸盐。常用于分解铝、铁、钛、铬、锆、铌等金属氧化物及硅酸盐、煤灰、炉渣和中性或碱性耐火材料等。KHF_2 在铂坩埚中低温熔融可分解硅酸盐、钍和稀土化合物等。B_2O_3 在铂坩埚中于 580 ℃ 熔融,可分解硅酸盐及其他许多金属氧化物。

2. 碱熔法

碱熔法用于酸性试样的分解。常用的熔剂有 Na_2CO_3、K_2CO_3、$NaOH$、KOH、Na_2O_2 和它们的混合物等。

(1) Na_2CO_3 和 K_2CO_3

Na_2CO_3 熔点(melting point,简称 mp)850 ℃,与 K_2CO_3(mp 890 ℃)按 1:1 形成的混合物,其熔点 700 ℃ 左右,用于分解硅酸盐、硫酸盐等。分解硫、砷、铬的矿样时,用 Na_2CO_3 加入少量 KNO_3 或 $KClO_3$,在 900 ℃ 时熔融,可利用空气中的氧将其氧化。用 Na_2CO_3 或 K_2CO_3 作熔剂宜在铂坩埚中进行。

(2) Na_2CO_3+S

用来分解含砷、锑、锡的矿石,可使其转化为可溶性的硫代酸盐。由于含硫的混合熔剂会腐蚀铂,故常在瓷坩埚中进行。

(3) $NaOH$ 和 KOH

$NaOH$(mp 321 ℃)和 KOH(mp 404 ℃)两者都是低熔点的强碱性熔剂,常用于分解铝土矿、硅酸盐等试样;可在铁、银或镍坩埚中进行分解。用 Na_2CO_3 作熔剂时,加入少量 $NaOH$,可提高其分解能力并降低熔点。

(4) Na_2O_2

Na_2O_2 是一种具有强氧化性、强腐蚀性的碱性熔剂,能分解许多难溶物,如铬铁矿、硅铁矿、黑钨矿、辉钼矿、绿柱石、独居石等,能将其中大部分元素氧化成高价态。有时将 Na_2O_2 与 Na_2CO_3 混合使用,以减缓其氧化的剧烈程度。用 Na_2O_2 作熔剂时,不宜与有机物混合,以免发生爆炸。Na_2O_2 对坩埚腐蚀严重,一般用铁、镍或刚玉坩埚。

(5) $NaOH+Na_2O_2$ 或 $KOH+Na_2O_2$

常用于分解一些难溶性的酸性物质。

3. 半熔法

半熔法又称烧结法。该法是在低于熔点的温度下,将试样与熔剂混合加热至熔结。由于温度比较低,不易损坏坩埚而引入杂质,但加热所需时间较长。例如 750~800℃时,用 Na_2CO_3+ZnO 分解矿石或煤;用 $MgO+Na_2CO_3$ 分解矿石、煤或土壤等。

一般情况下,优先选用简便、快速、不易引入干扰的溶解法分解样品。熔融法分解样品时,操作费时费事,且易引入坩埚杂质,所以熔融时,应根据试样的性质及操作条件,选择合适的坩埚,尽量避免引入干扰。常用的坩埚有瓷坩埚、铁坩埚、镍坩埚、刚玉坩埚、铂坩埚(不能用于有王水的溶样)等。

3.4.3 干式灰化法

常用于分解有机试样或生物试样。在一定温度下,于马弗炉(muffle furnace)内加热,一般控制温度 400~900℃,空气中的氧起氧化剂的作用而使试样分解,然后用适当的溶剂溶解无机残余物。有机物比例较高的试样宜先在电炉上敞口灰化,待不冒黑烟后再进入马弗炉,以免因炉内氧气不足而分解不完全。马弗炉应逐渐升温,以免样品起泡、着火、爆燃而造成损失。还应根据待测物质挥发性的差异,选择合适的灰化温度,以免挥发而引起误差。

也可用氧瓶燃烧法。该法由薛立格(Schgniger)1955 年创立,是将试样包裹在定量滤纸内,用铂片夹牢,放入充满氧气并盛有少量吸收液的锥形瓶中燃烧,试样中的硫、磷、卤素及金属元素,将分别形成硫酸根、磷酸根、卤素离子及金属氧化物或盐类等溶解在吸收液中。对于有机物中碳、氢元素的测定,通常用燃烧法,将其定量转化为 CO_2 和 H_2O。

低温灰化法是通过射频放电产生的强活性氧游离基在低温下破坏有机物,一般保持温度低于 100 ℃以最大限度地减少挥发损失。

3.4.4 湿式消化法

1. 常压消解

传统的做法是将硝酸和硫酸混合物与试样一起置于克氏(克达尔,Kjeldahl)烧瓶内,在一定温度下进行煮解。其中硝酸能破坏大部分有机物。在煮解过程中硝酸被逐渐蒸发,当剩余的硫酸开始冒浓厚的 SO_3 白烟时,物料在烧瓶内回流,直到溶液清亮透明。硫酸铜、钼盐、硒粉常用作催化剂以加速煮解的过程。

2. 压力消解

一般是指将试样和溶剂装在密闭容器里置于烘箱中加热,容器一般为具有不锈钢外套的聚四氟乙烯罐。由于溶剂受热挥发以及反应产生的气体被密封在罐中,因而罐内的温度和压力均较高,有利于溶剂充分渗透进试样的内部,同时高温可以加快分解反应的速度。

3. 微波消解

将压力消解所用的烘箱改为微波炉,密闭容器改为经过结构强化的聚四氟乙烯罐。由于样品中所含的水等极性分子的取向会随着微波场的高频变化而剧烈改变,并与相邻分子相互作用,因而加热效率很高,促进化学反应的作用也更加明显,原本需要加热数小时才能分解的样品只需微波数分钟即可顺利完成,大大简化了操作步骤,节省了时间和能源,也减小了试剂用量和试剂空白,减轻了对环境的污染。商品化的微波消解系统,如图 3-12 所示,一般都有测温、测压功能,可以设定温度、压力和加热功率,在安全性上有可靠的保证,得到越来越普遍的应用。

图 3-12　微波消解仪

3.4.5　纳米材料光催化降解法

在人们的心目中,试样的分解往往离不开加酸、加碱、加强氧化剂、加热甚至加压等操作。纳米材料的出现及其光催化性能的应用,使得在非常缓和的条件下高效分解试样成为可能。

例如,水中的总磷(TP)和总氮(TN)是水质富营养化最重要的两项指标,由于磷和氮均为多价元素,因而化合物形式多样,不易定量测定其总量,必须用可靠的方法将磷和氮转化为统一的最高氧化态(PO_4^{3-} 和 NO_3^- 硝酸根)以便定量分析。现行的各类标准方法是在碱性或酸性条件下,在水样中加入过硫酸盐进行煮解或加压煮解。以总磷的测定为例,若煮解程度不足,则有机磷转化不完全;若煮解过度,则会干化挥发,程度难以掌握,分析结果的重现性较差。如果把纳米 TiO_2 烧结在石英管上,当水样流过石英管时用紫外灯照射,就可以利用"纳米 TiO_2-O_2-H_2O-紫外光"体系所产生的具有超强氧化能力的羟基自由基(·OH)在常温下数分钟内就将水样中的所有含磷、含氮化合物定量转化为 PO_4^{3-} 和 NO_3^- 进行显色分析。国内已有根据相关专利技术生产的全自动水质氮磷分析仪,如图3-13所示,可用于环境监测、工业循环冷却水水质监控、纳米材料光降解性能研究、教学和科研等领域。

视频+PDF:光催化降解及总磷总氮测定仪

图 3-13　光催化降解总磷总氮分析仪

§3.5　分离与富集

分离与富集是自然科学和应用科学研究的一个重要方面,现已成为一门新兴的独立学科——分离科学。在化学学科,尤其在分析化学中分离科学显得更为重要。测量样品中有关组分的含量是分析化学的核心任务。但实际样品一般成分复杂,分析样品中某一具体组分时,其他共存组分有可能产生干扰。虽然可以通过控制分析条件而抑制干扰,但很多时候并不能将干扰完全消除,此时就应先将干扰组分与待测组分分离,然后再对待测组分进行测定。有些样品中待测组分的含量很低,测定方法的灵敏度也不高,因而无法进行准确测定,此时就需要对待测组分进行富集。

定量分析中的分离与富集需满足有以下两点要求:

(1)分离富集的回收率尽可能接近 100%,待测组分的损失尽可能小,干扰组分的分离尽可能完全;

(2)实验方法简便、快速,可行性高。

分离与富集方法依据所采用的手段及对象的性质一般分为物理分离与富集法和化学分离与富集法两大类。常用的物理分离与富集法有:气体扩散法、离心分离法、电磁分离法等。常用的化学分离与富集法包括沉淀、萃取、离子交换、色谱分离法和电化学分离法等。此外,蒸馏、挥发、升华、电泳、膜分离等也属于化学分离法。各种分离方法的原理不同,相关的操作条件也不同。各分离方法的效果均可用分离因数和回收率来评价。

分离因数 $S_{B/A}$(又称分离因子或分离系数)用来表达 A 与 B 的分离程度,其中 A 为待测组分,B 为共存的干扰组分,分离因数的定义式如下:

$$S_{B/A} = \frac{R_B}{R_A} = \frac{Q_B/Q_B^0}{Q_A/Q_A^0} \qquad (3-4)$$

其中 Q_A^0、Q_B^0 分别为组分 A、B 的含量,Q_A、Q_B 分别为分离后回收所得 A、B 的含量。R_A、R_B 分别为 A、B 的回收率。分离因数 $S_{B/A}$ 越小,分离效果越好。一般在常量分析中,要求 $S_{B/A}$ 达到 0.001。

回收率 R_A(又称回收因子),表示被分离组分的回收完全程度,定义式如下:

$$R_A = \frac{\text{分离后 A 的回收量}}{\text{A 在原试样中的量}} \qquad (3-5)$$

试样中待测组分相对含量大于 1% 的常量组分分离,要求回收率达到 99.9%;相对含量在 0.01%~1% 的微量组分分离,要求回收率达到 99%,相对含量小于 0.01% 的痕量组分分离,回收率要求达到 95% 或 90%。

回收率一般采用加标法测定,即取两份相同的样品,其中一份加入定量的待测组分标准物质;两份同时按相同的步骤分析,加标的一份所得的结果减去未加标一份所得的结果,其差值同加入标准物质的理论值之比即为样品加标回收率,计算公式如下:

$$R = \frac{\text{加标试样测定值}-\text{原试样测定值}}{\text{加标量}} \qquad (3-6)$$

此时的"加标回收率"称为"加标测出率"更确切。习惯上认为回收率的上限为100%,但其实测误差可正可负,所以回收率是有可能超过 100% 的,应以越接近100% 越好。

3.5.1 沉淀分离法

沉淀分离法是依据溶度积原理(详见第八章),在溶液中加入适当的沉淀剂,通过控制一定的反应条件,使待测组分或干扰组分沉淀下来,从而达到分离的目的。沉淀反应要求所生成的沉淀溶解度小、纯度高、性质稳定,一般用于无机离子或无机化合物的分离。

根据分离组分在试样中相对含量的不同,沉淀分离法又分为常量沉淀分离法和共沉淀分离法。其中常量沉淀分离法主要用于常量组分的分离($>1\%$),共沉淀分离法主要用于痕量组分的分离($<0.01\%$)。

1. 常量沉淀分离法

(1) 无机沉淀剂分离法

典型的无机沉淀剂有 $NaOH$、NH_3、H_2S、六次甲基四胺,沉淀形式主要有氢氧化物、硫化物、硫酸盐、磷酸盐、氟化物等。

① 氢氧化物沉淀

大多数金属离子在一定 pH 下会与 OH^- 生成氢氧化物沉淀,如 $Fe(OH)_3$、$Fe(OH)_2$、$Cu(OH)_2$ 等。对于一般沉淀类型(如 $M(OH)_n$),可得沉淀溶解度计算公式:

$$K_{sp}=[M^{n+}][OH^-]^n=s\times(ns)^n=n^n s^{n+1}$$

$$s=\sqrt[n+1]{\frac{K_{sp}}{n^n}}$$

若 $[M^{n+}]$ 已知,可计算出金属离子开始沉淀时所需要的 $[OH^-]$,即

$$[OH^-]=\sqrt[n]{\frac{K_{sp}}{[M^{n+}]}}$$

通常认为,当 $[M^{n+}]<10^{-5}$ mol·L^{-1} 时,沉淀已完全,由此可估算沉淀完全时的 pH。表3-4列举了一些常见离子的氢氧化物开始沉淀和沉淀完全时的 pH。常用的调节溶液 pH 的试剂有盐酸、硝酸、$NaOH$、氨水、六次甲基四胺、ZnO、MgO 等。表3-5则归纳了常见离子的氢氧化物沉淀剂及沉淀的 pH 条件。

表3-4 常见离子的氢氧化物开始沉淀和沉淀完全时的 pH

氢氧化物	K_{sp}	开始沉淀时的 pH ($[M^{n+}]=0.01$ mol·L^{-1})	沉淀完全时的 pH ($[M^{n+}]<10^{-5}$ mol·L^{-1})
$Sn(OH)_4$	1×10^{-57}	0.5	1.0
$Ti(OH)_2$	1×10^{-29}	0.5	2.0
$Sn(OH)_2$	1×10^{-27}	2.1	4.7
$Mg(OH)_2$	1×10^{-11}	10.4	12.4
$Mn(OH)_2$	1×10^{-13}	8.8	10.4
$Ni(OH)_2$	1×10^{-18}	7.7	9.5

（续表）

氢氧化物	K_{sp}	开始沉淀时的 pH ($[M^{n+}]=0.01\ mol \cdot L^{-1}$)	沉淀完全时的 pH ($[M^{n+}]<10^{-5}\ mol \cdot L^{-1}$)
$Fe(OH)_2$	1×10^{-15}	7.5	9.7
$Zn(OH)_2$	1×10^{-17}	6.4	8.0
$Cr(OH)_3$	1×10^{-31}	4.9	6.8
$Al(OH)_3$	1×10^{-32}	4.0	5.2
$Fe(OH)_3$	1×10^{-38}	2.3	4.1

表 3-5　常见离子的氢氧化物沉淀剂及沉淀的 pH

沉淀剂	沉淀介质	适用性与沉淀的离子	备注
NaOH 过量	pH14	① 主要用于两性元素与非两性元素分离 ② Mg^{2+}、Fe^{3+}、稀土、Th^{4+}、Zr^{4+}、Hf^{4+}、Cu^{2+}、Cd^{2+}、Ag^+、Hg^{2+}、Bi^{3+}、Co^{2+}、Mn^{2+}、Ni^{2+}	
NH₃·H₂O 过量	NH_4Cl 存在 pH9~10	① 使高价金属离子（如 Fe^{3+}，Al^{3+} 等）与大部分一、二价金属离子分离 ② Be^{2+}、Al^{3+}、Fe^{3+}、Cr^{3+}、稀土、Ti^{4+}、Zr^{4+}、Hf^{4+}、Th^{4+}、Nb^{4+}、Ta^{4+}、Sn^{4+} 部分沉淀：Fe^{2+}、Mn^{2+}、Mg^{2+}（pH12~12.5）	
六次甲基四胺、（其他有机碱：吡啶、苯胺、苯肼等）	与其共轭酸构成 pH5~6 的缓冲溶液	① 通过控制 pH 使金属离子分离 ② Ti^{4+}、Zr^{4+}、Th^{4+}、Cr^{3+}、Al^{3+}、Sn^{4+}、Sn^{2+}、Fe^{3+}、Bi^{3+}、Sb^{3+}、Sb^{5+}	
ZnO 悬蚀液法	在酸性溶液中加入 ZnO 悬浊液，pH 约 6	通过控制 pH 使金属离子分离（微溶碳酸盐或氧化物：MgO，$BaCO_3$，$CaCO_3$，$PbCO_3$ 等）	Zn^{2+} 不干扰测定为前提

② 硫化物沉淀

一般用 H_2S 作沉淀剂，约四十几种金属离子可以生成硫化物沉淀，这些沉淀溶解度的差别较大。H_2S 是二元弱酸，常温常压下，H_2S 饱和溶液的浓度大约为 $0.1\ mol \cdot L^{-1}$，由于 $[S^{2-}]$ 与 $[H^+]^2$ 成反比，所以可通过控制酸度来达到分离金属离子的目的。但硫化物共沉淀现象严重，且多为胶状沉淀，所以分离效果不好，该法应用不广泛。

表3-6　常见离子的硫化物沉淀物

沉淀剂	沉淀介质	沉淀的离子
H_2S	稀 HCl 介质 (0.2~0.5 mol·L^{-1})	Ag^+、Pb^{2+}、Cu^{2+}、Cd^{2+}、Hg^{2+}、Bi^{3+}、As(Ⅲ)、Sn^{4+}、Sn^{2+}、Sb^{3+}、Sb(V)
Na_2S	碱性介质(pH>9)	Ag^+、Pb^{2+}、Cu^{2+}、Cd^{2+}、Bi^{3+}、Fe^{3+}、Fe^{2+}、Co^{2+}、Zn^{2+}、Ni^{2+}、Mn^{2+}、Sn^{2+}
$(NH_4)_2S$	氨性介质	Ag^+、Pb^{2+}、Cu^{2+}、Cd^{2+}、Hg^{2+}、Bi^{3+}、Fe^{3+}、Fe^{2+}、Co^{2+}、Zn^{2+}、Ni^{2+}、Mn^{2+}、Sn^{2+}

（2）有机沉淀剂分离法

无机沉淀剂的选择性较差，相比之下，有机沉淀剂具有较高的选择性，所形成的沉淀溶解度小，分离效果好，在沉淀分离中得到了广泛的应用。大致有以下几类：

① 胶体共沉淀剂

例如，利用丹宁型的胶体共沉淀剂辛可宁分离富集微量的 H_2WO_4。在 HNO_3 介质中，H_2WO_4 胶体粒子带负电荷，难以凝聚。辛可宁含有氨基，在酸性溶液中，由于氨基质子化而形成带正电荷的辛可宁胶体粒子，可使 H_2WO_4 胶体粒子发生胶体凝聚而完全共沉淀下来。

② 离子缔合物共沉淀剂

所用的有机沉淀剂能与离子生成盐类的离子缔合物沉淀。例如，欲分离富集试液中的微量 Zn^{2+}，可加入甲基紫(MV)和 NH_4SCN。在酸性条件下，MV 质子化后形成 MVH^+，可与 SCN^- 形成沉淀。

③ 螯合物共沉淀剂

此类有机沉淀剂往往含—COOH、—OH、—NOH、—SH 等官能团，其中的 H^+ 可被金属离子置换。而且还存在—NH_2、—CO、—CS、—N＝N—等与金属离子生成配位键的官能团，可与金属离子生成难溶于水的螯合物。例如，丁二酮肟在氨性溶液及酒石酸中，与镍生成鲜红色的 $Ni(C_4H_8O_2N_2)$，是分离镍的高选择性方法。此外还有铜铁试剂(N-亚硝基苯胲铵)、铜试剂(二乙基二硫代氨基甲酸钠)等有机沉淀剂。

表3-7　常见有机沉淀剂及沉淀物

沉淀剂	介质	适宜沉淀的离子	备注
草酸	pH1~2.5	Th^{4+}、稀土金属离子	除重金属较方便，并且没有臭味，与碱土、稀土、Al^{3+} 分离
	pH4~5 和 EDTA	Ca^{2+}、Sr^{2+}、Ba^{2+}	
铜试剂(二乙基胺二硫代甲酸钠，简称DDTC)	pH5~6	Ag^+、Pb^{2+}、Cu^{2+}、Cd^{2+}、Bi^{3+}、Fe^{3+}、Co^{2+}、Ni^{2+}、Zn^{2+}、Sn^{4+}、Sb^{3+}、Tl^{3+}	
	pH5~6 和 EDTA	Ag^+、Pb^{2+}、Cu^{2+}、Cd^{2+}、Bi^{3+}、Sb^{3+}、Tl^{3+}	
铜铁试剂(N-亚硝基苯胲铵盐)	3 mol·L^{-1} H_2SO_4	Cu^{2+}、Fe^{3+}、Ti^{4+}、Nb^{4+}、Ta^{4+}、Ce^{4+}、Sn^{4+}、Zr^{4+}、V(V)	

2. 微量共沉淀分离法

共沉淀分离法是利用溶液中一种难溶化合物在形成沉淀的过程中,将共存的某些痕量组分一起沉淀出来,以此进行分离和富集的方法。例如,使用 CuS 作共沉淀剂(又称为载体),可将含 Hg 0.02 g·L^{-1} 溶液中的汞富集;使用 PbS 为共沉淀剂,可在 1 L 海水中富集 10^{-9} g 的 Au。

共沉淀分离法的类型有表面吸附、形成混晶、包藏、异电荷胶态物质相互作用等。主要有以下两种情况:

(1) 吸附共沉淀分离

因为载体的直径越小,其总表面积越大,吸附待分离微量组分的能力就越强,所以这种共沉淀分离法一般采用颗粒较小的无定形沉淀或胶状沉淀作为共沉淀剂。例如,可利用 $Fe(OH)_3$ 沉淀为载体吸附富集含铬工业废水中微量的 Cr^{3+}。具体操作是,在试液中加入 $FeCl_3$,再用氨水或 NaOH 调节 pH,加热,产生 $Fe(OH)_3$ 沉淀。由于表面吸附作用,形成的第一吸附层为 OH^-,带负电,试液中的 Cr^{3+} 可作为共存离子而被 $Fe(OH)_3$ 沉淀吸附,并以 $Cr(OH)_3$ 的形式随着 $Fe(OH)_3$ 沉淀下来。此外,以 $Fe(OH)_3$ 作为载体还可以共沉淀微量的 Al^{3+}、Sn^{2+}、Bi^{3+}、Ga^{3+}、In^{3+}、Tl^{3+}、Be^{2+}、Ti^{4+} 和 V(V)等离子。只要在操作中根据具体要求选择适宜的条件,就可以获得较好的分离富集效果。

(2) 混晶共沉淀分离

如果两种金属离子半径相近、电荷相同,且生成沉淀的晶型相同,则可能生成混晶而共沉淀下来。例如,分离富集样品中的微量 Pb^{2+} 时,由于 Pb^{2+} 和 Sr^{2+} 的半径接近,其硫酸盐的晶体结构也相同,故可先加入较多的 Sr^{2+},再加入过量的 Na_2SO_4 溶液,$PbSO_4$ 与 $SrSO_4$ 由于混晶现象而共沉淀。

3.5.2 萃取分离法

1. 萃取分离的基本原理

萃取分离法又称液-液萃取分离法,即加入有机溶剂同试液一起振荡后,极性较小的组分进入有机相,极性较大的组分留在水相中,从而达到分离富集的目的。这种分离方法既适用于有机化合物,也适用于无机离子或化合物的分离与富集。本节重点介绍无机离子的萃取分离。

一般而言,大多数金属离子和含有—OH、—SO$_3$H、—COOH、—CHO、—NO$_2$、—NH$_2$ 等基团的物质是亲水性的,易溶于水;含有—CH$_3$、—CH$_2$CH$_3$、苯基、萘基等基团的物质是疏水性的,易溶于有机溶剂。例如,在 pH9.0 的氨性溶液中,Cu^{2+} 与二乙基二硫代氨基甲酸钠形成疏水性螯合物,使本来带有正电荷的 Cu^{2+} 转变为不带电荷的铜螯合物,且引入了疏水性基团,使其变为疏水性物质,可加入 CHCl$_3$ 将 Cu^{2+} 螯合物从水相中萃取到有机相中。

萃取结束后,再选择合适的试剂,破坏其疏水性,使其重新进入水中,这一过程称为反萃取。例如,Al^{3+} 在水中以水合离子形式存在,具有亲水性,将其与 8 -羟基喹啉作用转化为疏水的8-羟基喹啉铝螯合物沉淀,用 $CHCl_3$ 进行萃取。萃取后,利用盐酸溶液进行反萃取,使 Al^{3+} 再进入水中。

（1）分配系数

用有机溶剂从水相中萃取溶质 A 时,如果溶质 A 在两相中存在的型体相同,则平衡时溶质在有机相的活度与在水相的活度之比称为分配系数,用 K_D 表示。在稀溶液中可以用浓度代替活度,表示为:

$$K_D = \frac{[A]_{有}}{[A]_{水}} \qquad (3-7)$$

温度均恒定时,K_D 为常数(分配定律)。K_D 越大的物质,在有机相中的浓度越高。它只适用于浓度较低的稀溶液,且溶质在两相中以相同的单一形式存在,没有离解和缔合等副反应。如用 CCl_4 萃取 I_2,I_2 在两相中都以分子的形式存在。

（2）分配比

分配定律只适用于溶质在两相中的存在形式完全一致的情况,但实际萃取体系的情况可能较复杂。溶质在水相中往往会发生水解、水合和离解等作用,在有机相中会发生聚合或生成溶剂化产物等,因而导致溶质在水相和有机相中有多种存在形式,分离富集中更关心溶质在两相中总浓度的大小,因而引入分配比 D,即萃取达到平衡时溶质在有机相中各种存在形式的总浓度 c_o 和在水相中各种存在形式的总浓度 c_w 之比,表示为:

$$D = \frac{c_o}{c_w} \qquad (3-8)$$

分配比并不是一个常数,除与温度有关外,还与酸度、溶质的浓度等因素有关。例如,CCl_4—H_2O 萃取 OsO_4,$Os(Ⅷ)$ 在水相中以 OsO_4、OsO_5^{2-} 和 $HOsO_5^-$ 三种形式存在,在有机相中以 OsO_4 和 $(OsO_4)_4$ 两种形式存在。此时,分配比 D 为

$$D = \frac{[OsO_4]_o + 4[(OsO_4)_4]_o}{[OsO_4]_w + [OsO_5^{2-}]_w + [HOsO_5^-]_w}$$

D 与 K_D 是两个不同的概念。当溶质在两相中以单一形式存在,且溶液较稀时,$K_D = D$。在复杂体系中 K_D 一般与 D 不相等。

（3）萃取率

在实际工作中,常用萃取率 E 来表示萃取的完成程度,即物质被萃取到有机相中的量与总量的比值。表达式为:

$$E = \frac{被萃取物质在有机相中的总量}{被萃取物质的总量} \times 100\% \qquad (3-9)$$

若 A 在有机相和水相的总浓度分别为 c_o、c_w,两相体积分别为 V_o、V_w,则

$$E = \frac{c_o V_o}{c_o V_o + c_w V_w} \times 100\% \qquad (3-10)$$

分子、分母同除以 $c_w V_o$,有

$$E = \frac{D}{D + \dfrac{V_w}{V_o}} \times 100\% \qquad (3-11)$$

表明萃取率 E 与分配比 D 以及两相体积比 V_w/V_o 有关。当两相体积比一定时,分配比越大,萃取率就越高。而当分配比一定时,有机相体积越大萃取率也越大。当进行等体积萃取,即 $V_w = V_o$ 时,则

$$E = \frac{D}{D+1} \times 100\% \qquad (3-12)$$

若要求萃取率大于 90%,则分配比 D 须大于 9。当 D 不高时,一次萃取不能满足分离或测定的要求,可采用连续多次萃取的方法来提高萃取率。

设 $V_w(\text{mL})$ 水溶液含有被萃取物 $m_0(\text{g})$,用 $V_o(\text{mL})$ 有机溶剂萃取一次,水相中剩余萃取物 $m_1(\text{g})$,进入有机相 $(m_0 - m_1)(\text{g})$。

$$D = \frac{c_o}{c_w} = \frac{\dfrac{m_0 - m_1}{V_o}}{\dfrac{m_1}{V_w}}$$

$$m_1 = m_0 \times \frac{V_w}{DV_o + V_w} \qquad (3-13)$$

若用 $V_o(\text{mL})$ 溶剂萃取 n 次,水相中萃余物为 $m_n(\text{g})$,则

$$m_n = m_0 \times \left(\frac{V_w}{DV_o + V_w}\right)^n \qquad (3-14)$$

$$E = \frac{m_0 - m_n}{m_0} \times 100\% = \left[1 - \left(\frac{V_w}{DV_o + V_w}\right)^n\right] \times 100\% \qquad (3-15)$$

【例 3-2】 20 mL 水溶液中含有被萃取物 10 g,用 20 mL 有机溶剂萃取一次,若分配比 $D=15$。计算水相中剩余的萃取物和萃取率各是多少?

解:$m_1 = m_0 \times \dfrac{V_w}{DV_o + V_w} = 10 \times \dfrac{20}{15 \times 20 + 20} = 0.63 \text{ g}$,

$$E = \frac{10 - 0.63}{10} \times 100\% = 94\%$$

【例 3-3】 有 100 mL 含 I_2 10 mg 的水溶液,用 90 mL CCl_4 分别按下列方式萃取:(1) 用全量一次萃取;(2) 每次用 30 mL 分三次萃取。已知 $D=85$,求萃取率各为多少?

解:(1) $E = \left(1 - \dfrac{V_w}{DV_o + V_w}\right) \times 100\% = \left(1 - \dfrac{100}{85 \times 90 + 100}\right) \times 100\% = 98.71\%$

(2) $E = \left[1 - \left(\dfrac{V_w}{DV_o + V_w}\right)^n\right] \times 100\%$

$$= \left[1 - \left(\dfrac{100}{85 \times 30 + 100}\right)^3\right] \times 100\% = 99.99\%$$

同量的萃取溶剂,少量多次萃取比一次萃取的效率高。但过多的萃取操作也会影响工作效率。对于微量组分,要求萃取率 $85\% \sim 95\%$ 即可,对于常量组分,通常要求达到 99.9% 以上。

2. 萃取体系的分类和萃取条件的选择

根据萃取反应的机理、萃取剂的种类和萃取物的性质,可将萃取体系分为简单分子、金属螯合物、离子缔合物和中性配合物四类。

（1）简单分子萃取体系

被萃取物在水相和有机相中均以中性分子形式存在。溶剂与被萃取物之间没有化学结合,也不需要外加萃取剂,萃取过程为物理分配过程。常见简单分子萃取体系如表 3-8 所示。

表 3-8 常见简单分子萃取体系

类型		萃取物及介质/萃取剂
单质		卤素(Cl_2、I_2、Br_2),H_2O/CCl_4,Hg,H_2O/己烷
难电离无机化合物	卤化物	$HgCl_2$,$H_2O/CHCl_3$;AsX_5(SbX_5),$H_2O/CHCl_3$;CeX_4(SnX_4),$H_2O/CHCl_3$;
	硫氢酸盐	$M(SCN)_2$(M 为 Be、Cu),H_2O/醚 $M(SCN)_3$(M 为 Al、Co、Fe),H_2O/醚
	氧化物	OsO_4(RuO_4),H_2O/CCl_4
	其他无机化合物	$CrOCl_2$,H_2O/CCl_4
有机化合物	有机酸	RCOOH,H_2O/(醚、$CHCl_3$、苯、煤油); 酚类,H_2O/(酮、$CHCl_3$、CCl_4)
	有机碱	RNH_2(R_2NH、R_3N),H_2O/煤油
	中性有机化合物	酮、醛、醚、亚砜、磷酸三丁酯,H_2O/煤油

（2）金属螯合物萃取体系

金属离子与螯合剂可生成难溶于水、易溶于有机溶剂的螯合物,利用此性质的萃取过程即为金属螯合物萃取,广泛应用于金属阳离子的萃取。目前利用此萃取体系分离的元素多达六七十种,如丁二酮肟萃取镍、双硫腙的 CCl_4 溶液萃取 Zn^{2+} 等均属于此类型。

常用的螯合剂有 8-羟基喹啉、乙酰丙酮、双硫腙、水杨醛肟、1-(2-吡啶偶氮)-2-萘酚、铜铁试剂、噻吩甲酰三氟丙酮等。

① 萃取平衡

如果用 M^{n+} 代表金属离子,用 HR 代表质子化的有机弱酸,MR_n 代表螯合物,可以用下式表示萃取平衡:

$$M_{(w)}^{n+} + nHR_{(o)} = MR_{n(o)} + nH_{(w)}^+$$

其中有机相中的 HR 和水相中的 M^{n+} 为起始反应物,有机相中的 MR_n 和水相中的 H^+ 为萃取反应产物。萃取平衡可用萃取体系中的各个分支平衡关系表示如下:

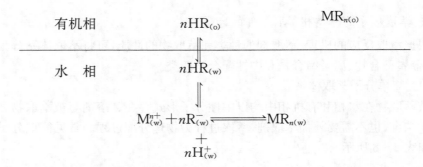

根据如上平衡关系,可得:

$$K_{\text{萃}}=\frac{[\text{MR}_n]_{\text{(o)}}[\text{H}^+]^n_{\text{(w)}}}{[\text{M}^{n+}]_{\text{(w)}}[\text{HR}]^n_{\text{(o)}}}=\frac{K_{\text{D,MR}_n}\beta_{n,\text{MR}_n\text{(w)}}K_{\text{a,HR(w)}}}{K_{\text{D,HR}}} \qquad (3-16)$$

其中,$K_{\text{萃}}$ 表示配合物的总形成常数,$K_{\text{a,HR(w)}}$ 是螯合剂 HR 在水相中的酸式解离常数,$K_{\text{D,HR}}$ 和 $K_{\text{D,MR}_n}$ 分别是 HR 和 MR_n 在两相中的分配系数。由于 $[\text{MR}_n]_{\text{(w)}}$ 相对于 $[\text{M}^{n+}]_{\text{(w)}}$ 可以忽略,即

$$[\text{M}^{n+}]_{\text{(w)}}+[\text{MR}_n]_{\text{(w)}}\approx[\text{M}^{n+}]_{\text{(w)}}$$

则

$$D=\frac{[\text{MR}_n]_{\text{(o)}}}{[\text{M}^{n+}]_{\text{(w)}}}=K_{\text{萃}}\frac{[\text{HR}]^n_{\text{(o)}}}{[\text{H}^+]^n_{\text{(w)}}} \qquad (3-17)$$

② 萃取条件选择

a. 萃取剂(螯合剂)的选择　一方面,要求生成的螯合物稳定性尽量高,K_D 尽量大,则 D 就越大,萃取效率就越高。另一方面,要求生成的螯合物具有较强的疏水性。例如,EDTA 和邻菲罗啉虽然能与许多金属离子形成稳定的螯合物,但由于这些螯合物大多带有电荷,易溶于水,不易被有机溶剂萃取。在萃取分离中常用作掩蔽剂,以提高萃取方法的选择性。

b. 螯合剂的浓度　有机相中螯合剂的浓度越大,萃取效率越高。但并非螯合剂浓度越大越好,浓度太大则可能有副反应发生,且螯合剂在有机相中的溶解度有限,因此,不能使用浓度过高的螯合剂。

c. 溶液的酸度　溶液中 $[\text{H}^+]$ 越小,被萃取物质的分配比 D 就越大,越有利于萃取。

d. 有机溶剂的选择　螯合物在有机溶剂中的溶解度越大,萃取效率越高。中性螯合物通常可以用 CCl_4、CHCl_3、苯、醇、酮等作为萃取溶剂。此外,为了萃取时便于分层,所用的萃取溶剂应与水的密度差大,黏度小,毒性小,不易燃烧。

e. 使用掩蔽剂　当多种金属离子均可与螯合剂生成螯合物时,可加入掩蔽剂,使一种或多种金属离子生成易溶于水的配合物,从而提高萃取分离的选择性。例如,用双硫腙-CCl_4 萃取法测定铅合金中的银,为了排除 Pb^{2+} 的干扰,可在适宜的酸度条件下加入掩蔽剂 EDTA,Pb^{2+} 与 EDTA 生成更稳定的配合物,不能被 CCl_4 所萃取而留在水相中。

除此以外,为提高螯合剂的萃取效率和选择性,还可以通过改变萃取温度、利用协同萃取和共萃取、改变元素价态等手段来实现。

③ 离子缔合物萃取体系

离子缔合物是指金属配离子与带相反电荷的离子通过静电作用结合而形成的电中性化合物。一般来说,离子半径越大、电荷越少,越容易形成疏水性的离子缔合物。这类物质的特点是萃取容量大,通常适用于分离常量组分(如基体)。根据金属离子所带电荷不同,离子缔合物可分以下几类:

a. 金属配阳离子缔合物　是指金属离子与螯合剂生成带正电荷的产物,再与阴离子缔合生成疏水性的离子缔合物。例如,Fe^{2+} 与邻二氮杂菲的缔合物带正电荷,能与 $Cr_2O_7^{2-}$ 形成疏水性的离子缔合物,被 CCl_4 萃取。

b. 金属配阴离子缔合物　它是指金属离子与简单配位阴离子生成带负电荷配阴离子,再与相对分子质量较大的有机阳离子缔合,生成疏水性的离子缔合物。例如,Sb(Ⅴ)在 HCl 溶液中可形成 $SbCl_6^-$ 配阴离子,大体积的有机化合物结晶紫阳离子可与之缔合,形成疏水性的离子缔合物,被甲苯萃取。

④ 中性配合物萃取体系

中性配合物萃取体系是被萃取的金属离子以中性化合物与中性萃取剂结合成一种中性配合物被有机溶剂萃取。

3. 萃取分离的基本操作过程

(1) 萃取

通常用 $60\sim125$ mL 梨形分液漏斗(图 3-14)进行萃取,一般在几分钟内可达到萃取平衡。

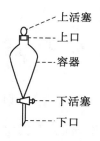

图 3-14　分液漏斗和萃取操作

(2) 分层

萃取后应让溶液静置数分钟,待其分层,然后将两相分开。分层后,有时在两相的交界处会出现一层乳浊液。产生乳浊液的原因在于振荡过于激烈或反应中形成某种微溶化合物。可通过增大萃取剂用量、加入电解质、改变溶液酸度或振荡不要过于激烈来避免。

(3) 洗涤

洗涤是将分配比较小的其他干扰组分从有机相中除去,方法是将基本组成与试液相同但不含待测组分的洗涤液与分出的有机相一起振荡。此法会损失一些待测组分,仅适用于待测组分分配比较大的情况,且一般洗涤次数应控制在 $1\sim2$ 次。

（4）反萃取

反萃取的目的是为了在水溶液中进行测定实验。采用不同的反萃液,可以分别反萃取有机相中不同的待测组分,提高萃取分离的选择性。

4. 连续萃取

当萃取物质的分配比较低时,一次萃取所需溶剂的体积太大,若采用多次萃取,则萃取次数又过多。此时,采用连续萃取方法和装置,使溶剂被不断重复利用,且有机相与水相接触时间足够长,这些低分配比化合物的萃取分离或富集就成为可能。图 3-15 是有机溶剂比水密度大时的连续萃取器。少量有机溶剂置于圆底烧瓶内,加热时,蒸气向上依次进入 B 和 C。经过冷凝,溶剂进入萃取器 D。溶剂流经样品层(水层)E,聚集于 F,最终溢流回烧瓶内。这是一个连续的过程,萃取出的化合物被收集于圆底烧瓶中。用这种装置以氯仿萃取可乐饮料中的咖啡因时,只需要 45 min~1 h。

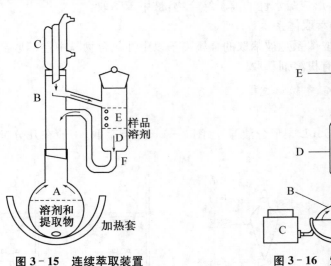

图 3-15 连续萃取装置

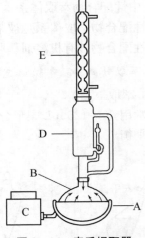

图 3-16 索氏提取器

有些固体试样中待测组分的分配比较低,一次萃取平衡要达到定量分离的效果则同样需要大量的有机溶剂。理想的装置能够容纳细碎的固体颗粒以保证与有机溶剂有较大的接触面,并且能够重复利用少量的有机溶剂。德国农业化学家 Franz Ritter von Soxhlet 发明了索氏提取器,如图 3-16 所示。A 和 C 为加热和控温装置,圆底烧瓶 B 中盛有溶剂,D 为萃取腔,E 为冷凝管。被萃取物最终流入 B 中。之后,纯溶剂又从 B 中蒸发,重复萃取过程,每一次循环之后,B 中萃取物的浓度都在增加。

3.5.3 离子交换分离法

利用离子交换剂与溶液中的离子发生交换作用,使离子得到分离的方法称为离子交换分离法。该法设备简单、分离效率高,且离子交换剂能够再生,可反复使用,广泛应用于科研和生产,尤其适用于性质相近离子之间的分离、痕量物质的富集以及高纯物质的制备。

离子交换剂是指具有离子交换能力的物质,可分为无机离子交换剂和有机离子交换剂两种。无机离子交换剂有黏土、沸石、分子筛、杂多酸等,交换容量小,化学稳定性和机械强度都较差,颗粒易碎,再生也较困难,应用受到很大限制。有机离子交换剂主要是人工合成的高分子聚合物,克服了无机离子交换剂的缺点,其中应用最广的是离子交换树脂。

1. 离子交换树脂的类型

离子交换树脂是具有网状结构的高分子化合物,骨架部分化学性质稳定,不溶于酸、碱和一般的有机溶剂。连接在网状骨架上的活性基团称为交换基,可与溶液中的阴、阳离子进行交换反应。根据离子交换基的不同,可分为阳离子交换树脂、阴离子交换树脂、螯合型交换树脂和特种树脂四类。前两种应用最广,以下详细介绍。

(1) 阳离子交换树脂

这类树脂含有酸性交换基团,交换基上的 H^+ 可被阳离子交换。根据交换基团的酸性强弱,又可分为强酸型和弱酸型两类阳离子交换树脂。含磺酸基($-SO_3H$)的属强酸型阳离子交换树脂,用 $R-SO_3H$ 表示;含羧基($-COOH$)或羟基($-OH$)的属弱酸型阳离子交换树脂,用 $R-COOH$ 或 $R-OH$ 表示。强酸型磺酸型聚苯乙烯树脂是此类树脂中应用最广的一种,它是将苯乙烯与二乙烯基苯聚合,经浓硫酸磺化而制得的一种聚合物。活性基团 $-SO_3H$ 联结在网状骨架上,不能进入溶液中,而 $-SO_3H$ 上的 H^+ 则可以解离,因而可以与溶液中的阳离子(如 Na^+)发生交换反应。

$$Resin-SO_3H+Na^+ \Longrightarrow Resin-SO_3Na+H^+$$

强酸型树脂在酸性、中性和碱性溶液中均可使用。弱酸型树脂由于对 H^+ 的亲和力较强,在酸性条件下 H^+ 离解度低,没有交换能力,一般应在碱性条件下使用。但这类树脂易用酸洗脱,选择性较高,常用于分离金属阳离子和不同强度的有机碱。

(2) 阴离子交换树脂

阴离子交换树脂的骨架也是网状结构,含有碱性交换基团,可与溶液中的阴离子进行交换反应。根据碱性交换基团的强弱,又可分为强碱型和弱碱型两类。若活性基团为带有 $-N(CH_3)_3$ 基团的季铵盐,则树脂属强碱型阴离子交换树脂。若树脂的活性基团为伯、仲或叔氨基($-NH_2$、$-NHR$、$-NR_2$),则树脂属于弱碱型阴离子交换树脂。

季铵强碱型阴离子交换树脂交换时,先经盐酸处理成 $R-N^+(CH_3)_3Cl^-$ 形式,在碱性溶液中再转为季铵碱。

$$Resin-N(CH_3)_3Cl+OH^- \Longrightarrow Resin-N(CH_3)_3OH+Cl^-$$

弱碱型阴离子交换树脂先在水中发生水化反应。

$$R-NH_2+H_2O \Longrightarrow R-NH_2H_2O$$

活性基团中的 OH^- 可以解离,能够与溶液中的阴离子(如 Cl^-)发生交换反应。由此可见,溶液的 pH 会影响树脂与 H^+、OH^- 的结合能力,从而影响树脂的交换容量。因此,在实际使用时,各种树脂都有一个适宜的酸度范围,强酸型阳离子交换树脂与 H^+ 结合能力最弱,在 pH>2 的介质中均可使用;而弱酸型阳离子交换树脂与 H^+ 结合能力强,可以在中性和弱碱性溶液中使用。强碱型阴离子交换树脂与 OH^- 结合能力比较小,在 pH<12 的介质中使用;而弱碱型阴离子交换树脂和 OH^- 结合能力强,只能在酸性溶液中使用。

2. 离子交换树脂的主要特性

(1) 交联度

所谓交联度是指在离子交换树脂的合成过程中,将链状聚合物分子相互联结而形成网状结构的程度。例如,在聚苯乙烯型树脂中,由苯乙烯聚合成链状结构,再由二乙烯基苯联结成网状结构,所以二乙烯基苯称为交联剂。树脂中交联剂的质量百分含量称为树脂的交联度。

$$交联度 = \frac{交联剂质量}{干树脂总质量} \times 100\% \tag{3-18}$$

交联度的大小对树脂的性质有很大影响。一般来说,树脂的交联度越大,则网状结构的孔径越小,选择性较高。且交联度越大,树脂结构越紧密,机械强度较高,不易破碎。但是若交联度过大,则对水的溶胀性能则较差,交换反应速度较慢。反之若交联度较小,对水的溶胀性能好,交换反应的速度较快,但缺点是树脂的机械强度和选择性较差。一般要求树脂的交联度为 $4\%\sim14\%$。

(2) 交换容量

交换容量是指单位质量的树脂所能交换的相当于一价离子的物质的量,用 $mmol \cdot g^{-1}$ 表示。它是表征树脂交换能力大小的特征参数,其大小主要由树脂中所含有的活性基团的数目决定,一般实际使用的树脂交换容量为 $3\sim 6\ mmol \cdot g^{-1}$。

某树脂的交换容量可通过酸碱滴定法测定。如测定阳离子交换树脂的交换容量时,先准确称取一定量的干树脂置于锥形瓶中,加水溶胀活化,再加入一定体积的过量的 NaOH 标准溶液,充分振荡后放置 24 h。用 HCl 标准溶液滴定剩余的 NaOH,即可计算出交换容量,计算公式为:

$$弱酸型:交换容量 = \frac{c_{NaOH}V_{NaOH} - c_{HCl}V_{HCl}}{干树脂质量} \tag{3-19}$$

$$弱碱型:交换容量 = \frac{c_{HCl}V_{HCl} - c_{NaOH}V_{NaOH}}{干树脂质量} \tag{3-20}$$

上述测得的交换容量是饱和交换容量,实际工作中由于装置和操作条件的限制,实际的有效交换容量要低不少。

(3) 离子交换树脂的亲和力

离子在离子交换树脂上的交换能力称为离子交换树脂对离子的亲和力。根据不同离子的亲和力不同,可以实现分离。亲和力的大小主要取决于水合离子的电荷密度,同时也与树脂的类型和溶液的组成有关。常温、低浓度时,树脂亲和力大小顺序如下:

动画:离子交换原理及相关装置和仪器

① 强酸型阳离子交换树脂对阳离子亲和力的顺序

a. 相同价态的离子,离子电荷越大,所形成的水合离子半径越小,与树脂的亲和力就越大,其顺序为:

$$Ag^+ > Cs^+ > Rb^+ > K^+ > NH_4^+ > Na^+ > H^+ > Li^+$$
$$Ba^{2+} > Pb^{2+} > Sr^{2+} > Ca^{2+} > Ni^{2+} > Cd^{2+} > Cu^{2+} > Co^{2+} > Zn^{2+} > Mg^{2+}$$
$$La^{3+} > Ce^{3+} > Pr^{3+} > Eu^{3+} > Y^{3+} > Sc^{3+} > Al^{3+}$$

b. 不同价态的离子,所带电荷数越大,与树脂的亲和力也越大。其顺序为:

$$Th^{4+} > Al^{3+} > Ca^{2+} > Na^+$$

② 弱酸型阳离子交换树脂对阳离子的亲和力的顺序

除了 H^+ 的亲和力最大外,弱酸型阳离子交换树脂对阳离子的亲和力顺序与强酸型阳离子交换树脂相同。

③ 强碱型阴离子交换树脂对阴离子亲和力的顺序

$$Cr_2O_7^{2-} > SO_4^{2-} > CrO_4^{2-} > I^- > HSO_4^- > NO_3^- > CO_3^{2-} > Br^- > CN^- > NO_2^- > Cl^- > HCOO^- > CH_3COO^- > OH^- > F^-$$

④ 弱碱型阴离子交换树脂对阴离子亲和力的顺序

$$OH^- > SO_4^{2-} > NO_3^- > AsO_4^{2-} > PO_4^{3-} > HCOO^- > MoO_4^{2-} > CH_3COO^- \approx I^- > Br^- > Cl^- > F^-$$

上述仅仅为一般规律,若温度、离子强度、溶剂不同或有配位剂存在,则亲和力顺序会发生变化。

3. 离子交换分离操作

(1) 预处理

市售树脂一般会含有一些杂质,要经过预处理后才能使用。根据分离工作的需求选择合适的离子交换树脂,通常树脂颗粒大小为 $80 \sim 100$ 目或 $100 \sim 120$ 目。将树脂在水中充分浸泡使之溶胀,多次漂洗除去杂质。再用 $4\ mol \cdot L^{-1}$ 的 HCl 溶液浸泡 $1 \sim 2$ 天,再用水洗至中性备用。此时,强酸型阳离子交换树脂被定型为氢型阳离子交换树脂,强碱型阴离子交换树脂被定型为氯型阴离子交换树脂。

(2) 装柱

常用的离子交换柱如图 3-17 所示,也可用滴定管代替。一般采用湿法装柱,即先在交换柱下端填一层玻璃纤维或装一个烧结玻板,再加入少量蒸馏水,将柱下端气泡赶走。然后加入树脂和水,树脂下沉,形成均匀的柱层,在树脂层上端也加入一些玻璃纤维,可避免上层树脂漂浮。树脂顶部保留几厘米的水层,以防树脂干裂和空气进入。

(3) 交换

将需交换的溶液从交换柱上部加入,用活塞控制一定的流速。溶液流经树脂层时,

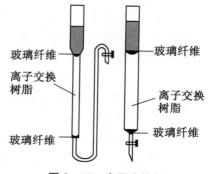

图 3-17 离子交换柱

从上到下层层交换。例如,用强酸型阳离子交换树脂来处理含 Na^+ 和 K^+ 的溶液,溶液经过交换柱时,K^+ 和 Na^+ 均可与树脂上活性基团中的 H^+ 发生交换反应后进入树脂相中。但由于树脂对 K^+ 和 Na^+ 两种离子的亲和力不同,K^+ 比 Na^+ 先被交换到树脂上,这样在交换柱中,K^+ 层在上,Na^+ 层在下。

(4) 洗脱

洗脱是交换的逆过程,是将已经交换到树脂上的离子再分离出来重新进入溶液。例如,交换完成后,向交换柱上方加入稀 HCl 溶液,使树脂上的 K^+ 和 Na^+ 与溶液中的 H^+ 发生交换反应,重新进入溶液。因此,所用的稀 HCl 溶液又称为洗脱液。随着洗脱液自上向下流动,K^+ 和 Na^+ 在树脂和水溶液两相之间反复地进行交换和洗脱这两个相反的过程。经过一定时间后,HCl 洗脱液将其从交换柱的上方带到下方。亲和力大的离子向柱下移动的速度比较慢,亲和力小的离子向柱下移动的速度比较快。由于树脂对 K^+ 的亲和力大于对 Na^+ 的亲和力,所以 K^+ 向下移动的速度比较慢,在柱中两种离子会逐渐分离。在洗脱过程中,对流出液的离子浓度进行检测可以得到如图 3-18 所示的洗脱曲线。实际上为了得到好的分离效果,往往采用多种洗脱液依次洗脱或用配位剂作为洗脱液进行洗脱。

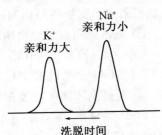

图 3-18 离子交换法分离
K^+ 和 Na^+ 洗脱曲线的示意图

离子交换树脂经过一段时间使用后,交换离子的能力会达到饱和,此时若要使树脂恢复离子交换能力,需经过再生处理。使经过交换、洗脱后的树脂恢复到原来的状态。例如,用一定浓度的酸溶液处理交换后的强酸型阳离子树脂,使之恢复为氢型,或用一定浓度的碱溶液处理交换后的阴离子树脂使之恢复为氢氧型,即为再生。

4. 离子交换分离法应用示例

(1) 制备去离子水

天然水和自来水中含有一定量的无机离子,常见的有 K^+、Na^+、Ca^{2+}、Mg^{2+}、Cl^-、SO_4^{2-} 和 NO_3^- 等。用蒸馏法制得的普通蒸馏水在很多方面不能满足要求,所以常采用离子交换分离法来制备去离子水。制备时,先将强酸型阳离子交换树脂处理成氢型,将强碱型阴离子交换树脂处理成氢氧型。再将待处理的天然水通过一根装有氢型强酸型阳离子交换树脂的柱子(简称阳柱),通过交换可以除去水中的阳离子。例如,用 $CaCl_2$ 代表水中的杂质,则交换反应为:

$$2R-SO_3H+Ca^{2+} \rightleftharpoons (R-SO_3)_2Ca+2H^+$$

若通过一根装有氢氧型强碱型阴离子交换树脂的柱子(简称阴柱),可以除去水中的阴离子,其反应为:

$$RN(CH_3)_3OH+Cl^- \rightleftharpoons RN(CH_3)_3Cl+OH^-$$

为了提高水的纯度,实际制备纯水时一般串联多个阳柱和阴柱,称为复柱法,可制得总离子含量极低的纯水。树脂使用一段时间后,活性基团就会逐渐被水中交换上来的阴、阳离子所饱和,最终将完全丧失交换能力,通过再生处理可使树脂重新恢复交换能力。

（2）分离干扰离子

① 阴、阳离子的分离

在分析测试过程中,常存在其他杂质离子,用离子交换分离法排除干扰比较方便。例如,用 $BaSO_4$ 沉淀重量法测定黄铁矿中硫的含量时,由于大量 Fe^{3+}、Ca^{2+} 的存在,造成 $BaSO_4$ 沉淀不纯。此时,可先将试液通过氢型强酸型阳离子交换树脂除去干扰离子,然后再将流出液中的 SO_4^{2-} 沉淀为 $BaSO_4$ 进行硫的测定,可大大提高测定的准确度。

② 同性电荷离子的分离

若要分离几种阳离子或几种阴离子,可以根据各种离子对树脂亲和力的不同将其分离。例如,欲分离 Li^+、Na^+、K^+ 三种离子,将试液通过阳离子树脂交换柱,则三种离子均被交换在树脂上,然后用稀 HCl 洗脱,亲和力最小的 Li^+ 先流出柱外,其次是 Na^+,亲和力最大的 K^+ 最后流出。

③ 微量和痕量组分的富集

试样中痕量组分的测定比微量组分的测定更困难,利用离子交换法能方便地富集痕量组分。将一定体积的低浓度离子溶液注入离子交换柱中,让待富集离子保留在柱子上。用合适的洗涤剂洗涤,除去交换出来的离子和未交换的杂质离子,再用适当浓度的小体积洗脱剂洗脱,所得溶液即为分离与富集后的离子。

例如,测定矿石中的铂、钯。由于铂、钯在矿石中的含量极低,一般仅为 $10^{-5}\% \sim 10^{-7}\%$,因此必须经过富集后才能达到光度测定方法的适用浓度范围。将试样用王水溶解后,加入浓 HCl,使铂、钯形成 $PtCl_6^{2-}$ 和 $PdCl_4^{2-}$ 配合阴离子。稀释后,将试液通过强碱型阴离子交换树脂,使铂、钯交换到树脂相上。一方面可使 $PtCl_6^{2-}$ 和 $PdCl_4^{2-}$ 与其他阳离子分离,另一方面,当浓度较低的 $PtCl_6^{2-}$ 和 $PdCl_4^{2-}$ 试液不断流过交换柱时,$PtCl_6^{2-}$ 和 $PdCl_4^{2-}$ 便逐渐富集交换到树脂相中。最后将含有 $PtCl_6^{2-}$ 和 $PdCl_4^{2-}$ 的树脂进行高温灰化处理,以除去树脂,再用王水浸取残渣,就可以得到含 $Pt(Ⅳ)$ 和 $Pd(Ⅱ)$ 浓度较高的试液,用光度法进行测定。又如牛奶中 $Cu(Ⅱ)$ 约为 $10^{-4}\ \mu g \cdot mL^{-1}$,当分析方法的灵敏度不够时,通过阳离子交换柱的富集,浓度可达 $0.1\ \mu g \cdot mL^{-1}$,提高了 1 000 倍。

④ 有机化合物的分离

凡在水溶液中能离解的有机化合物如羧酸、胺类等,可用离子交换法进行分离。pH 较大时,羧酸、酚类以阴离子形式存在,此时可利用分布系数关系图找出适宜的 pH 条件,再用阴离子交换树脂进行分离。含氮的胺类在较低 pH 下以阳离子 $R-NH_3^+$、$R_2NH_2^+$、R_3NH^+ 形式存在,依据分布系数控制溶液在恰当的 pH 后再用阳离子交换树脂交换分离。但分离相对分子质量和体积均较大的有机离子时,需选用交联度较小、网眼大且稀疏的树脂（交联度1%～4%）。

3.5.4　色谱分离法

色谱法又称层析法,是利用待分离的各种组分在两相中的分配系数、吸附能力的不同,使混合物中各组分互相分离。在色谱法中存在两相,其中一相固定不动,叫做固定相;另一相则不断流过固定相表面,叫做流动相。

由于色谱分离法种类较多,多数依赖于分析仪器,主要在仪器分析、色谱分析、色谱与分离技术等课程中学习,本章仅对纸色谱和薄层色谱的内容进行简述。

1. 纸色谱法

纸色谱法是以滤纸为载体的液相色谱法。纸色谱的滤纸组成中,纤维素通常要吸收 $20\% \sim 25\%$ 的水分,其中约 6% 的水分子通过氢键与纤维素上的羟基结合,在分离过程中不随有机溶剂的流动而流动,形成纸色谱中的固定相。有机溶剂作为流动相,又称为展开剂。

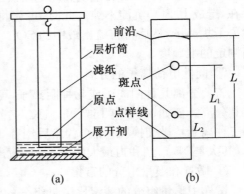

图 3-19　纸色谱分离法

具体操作时,用毛细管将待分离的试样点在长条滤纸的一端,稍晾干后将点有试样的滤纸一端浸入有机溶剂中,吊放在一个密闭的盛有流动相(有机溶剂)的容器内,使滤纸被有机溶剂的蒸气所饱和,如图 3-19(a)所示。由于滤纸的毛细作用,有机溶剂将不断沿滤纸向上移动。通过试样点后,待分离的各组分将随着展开剂的上移而在固定相和流动相之间不断地进行分配和再分配,相当于反复进行萃取和反萃取。分配比大的组分较易进入有机相而较难进入水相,故随流动相上升的速度较快;分配比小的组分较易进入水相而较难进入有机相,故随流动相上升的速度较慢。当经过一段时间后,试样中的不同组分就会在滤纸上得到分离。根据组分的性质喷洒适宜的显色剂使这些组分显色,就会在滤纸上显出有色斑点,如图 3-19(b)。若要对分离后的组分进行定量测定,可将色斑分别剪下或灰化后,用适当的溶剂将组分溶解,再选择适宜的方法进行测定。也可直接用可见或紫外分光光度计测量色斑在可见或紫外光区的吸光度,并与经同样处理的标准样品的测定结果进行比较。如果样品组分吸收紫外光后有荧光发射,也可采用荧光光度计测量其荧光强度进行定量。

从分离机理看,纸色谱属于分配色谱,其分离实质是使各组分在固定相与流动相之间本来相差不大的分配比差别在不断分配的过程中得到显著放大,从而在宏观上造成它们在滤纸上产生差速迁移而得到分离。常用比移值(R_f)来表示某组分在滤纸上的迁移情况。

$$R_f = \frac{\text{原点到组分斑点质量中心的距离}}{\text{原点到溶剂前沿的距离}} = \frac{L_1}{L} \qquad (3-21)$$

R_f 最大等于 1,此时组分随展开剂同速上升,完全不溶于固定相。R_f 最小等于 0,此时组分始终留在原点,不随展开剂上升,完全不溶于流动相。通常情况下组分的 R_f 在 0~1 之间,表明既有一定的亲水性,又有一定的疏水性。若所用的滤纸和展开剂均一定,则不同的物质都有其特定的 R_f。因此,可以利用 R_f 进行定性鉴定,也可以根据不同组分比移值的差别来判断它们彼此分离的可能性。一般只有当两组分的 R_f 相差 0.2 以上时，才有可能得到实际的分离。

在纸色谱中，分离是在作为载体的滤纸上进行的，因此滤纸的选择是影响分离效果的重要因素之一。滤纸的选择一般注意以下几点：

（1）质地和厚薄必须均匀，边沿整齐，平整无折痕，无污渍。

（2）纸纤维疏松度适当。过于疏松易使斑点扩散，过于紧密则流速太慢。

（3）有一定的强度，不易断裂。

（4）不含填充剂，灰分在 0.01% 以下。否则金属离子杂质会与某些组分结合，影响分离效果。

纸色谱中的展开剂通常为有机溶剂。用单一有机溶剂作为展开剂时，由于溶剂组分简单，分离重现性较好，但往往不能用于复杂组分的分离。对于难分离的化合物，经常要用有机溶剂、酸和水组成的三元溶剂作为展开剂。通过改变混合展开剂中各溶剂的比例，调节展开剂的极性，从而改善分离效果。纸色谱分离法所需试样的量通常仅为几十微升，故灵敏较高，操作简便易行，分离效果好。但它只适用于分配比不同的组分间的分离，应用范围受到一定限制。

通过不同的点样位置和溶剂扩散方向，纸色谱有多种展开方式，见图 3-20。

 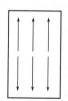 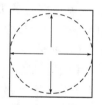 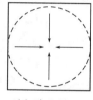 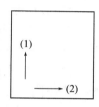

(a) 单向线性展开　(b) 双向线性展开　(c) 环形展开　(d) 向心展开　(e) 多次展开

图 3-20　纸色谱的多种开展方式

近来出现了将各种疏水材料（如光固化树脂等）以设计的形状覆盖于层析纸上，留出各种形状的亲水通道而进行分离的方法，如图 3-21 所示。

如果在纸上预先留下特定的检测试剂，则可在分离的同时对不同组分进行即时检测，建立"纸芯片"检验方法。疏水材料可以采用加盖印章的方式或丝网印刷的方式加到层析纸上，方兴未艾的 3D 打印技术在这里也大有可为。

2. 薄层色谱法（thin layer chromatography，TCL）

（1）薄层色谱法的基本原理

薄层色谱法又称薄板层析法，是将

图 3-21　"纸芯片"的一种制作过程

固定相均匀地涂在薄板(玻璃、金属铝板或塑料)上,形成具有一定厚度的固定相薄层进行分离。薄层色谱的固定相是涂在薄板上的硅胶、氧化铝等吸附剂,分离操作类似于纸色谱。干燥后的薄层板经活化后,在薄层的下端用毛细管点上试样,在密闭的层析缸中用有机溶剂作为流动相从下到上进行展开。即利用固定相的毛细作用使流动相不断上移,同时带动试样中的组分在两相间不断进行吸附和解吸,从而也向上迁移。由于吸附剂对不同组分吸附力的差异,造成它们在薄层上的差速迁移,从而得到分离。分离完成后,根据组分的性质喷洒适宜的显色剂,就会在薄层上显现出相应的色斑。可以用不同组分比移值(R_f)的差别来表征组分在薄层上分离的可能。

(2) 薄层色谱分离的影响因素

薄层色谱的 R_f 受到许多因素的影响,如 pH、展开时间、展开距离、温度、薄层厚度、吸附剂含水率等。因此需注意以下几个问题:

① 展开操作前,层析缸中的有机溶剂蒸气必须达到饱和,否则,R_f 值将不能重现。由于边沿效应,薄层边沿的溶剂在未饱和的情况下迁移速度较快,造成同一组分在薄层中部的 R_f 值比边沿的 R_f 值小,即同一组分在薄层中部比在薄层两边沿处移动慢。

② 选择吸附剂时,要求有一定的比表面积,稳定性和机械强度好,不溶于展开剂,不与展开剂和样品组分反应。常用的吸附剂有硅胶、氧化铝、纤维素、聚酰胺等,其中以硅胶、氧化铝最常见。硅胶或氧化铝对各类有机化合物的吸附能力大小顺序为:羧酸>醇、酰胺>伯胺>酯、醛、酮>腈、叔胺、硝基化合物>醚>烯烃>卤代烃>烷烃。硅胶适用于酸性和中性组分的分离;氧化铝适用于碱性和中性组分的分离。一般来说,对于极性组分要选用吸附活性小的吸附剂,而对于非极性组分要选用吸附活性大的吸附剂,避免样品在吸附剂上被吸附太牢而不易展开。

③ 选择展开剂时,主要考虑溶剂的极性。分离极性大的化合物应选用极性展开剂,分离极性小或非极性的化合物应选用极性小的展开剂。单一溶剂极性大小顺序为:酸>吡啶>甲醇>乙醇>正丙醇>丙酮>乙酸乙酯>乙醚>氯仿>二氯甲烷>甲苯>苯>四氯化碳>二硫化碳>环己烷>石油醚。如果单一展开效果不佳,可尝试用混合溶剂改善分离效果。

(3) 薄层色谱分离的操作步骤

① 制板

选择平整、光滑的玻璃板,洗净、晾干,均匀地铺上一层吸附剂。铺层可分为干法铺层和湿法铺层。干法铺层时不加黏合剂,直接用干粉铺层;湿法铺层较常用,加水将吸附剂调成糊状,在玻璃板上铺匀、晾干。以硅胶吸附剂为例,有以下三种制板方法。

a. 倾注法

将适量硅胶倒入烧杯中,加少量水搅拌成均匀糊状,迅速倒在玻璃板上,用玻棒小心铺平,轻轻振动,使吸附剂尽量均匀。风干后置于烘箱中,在 105~110℃下活化 45 min 左右,取出置于干燥器中备用。

b. 刮平法

在一长形玻璃板的两边放置两块比玻璃板厚约 1 mm 的玻璃块,将调好的糊状硅胶迅速倒在玻璃板上,再用有机玻璃尺沿一个方向将硅胶刮为均匀薄层。移去两边玻璃,晾干、活化,取出置于干燥器中备用。

　　c. 涂布器法

　　用专门的涂布器来制作薄层,快速方便,且薄板质量好。

　　② 点样

　　在薄层板的一端距边沿一定距离处,用玻璃毛细管、微量注射器或微量移液管,将 0.050～0.100 mL 样品试液点在薄层板上。点样时注意要等前一滴溶剂挥发后再点后一滴,这样能够使斑点尽量小,不会严重扩散。样品浓度要合适,太高容易引起斑点拖尾,太低则斑点扩散,一般控制在 0.1%～1% 之间。点样位置一般在距板边沿 2 cm 处。若有多个样品点样,则每个样品横向相隔 1～2 cm。

　　③ 展开

　　将点好样的薄层板置于已被展开剂蒸气饱和的层析缸中,点有样品的一端浸入展开剂中,盖上盖子,使层析缸密闭,直至展开完毕。展开方法分为上行法、下行法、倾斜法、单向多次展开法和双向展开法等,如图 3-22 所示。

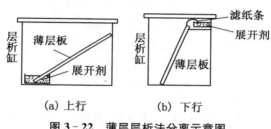

图 3-22　薄层层析法分离示意图

　　④ 检测

　　对于样品中的有色组分,在薄层上会出现对应的有色斑点,而无色组分需用合适方法使其斑点显色,显色之前应使展开剂完全挥发。显色方法主要有以下几种。

　　a. 蒸气显色法

　　利用样品组分与单质碘、液溴、浓氨水等物质的蒸气作用而显色。将上述易挥发物质放于密闭的容器中,再将展开剂已完全挥发的薄层板放入显色。

　　b. 显色剂显色法

　　将一定浓度的显色剂溶液均匀喷洒在薄层上,使样品组分显色。

　　c. 紫外显色法

　　某些化合物在紫外光照射下会发出荧光,可将展开剂挥发完的薄层板在紫外灯下观察荧光斑点,并用铅笔在薄层板上做记号。一些不发荧光的物质与荧光衍生化试剂作用后也可用同样的方法观察。

　　(4) 薄层色谱法的应用示例

　　利用 TLC 法对健儿消食口服液中的黄芪甲苷成分进行鉴别。用正丁醇对样品进行复萃及碱水萃取。用硅胶 G 薄层板,以氯仿:乙酸乙酯:甲醇:水＝10:20:11:5,10 ℃以下放置后的下层溶液为展开剂,展距约 11 cm,取出,喷以 10%硫酸乙醇溶液在 105 ℃烘至斑点显色清晰,置紫外光下检视。

利用 TLC 对补脑胶囊中枳壳的定性鉴别。样品依次用乙醚和醋酸乙酯超声提取。用羧甲基纤维素钠为黏合剂的硅胶 G 薄层板,以醋酸乙酯︰甲酸︰水＝100︰17︰13 为展开剂,喷以三氯化铝试液,吹干,氨蒸气中熏 5 min,置紫外光灯(365 nm)下检测,供试品色谱中,在与橙皮苷对照品色谱相应的位置上,显相同颜色的荧光斑点。

用 TLC 法检测饮用水和工业用水中的致癌物质多环芳烃。首先取一定量水样,用环己烷等有机溶剂进行提取和富集,选用硅胶为吸附剂涂布于玻璃板上并进行活化。用毛细管将已浓缩的试样与标准样品分别点在同一块薄层板上,用乙腈-二氯乙烷-水为展开剂进行展开。薄层板干燥后立即在紫外灯下检视斑点发出的荧光,通过比较试样与标准样品斑点的位置进行定性鉴定(如是否含有氟蒽、苯并氟蒽、苯并芘等),也可由荧光斑点的相对强度进行半定量分析。

若要对分离后的组分进行定量,可将色斑分别刮下,用适当的溶剂将组分溶出,再选择适宜的方法进行测定,也可用薄层色谱扫描仪直接测定。

从形式上看,薄层色谱与纸色谱很相似,但从分离的机理看,薄层色谱属于吸附色谱。其斑点扩散比纸色谱小,因而检出灵敏度比纸色谱高 10～100 倍。薄层色谱能分离许多纸色谱无法分离的组分,且比纸色谱分离速度快、效率高,具有独特的优越性。此外,薄层色谱还可为分离时所用的柱色谱及液相色谱提供可参考的流动相,因此是一种重要的色谱分离技术。

3.5.5　固相微萃取法(solid phase microextraction, SPME)

固相微萃取是一种用途广泛的新型样品前处理技术,发展于 20 世纪 90 年代初,根据萃取方式不同可分为两种:一种是直接固相微萃取分离法,适用于气体和液体组分;另一种是顶空固相微萃取分离法,适用于所有基质试样中挥发、半挥发性组分。原理主要是根据有机物与溶剂"相似相溶"的原则,利用固体吸附剂将气体或液体样品中的待分离组分吸附萃取,并逐渐富集,再利用色谱洗脱液或加热方法脱附,达到分离的目的。

使用固相微萃取能够避免液液萃取带来的许多问题,例如,相分离不完全、回收率较低、玻璃器皿易碎、产生大量有机废液等。同时,固相微萃取对于液体样品尤其是不挥发液体样品的萃取、浓缩和纯化效果都很显著。与液-液萃取相比,固相微萃取不仅更有效,而且更容易实现自动、快速、定量萃取,同时减少了溶剂用量和萃取时间。

1. 固相微萃取装置

固相微萃取装置由手柄和萃取头两部分构成。萃取头是一根 1 cm 长的熔融石英光导纤维。在其表面涂有不同的吸附剂,一般来说,非极性的待分离化合物选择非极性吸附剂,极性的待分离化合物则选择极性吸附剂。取样时,将萃取头浸于样品中或放置于样品的上部空间(顶空状态),样品中的有机物通过扩散被吸附在萃取头上。当萃取头的吸附达到平衡后,将其插入色谱仪的进样口处,利用气相色谱仪进样口的高温、液相色谱和毛细管电泳的流动相使吸附在纤维头上的被测组分解析,然后进入色谱仪进行分离及测定。

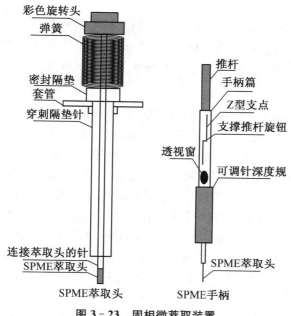

彩色旋转头
弹簧
密封隔垫
套管
穿刺隔垫针
连接萃取头的针
SPME萃取头

SPME萃取头

推杆
手柄篇
Z型支点
支撑推杆旋钮
透视窗
可调针深度规
SPME萃取头

SPME手柄

图 3 - 23　固相微萃取装置

2. 固相微萃取的影响因素

(1) pH

在固相微萃取中,由于溶液与吸附剂接触时间较短,所以固相微萃取中溶液 pH 的允许范围很宽。但在选择不同的吸附剂时,pH 的影响很大。若以硅胶作为基体原料,通常稳定的 pH 为 2~7.5。当 pH 超过这个范围时,键合相就会水解和流失,或使硅胶本身溶解。另外,控制合适的 pH 也可防止待测组分离子化,提高在固定相上的吸附力。

(2) 固相吸附剂

石英纤维表面的固相吸附剂即固相液膜的厚度,既影响待测物的固相吸附量,也影响吸附平衡时间。显然,固相液膜越厚,吸附量越大,检测灵敏度越高。但同时吸附平衡的时间也随之增加,导致分析时间延长。此外,不同固相涂层的性质也会影响分析的灵敏度,例如聚二甲基硅氧烷等非极性固相涂层一般用于非极性或弱极性有机物的分离,在分离测定时,相比于极性有机物,其灵敏度要更高。聚丙烯酸酯等极性固相涂层更适合于极性有机物的分离。

(3) 搅拌效率

若固相微萃取时不搅拌或搅拌不足,则被分离组分的液相扩散速率较小,且难以破坏固相表面的静止水膜,使萃取时间过长。因此,提高搅拌效率有利于固相微萃取。

(4) 温度

升高体系温度,待测组分扩散系数增大,扩散速率增大,缩短平衡时间,加快分析速度。升温的不利影响在于减小了待测组分的分配系数,使固相吸附剂对待测组分的吸附量减小。

（5）盐效应

若基体变化,待分离物质在固、液两相间的分配系数也会改变。如果在溶液中加入 NaCl、KNO_3 等强电解质,则离子强度增大,由于盐效应会减少待分离有机物的溶解度,增大了分配系数,有利于提高分析方法的灵敏度。

3. 固相微萃取的应用示例

固相微萃取分离法主要用于复杂样品中微量或痕量化合物的分离与富集,广泛应用于环境污染物、农药、食品饮料及生物制品的分离分析。例如,血液和尿等体液中的药物及代谢产物,药物和食品中有效成分及有害成分,有机污染物苯及其同系物、多环芳烃、硝基苯、氯代烷烃、多氯联苯（化合物）、有机磷和有机氯农药的分离,环境水样中挥发性有机物,食品中的香料、添加剂和填充剂等的分离和富集等。

采用不同于传统涂层型纤维的体型活性碳纤维固相微萃取器测定饮用水中的氯仿。萃取时间为 600 s,解析时间为 3 min,将萃取器针头完全插入气化室时的热解吸效果最佳。此法具有良好的重现性,线性范围 0~50 ng·mL^{-1},最低检出限 5 ng·mL^{-1}。该方法与国标方法对实际水样进行分析比较,检测结果相当,灵敏度高于国标法 3.8 倍。

采用固相微萃取技术,以 100 μm 厚的聚二甲基硅氧烷纤维膜萃取水中 10 种多环芳烃,在 60 min 采样时间内纤维上的吸附量与采样的时间几乎成正比,分配体系达到平衡前可以定量测定水中的待测物。线性范围为 0.1~100 μg·L^{-1},检出限为 0.01~0.03 μg·L^{-1}。

3.5.6 膜分离技术

膜分离是在 20 世纪 60 年代后迅速崛起的一门分离技术。由于膜分离技术高效、节能、环保、过程简单,同时兼有分离、浓缩、纯化和精制功能,广泛应用于食品、医药、生物、环保、化工、冶金、能源等领域,成为当今分离科学中最重要的分离手段之一。典型的应用有,大气中微量有机胺的分离,含酚废水的处理,水中铜和钴离子的分离,水体中酸性农药的分离,抗生素、氨基酸的提取等。

视频:膜分离原理及工艺流程

1. 膜分离的基本原理

膜分离技术是以选择性透过膜为分离载体,通过在膜两侧施加某种驱动力（如电位差、浓度差、压力差等）,使样品一侧中的待分离组分选择性地通过膜,小分子溶质通过膜,大分子溶质被阻挡,最终实现分离、提纯的目的（见图 3-24）。膜的性质、厚度、面积、组分的状态及所处的化学环境等因素

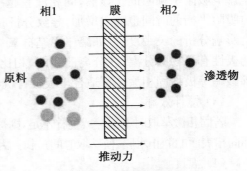
图 3-24 膜分离示意图

均会对分离产生影响。

2. 膜分离的分类

根据选择性透过膜的功能和分离精度的不同,分为微滤(microfiltration,简称 MF)、超滤(ultrafiltration,简称 MF)、纳滤(nanofiltration,简称 NF)和反渗透(reverse osmosis,简称 RO)。

(1) 微滤

膜孔直径在 $0.1 \sim 10 \ \mu m$,截留颗粒直径在 $0.02 \sim 10 \ \mu m$ 的溶质。微滤膜允许大分子和溶解性固体(无机盐)等通过,但会截留悬浮物、细菌及大分子量胶体等物质。微滤操作压力一般在 $0.01 \ \text{MPa} \sim 0.2 \ \text{MPa}$。

(2) 超滤

膜孔直径在 $0.01 \sim 0.1 \mu m$ 之间,截留颗粒直径在 $1 \sim 20 \ \text{nm}$ 之间的大分子溶质。超滤允许小分子物质和溶解性固体(无机盐)等通过,同时截留下胶体、蛋白质、病毒及大分子有机物。新型冠状病毒 COVID - 19(Corona Virus Disease 2019)直径 $0.06 \sim 0.14 \ \mu m$,可以被超滤膜截留。用于表示超滤膜孔径大小的截留相对分子质量一般在 $1 \ 000 \sim 500 \ 000$ 之间,操作压力一般在 $0.1 \ \text{MPa} \sim 0.6 \ \text{MPa}$ 之间。

(3) 纳滤

操作区间介于超滤和反渗透之间,操作压力一般在 $0.5 \ \text{MPa} \sim 1.5 \ \text{MPa}$ 之间。截留颗粒直径为 $1 \ \text{nm}$,截留有机物质的相对分子质量约为 $200 \sim 800$,截留溶解性盐类的能力在 $20\% \sim 98\%$。一般用于除去地表水的有机物和色素、地下水的硬度和部分溶解盐、食品和医药生产中有用物质的提取、浓缩等。

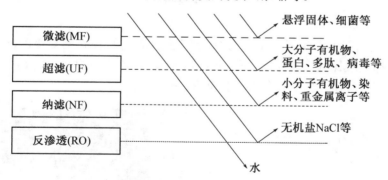

图 3 - 25 四种膜分离的比较图

(4) 反渗透

截留颗粒直径小于 $0.001 \ \mu m$($1 \ \text{nm}$)。反渗透能有效截留所有的溶解盐分及相对分子质量大于 100 的有机物,同时允许水分子通过,操作压力一般在 $1 \ \text{MPa} \sim 10 \ \text{MPa}$ 之间。主要用于苦咸水及海水淡化、锅炉补给水、工业纯水及饮用纯净水生产、废水处理。

3.5.7 液膜分离

1. 乳化液膜

先将接受相溶液以微液滴(滴径为 $1 \sim 100 \ \mu m$)的形式分散在膜相溶液中,形成乳液(称为制乳);然后将乳液以液滴(滴径为 $0.5 \sim 5 \ mm$)的形式分散在含有待分离组分的料液相溶液中,就形成乳化液膜系统,图 3-26 为液膜示意图。液膜的有效厚度为 $1 \sim 10 \ \mu m$。为保持乳液在分离过程中的稳定性,膜相溶液中加有表面活性剂和稳定添加剂。接受了被分离组分的乳液,还需经过相分离,得到单一的接受相溶液,再从中取得被分离组分,并使膜相溶液返回用以重新制备乳液。对乳液作相分离的操作称为破乳,方法是用高速离心机作沉降分离,或用高压电场促进微液滴凝聚,或加入破乳剂破坏微液滴的稳定性,然后再作分离。液膜分离相当于同时进行料液相→膜相的萃取以及膜相→接受相的反萃操作,因而分离效率很高。

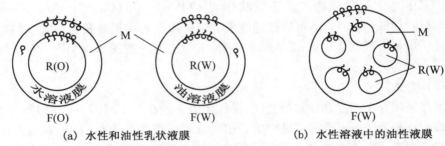

(a) 水性和油性乳状液膜   (b) 水性溶液中的油性液膜

F:料液相;M:膜相;R:接受相;W:表示水性;O:表示油性。

图 3-26 乳状液膜示意图

2. 固定液膜

又称支撑液膜,是微孔薄膜浸渍膜相溶液后形成的有固相支撑的液膜,见图 3-27。支撑液膜比乳化液膜厚,而且膜内通道弯曲,传质阻力较大,但它不需制乳和破乳,操作较为简便,更适合于工业应用。

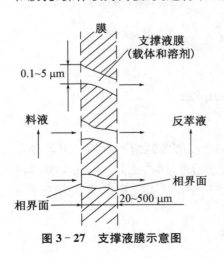

图 3-27 支撑液膜示意图

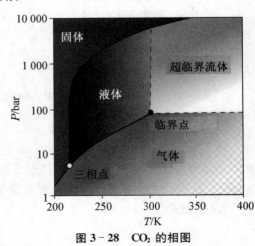

图 3-28 CO₂ 的相图

3.5.8　超临界流体萃取分离法

1. 基本原理

超临界流体萃取分离法是利用超临界流体作萃取剂的一种萃取方法。超临界流体是指当温度和压力超过物质液、气两相平衡点（即临界点）时存在的一种特殊流体。在超临界状态下，液体与气体的分界消失，即使压力提高也不液化。

非凝聚态的超临界流体兼具液体和气体的性质。它是一种稠密的"气体"。但密度比一般气体要大两个数量级，与液体相近。而它的黏度和表面张力又比液体小得多，渗透力强，扩散速率比一般液体要大两个数量级，有极好的流动性和传递性。它的介电常数随压力而急剧变化，介电常数增大时更有利于溶解一些极性大的物质。

2. 萃取剂的选择

超临界流体萃取中萃取剂的选择取决于萃取对象。通常采用 CO_2 作超临界流体萃取剂分离、萃取低极性或非极性的化合物；用 NH_3 或 N_2O 萃取极性较大的化合物。

3. 萃取流程

固体物料的超临界流体萃取流程如图 3-29 所示。

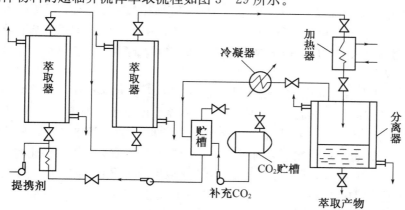

图 3-29　固体物料的超临界流体萃取流程示意图

（1）超临界流体发生源

由萃取剂贮槽、高压泵及其他附属装置组成，其功能是将萃取剂由常温、常压态转化为超临界流体。

（2）萃取池（管）

由试样萃取管及附属装置组成，是超临界流体萃取发生的主要场所。在萃取池中，待萃取的溶质被处于超临界态的萃取剂从试样基体中渗透、溶解出来，并随着流体的流动使其与试样基体分离。

（3）溶质减压分离部分

由喷口及吸收管组成。萃取出来的溶质及流体,必须由超临界态经喷口减压、降温,转化为常温常压态。此时流体挥发逸出,而溶质被吸附在吸收管内的多孔填料表面,用合适的溶剂淋洗吸收管即可将纯的目标物洗脱收集备用。

4. 超临界流体萃取分离法的操作方式

(1) 动态法

动态法是超临界流体萃取剂一次性直接通过试样萃取管,使被分离的组分直接从试样中分离出来。适用于萃取在超临界流体萃取剂中溶解度较大且较易被超临界流体渗透的试样。

(2) 静态法

静态法是将试样浸泡在超临界流体内,经过一段时间后再把萃取剂流体输入吸收管。适合于萃取与试样基体较难分离或在萃取剂流体内溶解度不大的物质,也适合于试样基体较为致密、超临界流体不易渗透的情况。

(3) 循环法

循环法是动态法和静态法的结合。首先将萃取剂流体充满试样萃取管,然后用循环泵使流体反复多次经过试样,最后输入吸收管。适用于动态法不宜萃取的试样。

5. 超临界流体萃取的影响因素

(1) 压力

压力是改变超临界流体对物质溶解能力的重要因素。因此,只需改变萃取剂流体的压力,即可将试样中的不同组分按它们在流体中溶解度的不同而萃取分离。在低压下,溶解度大的物质先被萃取,随着压力的增加,难溶物质也逐渐与基体分离。

(2) 温度

萃取温度的变化也会改变超临界流体的萃取能力,它体现在影响萃取剂的密度和溶质的蒸气压两个方面。在低温区(仍在临界温度以上),温度升高,流体密度减小,而溶质蒸气压增加不多,萃取剂的溶解能力降低,可以使溶剂从超临界流体萃取剂中析出。在高温区,虽然萃取剂密度进一步减小,但溶质蒸气压的迅速增加占主导作用,因而挥发度提高,萃取效率增大。由于萃取出的溶质溶解或吸附在吸收管内放出吸附热或溶解热,所以降低吸收管和收集管的温度,有利于提高回收率。

(3) 萃取时间

被萃取物在流体中的溶解度越大,萃取效率越高,萃取速率也越大。被萃取物在基体中的传质速率越大,则萃取越完全,萃取效率越高。

(4) 其他溶剂

在超临界流体中加入少量其他溶剂可改变它对溶质的溶解能力。通常加入量不超过 10%,且以极性溶剂(如甲醇、异丙醇等)居多。加入少量的其他溶剂可以使超临界萃取技术的适用范围扩大到极性较大的化合物。

6. 应用示例

超临界流体萃取分离法具有高效、快速、后处理简单等特点,特别适合于处理烃类及非极性酯溶性化合物,如醚、酯、酮等。既能从原料中提取和纯化少量有效成分,又能从粗制品中除去少量杂质,达到深度纯化的目的。此外还可与其他仪器分析方法联用,从而避免试样转移时的损失,减少偶然误差,提高方法的精密度。

番茄红素是一种很有前途的功能性天然色素。使用超临界 CO_2 流体萃取法提取番茄红素,具有无有机试剂消耗和残留、避免高温、保护萃取物的生理活性、工艺简单等优点。以粗番茄粉末制品为原料,精制番茄红素的工艺流程如下:将原料和正己烷以 1:2 混合,使之成均匀体系,放入萃取釜中,使原料中的番茄红素溶解到正己烷中,在 30~50 ℃,29.5 MPa 的条件下用超临界 CO_2 流体萃取,最后用减压法进行番茄红素的回收,在分离釜中得到精制的番茄红素制品,番茄红素的含量约为 13.7%。

3.5.9 磁性分离技术

磁性分离技术即在磁场作用下,对磁场产生相应响应的组分做定向移动,从而使目标物从混合物中分离。一切宏观的物体在某种程度上都具有磁性,按其在外加磁场作用下的特性可分为三类,即铁磁性物质、顺磁性物质和反磁性物质。其中铁磁性是可利用。该分离技术具有分离效率高、选择性好以及不受体系温度、密度、酸碱度的限制等优点,可以使某些传统分离方法较难或不能分离的物系得以分开。一般适用于易被磁化的微粒分离。

各种物质的磁性差异是磁分离技术的基础,是将分离对象吸附或采用化学方法固定在载体上,利用颗粒和载体对磁场的不同感应作用进行分离。颗粒上感应的磁化量取决于颗粒的质量、磁化率和应用磁场强度。化学组成不同的颗粒,其结构、密度不同,被磁化的程度也不同,因而可被不同磁场或梯度磁场分离。

目前磁分离方式主要有两种。当分离的液体体积较小时,可在盛放试液容器的一边放置磁场,使组分分离;当分离的液体体积较大时,为避免建造大的磁体,可以利用重力或提供动力的办法使液体流过一个细管,在细管的中间放置磁场,形成的磁场梯度与液体流动方向垂直,组分在较小的磁场梯度下得以分离。后者是最常用的方法,如图 3-30 所示。该分离形式属于垂直连续流,磁性组分主要受到以下三个力:磁场引力、重力以及作用于流体的阻力。

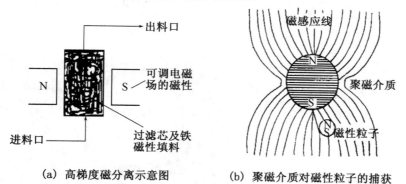

(a) 高梯度磁分离示意图　　(b) 聚磁介质对磁性粒子的捕获

图 3-30　高梯度磁性分离原理示意图

随着高梯度磁分离技术的出现与理论的不断深入和研究,磁性分离技术已在选矿、燃煤脱硫、生物、医学、废水处理、烟气除尘等基础研究和工业生产中得到广泛应用。

3.5.10 泡沫浮选分离法

气泡吸附分离简称气浮分离,即溶液中的固体、沉淀、胶体等吸附在上升的气流上而与母液分离。它是一种有效分离与富集水中微量、痕量组分的方法,可用于矿物浓集或选择性分离,也可用于废水处理。由于该技术相比传统分离方法(如溶剂萃取、离子交换、共沉淀方法等)更为简单,且可处理大批量试样,因此应用广泛。

基于泡沫分离,可将气浮分离技术分为非泡沫分离技术(溶剂气浮和气泡分级分离)和泡沫分离技术(泡沫分级分离和气浮,包括沉淀气浮、大分子气浮、小分子气浮)两类。基于吸附机理,可分为粒子、离子和分子型气浮。后者分类方法更合理,但由于前一种方法较早提出而被广泛使用。其中,泡沫分级方法是通过表面活性物质吸附在水中上升的气泡上,从而达到分离目的的方法,主要用来浓集或分离低浓度的表面活性剂。溶剂气浮技术是指物质吸附在上升气泡上,达到气浮柱顶时,遇到与水不混溶的液体(有机溶剂),这些不混溶液体收集达到界面的物质,从而使物质分离。大分子气浮常用于矿物气浮、矿物浓集或除杂。小分子气浮则指胶体、小分子有机物气浮。沉淀气浮指物质通过沉淀和气流而气浮。离子气浮是由 F. Sebba 首次提出,通过加入表面活性剂(收集剂)形成泡沫而分离溶液中的离子,离子与表面活性剂在气-水界面形成不溶沉淀或浮渣,广泛应用于分析化学中。

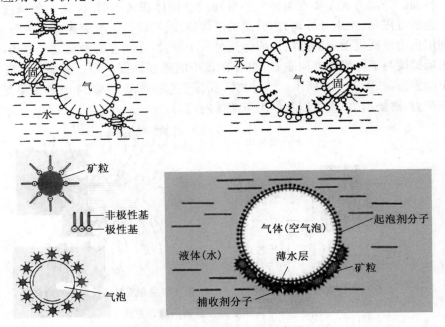

图 3-31 泡沫浮选分离示意图

3.5.11 离子液体分离法

近年来,由于离子液体具有一些独特的物理化学性质,作为一种绿色溶剂广泛应用于液液萃取、液相微萃取、固相微萃取和膜分离等样品预处理技术中。

离子液体,又称室温离子液体或室温熔融盐、液态有机盐等,一般是由特定的、体积相对较大的、结构不对称的有机阳离子和体积相对较小的无机阴离子构成。离子液体蒸汽压几乎为零,不挥发、无色、无味,有较宽的稳定温度范围,较好的化学稳定性。通过阴阳离子的设计可调节其对无机物、水、有机物及聚合物的溶解性,并且其酸度可调至超酸。改变阴阳离子的组成,可以合成不同性质的离子液体,被称为"设计者溶剂"。已经在电化学、催化合成、分离分析等领域中取代挥发性有机溶剂而得到广泛的研究和应用。

离子液体在萃取分离中的应用主要是从水溶液中萃取有机物或金属离子。与一般的有机萃取剂相比,离子液体对有机物和无机物具有很好的溶解性能,其性质也可根据需要通过实验进行人为调节。因此,在一定条件下,通过选择合适的离子液体,即可获取更好的萃取分离效果。

例如,在咪唑基六氟磷酸盐离子液体的咪唑环取代基上引入不同的配位原子或结构(如脲、硫脲、硫醚等),使离子液体具有一定的螯合作用。随着修饰的烷基链的增长,这些离子液体对金属离子(如 Cd^{2+}、Hg^{2+})的分配系数呈上升趋势。其中硫脲修饰的离子液体对 Cd^{2+} 和 Hg^{2+} 的分配系数最高,在最适溶液 pH 时分别可达到 300 和 700。采用双咪唑基阳离子的离子液体,则对 Hg^{2+} 的萃取具有明显的优势。

3.5.12 无溶剂分离法

生物样品基体复杂,蛋白质等生物大分子的干扰给样品前处理带来很大的困难。近年来,生物相容性分离介质在样品前处理中的应用特别引人注目,无溶剂或少溶剂的样品前处理技术发展迅速,如固相萃取、固相微萃取及微透析等。其中,分离介质的选择是采样、分离、富集的关键,发展选择性高、富集能力强的分离介质成为样品前处理技术的研究热点。在生物样品前处理过程中,复杂基体对分离介质的干扰和破坏以及对生物体的影响(如致毒、免疫排斥)是普遍存在的问题。因此,发展生物相容性分离介质对生物样品的采样、分离、分析具有重要意义。

在分析化学领域,分离介质的生物相容性是指其在生物环境中仍保持良好的分离与富集能力,同时不引起生物体免疫排斥等不良反应的性质。必须具备以下两个条件:① 有亲水表面,能避免蛋白质变性和吸附;② 孔径足够小,使蛋白质等大分子排阻在孔穴外。在生物样品前处理中,采用生物相容性分离介质,能避免蛋白质等大分子在介质表面的吸附,减少基体的干扰,延长介质的寿命,有望实现生物体的原位采样及在线检测。

例如,从 20 世纪 80 年代中期开始研究的"限进介质",是目前在生物样品前处理中使用最广泛的生物相容性分离介质。其外表面经过亲水修饰且具有合适的孔径,使得生物样品中蛋白质等大分子不能进入介质的内孔,避免发生不可逆吸附。其次,内孔表面通常具有反相萃取剂或离子交换萃取剂的性质,能吸附小分子,如图 3-32 所示。

图 3-32 限进介质颗粒示意图

介质外表面是烷基二醇硅胶键合有高度亲水的二醇基,内孔表面键合 C_4、C_8、C_{18} 或苯基等基团,既能排阻相对分子质量大于 15 000 的蛋白质等大分子,也能萃取生物样品中低极性的小分子。当生物样品通过该介质时,蛋白质和大分子留在溶剂中,而让待测小分子进入小孔,最终实现分离。

本章小结

一、本章主要知识点梳理

(1) 试样采集与前处理的重要性;
(2) 固体、液体、气体试样的采集方法和常用工具;
(3) 试样的制备方法;
(4) 各类酸、碱、溶剂的性质;
(5) 试样的分解方法(主要针对固体试样);
(6) 试样的分离与富集方法。

二、本章主要知识点及相互关系

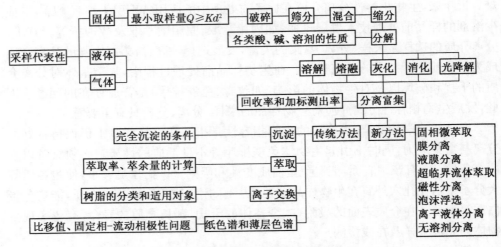

图 3-33 试样采集和前处理主要知识点

习 题

1. 分离方法在定量分析中有什么重要性? 分离时对常量和微量组分的回收率有何要求?

2. 某试样含 Fe,Al,Ca,Mg,Ti 元素,经碱熔融后,用水浸取,盐酸酸化,加氨水中和至出现红棕色沉淀(pH 约为 3 左右),再加入六亚甲基四胺,加热过滤,获得沉淀和滤液。试问:

(1) 为什么溶液中刚出现红棕色沉淀时,表示 pH 为 3 左右?

(2) 过滤后得到的沉淀是什么? 滤液又是什么?

(3) 试样中若含 Zn^{2+} 和 Mn^{2+},它们是在沉淀中还是在滤液中?

3. 向 $0.020\ mol \cdot L^{-1}$ Fe^{3+} 溶液中加入 NaOH,要使沉淀达到 99.99% 以上,溶液 pH 至少是多少? 若溶液中除剩余 Fe^{3+} 外,尚有少量 $FeOH^+$($\beta = 1 \times 10^4$),溶液的 pH 又至少是多少? 已知 $K_{sp} = 8 \times 10^{-10}$。

4. 氢氧化物沉淀分离时,常有共沉淀现象,什么措施可以减少沉淀对其他组分的吸附? 共沉淀富集痕量组分时,对共沉淀剂有什么要求?

5. 采用无机沉淀剂,怎样从铜合金的试液中分离出微量 Fe^{3+}?

6. 用硫酸钡重量法测定硫酸根时,大量 Fe^{3+} 会产生共沉淀。试问当分析硫铁矿(FeS)中的硫时,如果用硫酸钡重量法进行测定,用什么方法可以消除 Fe^{3+} 的干扰?

7. 有机共沉淀剂比较无机共沉淀剂有何优点?

8. 何谓分配系数、分配比? 萃取率与哪些因素有关? 采用什么措施可提高萃取率?

9. 为什么螯合萃取时,溶液酸度的控制非常重要?

10. 离子交换树脂分哪几类? 各有什么特点?

11. 什么是离子交换树脂的交联度、交换容量?

12. 称取 1.5 g H-型阳离子交换树脂做成交换柱,净化后,用 NaCl 溶液冲洗至甲基橙呈橙色为止。收集流出液,用甲基橙为指示剂,以 $0.100\ 0\ mol \cdot L^{-1}$ NaOH 标准溶液滴定,用去 24.51 mL,计算该树脂的交换容量($mmol \cdot g^{-1}$)。

13. 含有 Na^+,NO_3^-,Ba^{2+},$FeCl_4^-$,Ag^+,Co^{2+} 和 NH_4^+ 等离子的溶液加入到阳离子交换柱的顶部,它们的洗脱顺序是怎样的?

14. 用纯的某二元有机酸 H_2A 制备成纯钡盐,称取 0.346 0 g 盐样,溶于 100.0 mL 水中,将溶液通过强酸性阳离子交换树脂,并水洗,流出液以 $0.099\ 60\ mol \cdot L^{-1}$ NaOH 溶液 20.20 mL 滴定至终点,求有机酸的摩尔质量。

15. 将 100 mL 水样通过强酸型阳离子交换树脂,流出液用 $0.104\ 2\ mol \cdot L^{-1}$ 的 NaOH 滴定,用去 41.25 mL,若水样中总金属离子含量以钙离子含量表示,求水样中含钙的质量浓度($mg \cdot L^{-1}$)?

16. 饮用水常被痕量氯仿污染,用 1.0 mL 戊烷与 100 mL 水样震荡,反复实验,结果证明有53%的氯仿被萃取到戊烷中,当10 mL饮用水与1.0 mL的戊烷一起振荡,此时氯仿的萃取率是多少?

17. 某一元有机弱酸HA在有机相和水相中的分配系数$K_D=31$,HA在水相中的离解常数$K_a=2\times10^{-4}$,假设A^-不被萃取,如果50 mL水相每次用10 mL有机相连续萃取3次,在pH 1.0和pH 4.0时,HA的萃取率各是多少?

18. 某溶液含Fe^{3+} 10 mg,用有机溶剂萃取它时,分配比为99。问用等体积溶剂萃取1次和2次后,剩余Fe^{3+}量各是多少?若在萃取2次后,分出有机相,用等体积水洗一次,会损失多少Fe^{3+}?

19. 现有0.100 0 mol·L^{-1}某有机一元弱酸(HA)10 mL,用25.00 mL苯萃取后,取水相25.00 mL用0.020 0 mol·L^{-1} NaOH溶液滴定至终点,消耗20.00 mL,计算一元弱酸在两相中的分配系数K_D。

20. 用己烷萃取稻草试样中的残留农药,并浓缩到5.0 mL,加入5 mL的90%的二甲基亚砜,发现83%的农药残留量在己烷相,它在两相中的分配比是多少?

21. 用乙酸乙酯萃取鸡蛋面条中的胆固醇,面条试样10 g,面条中胆固醇含0.20%,若分配比D是3,水相20 mL,用50 mL乙酸乙酯萃取,需要萃取多少次可以除去鸡蛋面条中95%的胆固醇?

22. 纸色谱法分离A、B两物质时,$R_{f,A}=0.32$,$R_{f,B}=0.70$。欲使A、B两种物质分开后,两斑点的中心距离为4.0 cm,那么滤纸条至少应截取多长?

第四章 酸碱滴定法

§4.1 概 述

　　酸碱是日常生活和生产科研中的常见物质,如盐酸、硫酸、纯碱、氨水等大宗化工原料,氨基酸、乳酸、季铵盐杀菌剂等与生活密切相关的有机化合物,生物碱、固体酸催化剂等等这些呈现出多样性的其他物质也属于酸碱。其中像盐酸、氢氧化钠这些酸碱物质本身就是分析实验室里的常用试剂,在试样前处理以及定性、定量分析中具有难以替代的重要作用。酸碱物质及其分析应用是分析化学知识结构中非常重要的一环。

4.1.1 酸碱滴定法的适用对象

　　酸碱滴定法是基于酸碱反应的滴定分析方法,可以直接测定常量或半微量的酸碱组分,也可以测定那些经过适当的前处理后可以定量地转化为某种酸碱组分的物质,如醛、酮、尿素、蛋白质、三聚氰胺、二氧化硅等,应用非常广泛。

4.1.2 酸碱的定义和共轭酸碱

　　根据布朗斯特(Bronsted)酸碱质子理论,能提供质子的物质是酸,能接受质子的物质是碱,既能提供质子又能接受质子的物质为两性物质。

　　HCl、H_3BO_3、H_3PO_4、$H_2PO_4^-$、HPO_4^{2-}、HAc、NH_4^+、H_2CO_3、HCO_3^-、$H_2N—CH_2COOH$ 在一定介质中可以提供质子,均是酸;$NaOH$、$Na_2B_4O_7$、PO_4^{3-}、HPO_4^{2-}、$H_2PO_4^-$、Ac^-、NH_3、HCO_3^-、CO_3^{2-}、$H_2N—CH_2COOH$ 在一定介质中可以接受质子,均是碱。其中 $H_2PO_4^-$、HPO_4^{2-}、HCO_3^-、$H_2N—CH_2COOH$ 既可以提供质子,也可以接受质子,是两性物质。

　　在同一个体系中,若有物质得到质子,则必有物质失去质子,得失质子数相等。以弱酸 HA 的水溶液中为例,从失质子的角度看,由于

$$HA + H_2O \Longrightarrow H_3^+O + A^-$$

　　将其中的 H_3^+O 简记为 H^+,溶剂水(H_2O)在离解常数中的浓度记为 $1\ mol \cdot L^{-1}$,则反应常数(酸式离解常数)为

$$K_{a,HA} = \frac{[H^+][A^-]}{[HA]} \qquad (4-1)$$

　　HA 离解出了 H^+ 而使水溶液呈现酸性。若从得质子的角度看,由于

$$A^- + H_2O \Longrightarrow HA + OH^-$$

反应常数（碱式离解常数）为：

$$K_{b,A^-} = \frac{[HA][OH^-]}{[A^-]} \qquad (4-2)$$

A^- 得到水离解出的 H^+ 使水溶液中有多余的 OH^- 而呈现碱性。可见，所谓"强碱弱酸盐"乙酸钠（NaAc）的水溶液呈碱性，并不是碱金属离子 Na^+ 的贡献，Na^+ 既没有得到 H^+，也没有失去 H^+，在酸碱反应中表现出"惰性"。弱酸的酸根离子 Ac^- 与水的共同作用使溶液呈现出碱性。

类似 HA 和 A^- 这样仅相差一个可以离解的质子的两个物质互称为共轭酸碱。HA 为 A^- 的共轭酸，A^- 为 HA 的共轭碱。对于一对共轭酸碱，它们在水溶液中的离解常数为：

$$K_{a,HA} \cdot K_{b,A^-} = \frac{[H^+][A^-]}{[HA]} \cdot \frac{[HA][OH^-]}{[A^-]} = [H^+][OH^-] = K_w = 10^{-14}$$
$$(4-3)$$

其中 K_w 是水的质子自递常数，即反应 $H_2O + H_2O \Longrightarrow H_3^+O + OH^-$ 的反应常数。

可见在水溶液中，弱酸的酸式离解常数与其共轭碱的碱式离解常数可以相互换算，即

$$K_a = \frac{10^{-14}}{K_b} \qquad (4-4)$$

多元酸碱可以逐级离解，并有对应的逐级离解常数。由三元弱酸 H_3PO_4 或三元弱碱 PO_4^{3-} 等可以组成 $H_3PO_4 - H_2PO_4^-$、$H_2PO_4^- - HPO_4^{2-}$、$HPO_4^{2-} - PO_4^{3-}$ 一系列多元共轭酸碱对，它们的离解常数间具有如下关系：

$$K_{a_1} = \frac{10^{-14}}{K_{b_3}}; K_{a_2} = \frac{10^{-14}}{K_{b_2}}; K_{a_3} = \frac{10^{-14}}{K_{b_1}} \qquad (4-5)$$

酸碱物质的离解常数可由附表 1 直接查得，或由其共轭酸（碱）的离解常数经相互换算得到。由于弱酸、弱碱的离解常数较小，一般以 pK_a 和 pK_b 的形式给出，对于一对共轭酸碱对，则

$$pK_a + pK_b = 14 \qquad (4-6)$$

pK_a 越大，对应的酸越弱；pK_b 越大，对应的碱越弱。例如，由附表 1 可知碳酸 H_2CO_3 的 $pK_{a_1} = 6.38$，$pK_{a_2} = 10.25$，可换算得碳酸根 CO_3^{2-} 的 $pK_{b_1} = 3.75$，$pK_{b_2} = 7.62$。其中 $pK_{a_2} > pK_{b_2}$，表明碳酸氢根 HCO_3^- 提供 H^+ 的能力弱于其接受 H^+ 的能力，因而 $NaHCO_3$ 水溶液呈弱碱性。

4.1.3 建立酸碱滴定分析方案的一般步骤

建立酸碱滴定分析方案一般包括以下四个基本步骤：

（1）选择恰当的滴定反应确定滴定产物；

（2）估算化学计量点时滴定体系的 pH；

（3）选择一种在该 pH 附近变色的指示剂；

（4）考察滴定误差是否符合分析任务的要求。

以测定 HAc 溶液的浓度为例。

选择用 NaOH 标准溶液进行滴定，两者反应完全、迅速，化学计量比为 $1:1$，符合滴定分析对化学反应的基本要求，反应产物为 NaAc，即化学计量点时，滴定体系为一定浓度的 NaAc 水溶液。

估算该浓度 NaAc 水溶液的 pH。

若经估算得到 NaAc 溶液 pH 为 8.9，查附表 3 或《分析化学手册》等工具书可知，酚酞的理论变色点为 pH 9.1（实际变色范围是 pH 8.0～9.6），可用作该滴定反应的指示剂。

计算由于指示剂的理论变色点 pH 9.1 与滴定反应的化学计量点 pH 8.9 不一致所造成的误差（滴定误差），若小于等于分析任务的允许误差，则该方法可行，否则需做出改进。

解决上了上述四个问题，就解决了滴定分析方案设计的主要问题，其中第（2）和第（4）步所需要的知识和能力是本章的学习重点。

§4.2 酸碱组分的分布分数

4.2.1 分布分数及计算公式

一种弱酸或弱碱在水溶液中可能以多种型体存在。酸碱离解或酸碱反应达到平衡时，各种型体的浓度称为平衡浓度，用 [ ] 表示；而各种型体的平衡浓度之和称为总浓度或分析浓度，用 c 表示。某种型体的平衡浓度在其总浓度中所占的比例称为分布分数，用 δ 表示。

一元弱酸（以 HAc 为例）水溶液中，有

$$c=[\text{HAc}]+[\text{Ac}^-]$$

$$\delta_{\text{HAc}}=\frac{[\text{HAc}]}{c}=\frac{[\text{HAc}]}{[\text{HAc}]+[\text{Ac}^-]}=\frac{1}{1+\frac{[\text{Ac}^-]}{[\text{HAc}]}}=\frac{1}{1+\frac{K_a}{[\text{H}^+]}}=\frac{[\text{H}^+]}{[\text{H}^+]+K_a}$$

$$(4-7)$$

$$\delta_{\text{Ac}^-}=\frac{[\text{Ac}^-]}{c}=1-\delta_{\text{HAc}}=\frac{K_a}{[\text{H}^+]+K_a} \qquad (4-8)$$

$$\delta_{\text{HAc}}+\delta_{\text{Ac}^-}=1 \qquad (4-9)$$

当 $[\text{H}^+]=K_a$，即 $\text{pH}=\text{p}K_a$ 时，$\delta_{\text{HAc}}=\delta_{\text{Ac}^-}=\frac{1}{2}$。

由于在水溶液中，$[\text{H}^+]$ 和 $[\text{OH}^-]$ 形式上地位完全均等，因此，只要将一元弱酸水溶液中各种型体分布分数计算公式中的 $[\text{H}^+]$ 替换为 $[\text{OH}^-]$，K_a 替换为 K_b，就可以得到一元弱碱水溶液中各种型体分布分数的计算公式。例如，NH_3 水溶液中，有

$$\delta_{NH_3}=\frac{[\text{OH}^-]}{[\text{OH}^-]+K_b} \qquad (4-10)$$

$$\delta_{NH_4^+} = \frac{K_b}{[OH^-] + K_b} \qquad (4-11)$$

二元弱酸 $H_2C_2O_4$ 水溶液中,有

$$c = [H_2C_2O_4] + [HC_2O_4^-] + [C_2O_4^{2-}]$$

$$\begin{aligned}
\delta_{H_2C_2O_4} &= \frac{[H_2C_2O_4]}{c} = \frac{[H_2C_2O_4]}{[H_2C_2O_4] + [HC_2O_4^-] + [C_2O_4^{2-}]} \\
&= \frac{1}{1 + \dfrac{[HC_2O_4^-]}{[H_2C_2O_4]} + \dfrac{[C_2O_4^{2-}]}{[H_2C_2O_4]}} = \frac{1}{1 + \dfrac{K_{a_1}}{[H^+]} + \dfrac{K_{a_1}K_{a_2}}{[H^+]^2}} \\
&= \frac{[H^+]^2}{[H^+]^2 + [H^+]K_{a_1} + K_{a_1}K_{a_2}} \qquad (4-12)
\end{aligned}$$

同理

$$\delta_{HC_2O_4^-} = \frac{[H^+]K_{a_1}}{[H^+]^2 + [H^+]K_{a_1} + K_{a_1}K_{a_2}} \qquad (4-13)$$

$$\delta_{C_2O_4^{2-}} = \frac{K_{a_1}K_{a_2}}{[H^+]^2 + [H^+]K_{a_1} + K_{a_1}K_{a_2}} \qquad (4-14)$$

三元弱酸 H_3PO_4 水溶液中,有

$$\delta_{H_3PO_4} = \frac{[H^+]^3}{[H^+]^3 + [H^+]^2K_{a_1} + [H^+]K_{a_1}K_{a_2} + K_{a_1}K_{a_2}K_{a_3}} \qquad (4-15)$$

$$\delta_{H_2PO_4^-} = \frac{[H^+]^2K_{a_1}}{[H^+]^3 + [H^+]^2K_{a_1} + [H^+]K_{a_1}K_{a_2} + K_{a_1}K_{a_2}K_{a_3}} \qquad (4-16)$$

$$\delta_{HPO_4^{2-}} = \frac{[H^+]K_{a_1}K_{a_2}}{[H^+]^3 + [H^+]^2K_{a_1} + [H^+]K_{a_1}K_{a_2} + K_{a_1}K_{a_2}K_{a_3}} \qquad (4-17)$$

$$\delta_{PO_4^{3-}} = \frac{K_{a_1}K_{a_2}K_{a_3}}{[H^+]^3 + [H^+]^2K_{a_1} + [H^+]K_{a_1}K_{a_2} + K_{a_1}K_{a_2}K_{a_3}} \qquad (4-18)$$

n 元酸的水溶液共有 $n+1$ 种不同的存在型体,分布分数有通式:

$$\delta_{H_{n-i}A^{-i}} = \frac{[H^+]^{n-i}\prod\limits_{i=0}^{i}K_{a_i}}{\sum\limits_{i=0}^{n}([H^+]^{n-}\prod\limits_{i=0}^{i}K_{a_i})}(i=0,1,\cdots,n) \qquad (4-19)$$

其中约定 $K_{a_0}=1$,H_0A^{-n} 即为 A^{-n}。

弱酸及其离解产物的分布分数计算公式规律为:

(1) 各种型体的分布分数其分母均相同,分母中相加的各项分别对应于各种型体的比例,以各项依次做分子,即得各种型体的分布分数。

(2) n 元酸及其离解产物,分布分数的分母中第一项为 $[H^+]^n$,其后各项中 $[H^+]$ 的次方依次递减,每递减一次方,由 K_{a_1},K_{a_2},$\cdots$,K_{a_n} 依次连乘替换。

(3) 各种型体的分布分数之和为 1。

(4) 分布分数的大小由弱酸弱碱所处的介质条件(pH)所决定,与总浓度 c 无关。pH 相同时,不论其初始总浓度如何,各种型体所占的比例不变。

【例 4-1】 计算 pH8.00 和 pH12.00 时，0.10 mol·L⁻¹ KCN 溶液中 CN⁻ 的平衡浓度。

解题思路： 以电荷平衡式 $[H^+]+[K^+]=[OH^-]+[CN^-]$ 为依据计算 $[CN^-]$ 是容易想到的方法，但所得结果与实际情况不符。究其原因在于：若水溶液中仅有已知浓度的 KCN，则 pH 应为定值，而本题中 pH 既可以为 8.00，又可以为 12.00，因此除 KCN 外，溶液中一定还有其他共存的未知组分对 pH 产生了影响，而本题并未提供相关组分的信息，所以上述电荷平衡式有误。用总浓度乘以分布分数直接得到某种型体的平衡浓度是解决这类问题的常用方法。

解： $[CN^-]=c\delta_{CN^-}=0.10\times\dfrac{K_{a,HCN}}{[H^+]+K_{a,HCN}}$

pH 8.00 时，$[CN^-]=0.10\times\dfrac{10^{-9.21}}{10^{-8.00}+10^{-9.21}}=5.8\times10^{-3}$ mol·L⁻¹

pH 12.00 时，$[CN^-]=0.10\times\dfrac{10^{-9.21}}{10^{-12.00}+10^{-9.21}}=0.10$ mol·L⁻¹

【例 4-2】 血气分析中测得某人全血样品 pH=7.40，$[HCO_3^-]=25$ mmol·L⁻¹，推算该血样中碳酸 H_2CO_3 的平衡浓度。

解题思路： 该题中并未提供碳酸（H_2CO_3）的总浓度，所以不能直接用总浓度乘以 HCO_3^- 分布分数的方法来求 $[H_2CO_3]$。根据分布分数计算公式的特点：分母相同，而分子分别对应于各种型体。因此，在同一体系中，各种型体的浓度之比等于其分布分数计算公式的分子之比。

解： $\dfrac{[H_2CO_3]}{[HCO_3^-]}=\dfrac{c\delta_{H_2CO_3}}{c\delta_{HCO_3^-}}=\dfrac{[H^+]^2}{[H^+]K_{a_1,H_2CO_3}}=\dfrac{[H^+]}{K_{a_1,H_2CO_3}}$

$[H_2CO_3]=\dfrac{[H^+][HCO_3^-]}{K_{a_1,H_2CO_3}}=\dfrac{10^{-7.40}\times25}{10^{-6.38}}=2.4$ mmol·L⁻¹

4.2.2 分布曲线

各种存在型体平衡浓度的比例由溶液中氢离子的浓度决定，因此每种型体的分布分数随溶液氢离子浓度而变化。分布分数 δ 与溶液 pH 间的关系曲线称为分布曲线。学习和详细解读分布曲线，可以帮助我们深入地理解酸碱平衡和酸碱滴定中体系的变化，并对反应条件的选择和控制具有指导意义。

计算三种弱酸及其离解产物在不同 $[H^+]$ 时的分布分数 δ 并作 δ-pH 图。

分布曲线直观地反映了存在型体与溶液 pH 的关系，在选择反应条件时，有时并不需要计算出分布分数的大小也能得到许多有效的信息，以下具体说明。

由图 4-3 可见，对于各级离解常数相差较大（$\Delta pK_a>5$）的多元弱酸（如磷酸的 pK_{a_1}、pK_{a_2} 和 pK_{a_3} 分别为 2.12,7.20 和 12.36）。

当体系的 $pH=pK_{a_i}$ 时，一对共轭酸碱的分布分数曲线相交于一点，此时两者的分布分数相等，均为约 0.5，即两者各占一半。

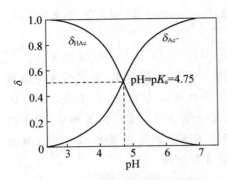

图 4-1 乙酸溶液中各种型体的
分布分数-pH曲线

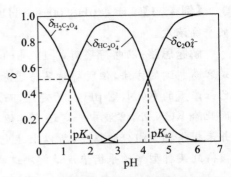

图 4-2 草酸溶液中各种型体的分布
分数-pH曲线

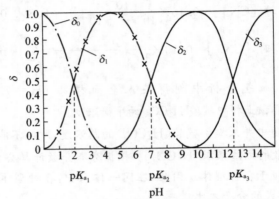

图 4-3 磷酸溶液中各种型体的分布分数-pH曲线

当体系的 pH 位于相邻的两个 pK_{a_i} 之间,即 $pH = \frac{1}{2}(pK_{a_i} + pK_{a_{i+1}})$ 时,一种型体的比例绝对占优,接近 100%。

用 NaOH 标准溶液滴定磷酸(H_3PO_4)溶液的浓度,若以甲基橙为指示剂,变色点在 pH4 附近,由图 4-3 可知,此时磷酸几乎全部转化为 $H_2PO_4^-$,NaOH 与 H_3PO_4 反应的化学计量比为 1:1;若以酚酞为指示剂,变色点在 pH9 附近,此时磷酸几乎全部转化为 HPO_4^{2-},NaOH 与 H_3PO_4 反应的化学计量比为 2:1。

由图 4-2 可见,对于各级离解常数相差不大的多元弱酸(如草酸的 pK_{a1}、pK_{a2} 分别为 1.22 和 4.19)。

当 pH 位于相邻的两个 pK_{a_i} 之间时,一种型体的比例虽然占优,但达不到接近 100%,存在三种型体交叉同时存在的状况。因此做定量测定时,不能将 pH 控制在这个区间内终止滴定,否则没有简单明确的化学计量关系。

若欲用 NaOH 标准溶液滴定草酸($H_2C_2O_4$)溶液的浓度,可选择甲基红为指示剂滴定至 pH6.0 左右,此时草酸恰好全部转化为 $C_2O_4^{2-}$,NaOH 与 $H_2C_2O_4$ 反应的化学计量比为2:1。若以 $C_2O_4^{2-}$ 为沉淀剂欲将溶液中的 Ca^{2+} 沉淀完全,则应控制溶液 pH $\geqslant 5.0$,此时 $C_2O_4^{2-}$ 为主要存在型体,有利于 CaC_2O_4 沉淀的形成和稳定。

§4.3 质子条件式

根据酸碱质子理论,酸碱反应的实质是质子的得失。当酸碱反应达平衡时,酸失去的质子数目与碱得到的质子数目相等,这是一种基于酸碱反应原理的说法。若从酸碱反应产物的角度来说则为:得质子产物所得到的质子数目等于失质子产物所失去的质子数目。根据一个体系中与得失质子相关的各种物质相互间得失质子数目相等的关系所写出的等式称为质子条件式或质子平衡方程(proton balance equation,PBE)。

以 NaAc 水溶液为例,质子条件式为:

$$[H_3^+O]+[HAc]=[OH^-]$$

该体系的原始组成为 NaAc+H_2O。其中 Na^+ 与得失质子无关;Ac^- 得质子产物为 HAc,用[HAc]表示得质子的多少;H_2O 得质子产物为 H_3^+O,用[H_3^+O]表示得质子的多少;H_2O 失质子产物为 OH^-,用[OH^-]表示失质子的多少。上式反映了得失质子相等的关系,一般可将 H_3^+O 简记为 H^+。

质子条件式是定量计算酸碱溶液 pH 的依据和起点,是本章最重要的知识点之一。正确写出酸碱物质水溶液的质子条件式应注意以下四点:

(1)式中不应出现原始组成,只能出现其得失质子后的产物;

(2)某产物从其原始组成起得失的质子数要体现在该产物的系数上;

(3)得质子的产物相加于等式左边,失质子的产物相加在等式右边;

(4)共轭酸碱体系由于得失质子后的组分会出现重叠,可将其等效为简单体系后再写质子条件式。

表 4-1 系统地列出了几类典型酸碱水溶液质子条件式的写法。请仔细研读表中的内容,体会质子条件式的写法。

表 4-1 几种典型酸碱水溶液质子条件式的写法

体系	考察对象(体系原始组成)	得失质子后的产物	质子条件式(H_3^+O 记为 H^+)
一元强酸 c mol·L^{-1} HCl 水溶液	HCl	失:Cl^-	$[H^+]=[Cl^-]+[OH^-]$ 或$[H^+]=c+[OH^-]$
	H_2O	得:H_3^+O 失:OH^-	
一元强碱 c mol·L^{-1} NaOH 水溶液	NaOH		$[H^+]=[OH^-]-c$
	H_2O	得:H_3^+O 失:OH^-(在量上等于[OH^-]$-c$)	
一元弱酸 c mol·L^{-1} HAc 水溶液	HAc	失:Ac^-	$[H^+]=[Ac^-]+[OH^-]$
	H_2O	得:H_3^+O 失:OH^-	

（续表）

体系	考察对象（体系原始组成）	得失质子后的产物	质子条件式（H_3^+O 记为 H^+）
一元弱碱 c mol·L^{-1} NaAc 水溶液	NaAc	得：HAc	$[H^+]+[HAc]=[OH^-]$
	H_2O	得：H_3^+O 失：OH^-	
两性物质 c mol·L^{-1} $(NH_4)_2HPO_4$ 水溶液	$(NH_4)_2HPO_4$	得：$H_2PO_4^-$，H_3PO_4 失：NH_3，PO_4^{3-}	$[H^+]+[H_2PO_4^-]+$ $2[H_3PO_4]=[OH^-]+$ $[NH_3]+[PO_4^{3-}]$
	H_2O	得：H_3^+O 失：OH^-	
混合酸 HCl+HAc 水溶液	HCl	失：Cl^-	$[H^+]=[Cl^-]+$ $[Ac^-]+[OH^-]$
	HAc	失：Ac^-	
	H_2O	得：H_3^+O 失：OH^-	
混合碱 c_1 mol·L^{-1} NaOH $+c_2$ mol·L^{-1} NaAc 水溶液	NaOH		$[HAc]+[H^+]$ $=[OH^-]-c_1$
	NaAc	得：HAc	
	H_2O	得：H_3^+O； 失：OH^-（在量上等于 $[OH^-]-c_1$）	
共轭酸碱 c_1 mol·L^{-1} HAc $+c_2$ mol·L^{-1} NaAc 水溶液	等效于 (c_1+c_2) mol·L^{-1}NaAc $+c_1$ mol·L^{-1}HCl 或： (c_1+c_2) mol·L^{-1}HAc $+c_2$ mol·L^{-1}NaOH		$[H^+]+[HAc]=[OH^-]+c_1$ 或$[H^+]=[Ac^-]+[OH^-]-c_2$
共轭酸碱 c_1 mol·L^{-1} NH_4Cl+ c_2 mol·L^{-1} NH_3 水溶液	等效于 (c_1+c_2) mol·L^{-1} NH_3+c_1 mol·L^{-1}HCl 或：(c_1+c_2) mol·L^{-1} NH_4Cl $+c_2$ mol·L^{-1}NaOH		$[H^+]+[NH_4^+]=[OH^-]+c_1$ 或$[H^+]=[NH_3]+[OH^-]-c_2$

其中 NaOH 水溶液中的 OH^- 包括两部分：一部分是由 H_2O 失去质子而形成的，与得失质子相关；另一部分是由 NaOH 离解而产生的，与得失质子无关。

阅读：氢离子浓度计算参考

§4.4　酸碱溶液 pH 的计算

酸的浓度是指酸的分析浓度，包括离解部分和未离解部分的总浓度；碱的浓度是指碱的分析浓度，也包括离解部分和未离解部分的总浓度。酸度和碱度则是另一个角度的概念，以碱度为例，它是指单位体积的碱性溶液中能与一元强酸定量作用的物质总量，往往需要通过指定了终点的酸碱反应来进行测定，是一个"过程量"。而酸碱性则是指溶液中 H^+ 或 OH^- 的浓度，是一个"状态量"，通常用 pH 和

pOH 表示。

根据酸碱溶液的组成、浓度及相关常数，不经测定，直接计算出溶液的 pH 是一项非常重要和实用的能力，在分析实验方案设计、酸碱溶液配制、化学反应或生产工艺控制等方面具有非常重要的作用。

4.4.1 酸碱溶液 pH 的通用算法

酸碱溶液 pH 的通用计算方法步骤为：

（1）根据溶液组成写出质子条件式；

（2）将式中各组分的"平衡浓度"以"总浓度×分布分数"的形式代入，得到关于$[H^+]$或$[OH^-]$的一元方程；

（3）解方程。

以前受限于解一元高次方程的不便，一般多采用分类近似算法，因为各种酸碱体系分类众多，所以学习负担较重。MATLAB 是一种非常方便有效的数学工具软件，理工科大学生应该学会其最常用的一些基本功能，享受其强大的功能所带来的方便，从而节省大量时间，将主要精力集中在分析方法本身的学习上。

用 MATLAB 解一元方程只需打开软件，在其命令窗口（Command Window）中输入：

$$solve('一元方程的表达式')$$

回车即可得到方程的解。

【例 4-3】 计算 0.10 mol·L^{-1} NaAc 水溶液的 pH。

解：NaAc 水溶液的质子条件式：

$$[H^+]+[HAc]=[OH^-]$$

用浓度和分布分数表达平衡浓度并将$[OH^-]$转化为用$[H^+]$表达：

$$[H^+]+c_{HAc}\times\delta_{HAc}=\frac{K_W}{[H^+]}$$

$$[H^+]+c_{HAc}\times\frac{[H^+]}{[H^+]+K_{a,HAc}}=\frac{K_W}{[H^+]}$$

$$[H^+]+0.10\times\frac{[H^+]}{[H^+]+1.8\times10^{-5}}=\frac{10^{-14}}{[H^+]}$$

在 MATLAB 的 Command Window 中输入

$$\boxed{solve('H+0.10*H/(H+1.8*10^{(-5)})=10^{(-14)}/H')}$$

回车，得

$$\boxed{.13415700380628762759578882762380e-8}$$

即$[H^+]=0.134\ 157\times10^{-8}$ mol·L^{-1}，pH$=8.87$

注：加框部分为 MATLAB 中输入或显示的内容。

【例 4-4】 计算 0.050 mol·L^{-1} H_2SO_4 水溶液的 pH。

解题思路：硫酸可以看作是一元强酸与等浓度的一元弱酸（HSO_4^-）的混合酸，这一点在写质子条件时需要注意。

视频：用
MATLAB
计算氢离
子浓度

解：

$$[H^+] = c + [SO_4^{2-}] + [OH^-]$$

$$[H^+] = c + c \times \frac{K_{a_2,H_2SO_4}}{[H^+] + K_{a_2,H_2SO_4}} + \frac{K_w}{[H^+]}$$

$$[H^+] = 0.050 + 0.050 \times \frac{10^{-1.99}}{[H^+] + 10^{-1.99}} + \frac{10^{-14}}{[H^+]}$$

在 MATLAB 中输入

```
H=solve('H=0.050+0.050*10^(-1.99)/(H+10^(-1.99))+
10^(-14)/H')
```

回车，得

```
H=.57548478393440349266956024831977e-1
```

即 $[H^+] = 0.575\,485 \times 10^{-1}$ mol·L^{-1}，pH=1.24

由于强酸溶液中 $[OH^-]$ 远小于 $[H^+]$，因而【例 4-4】中可以根据实际情况在质子条件式中忽略 $[OH^-]$ 而简化计算。当然，多出的这一点计算量相对于 MATLAB 强大的计算能力而言是可以不必计较的。

也可以利用其他高级计算机语言的程序，用二分法、切线法、迭代法等进行求解。一些函数计算器也具有解一元高次方程的功能。

4.4.2 酸碱溶液 pH 的分类近似算法

其实并非任何时候都需要 pH 的准确值，何况上述计算中也并未考虑离子强度对活度系数的影响，所以计算结果与实测值会有微小差异，浓度较高时更甚。很多情况下，近似解也可以满足要求。表 4-2 为各种典型简单体系 $[H^+]$ 的近似计算公式。

表 4-2　各种酸碱体系 $[H^+]$ 的计算公式

酸碱溶液	计算公式	适用条件	备注
一元强酸	$[H^+] = c$		
	根据质子条件式解方程计算	$c < 10^{-6}$	极稀溶液
一元弱酸	$[H^+] = \dfrac{-K_a + \sqrt{K_a^2 + 4cK_a}}{2}$	$cK_a \geq 10K_w$	近似式
	$[H^+] = \sqrt{cK_a}$	$cK_a \geq 10K_w$，且 $\dfrac{c}{K_a} \geq 100$	最简式 浓度不能太低，较弱的酸
	$[H^+] = \sqrt{cK_a + K_w}$	$cK_a < 10K_w$ 且 $\dfrac{c}{K_a} \geq 100$	极稀或极弱酸
多元弱酸	$[H^+] = \dfrac{-K_{a_1} + \sqrt{K_{a_1}^2 + 4cK_{a_1}}}{2}$	$cK_{a_1} \geq 10K_w$，且 $\dfrac{K_{a_2}}{\sqrt{cK_{a_1}}} < 0.05$	按一元弱酸处理
	$[H^+] = \sqrt{cK_{a_1}}$	同上，且 $\dfrac{c}{K_{a_1}} > 100$	最简式 浓度不能太低，一级离解较小
	根据质子条件式解方程计算		各级离解常数相差不大

（续表）

酸碱溶液		计算公式	适用条件	备注
混合弱酸		$[H^+]=\sqrt{c_{HA}K_{a,HA}+c_{HB}K_{a,HB}}$		
弱酸＋弱碱		$[H^+]=\sqrt{\dfrac{c_{HA}}{c_B}K_{a,HA}K_{a,HB}}$		
两性物质	酸式盐	$[H^+]=\sqrt{\dfrac{K_{a_1}(cK_{a_2}+K_w)}{c+K_{a_1}}}$		对 NaH_2PO_3、$NaHCO_3$ 等适用。对 Na_2HPO_4 要用 K_{a_2}、K_{a_3} 计算
		$[H^+]=\sqrt{\dfrac{cK_{a_1}K_{a_2}}{c+K_{a_1}}}$	$cK_{a_2}>10K_w$	
		$[H^+]=\sqrt{K_{a_1}K_{a_2}}$	同上，且 $c>10K_{a_1}$	适度稀释时 pH 不变
	弱酸弱碱盐	$[H^+]=\sqrt{\dfrac{K_a(cK_a'+K_w)}{c+K_a}}$	同酸式盐，其中：K_a 为弱酸的离解常数；K_a' 为弱碱共轭酸的离解常数	NH_4Ac 这类弱酸弱碱组成比 $1:1$ 的体系

表 4-2 中仅列出了酸的情况，碱的情况可以类比。对于较简单的体系，可以直接利用相应的公式，借助计算器进行计算。对于较复杂的体系，或表中未列出的情况，仍需从质子条件式出发，通过解方程进行计算。

【例 4-5】 分别计算 $0.80\ mol \cdot L^{-1}$ H_3PO_4 水溶液及相同浓度的 NaH_2PO_4、Na_2HPO_4 和 Na_3PO_4 水溶液的 pH。

解题思路： 先明确计算对象的分类归属，然后直接从表 4-2 中找到相应的计算公式并根据具体情况进行简化计算。

解：（1）H_3PO_4（多元弱酸）

$$cK_{a_1}=0.80\times10^{-2.12}\geqslant10K_w,\quad \frac{K_{a_2}}{\sqrt{cK_{a_1}}}=\frac{10^{-7.20}}{\sqrt{0.80\times10^{-2.12}}}<0.05,$$

$$\frac{c}{K_{a_1}}=\frac{0.80}{10^{-2.12}}>100$$

$$[H^+]=\sqrt{cK_{a_1}}=\sqrt{0.80\times10^{-2.12}}=7.79\times10^{-2}\ mol\cdot L^{-1}$$

$$pH=1.11$$

（2）NaH_2PO_4（酸式盐）

$$cK_{a_2}=0.80\times10^{-7.20}>10K_w,\quad c=0.80>10K_{a_1}=10\times10^{-2.12}$$

$$[H^+]=\sqrt{K_{a_1}K_{a_2}}=\sqrt{10^{-2.12}\times10^{-7.20}}=10^{-4.66}\ mol\cdot L^{-1}$$

$$pH=4.66$$

（3）Na_2HPO_4（酸式盐）

$$cK_{a_3}=0.80\times10^{-12.36}>10K_w, c=0.80>10K_{a_2}=10\times10^{-7.20}$$
$$[H^+]=\sqrt{K_{a_2}K_{a_3}}=\sqrt{10^{-7.20}\times10^{-12.36}}=10^{-9.78}\ mol\cdot L^{-1}$$
$$pH=9.78$$

（4）Na_3PO_4（多元弱碱）

$$cK_{b_1}=0.80\times10^{-14+12.36}\geqslant10K_w, \frac{K_{b_2}}{\sqrt{cK_{b_1}}}=\frac{10^{-14+7.20}}{\sqrt{0.80\times10^{-14+12.36}}}<0.05,但$$

$$\frac{c}{K_{b_1}}=\frac{0.80}{10^{-14+12.36}}=\frac{0.80}{10^{-1.64}}<100,则$$

$$[OH^-]=\frac{-K_{b_1}+\sqrt{K_{b_1}^2+4cK_{b_1}}}{2}$$
$$=\frac{-10^{-1.64}+\sqrt{10^{-1.64\times2}+4\times0.80\times10^{-1.64}}}{2}$$
$$=1.24\times10^{-1}(mol\cdot L^{-1})$$
$$pH=14.00-pOH=14.00-0.91=13.09$$

上述估算中，最终结果宜保留两位有效数字。

§4.5 酸碱缓冲溶液

酸碱缓冲溶液是一种能对溶液酸碱性起稳定（缓冲）作用的溶液，当外加少量酸、碱，或因化学反应产生少量酸、碱，以及适度稀释时，其 pH 不发生显著的变化。由于酸碱缓冲溶液的这种特性，它常被用作 pH 标准溶液以及用来控制反应介质的酸碱性条件。

缓冲溶液的组成一般可分为以下三类：

（1）弱酸及其共轭碱、弱碱及其共轭酸，如 $HAc-NaAc$、NH_3-NH_4Cl 等；

（2）两性物质，如邻苯二甲酸氢钾、氨基乙酸等；

（3）高浓度酸、高浓度碱，如浓 H_2SO_4、浓 H_3PO_4、浓 NaOH 溶液等。

以 $HAc-NaAc$ 体系为例，缓冲溶液中存在以下平衡：
$$HAc \Longrightarrow H^+ + Ac^-$$
$$NaAc \Longrightarrow Na^+ + Ac^-$$
$$Ac^- + H_2O \Longrightarrow HAc + OH^-$$
$$H^+ + OH^- \Longrightarrow H_2O$$

NaAc 离解产生较多的 Ac^-，由于同离子效应使 HAc 的离解度降低，溶液中 H^+ 浓度相对于 HAc 溶液变得更小。而 HAc 离解产生的 H^+ 比纯水中要多，促进了 Ac^- 与 H^+ 结合为中性 HAc 分子，抑制了 Ac^- 水解产生 OH^-。因而溶液的 pH 介于 HAc 溶液和 NaAc 溶液之间。由于同时存在较大量的 HAc 分子及其共轭碱 Ac^-，当加入少量强酸时，外来的 H^+ 绝大部分与 Ac^- 结合生成 HAc，溶液中 H^+ 浓度改变很少，即 pH 保持相对稳定，溶液中的 Ac^- 的是抗酸成分。当加入少量强碱时,外来的 OH^- 绝大部分与 HAc 反应生成 H_2O 和 Ac^-,溶液中 OH^- 浓度也没有明显改变,即 pH 也保持相对稳定,溶液中的 HAc 是抗碱成分。加水稀释时,H^+ 浓度降低,但弱酸的离解度却相应增加,H^+ 浓度变化不大。总之,缓冲溶液具有保持溶液 pH 相对稳定的性能,即具有缓冲作用。

4.5.1　缓冲溶液 pH 的计算

缓冲溶液也是一种酸碱体系,可以按照上节所述方法根据质子条件式计算其 pH。但缓冲溶液由于其自身的特点(多为浓度不太低的共轭酸碱对),通常采用近似计算,计算式中保留共轭酸碱的浓度比,这样更方便缓冲溶液的配制。

以 HAc—NaAc 缓冲溶液为例,在水溶液中,HAc 的离解常数为

$$K_{a,HAc} = \frac{[H^+][Ac^-]}{[HAc]}$$

$$[H^+] = K_{a,HAc}\frac{[HAc]}{[Ac^-]}$$

由于 HAc 离解度较小,浓度又较大,加上 Ac^- 的同离子效应,使得 HAc 的离解度更小,因此 $[HAc] \approx c_{HAc}$,溶液中的 Ac^- 主要来源于 NaAc 的离解,因而 $[Ac^-] \approx c_{NaAc}$。代入上式得:

$$[H^+] = K_{a,HAc}\frac{c_{HAc}}{c_{NaAc}}$$

$$pH = pK_{a,HAc} + \lg\frac{c_{NaAc}}{c_{HAc}} \qquad (4-20)$$

式中:c_{HAc} 和 c_{Ac^-} 分别为配制缓冲溶液时加入的 HAc 和 NaAc 的浓度,而不是其总浓度或分析浓度。

式(4-20)为计算缓冲溶液 pH 最常用的公式。当弱酸及其共轭碱以浓度 1∶1 配制缓冲溶液时,缓冲溶液的 pH 与弱酸的 pK_a 相等。改变弱酸及其共轭碱的浓度比,可以在 pK_a 附近的一定范围内改变缓冲溶液的 pH。这是配制某一指定 pH 缓冲溶液的依据。在同一体系中,两者的浓度之比可以用两者的物质的量之比来代替。

【例 4-6】　将 10.0 mL 0.200 mol·L^{-1} 的 HAc 溶液与 5.5 mL 0.200 mol·L^{-1} 的 NaOH 溶液混合,估算该混合溶液的 pH。

解题思路:酸和碱加入同一个体系后,先反应生成酸根离子,酸根离子再与过量的酸或碱构成共轭酸碱缓冲体系。

解:加入 HAc:$0.200 \times 10.0 \times 10^{-3} = 2.00 \times 10^{-3}$ mol

加入 NaOH:$0.200 \times 5.5 \times 10^{-3} = 1.1 \times 10^{-3}$ mol(与 HAc 生成等量的 NaAc,n_{Ac^-})

剩余 HAc:$n_{HAc} = 2.00 \times 10^{-3} - 1.1 \times 10^{-3} = 0.9 \times 10^{-3}$ mol

$$pH = pK_{a,HAc} + \lg\frac{c_{NaAc}}{c_{HAc}} = pK_{a,HAc} + \lg\frac{n_{Ac^-}}{n_{HAc}} = 4.74 + \lg\frac{1.1 \times 10^{-3}}{0.9 \times 10^{-3}} = 4.83$$

【例 4-7】 欲配制 pH3.00 的 HCOOH – HCOONa 缓冲溶液,应向 200 mL 0.20 mol·L⁻¹ HCOOH溶液中加入多少毫升 1.0 mol·L⁻¹ NaOH 溶液?

解:$pH = pK_{a,HCOOH} + lg\dfrac{c_{HCOONa}}{c_{HCOOH}} = pK_{a,HCOOH} + lg\dfrac{n_{HCOONa}}{n_{HCOOH}}$

$3.00 = 3.74 + lg\dfrac{1.0 \times V_{NaOH}}{0.20 \times 200 - 1.0 \times V_{NaOH}}$

$V_{NaOH} = 6.1 \ mL$

4.5.2 缓冲容量

缓冲溶液只有在加入少量酸碱或适度稀释时,才能保持 pH 基本不变,缓冲能力是有限的。

缓冲容量是衡量溶液缓冲能力的指标,其定义式为:

$$\beta = \frac{db}{dpH} = -\frac{da}{dpH} \qquad (4-21)$$

式中:β 为缓冲容量或缓冲指数(非负);db 为一元强碱的浓度增量;da 为一元强酸的浓度增量;dpH 为 pH 的改变量。β 的物理意义是:使单位体积缓冲溶液的 pH 改变 1 个单位所需一元强碱或一元强酸的量,或使缓冲溶液的 pH 改变 1 个单位所需引入一元强碱或一元强酸的浓度。缓冲容量具有浓度单位,在 pH 改变的过程中是个"瞬时量",本身也随 pH 而变化。β 越大,溶液的缓冲能力越强。对于 c mol·L⁻¹ HA 与 b mol·L⁻¹ NaOH 混合的缓冲体系,质子条件式为:

$$[H^+] = [A^-] + [OH^-] - b$$

$$b = -[H^+] + [OH^-] + [A^-] = -[H^+] + \frac{K_W}{[H^+]} + \frac{cK_{a,HA}}{[H^+] + K_{a,HA}}$$

$$\frac{db}{d[H^+]} = -1 - \frac{K_W}{[H^+]^2} - \frac{cK_{a,HA}}{([H^+] + K_{a,HA})^2}$$

因为 $pH = -lg[H^+] = -\dfrac{1}{2.3}ln[H^+]$,$\dfrac{dpH}{d[H^+]} = -\dfrac{1}{2.3[H^+]}$,

$d[H^+] = -2.3[H^+]dpH$

所以 $\dfrac{db}{-2.3[H^+]dpH} = -1 - \dfrac{K_W}{[H^+]^2} - \dfrac{cK_{a,HA}}{([H^+] + K_{a,HA})^2}$

$$\beta = \frac{db}{dpH} = 2.3[H^+] + 2.3[OH^-] + \frac{2.3c[H^+]K_{a,HA}}{([H^+] + K_{a,HA})^2} = \beta_H + \beta_{OH} + \beta_{HA-A^-}$$

$$(4-22)$$

若 $pK_{a,HA} = 2.86$,将式(4-22)中的三项分别对 pH 作图,如图 4-4 所示。

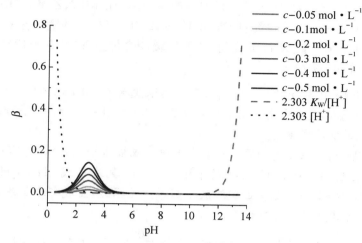

图 4 - 4　HA - A⁻ 型缓冲溶液的缓冲容量随 pH 和总浓度变化的规律

由图 4 - 4 可见,在 pH5～11 范围内,由于 OH^- 和 H^+ 的"净"浓度很小,对缓冲容量的贡献可以忽略不计。而当 pH 更高或更低时,其贡献逐步显现,直至绝对占优。弱酸及其共轭碱的总浓度提高时,缓冲容量也逐步提高,且在 $pH=pK_a$ 附近出现局部峰值。

当 $[H^+]$ 与 $[OH^-]$ 均较小时,缓冲容量为

$$\beta \approx \frac{2.3c[H^+]K_{a,HA}}{([H^+]+K_{a,HA})^2} = 2.3c\delta_{HA}\delta_{A^-} \tag{4-23}$$

令 $\dfrac{d\beta}{d[H^+]} = 2.3cK_{a,HA}\dfrac{K_{a,HA}-[H^+]}{([H^+]+K_{a,HA})^3} = 0$

则 $[H^+] = K_{a,HA}$,即 $pH = pK_{a,HA}$ 时,$\delta_{HA} = \delta_{A^-} = \dfrac{1}{2}$,缓冲容量达到最大值为

$$\beta_{max} = 0.58c \tag{4-24}$$

缓冲容量的大小与缓冲溶液的总浓度及组成比有关。

(1) 共轭酸碱组分的浓度比例相同时,总浓度越大,缓冲容量越大。缓冲溶液的总浓度多数在 $0.01～1\ mol \cdot L^{-1}$。

(2) 总浓度一定时,共轭酸碱组分的浓度比越接近 $1:1$,缓冲容量越大。因此配制缓冲溶液时应选择 pK_a 接近目标 pH 的酸碱缓冲对。

缓冲溶液浓度越小,共轭酸碱组分浓度相差越悬殊,缓冲容量越小,甚至失去缓冲作用。一般认为

$$pH = pK_{a,HA} \pm 1 \tag{4-25}$$

是缓冲溶液 HA - NaA 的有效缓冲范围,达到边界条件时,共轭酸碱对的浓度比为 $\dfrac{1}{10}$ 或 $\dfrac{10}{1}$,此时 $\beta = 0.19c \approx \dfrac{1}{3}\beta_{max}$。

实际工作中,有时需要用到在较宽的 pH 范围内均具有较高缓冲能力的溶液,这时可以采用多元酸碱组成缓冲体系。如将柠檬酸与磷酸氢二钠两种溶液按不同

比例混合,可以得到 pH 2~8 的一系列缓冲溶液。而由磷酸、乙酸、硼酸与氢氧化钠组成的 Britton-Robinson 缓冲溶液 pH 2~12 均具有较大的缓冲容量,由于多个共轭酸碱对的存在,随着 pH 的变化,体系的缓冲容量呈现"此起彼伏"的状态,称为广泛或全域 pH 缓冲溶液。

【例 4-8】 配制 pH 2.00、氨基乙酸总浓度为 $0.10\ mol \cdot L^{-1}$ 的缓冲溶液 100 mL,需氨基乙酸多少克?还要加多少毫升 $1.0\ mol \cdot L^{-1}$ 的一元强酸或一元强碱,所得溶液的缓冲容量是多少?

解题思路:由附表 1 可知氨基乙酸在水中以双极离子 $^+H_3NCH_2COO^-$ 形式存在,氨基乙酸盐 $^+H_3NCH_2COOH$ 的 $pK_{a_1} = 2.35$,氨基乙酸 $^+H_3NCH_2COO^-$ 的 $pK_{a_2} = 9.60$。因此,应向氨基乙酸溶液中加入一元强酸,生成部分氨基乙酸盐,构成氨基乙酸盐-氨基乙酸缓冲体系。

解: $m_{H_2NCH_2COOH} = cVM_{H_2NCH_2COOH} = 0.10 \times \dfrac{100}{1\ 000} \times 75.07 = 0.75 (g)$

$$pH = pK_{a_1, H_3^+NCH_2COOH} + \lg \frac{c_{H_3^+NCH_2COO^-}}{c_{H_3^+NCH_2COOH}}$$

$$2.00 = 2.35 + \lg \frac{0.10 \times 100 - 1.0 \times V_a}{1.0 \times V_a}$$

$$V_a = 6.9\ mL$$

$$\beta = 2.3c\delta_{HA}\delta_{A^-} = \frac{2.3c[H^+]K_{a,HA}}{([H^+] + K_{a,HA})^2} = \frac{2.3 \times 0.10 \times 10^{-2.00} \times 10^{-2.35}}{(10^{-2.00} + 10^{-2.35})^2}$$
$$= 4.9 \times 10^{-2} (mol \cdot L^{-1})$$

4.5.3 基于缓冲容量的酸碱浓度快速测定方法

阅读:替代滴定的酸碱浓度快速测定新方法

将一定体积待测浓度的酸碱溶液与一定体积的缓冲溶液混合,若缓冲溶液的 pH 从 x_0 变为 x,则其缓冲容量 β 关于 pH 的定积分 $\int_{pH=x_0}^{pH=x} \beta dpH$ 的物理意义:在该 pH 变化过程中向缓冲溶液引入的一元强酸或一元强碱的浓度。若当某待测碱度的溶液与已知 pH = x_0 的酸性标准缓冲溶液混合时,只要测得混合后溶液的 pH = x,即可通过定积分计算获得待测碱度溶液相当于一元强碱的浓度(碱度)。若其本身为一元强碱,则为其浓度。由此,可以建立一种酸碱浓度的快速测定方法,即"一次混合+一次测定"的方法。其显著优点:

(1) 不依赖于滴定(逐滴尝试、多次测量)的操作模式,只需将待测溶液与标准缓冲溶液按已知的体积比混合后,测量一次 pH 即可得到待测溶液的浓度。

(2) 不受化学计量点的制约,不必达到或非常接近化学计量点,只要 pH 的测量准确度足够高,结果的准确度在实用中就可以接受。

(3) 分析速度快,比传统滴定过程更易实现自动化、在线化和数字化。

4.5.4 常用酸碱缓冲溶液

缓冲溶液从其作用看通常有两大类:一类用于控制溶液的 pH,一般浓度稍大,见表4-3;另一类是标准缓冲溶液,浓度较小,表4-4为国标中规定的测定溶液pH时的标准参照溶液。但在使用时需要注意不同的缓冲体系具有不同的温度系数,有的缓冲体系 pH 随温度的改变会有较大的变化。

表 4-3　常用缓冲溶液

缓冲体系	酸的存在形式	碱的存在形式	pK_a
氨基乙酸- HCl	$H_3^+NCH_2COOH$	$H_3^+NCH_2COO^-$	2.35
一氯乙酸- NaOH	$CH_2ClCOOH$	CH_2ClCOO^-	2.86
甲酸- NaOH	$HCOOH$	$HCOO^-$	3.74
HAc - NaAc	HAc	Ac^-	4.74
六亚甲基四胺- HCl	$(CH_2)_6N_4H^+$	$(CH_2)_6N_4$	5.15
$NaH_2PO_4 - Na_2HPO_4$	$H_2PO_4^-$	HPO_4^{2-}	7.20
三乙醇胺- HCl	$H^+N(CH_2CH_2OH)_3$	$N(CH_2CH_2OH)_3$	7.76
三(羟甲基)甲胺- HCl	$H_3^+NC(CH_2OH)_3$	$H_2NC(CH_2OH)_3$	8.21
$Na_2B_4O_7 - HCl$	H_3BO_3	$H_2BO_3^-$	9.24
$NH_3 - NH_4Cl$	NH_4^+	NH_3	9.26
乙醇胺- HCl	$H_3^+NCH_2CH_2OH$	$H_2NCH_2CH_2OH$	9.50
氨基乙酸- NaOH	H_2NCH_2COOH	$H_2NCH_2COO^-$	9.60
$NaHCO_3 - NaCO_3$	HCO_3^-	CO_3^{2-}	10.25

表 4-4　标准 pH 缓冲溶液

pH 标准溶液	pH 标准值(25℃)
饱和酒石酸氢钾($0.034\ mol·L^{-1}$)	3.56
$0.05\ mol·L^{-1}$邻苯二甲酸氢钾	4.01
$0.025\ mol·L^{-1}KH_2PO_4 - 0.025\ mol·L^{-1}Na_2HPO_4$	6.86
$0.01\ mol·L^{-1}$硼砂	9.18

§4.6　酸碱指示剂

酸碱滴定过程一般本身并不发生显著的外观变化,需借用其他物质来指示滴定终点,在酸碱滴定中用来指示滴定终点的物质叫做酸碱指示剂。指示剂在滴定过程中颜色的突变是化学分析留给人们最深刻的印象之一。

4.6.1　酸碱指示剂的作用原理和指示剂选择的原则

酸碱指示剂本身就是有机弱酸或弱碱,其酸式与共轭碱式具有不同的结构,且颜色具有显著差异。当溶液 pH 改变时,指示剂因得失质子而发生结构和颜色的变化,要求这种变化是可逆的,而且能迅速完成,形成易观察的突变。

例如,酚酞是一种有机弱酸,在水溶液中存在以下平衡:

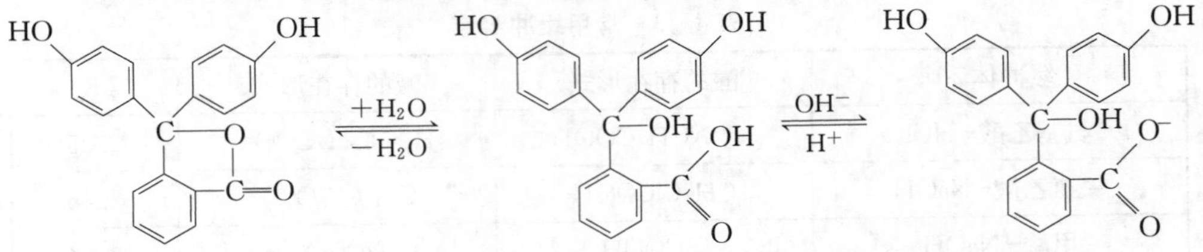

无色分子   无色分子   无色离子

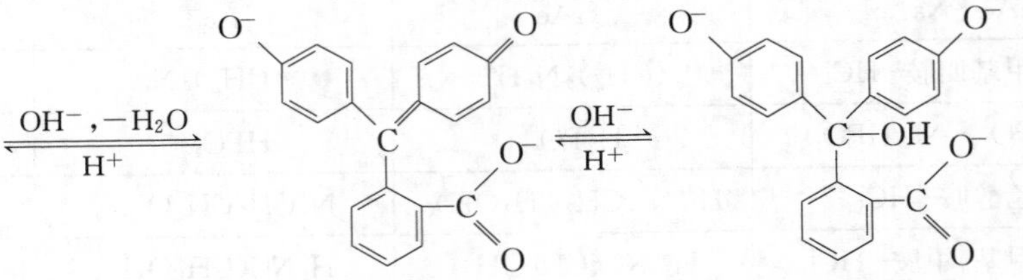

红色离子   无色离子

上述变化可用简式表示为:

$$\text{无色分子} \underset{H^+}{\overset{OH^-}{\rightleftharpoons}} \text{无色离子} \underset{H^+}{\overset{OH^-}{\rightleftharpoons}} \text{红色离子} \underset{H^+}{\overset{强碱}{\rightleftharpoons}} \text{无色离子}$$

这个过程是可逆的。当 H^+ 浓度增大时,平衡从右向左移动,酚酞变成无色分子;当 OH^- 浓度增大时,平衡自左向右移动,pH 约为 8 时呈红色,但在浓碱液中酚酞又由醌式转变为羧酸盐式,呈无色。酚酞指示剂在 pH=8.0~10.0 时,它由无色逐渐变为红色。通常将指示剂颜色变化的 pH 区间称为"变色范围"。

甲基橙是一种有机弱碱,在水溶液中存在以下解离平衡和颜色变化:

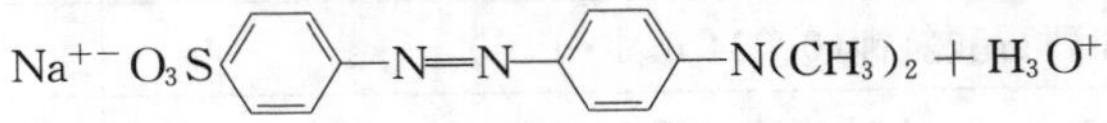

黄色

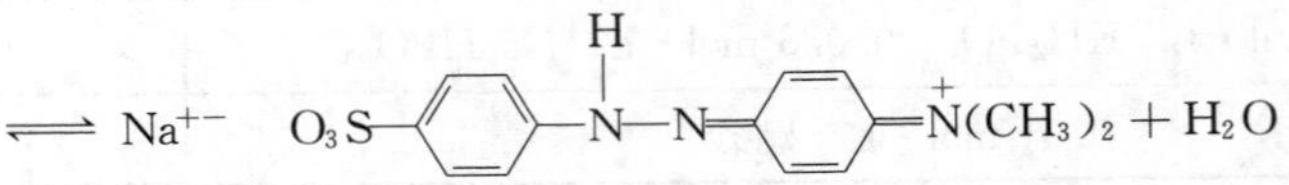

红色

上述过程也是可逆的。当溶液 H^+ 浓度增大时,平衡从左向右移动,甲基橙主要以醌式结构的离子形式存在,呈红色;当 OH^- 浓度增大时,平衡自右向左移动,主要以偶氮式结构存在,呈黄色。当溶液 pH<3.1 时甲基橙为红色,pH>4.4 时则为黄色。pH=3.1~4.4 为甲基橙的变色范围。

溶液 pH 变化引起共轭酸碱对的分子结构发生可逆转变,从而引起颜色的变化,溶液颜色的变化能指示终点的到达。

下面以有机弱酸指示剂 HIn 为例,讨论指示剂颜色的变化与溶液 pH 的关系。

HIn 在水溶液中存在下列离平衡:

$$HIn \rightleftharpoons H^+ + In^-$$

$$K_{a,HIn}=\frac{[H^+][In^-]}{[HIn]}$$

即：
$$pH=pK_{a,HIn}+lg\frac{[In^-]}{[HIn]}$$

指示剂所呈现的颜色由其两种形式的浓度比 $\frac{[In^-]}{[HIn]}$ 决定，因为 $K_{a,HIn}$ 为常数，所以颜色取决于 $[H^+]$。pH 变化时，$\frac{[In^-]}{[HIn]}$ 发生变化，溶液的颜色相应改变。人眼对颜色过渡变化的分辨能力是有限的，当某种颜色占有较大优势后，就不易观察出总体色调的变化。一般地，若指示剂的酸型与碱型浓度相差 10 倍后，就只能看到浓度大的型体的颜色，即：$\frac{[In^-]}{[HIn]}=\frac{1}{10}$ 时，$[In^-]$ 的颜色基本消失，观察到的仅是 HIn 的颜色；$\frac{[In^-]}{[HIn]}=\frac{10}{1}$ 时，$[HIn]$ 的颜色基本消失，观察到的仅是 In^- 的颜色。$\frac{[In^-]}{[HIn]}=1$ 时，则

$$pH=pK_{a,HIn} \qquad (4-26)$$

称为指示剂的理论变色点。

$$pH=pK_{a,HIn}\pm1 \qquad (4-27)$$

称为指示剂的理论变色范围。

指示剂的理论变色范围为 2 个 pH 单位。但一般人眼实际观察到的大多数指示剂的颜色变化范围小于 2 个 pH 单位，所以各种指示剂实际变色范围与理论变色范围会有些差别。并且由于人眼对各种颜色的敏感程度不同，指示剂的实际变色点也不一定就是其变色范围的中间点。

4.6.2 指示剂变色点的影响因素

1. 指示剂用量

对于双色指示剂，以甲基橙为例，溶液的变色点取决于 $\frac{[In^-]}{[HIn]}$ 的值，与指示剂的用量无关。但因为指示剂本身就是酸碱，滴加指示剂也引入或消耗了待测体系中一定量的酸碱，因此指示剂用量过大将产生系统误差。且用量太大时，过浓的底色也会使终点颜色的变化不敏锐，所以一般情况下用量少些为宜。

对于单色指示剂，以酚酞为例，指示剂的用量对变色点有较大的影响。单色指示剂颜色的深浅仅取决于 $[In^-]$，$[HIn]$ 无色。若指示剂用量为 c，而人眼察觉出现颜色的阈值 l 是一个定值，由

$$\frac{K_{a,HIn}}{[H^+]}=\frac{[In^-]}{[HIn]}=\frac{l}{c-l} \qquad (4-28)$$

可知，当 c 增加时，$[H^+]$ 增大，变色点向 pH 降低的酸性区域偏移。例如在 50～100 mL 溶液中加入 0.1%酚酞指示剂 2～3 滴，pH9 始见红色；在同样条件下加入 10～15 滴，则 pH8 始见红色。因此，使用单色指示剂时应较严格地控制指示剂的用量。

2. 温度

温度改变时,指示剂常数 $K_{a,HIn}$ 和水的 K_w 都会改变,因此指示剂的变色点和变色范围也随之改变。例如,甲基橙在室温下的变色范围是 pH3.1~4.4,100℃时为 pH2.5~3.7。

3. 溶剂

指示剂在不同溶剂中 $pK_{a,HIn}$ 不同。因此,指示剂在不同的溶剂中具有不同的变色点。例如,甲基橙在水溶液中 $pK_{a,HIn}=3.4$,在甲醇中 $pK_{a,HIn}=3.8$。

4. 盐类

溶液中不同浓度盐类的存在一方面改变了溶液的离子强度而影响指示剂的离解常数,从而使其变色点发生移动。另一方面改变了溶液的折光和吸光等特性从而改变了颜色的深浅,从而影响指示剂变色的敏锐性。

5. 滴定的方向

在实际工作中,对于同一酸碱反应体系,用酸滴定碱或用碱滴定酸时,同一指示剂的实际使用效果有时会有明显差别。例如酚酞由酸式变为碱式,即由无色到红色,变化明显,易于辨别;反之观测红色褪去,由于视觉暂留,则变化不明显,非常容易滴定过量。同样,甲基橙由黄变红,比由红变黄更易于辨别。因此用强酸滴定强碱,一般用甲基橙作指示剂;用强碱滴定强酸,更宜用酚酞作指示剂。

4.6.3 常用酸碱指示剂与混合指示剂

常用酸碱指示剂的特性及配制方法见表 4-5。

表 4-5 常用酸碱指示剂

指示剂	变色范围	颜色		$pK_{a,HIn}$	浓度
		酸色	碱色		
百里酚蓝(第一次变色)	1.2~2.8	红	黄	1.6	0.1%的20%乙醇溶液
甲基黄	2.9~4.0	红	黄	3.3	0.1%的90%乙醇溶液
甲基橙	3.1~4.4	红	黄	3.4	0.05%的水溶液
溴酚蓝	3.1~4.6	黄	紫	4.1	0.1%的20%乙醇溶液或其钠盐的水溶液
溴甲酚绿	3.8~5.4	黄	蓝	4.9	0.1%水溶液,每100 mL指示剂加 0.05 mol·L^{-1} NaOH 9 mL
甲基红	4.4~6.2	红	黄	5.2	0.1%的60%乙醇溶液或其钠盐的水溶液
溴百里酚蓝	6.0~7.6	黄	蓝	7.3	0.1%的20%乙醇溶液或其钠盐的水溶液

（续表）

指示剂	变色范围	颜色		pK$_{a,HIn}$	浓度
		酸色	碱色		
中性红	6.8～8.0	红	黄橙	7.4	0.1%的60%乙醇溶液
苯酚红	6.7～8.4	黄	红	8.0	0.1%的60%乙醇溶液或其钠盐的水溶液
酚酞	8.0～10.0	无	红	9.1	0.1%的90%乙醇溶液
百里酚蓝（第二次变色）	8.0～9.6	黄	蓝	8.9	0.1%的20%乙醇溶液
百里酚酞	9.4～10.6	无	蓝	10.0	0.1%的90%乙醇溶液

在很多要求较高的滴定分析中，尤其是在很多标准方法中，为了尽可能减小系统误差，需要将滴定终点控制在很窄的 pH 范围内，以利于终点判断，减小滴定误差，提高分析的准确度。此时可采用混合指示剂。

常见的混合指示剂有两类组合：一类是由两种或两种以上指示剂按一定比例混合而成，利用颜色的互补作用，使指示剂的变色范围变窄。例如甲基红(pK$_a$＝5.2)和溴甲酚绿(pK$_a$＝4.9)按2∶3(质量比)配制的混合指示剂，pH5.0 以下为酒红色，pH5.1 为灰绿色，pH5.2 以上为绿色。由于前后两种颜色互补，因而变色非常敏锐。另一类混合指示剂是在指示剂中加入某种惰性染料，以惰性染料作为衬色而使变色范围变窄。例如：中性红与亚甲基蓝按1∶1(质量比)配制的混合指示剂，在 pH7.0 呈紫蓝色，其酸色为紫蓝色，碱色为绿色，只有 0.2 个 pH 单位的变色范围，比单独使用中性红(pH6.8～8.0 由红变黄)范围要窄得多。

表 4-6 所列为一些常用的酸碱混合指示剂。

表 4-6　常用的酸碱混合指示剂

混合指示剂溶液的组成	变色点 pH	颜色		备注
		酸色	碱色	
一份 0.1%甲基黄乙醇溶液 一份 0.1%次甲基蓝乙醇溶液	3.25	蓝紫	绿	pH3.4 绿色，pH3.2 蓝紫色
一份 0.1%甲基橙水溶液 一份 0.25%靛蓝二磺酸水溶液	4.1	紫	黄绿	
一份 0.1%溴甲酚绿钠盐水溶液 一份 0.02%甲基橙水溶液	4.3	橙	蓝绿	pH3.5 黄色，pH4.05 绿色，pH4.8 浅绿
一份 0.1%溴甲酚绿乙醇溶液 一份 0.2%甲基红乙醇溶液	5.1	酒红	绿	
一份 0.1%溴甲酚绿钠盐水溶液 一份 0.1%氯酚红钠盐水溶液	6.1	黄绿	蓝紫	pH5.4 蓝绿色，pH5.8 蓝色，pH6.0 蓝带紫，pH6.2 蓝紫
一份 0.1%中性红乙醇溶液 一份 0.1%亚甲基蓝乙醇溶液	7.0	蓝紫	绿	pH7.0 蓝紫

（续表）

混合指示剂溶液的组成	变色点 pH	颜色		备注
		酸色	碱色	
一份 0.1%甲酚红钠盐水溶液 三份 0.1%百里酚蓝钠盐水溶液	8.3	黄	紫	pH8.2 玫瑰红，pH8.4 清晰的紫色
一份 0.1%百里酚蓝 50%乙醇溶液 三份 0.1%酚酞 50%乙醇溶液	9.0	黄	紫	从黄到绿再到紫
一份 0.1%酚酞乙醇溶液 一份 0.1%百里酚酞乙醇溶液	9.9	无	紫	pH9.6 玫瑰红，pH10.0 紫色
二份 0.1%百里酚酞乙醇溶液 一份 0.1%茜素黄 R 乙醇溶液	10.2	黄	紫	

4.6.4 pH 试纸

视频：pH 计的使用

将原来发生在液相中的检测反应转移到固相载体上发生，这样的检测方法常称为干化学试剂法。其原理是将测定所需的全部试剂预先固化在某种试剂载体上，样品加到载体上后，检测反应随即发生并呈现出一定的响应。便携快速是其最大特点。pH 试纸即是一种干化学检测试剂。将各种酸碱指示剂按照特定的配方和工艺预先浸渍和干燥于滤纸上即得 pH 试纸。

广泛 pH 试纸可以在 pH1～14 范围内随 pH 不同而呈现出由暗红到深蓝的 14 个不同色阶，生产该试纸时浸渍液的配方为每升水溶液中含 1 g 溴甲酚绿、1 g 百里酚蓝和 2 g 甲基红。

精密 pH 试纸可以在较小的 pH 范围内呈现出比广泛 pH 试纸更多的色阶。如某种精密 pH 试纸其浸渍液的配方为每升水溶液中含 0.03 g 甲基红、0.6 g 溴百里香酚蓝，在 pH6～9 范围内随 pH 不同而呈现出浅黄绿、黄绿、绿、深绿、蓝绿、深蓝共 6 个不同色阶。

pH 试纸的正确使用方法是：取一小块试纸在表面皿或玻片上，用洁净干燥的玻棒蘸取待测试液点滴于试纸中部，观察变化稳定后的颜色，与标准比色卡对照读取相应的数值。不可将试纸直接浸渍于溶液中读数，非水溶液中慎用。

§4.7 酸碱滴定曲线

酸碱滴定分析中的滴定剂一般均采用一元强酸和一元强碱，不仅因其廉价易得，更重要的是因为它们与酸碱反应完全、迅速，计量关系简单，便于定量计算。以 NaOH 标准溶液滴定 HAc 溶液为例。当两者在滴定体系中的化学计量比达 1∶1 时，称为化学计量点（stoichiometric point，sp）。此时滴定分数 a 为 1，或滴定百分数为 100%。

以滴定(百)分数或滴定剂加入体积为横坐标,滴定体系的 pH 为纵坐标作图,所得曲线称为酸碱滴定曲线。

根据指示剂的颜色突变而终止实验时,称为滴定终点(end poind,ep)。

滴定分数在化学计量点前后 0.001 之间滴定体系指标(滴定曲线的纵坐标)的变化范围称为滴定突跃。滴定突跃只有大小之分,没有有无之说。滴定稀酸稀碱或弱酸弱碱时,滴定突跃较小。只要在滴定突跃范围内终止滴定,则滴定分数与化学计量点相差就在 ±0.1% 以内。因此,突跃较大的滴定体系有更宽的 ΔpH,使滴定在误差不超出 ±0.1% 的范围内终止,比突跃较小的体系更易于得到准确的测定结果。

由于滴定分析中移取溶液时最常使用的是 25 mL 移液管,考虑到滴定体积的读数误差(±0.02 mL),滴定剂的消耗量不宜低于 20 mL,最好在 25 mL 左右,因此在滴定分析中,滴定剂与被滴定物质的实际浓度一般总是接近 1:1,否则易出现滴定剂消耗体积过少,或用完一整支滴定管里的滴定剂而终点还未达到的情况,这两种情况均会引起较大的实验误差。

4.7.1 酸碱滴定曲线的获得

滴定曲线可由自动滴定仪自动记录,也可通过计算滴定体系的 pH 获得。

以 NaOH 标准溶液滴定 HAc 溶液的过程为例,该滴定体系的变化可分为以下四个阶段:

(1)滴定开始前,体系为 HAc 溶液(一元弱酸);

(2)滴定开始至化学计量点前,体系为 HAc-NaAc 溶液(共轭酸碱缓冲体系);

(3)化学计量点时,体系为 NaAc 溶液(一元弱碱);

(4)化学计量点后,体系为 NaOH+NaAc 溶液(一元强碱+一元弱碱)。

可见,滴定过程的各个阶段都有明确对应的酸碱体系,pH 可用 §4.5 中所述的方法精确计算或分类估算。

4.7.2 各类酸碱滴定曲线的特点及主要影响因素

1. 强碱滴定强酸

用 1 mol·L^{-1}、0.1 mol·L^{-1} 和 0.01 mol·L^{-1} 的 NaOH 标准溶液分别滴定相同浓度的 HCl 溶液时,滴定曲线如图 4-5 所示。滴定突跃均较大,化学计量点附近非常陡直,化学计量点前后基本对称。浓度每降低 10 倍,滴定突跃减小约 2 个 pH 单位。

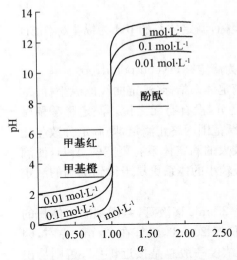

图 4-5 强碱滴定不同浓度强酸的滴定曲线

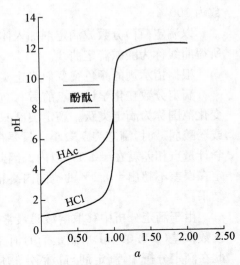

图 4-6 强碱滴定强酸和弱酸时的滴定曲线

2. 强碱滴定弱酸

用 $0.1\ mol \cdot L^{-1}$ NaOH 标准溶液滴定相同浓度的 HAc 溶液和 HCl 溶液时，滴定曲线如图 4-6 所示。与 HCl 的滴定曲线相比，HAc 的滴定曲线起点 pH 较高，突跃较小，化学计量点前有一个相对平缓的阶段，化学计量点后两者基本相同，化学计量点前后滴定曲线不对称。

用 $0.1\ mol \cdot L^{-1}$ NaOH 标准溶液滴定相同浓度的 HCl 溶液和几种不同强度的一元弱酸溶液时，滴定曲线如图 4-7 所示。酸越弱，滴定曲线起点的 pH 越高，突跃越小。

3. 强碱滴定多元酸

用 $0.1\ mol \cdot L^{-1}$ NaOH 标准溶液滴定相同浓度的三元酸(磷酸)溶液时，滴定曲线如图 4-8 所示。在滴定分数 1.00 和 2.00 处，滴定曲线上有两个可以分辨的突跃。

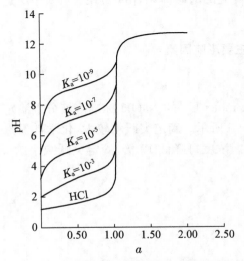

图 4-7 强碱滴定不同强度弱酸时的滴定曲线

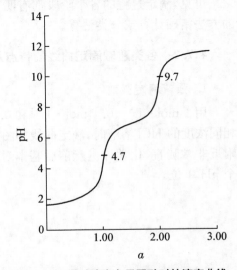

图 4-8 强碱滴定多元弱酸时的滴定曲线

由图 4-4 至图 4-8 可见,影响滴定曲线及滴定突跃的主要因素是酸碱的浓度和强度。强度越大,浓度越高,滴定突跃越大;反之则越小。一般地,当满足条件:

$$cK_a > 10^{-8} \text{ 或 } cK_b > 10^{-8} \qquad (4-29)$$

滴定的终点误差在 $\pm 0.1\%$ 以内。通常称式(4-29)为强碱(或强酸)能否准确滴定一元弱酸(或一元弱碱)的判据。

4.7.3　酸碱滴定中 CO_2 的影响

CO_2 的影响是酸碱滴定的误差来源之一。当使用 pH4 左右变色的指示剂如甲基橙,终点时滴定体系吸收的 CO_2 依然回复到初始状态,对滴定结果影响不大;当使用 pH 8~9 变色的指示剂如酚酞,终点时滴定体系吸收的 CO_2 将转化为 HCO_3^-,即起到了一元弱酸的作用,对滴定结果显然会有一定的影响。

NaOH 溶液在配制、滴定与储存放置的过程中都会吸收 CO_2,消耗两份 NaOH,得到一份 CO_3^{2-}。当以酚酞为指示剂进行滴定时,CO_3^{2-} 仅转化到 HCO_3^-,起到一份 NaOH 的作用,相当于 NaOH 有所损失;当以甲基橙为指示剂进行滴定时,CO_3^{2-} 转化到 H_2CO_3,起到两份 NaOH 的作用,对结果影响不大。

从空气中溶入溶液的 CO_2 只有转化为 H_2CO_3 才能起到酸的作用,这需要一个过程,会导致酸碱反应滞后。另外,吸收了 CO_2 的体系在滴定过程中由于存在 $H_2CO_3 - HCO_3^-$ 和 $HCO_3^- - CO_3^{2-}$ 两个共轭酸碱对构成的缓冲体系,因此也会影响 pH 的迅速变化。

所以,若要尽可能消除 CO_2 对滴定的影响,一是要适度加热和搅拌;二是采用偏酸性条件变色的指示剂;三是配制碱液时尽可能不要混入 CO_3^{2-}。

配制不含 CO_3^{2-} 的 NaOH 溶液的常用方法是:先配制饱和 NaOH 溶液,吸取上清液,用煮沸除去 CO_2 的水稀释至所需浓度。因为 Na_2CO_3 的溶解度较小,在饱和 NaOH 溶液(约 19 $mol \cdot L^{-1}$)中的溶解度更小,因而完全沉降于溶液底部而几乎不溶。

§4.8　酸碱滴定误差的估算

化学计量点是由反应的计量比所决定的理论点,实际操作时,未必能恰好在该点终止滴定。当以指示剂的理论变色点为滴定终点时,若与化学计量点不完全一致,由此产生的系统误差称为滴定误差。

指示剂选择的原则是:变色范围全部或部分与滴定突跃范围重叠。

如图 4-9 所示,滴定突跃范围是 pH4~10,若在该范围内终止实验,则滴定误差不超过 $\pm 0.1\%$。酚酞的变色范围完全落在滴定突跃范围内,是较理想的指示剂。而甲基橙的变色范围部分落在滴定突跃范围内,但只要在甲基橙颜色偏黄或由橙变黄时终止滴定,就可将滴定误差控制在 $\pm 0.1\%$ 以内。

滴定误差可表示为：

$$E_t = \frac{V_{ep} - V_{sp}}{V_{sp}} \quad (4-30)$$

式中：E_t 为滴定误差；V_{ep} 为终点时滴定剂消耗的体积；V_{sp} 为化学计量点时滴定剂消耗的体积。

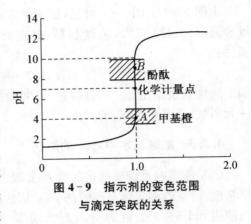

图 4 - 9 指示剂的变色范围与滴定突跃的关系

滴定误差表达式的意义为：滴定剂不足或过量在其应加入量中所占的比例。在同一个滴定体系中，滴定剂的体积也可以同时换用其浓度或物质的量来表达。误差估算一般保留一到两位有效数字即可。

滴定误差可以用林邦误差公式计算（在第五章中讲述），或通过质子条件式计算。后者充分利用了酸碱反应的本质其实就是质子得失这一本质特点。

例如，用 c mol·L^{-1} HCl 溶液滴定相同浓度的 NaHCO$_3$ 溶液至化学计量点时，假设滴入体系中的 HCl 未与 NaHCO$_3$ 反应，则此时滴定反应原料 $\left(\frac{1}{2}c\ \text{mol·L}^{-1}\ \text{HCl} + \frac{1}{2}c\ \text{mol·L}^{-1}\ \text{NaHCO}_3\right)$ 的质子条件为：

$$[\text{H}^+] + [\text{H}_2\text{CO}_3] = [\text{OH}^-] + \frac{c}{2} + [\text{CO}_3^{2-}]$$

将 $\frac{c}{2} = [\text{H}_2\text{CO}_3] + [\text{HCO}_3^-] + [\text{CO}_3^{2-}]$ 代入上式，得

$$[\text{H}^+] = [\text{OH}^-] + [\text{HCO}_3^-] + 2[\text{CO}_3^{2-}]$$

若滴入体系中的 HCl 与 NaHCO$_3$ 恰好完全反应，则滴定反应产物 $\left(\frac{1}{2}c\ \text{mol·L}^{-1}\ \text{NaCl} + \frac{1}{2}c\ \text{mol·L}^{-1}\ \text{H}_2\text{CO}_3\right)$ 的质子条件为：

$$[\text{H}^+] = [\text{OH}^-] + [\text{HCO}_3^-] + 2[\text{CO}_3^{2-}]$$

可见化学计量点时，无论根据滴定反应的原料或产物，写出的质子条件式是完全一致的。

因此，当用强酸滴定碱时，化学计量点产物的质子条件式中，左式为得质子的产物，对应于体系中碱的量，或已加入的酸的量；右式为失质子的产物，对应于化学计量点时应加入的酸的量。两者之差即为过量或不足的酸的量。

同理，当用强碱滴定酸时，化学计量点产物的质子条件式中，左式为得质子的产物，对应于化学计量点时应加入的碱的量；右式为失质子的产物，对应于体系中酸的量，或已加入的碱的量。两者之差即为过量或不足的碱的量。

若恰好在化学计量点终止滴定，则等式左右相等，滴定误差为 0。若在某指示剂的变色点终止实验，则等式左右可能不等而存在滴定误差。因此，酸碱滴定误差的计算方法为：

阅读：酸碱
滴定误差估
算方法

（1）写出化学计量点时滴定反应产物的质子条件式；

（2）右式减左式作分子；待测物在化学计量点时的分析浓度作分母；两者之比即为滴定误差的大小。

（3）碱滴定酸时正负号不变，酸滴定碱时符号相反。对 n 元酸碱需乘以 $\frac{1}{n}$。

【例 4-9】 计算用 $0.020\ \mathrm{mol \cdot L^{-1}}$ HCl 标准溶液滴定 $0.020\ \mathrm{mol \cdot L^{-1}}$ NaOH 溶液至酚酞显红色（pH8.0）和甲基橙显黄色（pH4.4）时的滴定误差。

解：化学计量点产物是 NaCl，质子条件式：

$$[H^+] = [OH^-]$$

（1）pH8.0 时

$$E_t = \frac{[OH^-] - [H^+]}{c_{HCl}} \times 100\% = \frac{10^{-(14.0-8.0)} - 10^{-8.0}}{\frac{1}{2} \times 0.020} \times 100\% = 0.010\%$$

滴定剂酸的加入量不足，滴定误差 $E_t = -0.010\%$。

（2）pH4.4 时

$$E_t = \frac{[OH^-] - [H^+]}{c_{HCl}} \times 100\% = \frac{10^{-(14.0-4.4)} - 10^{-4.4}}{\frac{1}{2} \times 0.020} \times 100\% = -0.40\%$$

滴定剂酸过量，滴定误差 $E_t = 0.40\%$。

【例 4-10】 计算用 $0.10\ \mathrm{mol \cdot L^{-1}}$ NaOH 标准溶液滴定 $0.10\ \mathrm{mol \cdot L^{-1}}$ H_3PO_4 溶液至甲基橙变黄（pH4.4）和百里酚酞显蓝色（pH10.0）时的滴定误差。

解：（1）由磷酸的分布曲线可知，终点 pH4.4 对应的化学计量点产物是 NaH_2PO_4，质子条件式：

$$[H^+] + [H_3PO_4] = [OH^-] + [HPO_4^{2-}] + 2[PO_4^{3-}]$$

pH4.4 时，$[OH^-]$、$[PO_4^{3-}]$ 可忽略，质子条件式可简化为：

$$[H^+] + [H_3PO_4] = [HPO_4^{2-}]$$

$$E_t = \frac{[HPO_4^{2-}] - [H_3PO_4] - [H^+]}{c_{H_3PO_4}} \times 100\%$$

$$= \left(\delta_{HPO_4^{2-}} - \delta_{H_3PO_4} - \frac{[H^+]}{\frac{1}{2} c^\circ_{H_3PO_4}} \right) \times 100\%$$

$$= \left(\frac{10^{-4.4-2.12-7.20} - 10^{-4.4\times3}}{10^{-4.4\times3} + 10^{-4.4\times2-2.12} + 10^{-4.4-2.12-7.20} + 10^{-2.12-7.20-12.36}} - \frac{10^{-4.4}}{\frac{1}{2} \times 0.10} \right) \times 100\%$$

$$= -0.44\%$$

滴定剂 NaOH 标准溶液加入量不足，滴定误差 $E_t = -0.44\%$。

（2）终点 pH10.0 对应的化学计量点产物是 Na_2HPO_4，质子条件式：

$$[H^+] + [H_2PO_4^-] + 2[H_3PO_4] = [OH^-] + [PO_4^{3-}]$$

其中 $[H^+]$、$[H_3PO_4]$ 可忽略，质子条件式可简化为：

$$[H_2PO_4^-] = [OH^-] + [PO_4^{3-}]$$

$$E_t = \frac{1}{2} \times \frac{[OH^-] + [PO_4^{3-}] - [H_2PO_4^-]}{c_{H_3PO_4}} \times 100\%$$

$$= \frac{1}{2} \times \left(\frac{[OH^-]}{\frac{1}{3}c^o_{H_3PO_4}} + \delta_{PO_4^{3-}} - \delta_{H_2PO_4^-} \right) \times 100\%$$

$$= \frac{1}{2} \times \left(\frac{10^{-4.0}}{\frac{1}{3} \times 0.10} + \frac{10^{-2.12-7.20-12.36} - 10^{-10.0 \times 2 - 2.12}}{10^{-10.0 \times 3} + 10^{-10.0 \times 2 - 2.12} + 10^{-10.0 - 2.12 - 7.20} + 10^{-2.12 - 7.20 - 12.36}} - \right) \times 100\%$$

$$= 0.29\%$$

滴定剂 NaOH 标准溶液加入过量,滴定误差 $E_t = 0.29\%$。

§4.9 酸碱滴定法的应用

4.9.1 食品中苯甲酸钠的测定

苯甲酸钠是碳酸饮料、腌制食品、方便食品中最常见的食品防腐剂之一。测定时一般在食品试样中加入盐酸,使苯甲酸钠转化成苯甲酸,再向溶液中加入乙醚萃取苯甲酸,加热萃取液除去乙醚,用中性乙醇溶解,最后用 NaOH 标准溶液滴定,以酚酞作指示剂,滴定至呈现粉红色即为终点。上述反应及苯甲酸钠的质量分数计算如下:

$$C_6H_5COONa + HCl = C_6H_5COOH + NaCl$$
$$C_6H_5COOH + NaOH = C_6H_5COONa + H_2O$$

$$w_{C_7H_5O_2Na} = \frac{c_{NaOH}V_{NaOH}M_{C_7H_5O_2Na}}{m_s \times 10^3} \tag{4-31}$$

4.9.2 醋精中总酸的测定

醋精是一种重要的农产加工品,也是合成多种有机农药的重要原料。醋精中的主要成分是 HAc,也有少量其他弱酸,如乳酸等。测定时,将醋精用不含 CO_2 的蒸馏水适当稀释后,用 NaOH 标准溶液滴定。以酚酞作指示剂,滴定至呈现粉红色即为终点。由消耗的标准溶液的体积及浓度计算总酸度,即

$$X = \frac{c_{NaOH}V_{NaOH}M_{HAc}}{m_s \times 10^3} \times 100\% \tag{4-32}$$

4.9.3 硼酸的测定

硼酸(H_3BO_4)的 $pK_a = 9.24$,是极弱酸,不能用 NaOH 直接准确滴定。在 H_3BO_4 中加入乙二醇、丙三醇、甘露醇等与之反应形成配合酸,配合酸的 $pK_a = 4.26$,略强于醋酸,使弱酸得到了强化。可选用酚酞或百里酚酞作指示剂,用 NaOH 标准溶液直接滴定。

$$2 \begin{array}{l} R-CH-OH \\ | \\ R-CH-OH \end{array} + H_3BO_3 \Longrightarrow H \left[\begin{array}{c} R-CH-O \\ | \\ R-CH-O \end{array} \Big\backslash B \Big/ \begin{array}{c} O-CH-R \\ | \\ O-CH-R \end{array} \right] + 3H_2O$$

4.9.4 混合碱的分析

工业品烧碱（NaOH）中常含有少量纯碱（Na_2CO_3），纯碱中也常含有少量 $NaHCO_3$，这两种工业品都称为混合碱。

1. 工业烧碱中 NaOH 和 Na_2CO_3 的测定

采用双指示剂法测定。称取质量为 m_s 的试样溶解于水，用 HCl 标准溶液滴定。先用酚酞作指示剂，滴定至溶液由红色变为无色（第一化学计量点），此时 NaOH 全部被中和，而 Na_2CO_3 被中和一半（形成 $NaHCO_3$），所消耗的 HCl 标准溶液体积记为 V_1。然后加入甲基橙指示剂，继续用 HCl 标准溶液滴定，使溶液由黄色恰好变为橙色（第二化学计量点），此时 $NaHCO_3$ 被完全中和（形成 H_2CO_3），所消耗的 HCl 标准溶液体积记为 V_2。因 Na_2CO_3 被中和至 $NaHCO_3$ 以及继续转化为 H_2CO_3 所需 HCl 的量相等，故 $V_1 - V_2$ 为中和 NaOH 所消耗 HCl 的体积，$2V_2$ 为滴定 Na_2CO_3 所需 HCl 的体积。分析结果计算公式为：

$$w_{NaOH} = \frac{c_{HCl}(V_{1,HCl} - V_{2,HCl})M_{NaOH}}{m_s \times 10^3} \tag{4-33}$$

$$w_{Na_2CO_3} = \frac{c_{HCl}V_{2,HCl}M_{Na_2CO_3}}{m_s \times 10^3} \tag{4-34}$$

2. 工业纯碱中 Na_2CO_3 和 $NaHCO_3$ 的测定

工业纯碱中常含有 $NaHCO_3$，可参照上述方法测定。但需注意，此时滴定 Na_2CO_3 所消耗的体积为 $2V_1$，而滴定 $NaHCO_3$ 所消耗的体积为 $V_2 - V_1$。分析结果计算公式为：

$$w_{Na_2CO_3} = \frac{c_{HCl}V_{1,HCl}M_{Na_2CO_3}}{m_s \times 10^3} \tag{4-35}$$

$$w_{NaHCO_3} = \frac{c_{HCl}(V_{2,HCl} - V_{1,HCl})M_{NaHCO_3}}{m_s \times 10^3} \tag{4-36}$$

NaOH 与 $NaHCO_3$ 不能共存，如果某试样中可能含有 NaOH、Na_2CO_3、$NaHCO_3$ 或由它们组成的混合物，若用酚酞和甲基橙双指示剂法滴定，终点时两段滴定用去 HCl 的体积分别为 V_1、V_2，则未知试样的组成与 V_1、V_2 的关系见表4-7。

表4-7 V_1、V_2 的大小与试样组成的关系

V_1 和 V_2 的大小关系	$V_1 \neq 0, V_2 = 0$	$V_1 = 0, V_2 \neq 0$	$V_1 = V_2 \neq 0$	$V_1 > V_2 > 0$	$V_2 > V_1 > 0$
试样的组成	OH^-	HCO_3^-	CO_3^{2-}	$OH^- + CO_3^{2-}$	$HCO_3^- + CO_3^{2-}$

4.9.5 氮的测定

1. 凯氏定氮法(蒸馏法)

视频:凯氏
定氮法

凯氏(Kjeldahl)定氮法用于测定谷物、肥料、饲料、土壤、生物碱、肉类、乳制品中的蛋白质以及胺类、酰胺类和尿素等有机化合物中氨基态氮(NH_2—N)的含量。硝基、亚硝基或偶氮等形式的氮可用亚铁盐、硫代硫酸盐和葡萄糖等还原剂处理,使氮定量转化为 NH_4^+ 后再进行测定。

有机含氮化合物在 $CuSO_4$ 的催化下,用浓 H_2SO_4 加热消解,使其中的 N 完全转化为 NH_4^+。将消解液转移至蒸馏瓶中,加入过量 NaOH 加热煮沸,将 NH_3 随水蒸气蒸出并冷凝成氨水导入一定量过量的硫酸或盐酸标准溶液中吸收,过量的酸以甲基红或甲基橙作指示剂,用 NaOH 标准溶液返滴。

$$w_N = \frac{(c_{HCl}V_{HCl} - c_{NaOH}V_{NaOH})A_N}{m_s} \tag{4-37}$$

若将蒸出的 NH_3 用过量的硼酸吸收,生成的 $H_2BO_3^-$ 是较强的碱,$pK_b = 4.76$,可用甲基红和溴甲酚绿混合指示剂,以 HCl 标准溶液滴定。

$$NH_3 + H_3BO_3 = NH_4H_2BO_3$$
$$HCl + H_2BO_3^- = H_3BO_3 + Cl^-$$

$$w_N = \frac{c_{HCl}V_{HCl}A_N}{m_s} \tag{4-38}$$

不同蛋白质中氮的含量基本相同,因此,根据氮的含量可计算蛋白质的含量。将氮换算为蛋白质的换算因数约为 6.25(即蛋白质中含 16% 的氮),若蛋白质的大部分为白蛋白,则换算因数为 6.27。

2. 甲醛法

甲醛与 NH_4^+ 定量反应置换出等量(物质的量)可滴定的酸。即四份 NH_4^+ 置换出三份一元强酸和一份一元弱酸。

$$4NH_4^+ + 6HCHO = (CH_2)_6N_4H^+ + 3H^+ + 6H_2O$$

生成物中 $(CH_2)_6N_4H^+$ 是六亚甲基四胺 $(CH_2)_6N_4$ 的共轭酸,其 $pK_a = 5.13$,可用 NaOH 直接滴定,终点时仍被中和成 $(CH_2)_6N_4$。以酚酞作指示剂,终点为粉红色。

$$w_N = \frac{c_{NaOH}V_{NaOH}A_N}{m_s} \times 100\% \tag{4-39}$$

若试样中含有游离酸,须预先以甲基红作指示剂,用 NaOH 溶液中和。

氨基酸不能被直接滴定,但可与甲醛发生加成反应后再用 NaOH 标准溶液滴定。例如:

$$NH_3^+COO^- + 2HCHO = (CH_2OH)_2NCOO^- + H^+$$

蒸馏法操作较烦琐,分析流程长,但准确度高。甲醛法简便、快速,准确度比蒸馏法稍差,但基本可以满足实用需求,应用也较广泛。

4.9.6　磷的测定

钢铁和矿石等试样中磷的测定也可采用酸碱滴定法。在硝酸介质中,磷酸与钼酸铵反应,生成黄色磷钼酸铵沉淀。

$$PO_4^{3-} + 12MoO_4^{2-} + 2NH_4^+ + 25H^+ == (NH_4)_2HPMo_{12}O_{40} \cdot H_2O \downarrow + 11H_2O$$

沉淀经过滤后,用水洗涤至中性,然后将其溶于一定量过量的 NaOH 标准溶液中,溶解反应为:

$$(NH_4)_2HPMo_{12}O_{40} \cdot H_2O + 27\,OH^- == PO_4^{3-} + 12MoO_4^{2-} + 2NH_3 + 16H_2O$$

过量的 NaOH 用 HNO$_3$ 标准溶液返滴定至酚酞刚好褪色为终点(pH$\approx$8),这时,有下列三个反应发生:

$$OH_{(过量的NaOH)}^- + H^+ == H_2O$$
$$PO_4^{3-} + H^+ == HPO_4^{2-}$$
$$NH_3 + H^+ == NH_4^+$$

由上述几步反应可看出,溶解 1 mol 磷钼酸铵沉淀消耗 27 mol NaOH,用 HNO$_3$ 返滴定至 pH$\approx$8 时,沉淀溶解后所产生的 PO$_4^{3-}$ 转变为 HPO$_4^{2-}$,需要消耗 1 mol HNO$_3$;2 mol NH$_3$ 滴定至 NH$_4^+$ 时,消耗 2 mol HNO$_3$,共消耗 3 mol HNO$_3$。所以,此时 1 mol 磷钼酸铵沉淀实际只消耗 27$-$3$=$24(mol)NaOH,因此,磷与 NaOH 的化学计量关系为 1:24。试样中磷的质量分数为:

$$w_P = \frac{(c_{NaOH}V_{NaOH} - c_{HNO_3}V_{HNO_3}) \times \dfrac{M_P}{24}}{m_s \times 10^3} \times 100\% \qquad (4-40)$$

从 NH$_3$ 和 H$_3$PO$_4$ 的分布系数可以看出,用 HNO$_3$ 标准溶液滴定至酚酞刚褪色时(pH$\approx$8)溶液中的 NH$_3$ 并未完全被中和,会引起正的误差。但是溶液中有一部分 HPO$_4^{2-}$ 却被继续中和至 H$_2$PO$_4^-$ 了,即 PO$_4^{3-}$ 被中和过度,引起负的误差。实际上这两种误差可基本抵消。通过计算可知,此滴定反应的化学计量点的 pH 为 8.1 左右,因此,滴定至 pH$\approx$8 误差并不大。

由于 1 mol P 定量消耗 24 mol NaOH,放大作用明显,因此该法灵敏度较高,适用于微量磷的测定。

核酸(DNA、RNA)是酸性大分子,定量测定常采用定磷法。将测试样本用浓硫酸或高氯酸消解,使核酸中的磷转化为无机磷酸,通过无机磷酸测定核酸。通常 RNA 的平均含磷量 9.4%,DNA 的平均含磷量为 9.9%,从磷含量可以推算核酸的含量。

4.9.7　二氧化硅的测定

硅酸盐试样中 SiO$_2$ 含量的测定过去常采用重量法,虽然比较准确,但很耗时。目前多采用氟硅酸钾容量法。

试样用 KOH 熔融,使其转化为可溶性硅酸盐,如 K$_2$SiO$_3$。硅酸钾在钾盐存在下与 HF 作用或在强酸性溶液中加入 KF(HF 有剧毒,必须在通风橱中操作),转

化成微溶的氟硅酸钾(K_2SiF_6),反应如下:

$$K_2SiO_3 + 6\ HF = K_2SiF_6\downarrow + 3H_2O$$

由于该沉淀的溶解度较大,通常加入固体 KCl 降低其溶解度。沉淀经过滤、氯化钾－乙醇溶液洗涤后,放入原烧杯中,再加入氯化钾－乙醇溶液,用 NaOH 中和游离酸至酚酞变红,然后加入沸水,使氟硅酸钾水解释放出 HF。反应为:

$$K_2SiF_6 + 3H_2O = 2KF + H_2SiO_3 + 4HF$$

用 NaOH 标准溶液滴定 HF,根据所消耗的 NaOH 标准溶液的量计算试样中 SiO_2 的含量。1 mol K_2SiF_6 释放出 4 mol HF,消耗 4 mol NaOH。所以,SiO_2 与 NaOH 的计量比为 1:4。试样中 SiO_2 的质量分数为:

$$w_P = \frac{\frac{1}{4}c_{NaOH}V_{NaOH} \times M_{SiO_2}}{m_s \times 10^3} \times 100\% \tag{4-41}$$

4.9.8 醛、酮的测定

醛、酮自身不是酸碱,但它们与盐酸羟胺或亚硫酸钠作用产生 HCl 或 NaOH,因而可以测定其含量。

1. 盐酸羟胺法

醛、酮与盐酸羟胺作用生成肟和游离 HCl,可用碱标准溶液滴定。醛、酮与盐酸羟胺的反应如下:

$$R-\underset{\underset{R'(\text{或 H})}{|}}{C}=O + NH_2OH \cdot HCl = R-\underset{\underset{R'(\text{或 H})}{|}}{C}=N-OH + H_2O + HCl$$

因为溶液中存在过量的盐酸羟胺,溶液呈弱酸性,故选用弱酸性条件下变色的溴酚蓝作指示剂。

2. 亚硫酸钠法

过量的亚硫酸钠与醛、酮发生加成反应产生游离碱。

$$R-\underset{\underset{R'(\text{或 H})}{|}}{C}=O + Na_2SO_3 + H_2O = R-\underset{\underset{\underset{SO_3Na}{|}}{C-OH}}{\overset{R'(\text{或 H})}{|}} + NaOH$$

生成的碱可用盐酸标准溶液滴定,以百里酚酞作指示剂。1 分子醛或酮产生 1 分子 NaOH,消耗 1 分子 HCl,计量关系非常简单。

由于使用了强还原剂,易被空气氧化,故测定速度要快,且试剂宜新鲜配制,同时要做空白试验、对照试验,扣除空白值。

4.9.9 酸酐和醇类的测定

酸酐与水缓慢反应生成酸。

$$(RCO)_2O + H_2O = 2RCOOH$$

碱存在时可以加速上述反应。因此在实际测定中，于试样中加入一定量过量的 NaOH 标准溶液，加热回流，促使酸酐水解完全。过量的 NaOH 用酸标准溶液滴定，用酚酞或百里酚蓝指示终点。

利用酸酐与醇的反应，又可将测定酸酐的方法扩展到测定醇类。如用乙酸酐与醇反应：

$$(CH_3CO)_2O + ROH \Longrightarrow CH_3COOR + CH_3COOH$$
$$(CH_3CO)_2O_{(剩余)} + H_2O \Longrightarrow 2CH_3COOH$$

用 NaOH 标准溶液滴定上述二反应所生成的乙酸，再另取一份相同量的乙酸酐，使之与水作用，用 NaOH 标准溶液滴定。从两份测定结果之差可求得醇的含量。

4.9.10　酯类的测定

多数酯类与过量的碱共热 $1\sim2$ h 后，可完成皂化反应，转化成有机酸的共轭碱和醇，例如：

$$CH_3COOC_2H_5 + NaOH \Longrightarrow CH_3COONa + C_2H_5OH$$

剩余的碱用酸标准溶液滴定，用酚酞或百里酚蓝指示终点，由于大多数酯难溶于水，可以改用 NaOH 的乙醇标准溶液使之皂化。

4.9.11　环氧化物的测定

环氧化物能与 HCl 溶液发生如下反应：

测定环氧化物时可以先加入一定量过量的 HCl 标准溶液，使之反应完全后，剩余的 HCl 用 NaOH 标准溶液返滴定，以酚酞指示终点。

本章小结

一、本章主要知识点梳理

（1）酸碱质子理论对酸碱的定义，酸碱的强弱与离解常数的关系，酸式离解常数与碱式离解常数的换算。

（2）酸碱分布分数的计算公式和分布曲线。

（3）各类酸碱物质溶液质子条件的写法。

（4）酸碱溶液 pH 计算的通用方法（将分布分数代入质子条件式解关于 $[H^+]$ 的方程）和分类公式法。

（5）缓冲溶液及其配制的原则和方法。

（6）酸碱指示剂的作用原理、理论变色点及选用原则。

（7）酸碱滴定曲线、滴定突跃大小的决定因素（浓度和强弱）。

（8）酸碱滴定误差的估算方法（根据滴定产物的质子条件式）。

（9）酸碱滴定法的各种应用。

二、本章各知识点的相互关系

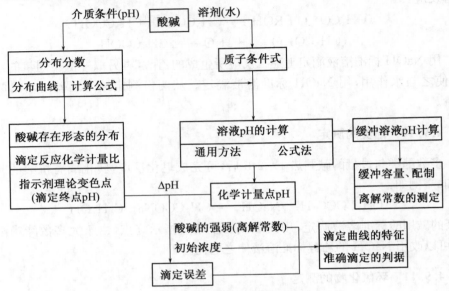

图 4－10　酸碱滴定法知识点关系图

1. 酸碱质子理论关于酸碱的定义是什么？

2. 什么是共轭酸碱？共轭酸碱的离解常数之间有什么关系？

3. 分布分数的大小取决于什么？分布分数计算公式的规律是什么？分布曲线具有哪些主要特征？

4. 怎样写酸碱水溶液的质子条件式？

5. 计算酸碱溶液 pH 的通用方法是怎样的？

6. 缓冲溶液的组成和特点是怎样的？如何才能具有较大的缓冲容量？

7. 酸碱滴定曲线具有哪些特征？影响因素有哪些？

8. 选择指示剂的原则是什么？与单一指示剂比，混合指示剂有哪些优点？

9. 如何估算酸碱滴定的误差？

10. 酸碱物质能否被准确滴定的简单判据是什么？

11. 设计一个酸碱滴定方案的一般步骤是什么？

12. 判断下列情况对测定结果的影响：

（1）标定 NaOH 溶液时，邻苯二甲酸氢钾中混有邻苯二甲酸；

（2）用吸收了 CO_2 的 NaOH 溶液滴定 H_3PO_4 至第一化学计量点和第二化学计量点；

（3）已知某 NaOH 溶液吸收了 CO_2，其中约有 0.4% 的 NaOH 转变成 Na_2CO_3。用此 NaOH 溶液滴定 HAc 的含量时，会对结果产生多大的影响？

13. 有人试图用酸碱滴定法来测定 NaAc 的含量，先向溶液中加入一定量过量的标准 HCl 溶液，然后用 NaOH 标准溶液返滴定过量的 HCl。上述设计是否正确？为什么？

14. 正常人体血液的 pH 约为 7.40，H_2CO_3、HCO_3^- 和 CO_3^{2-} 在其中的分布分数各为多少？

15. 用 HCl 中和 Na_2CO_3 溶液至 pH10.50 和 pH6.00 时，溶液中各有哪些组分？其中主要组分是什么？当中和至 pH<4.0 时，主要组分是什么？

16. 以 NaOH 或 HCl 溶液滴定下列溶液时，在滴定曲线上出现几个突跃？

（1）$H_2SO_4 + H_3PO_4$；　　　　　　（2）$HCl + H_3BO_3$；

（3）$HF + HAC$；　　　　　　　　　　（4）$NaOH + Na_3PO_4$；

（5）$Na_2CO_3 + Na_2HPO_4$；　　　　　（6）$Na_2HPO_4 + NaH_2PO_4$。

17. 设计测定下列混合物中各组分含量的方法，并简述其理由。

（1）$HCl + H_3BO_3$；　　　　　　　　（2）$H_2SO_4 + H_3PO_4$；

（3）$HCl + NH_4Cl$；　　　　　　　　（4）$Na_3PO_4 + Na_2HPO_4$；

（5）$Na_3PO_4 + NaOH$；　　　　　　　（6）$NaHSO_4 + NaH_2PO_4$。

18. 试拟定一酸碱滴定方案，测定由 Na_3PO_4、Na_2CO_3 以及其他非酸碱性物质组成的混合物中 Na_3PO_4 与 Na_2CO_3 的质量分数。

19. 计算下列各溶液的 pH：

（1）0.10 mol·L^{-1} H_3BO_3；　　　　（2）0.10 mol·L^{-1} H_2SO_4；

（3）0.10 mol·L^{-1} 三乙醇胺；　　　　（4）5.0×10^{-8} mol·L^{-1} HCl；

（5）0.050 mol·L^{-1} NaAc；　　　　　（6）0.10 mol·L^{-1} NH_4CN；

（7）0.050 mol·L^{-1} 氨基乙酸；　　　　（8）0.10 mol·L^{-1} H_2O_2；

（9）0.050 mol·L^{-1} $CH_3CH_2NH_3^+$ 和 0.050 mol·L^{-1} NH_4Cl；

（10）0.060 mol·L^{-1} HCl 和 0.050 mol·L^{-1} 氯乙酸钠混合溶液。

20. 欲使 100 mL 0.10 mol·L^{-1} HCl 溶液的 pH 从 1.00 增加至 4.44，需加入固体 NaAc 多少克（忽略溶液体积的变化）？

21. 欲配制 pH 为 3.00 和 4.00 的 HCOOH - HCOONa 缓冲溶液，应分别向 200 mL 0.20 mol·L^{-1} HCOOH 溶液中加入多少毫升 1.0 mol·L^{-1} NaOH 溶液？

22. 配制氨基乙酸总浓度为 0.10 mol·L^{-1} 的缓冲溶液 100 mL（pH2.00），需氨基乙酸多少克？还需加多少毫升 1.0 mol·L^{-1} 酸或碱，所得溶液的缓冲容量是多大？

23. 称取 20 g 六次甲基四胺，加浓 HCl（按 12 mol·L^{-1} 计）4.0 mL，稀释至 100 mL，此溶液的 pH 是多少？是否是缓冲溶液？

24. 用 0.200 mol·L^{-1} $Ba(OH)_2$ 滴定 0.100 0 mol·L^{-1} HAc 至化学计量点

时,溶液的 pH 等于多少?

25. 二元弱酸 H_2B,已知 pH1.92 时,$\delta_{H_2B}=\delta_{HB^-}$;pH6.22 时,$\delta_{HB^-}=\delta_{B^{2-}}$。

(1) 计算 H_2B 的 K_{a_1} 和 K_{a_2};

(2) 若用 0.100 mol·L^{-1} NaOH 溶液滴定 0.100 mol·L^{-1} H_2B,滴定至第一和第二化学计量点时,溶液的 pH 各为多少? 各选用何种指示剂?

26. 称取 Na_2CO_3 和 $NaHCO_3$ 的混合试样 0.685 0 g,溶于适量水中。以甲基橙为指示剂,用 0.200 mol·L^{-1} HCl 溶液滴定至终点时,消耗 50.00 mL。如改用酚酞为指示剂,用上述 HCl 溶液滴定至终点时,需消耗多少毫升?

27. 称取纯一元弱酸 HB 0.815 0 g,溶于适量水中。以酚酞为指示剂,用 0.110 0 mol·L^{-1} NaOH 溶液滴定至终点时,消耗 24.60 mL。在滴定过程中,当加入 NaOH 溶液 11.00 mL 时,溶液的 pH 为 4.80。计算该弱酸 HB 的 pK_a 值。

28. 用 0.10 mol·L^{-1} NaOH 滴定 0.10 mol·L^{-1} HAc 至 pH8.00,计算终点误差。

29. 用 0.10 mol·L^{-1} NaOH 滴定 0.10 mol·L^{-1} H_3PO_4 至第一化学计量点,若终点 pH 较化学计量点 pH 高 0.5 单位,计算终点误差。

30. 阿司匹林的有效成分是乙酰水杨酸,现称取阿司匹林试样 0.250 0 g,加入 50.00 mL 0.102 0 mol·L^{-1} NaOH 溶液,煮沸 10 min,冷却后,以酚酞作指示剂,用 H_2SO_4 滴定其中过量的碱,消耗 0.050 50 mol·L^{-1} H_2SO_4 溶液 25.00 mL。计算试样中乙酰水杨酸的质量分数。(已知 $M=180.16$ g·mol^{-1})

31. 用 0.100 mol·L^{-1} NaOH 滴定 0.100 mol·L^{-1} 羟胺盐酸盐($NH_3^+OH·Cl^-$)和 0.100 mol·L^{-1} NH_4Cl 的混合溶液。问:

(1) 化学计量点时溶液的 pH 为多少?

(2) 在化学计量点时有百分之几的 NH_4Cl 参加了反应?

32. 称取一元弱酸 HA 试样 1.000 g 溶于 60.0 mL 水中,用 0.250 0 mol·L^{-1} NaOH 溶液滴定。已知中和 HA 至 50% 时,溶液的 pH=5.00;当滴定至化学计量点时,pH=9.00。计算试样中 HA 的质量分数。(HA 的摩尔质量为 82.00 g·mol^{-1})

33. 称取钢样 1.000 g,溶解后,将其中的磷沉淀为磷钼酸铵。用 20.00 mL 0.100 0 mol·L^{-1} NaOH 溶解沉淀,过量的 NaOH 用 HNO_3 返滴定至酚酞刚好褪色,耗去 0.200 0 mol·L^{-1} HNO_3 7.50 mL。计算钢中 P 和 P_2O_5 的质量分数。

34. 面粉中粗蛋白质含量与氮含量的比例系数为 5.7。2.449 g 面粉试样经过消化后,用 NaOH 处理,将蒸发出的 NH_3 用 100.0 mL 0.010 86 mol·L^{-1} HCl 溶液吸收,然后用 0.012 28 mol·L^{-1} NaOH 溶液滴定,耗去 NaOH 溶液 15.30 mL,计算面粉中粗蛋白质的质量分数。

第五章 配位滴定法

§5.1 概　述

配位滴定法习惯上又称络合滴定法,是以配位反应为基础的滴定分析方法。配位反应在定性分析、光度分析、分离和掩蔽等方面有着广泛的应用,在定量化学分析方面主要用于金属离子含量的测定。通过返滴定、间接滴定和置换滴定方式,也可以测定许多阴离子和有机化合物。水质分析、环境监测、食品与生物制品分析、药物分析和临床检验中也常用到配位滴定法。

配位滴定体系通常会涉及到多个配位平衡、酸碱平衡的共存,配合物的稳定性受到多种因素的同时影响。为了便于处理各种因素对定量发生的配位反应的影响,本章引入副反应、副反应系数和条件稳定常数的概念,使复杂平衡体系中定量问题的处理过程相对统一和固化,思路清晰,简便易行。这种处理方法也适用于酸碱、氧化还原、沉淀等其他具有复杂平衡关系的体系。

§5.2 配合物及其稳定常数

5.2.1 简单配合物

若配体只含一个可提供电子对的配位原子,则称为单齿配体,如 NH_3、CN^-、OH^-、Cl^- 等。它们与金属离子配位时,每一个配体与中心离子只形成一个配位键,所形成的配合物称为简单配合物。若一个金属离子与 n 个配体结合,形成 ML_n,也称为简单配合物。例如,Cu^{2+} 与单基配位体 NH_3 的反应:

$$Cu^{2+} + NH_3 \Longrightarrow Cu(NH_3)^{2+} \qquad\qquad K_1 = 10^{4.18}$$
$$Cu(NH_3)^{2+} + NH_3 \Longrightarrow Cu(NH_3)_2^{2+} \qquad\qquad K_2 = 10^{3.48}$$
$$Cu(NH_3)_2^{2+} + NH_3 \Longrightarrow Cu(NH_3)_3^{2+} \qquad\qquad K_3 = 10^{2.87}$$
$$Cu(NH_3)_3^{2+} + NH_3 \Longrightarrow Cu(NH_3)_4^{2+} \qquad\qquad K_4 = 10^{2.11}$$

简单配合物与多元酸类似,是逐级形成的,也是逐级离解的。各级配合物的稳定常数相差较小,溶液中常常同时存在多种形式的配位离子,因此,单齿配体与金属离子之间的计量比不易确定,很少用于滴定分析,多在掩蔽、显色和指示剂中有应用。作为滴定剂的只有以 CN^- 为配位剂的氰量法和以 Hg^{2+} 为中心离子的汞量法具有实际意义。例如,以 $AgNO_3$ 标准溶液滴定氰化物,反应如下:

$$2CN^- + Ag^+ \Longrightarrow [Ag(CN)_2]^-$$

当滴定至化学计量点时,稍过量的 Ag^+ 与 $Ag(CN)_2^-$ 形成白色 AgCN 沉淀,使溶液变浑浊而指示滴定终点到达。

$$Ag(CN)_2^- + Ag^+ \Longrightarrow 2AgCN \downarrow (白色)$$

又如,用 Hg^{2+} 标准溶液作滴定剂,二苯胺基脲作指示剂,滴定 Cl^-,反应如下:

$$2Cl^- + Hg^{2+} \Longrightarrow HgCl_2$$

生成的 $HgCl_2$ 是解离度很小的配合物,称为拟盐或假盐。稍过量的汞盐即与指示剂形成蓝紫色的螯合物以指示滴定终点到达。

5.2.2 乙二胺四乙酸

配位滴定中应用最广泛的是多齿配体配位剂,由于一个配体中含有两个或两个以上的配位原子,它们能与金属离子形成环状配合物,也称为螯合物(Chelate)。螯合物比同种原子所形成的非螯合配合物稳定得多,具有五元环或六元环的螯合物最稳定。多齿配位体与金属离子配位时,需要的配体数较少,甚至仅与一个配体配合,减少甚至避免了分级配位的现象。有的螯合剂对金属离子还具有一定的选择性,因此在配位滴定中应用非常广泛,其中最常用的是氨羧类配位剂。

氨羧配位剂大部分是以氨基二乙酸基团 $[-N(CH_2COOH)_2]$ 为基体的有机配位剂(或称螯合剂,chelant),这类配位剂中含有配位能力很强的氨氮($:N\leftarrow$)和羧氧($-COO^-$)这两种配位原子,它们能与多种金属离子形成具有环状结构的、稳定的、可溶性配合物。氨羧配位剂的种类很多,其中应用最广泛的是乙二胺四乙酸(ethylene diamine tetraacetic acid),简称 EDTA,可表示为 H_4Y:

$$\begin{matrix} HOOCH_2C \\ HOOCH_2C \end{matrix} N-CH_2-CH_2-N \begin{matrix} CH_2COOH \\ CH_2COOH \end{matrix}$$

它可以直接或间接滴定几十种金属离子。本章主要讨论以 EDTA 为配位剂滴定金属离子的配位滴定法。EDTA 具有以下性质:

(1)具有双偶极离子结构

在溶液中 EDTA 具有双偶极离子结构。其中两个可离解的氢是强酸性的,另外两个氢在氮原子上,较难释放,具有弱酸性。

$$\begin{matrix} HOOCH_2C \\ ^-OOCH_2C \end{matrix} NH^+-CH_2-CH_2-NH^+ \begin{matrix} CH_2COO^- \\ CH_2COOH \end{matrix}$$

(2)相当于质子化的六元酸

当 H_4Y 处于酸性很强的介质中时,它的两个羧基可以再接受 H^+ 而形成 H_6Y^{2+},这种质子化的 EDTA 相当于六元酸,有六级离解平衡。在水溶液中,EDTA 总是以 H_6Y^{2+}、H_5Y^+、H_4Y、H_3Y^-、H_2Y^{2-}、HY^{3-}、Y^{4+} 这七种型体共存。它们的分布分数遵从多元酸的规律,见图 5-1。

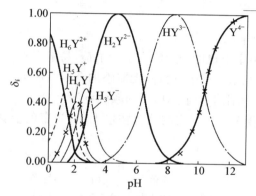

图 5-1 EDAT 各种存在型体的分布分数曲线

由图 5-1 可见,各型体的浓度取决于溶液的
pH,只有在 pH>10.26 时,才主要以 Y^{4-} 形式存
在。在 EDTA 与金属离子 M 形成的配合物中,以
Y^{4-} 与金属离子形成的配合物最稳定。因此,溶液
的酸度便成为影响 MY 配合物稳定性的一个重要
因素。

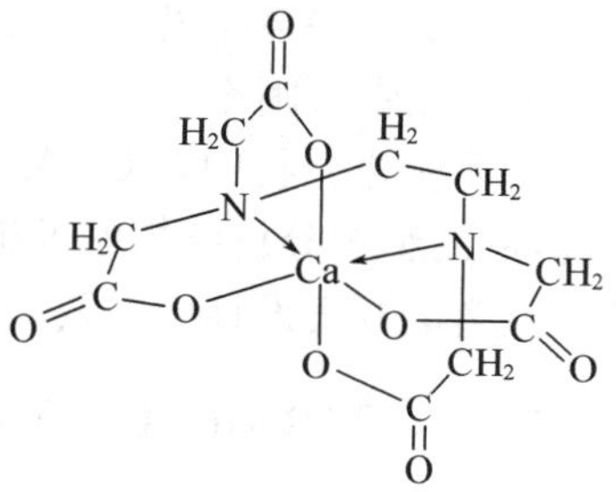

1. 配合物的结构

EDTA 分子中有 2 个氨氮和 4 个羧氧与金属
离子成键。图 5-2 为 Ca^{2+}—EDTA 配合物的结

图 5-2 EDTA 与 Ca^{2+} 形成的螯合物结构

构图,共形成了 5 个五元环。具有五元环或六元环的螯合物(chelate)较稳定,且形
成的环越多,螯合物越稳定。因而,EDTA 与大多数金属离子形成的螯合物都具有
较高的稳定性。

2. 物理性质

EDTA 的水溶性较差,22 ℃时溶解度仅 $0.2 \text{ g} \cdot \text{L}^{-1}$。而其二钠盐 Na_2H_2Y 的
溶解度则可达 $111 \text{ g} \cdot \text{L}^{-1}$,相当于 0.3 mol/L。故实际应用中通常将其制成二钠
盐,以 $Na_2H_2Y \cdot 2H_2O$ 表示。

3. EDTA-金属离子配合物的特点

(1) 配位比一般为 1∶1

无论金属离子化合价高或低,EDTA 一般均按 1∶1 与其配位,使得 EDTA 与
金属离子的定量关系变得非常简单。只有极少数高价金属离子与 EDTA 配位时
不是形成 1∶1 的配合物。如 Mo(Ⅴ)与 EDTA 形成 2∶1 的配合物,在中性或碱
性溶液中 Zr(Ⅳ)与 EDTA 也形成 2∶1 的配合物。

(2) 可形成酸式或碱式配合物

溶液的酸度或碱度较高时,一些金属离子与 EDTA 的配合物 MY 还可形成酸
式配合物 MHY 或碱式配合物 MOHY。但酸式或碱式配合物多数均不稳定,并且
它们的形成也不会影响配位反应中金属离子 M 与 EDTA 之间 1∶1 的计量关系,
故一般忽略不计。

（3）配合物易溶于水

EDTA 与金属离子形成的配合物大多带电荷，易溶于水，多数配位反应非常迅速，滴定能够方便地在水溶液中进行而无需添加有机溶剂增溶。

（4）形成的配合物比相关金属离子的颜色更深

EDTA 与无色金属离子形成的螯合物也无色，与有色金属离子形成颜色更深的螯合物。

Ni^{2+}	Cu^{2+}	Co^{2+}	Mn^{2+}	Cr^{3+}	Fe^{3+}
蓝绿	蓝色	粉色	浅粉	绿色	黄色
NiY^{2-}	CuY^{2-}	CoY^{2-}	MnY^{2-}	CrY^-	FeY^-
蓝色	深蓝	紫红	紫红	深紫	深黄

在滴定这些金属离子时，若其浓度过大，则螯合物的颜色更深，会给使用指示剂确定终点带来困难。

实际滴定分析中，EDTA 广泛的配位能力会造成溶液中共存金属离子的相互干扰，从而影响分析结果的准确性。因此，控制滴定条件以提高配位滴定的选择性是配位滴定方案设计中需要考虑和解决的主要问题。

5.2.3 配合物的稳定常数

1. 逐级稳定常数

对于 ML 型配合物，有

$$M+L \Longrightarrow ML, K^{稳} = \frac{[ML]}{[M][L]}, K^{不稳} = \frac{[M][L]}{[ML]} = \frac{1}{K^{不稳}}$$

$K^{稳}$ 越大，配合物越稳定。EDTA 与金属离子形成配合物的稳定常数一般很大，有的甚至可达 10^{25} 以上数量级。

ML_n 型配合物是逐级形成的，有

$$M+L \Longrightarrow ML, \qquad K_1^{稳} = \frac{[ML]}{[M][L]}, \qquad K_n^{不稳} = \frac{[M][L]}{[ML]} = \frac{1}{K_1^{稳}}$$

$$ML+L \Longrightarrow ML_2, \qquad K_2^{稳} = \frac{[ML_2]}{[ML][L]}, \qquad K_{n-1}^{不稳} = \frac{[ML][L]}{[ML_2]} = \frac{1}{K_2^{稳}}$$

$$\cdots \qquad\qquad \cdots \qquad\qquad \cdots$$

$$ML_{n-1}+L \Longrightarrow ML_n, \quad K_n^{稳} = \frac{[ML_n]}{[ML_{n-1}][L]}, \quad K_1^{不稳} = \frac{[ML_{n-1}][L]}{[ML_n]} = \frac{1}{K_n^{稳}}$$

其中 $K_i^{稳}$ 为逐级稳定常数。对于非 1∶1 型的配合物，同一级的稳定常数与解离常数不是倒数关系。i 级稳定常数与 $n-i+1$ 级不稳定常数互为倒数。

2. 累积稳定常数

当用逐级稳定常数 $K_i^{稳}$ 表达配位平衡中的各组分浓度时，会用到一系列中间产物的平衡浓度。若只用游离金属离子 M 和游离配体 L 的平衡浓度表示任意组分的浓度，则问题将变得比较简单。为此引入累积稳定常数 β_i。

第一级累积稳定常数：$\beta_1 = K_1^{稳}$

第二级累积稳定常数：$\beta_2 = K_1^{稳} K_2^{稳}$

...

第 n 级累积稳定常数：$\beta_n = K_1^{稳} K_2^{稳} \cdots K_n^{稳}$ （5-1）

最后一级累积稳定常数 β_n 又称为总稳定常数。根据平衡常数关系，可得

$$[ML] = \beta_1[M][L]$$
$$[ML_2] = \beta_2[M][L]^2$$
$$\cdots$$
$$[ML_n] = \beta_n[M][L]^n \qquad (5-2)$$

常见金属离子与各种配体所形成的配合物的累积稳定常数见附表 5。

3. 累积质子化常数

EDTA 与 H^+ 逐级结合形成六元酸（H_6Y）的情况与金属离子 M 与配体 L 的逐级配位相似。

$$M + nL \Longrightarrow ML_n$$
$$Y^{4-} + 6H^+ \Longrightarrow H_6Y^{2+}$$

因此，与累积稳定常数 β_i 相似，有累积质子化常数 β_i^H，可以较方便地以游离 H^+ 和游离 Y^{4-} 的平衡浓度表示 EDTA 各质子化型体的平衡浓度。根据酸式离解常数的意义，β_i^H 也可以用 H_6Y 的六级酸式离解常数表达。

$$[HY^{3-}] = \beta_1^H[Y^{4-}][H^+] = \frac{1}{K_{a_6}}[Y^{4-}][H^+]$$

$$[H_2Y^{2-}] = \beta_2^H[Y^{4-}][H^+]^2 = \frac{1}{K_{a_6}K_{a_5}}[Y^{4-}][H^+]^2$$

$$\cdots$$

$$[H_6Y^{2+}] = \beta_6^H[Y^{4-}][H^+]^6 = \frac{1}{K_{a_6}K_{a_5}K_{a_4}K_{a_3}K_{a_2}K_{a_1}}[Y^{4-}][H^+]^6 \qquad (5-3)$$

其中 $\lg\beta_1^H$—$\lg\beta_6^H$ 分别为 10.26、16.42、19.09、21.09、22.69 和 23.59。

5.2.4 配合物各型体的分布

不考虑 H^+ 和 OH^- 的影响时，根据物料平衡，溶液中 M 离子的总浓度与游离 M 离子及其配合物各型体的平衡浓度关系为：

$$c_M = [M] + [ML] + [ML_2] + \cdots + [ML_n]$$
$$= [M] + \beta_1[M][L] + \beta_2[M][L]^2 + \cdots + \beta_n[M][L]^n$$
$$= [M]\left(1 + \sum_{i=1}^{n}\beta_i[L]^i\right)$$

M 离子及其配合物各型体的分布分数为：

$$\delta_M = \frac{[M]}{c_M} = \frac{1}{1 + \sum_{i=1}^{n}\beta_i[L]^i} \qquad (5-4)$$

$$\delta_{ML_i} = \frac{[ML_i]}{c_M} = \frac{\beta_i[L]^i}{1 + \sum_{i=1}^{n}\beta_i[L]^i} \qquad (5-5)$$

当然,各型体的平衡浓度也可以由 M 的总浓度与相应的分布分数来表达。

各型体的分布分数仅与游离配体 L 的平衡浓度相关,而与其总浓度无关,即 δ 仅是[L]的函数。以 δ 为纵坐标,以 lg[L]为横坐标,可得各级配合物的分布曲线。

5.2.5 平均配位数

当配体的平衡浓度[L]为某一定值时,已形成的各级配合物中 L 与 M 的平均计量比为:

$$\bar{n} = \frac{c_L - [L]}{c_M - [M]} = \frac{[ML] + 2[ML_2] + \cdots + n[ML_n]}{[ML] + [ML_2] + \cdots + [ML_n]}$$

$$= \frac{\sum_{i=1}^{n} i\beta_i [L]^i}{\sum_{i=1}^{n} \beta_i [L]^i} \tag{5-6}$$

图 5-3 直观地表达了铜氨配合物各型体的分布及平均配位数随[NH₃]变化的情况。随着[NH₃]的增加,Cu^{2+} 与 NH_3 逐级形成 1∶1、1∶2、1∶3 直至 1∶4 型的配合物。$lg\beta_1 \sim lg\beta_4$ 分别为 4.31、7.89、11.02 和 13.32。由于相邻的各级稳定常数相差较小,因此当[NH₃]在相当大范围内变化时,溶液中均有几种铜氨配合物型体共存,平均配位数也在逐渐变化,Cu^{2+} 与 NH_3 之间的配位反应不能按照简单确定的计量关系完成,所以不能用 NH_3 这种无机配位剂来滴定 Cu^{2+}。

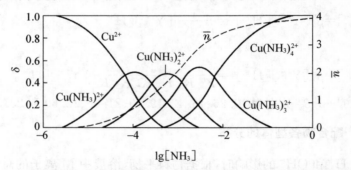

图 5-3 铜氨配合物各型体的分布分数及平均配位数与氨平衡浓度的关系

如图 5-4,在 Hg(Ⅱ)-Cl 体系中,各级配合物的累积稳定常数 $lg\beta_1 \sim lg\beta_4$ 分别为 6.74、13.22、14.07 和 15.07,其中 $lg\beta_1$ 与 $lg\beta_2$ 相差较大而 $lg\beta_2$ 与 $lg\beta_3$ 相差不大,表明第二级逐级稳定常数 $K_2^{稳}$ 与其他各级稳定常数相比显著较大。lg[Cl⁻]= $-5 \sim -3$ 时,$\delta_{HgCl_2} \approx 1$,平均配位数恒定,故可用 Hg^{2+} 来滴定 Cl^-,计量点时生成 $HgCl_2$,这就是常用的滴定 Cl^- 的汞量法,是单齿配体形成配合物能用于定量分析的少数实例之一。

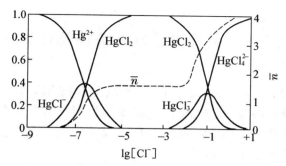

图 5 - 4 汞氯配合物各型体的分布分数及平均配位数与氯离子平衡浓度的关系

【**例 5 - 1**】 计算说明[Cl⁻]分别为 $10^{-3.20}$ mol·L⁻¹ 和 $10^{-4.20}$ mol·L⁻¹ 时 Hg^{2+} - Cl^- 溶液体系的主要存在型体是什么？平均配位数是多少？

解： $c_M = [M](1+\sum_{i=1}^{n}\beta_i[L]^i)$ 中，等号右侧括号中的每一项分别表示[M]、$[ML]$、…、$[ML_n]$ 的相对大小。

$[Cl^-] = 10^{-3.20}$ mol·L⁻¹ 时，且

$[Hg^{2+}]$：1

$[HgCl]$：$\beta_1[Cl^-] = 10^{6.74} \times 10^{-3.20} = 10^{3.54}$

$[HgCl_2]$：$\beta_2[Cl^-]^2 = 10^{13.22} \times 10^{-3.20\times2} = 10^{6.82}$

$[HgCl_3]$：$\beta_3[Cl^-]^3 = 10^{14.07} \times 10^{-3.20\times3} = 10^{4.47}$

$[HgCl_4]$：$\beta_4[Cl^-]^4 = 10^{15.07} \times 10^{-3.20\times4} = 10^{2.27}$

$$\bar{n} = \frac{\sum_{i=1}^{4} i\beta_i[Cl^-]^i}{\sum_{i=1}^{4}\beta_i[Cl]^i} = \frac{1\times10^{3.54}+2\times10^{6.82}+3\times10^{4.47}+4\times10^{2.27}}{10^{3.54}+10^{6.82}+10^{4.47}+10^{2.27}} = 2.004$$

主要存在型体是 $HgCl_2$，平均配位数为 2.0。

同样可计算[Cl⁻]=$10^{-4.20}$ mol·L⁻¹ 时，且

$[Hg^{2+}]$：1

$[HgCl]$：$\beta_1[Cl^-] = 10^{6.74} \times 10^{-4.20} = 10^{2.54}$

$[HgCl_2]$：$\beta_2[Cl^-]^2 = 10^{13.22} \times 10^{-4.20\times2} = 10^{4.82}$

$[HgCl_3]$：$\beta_3[Cl^-]^3 = 10^{14.07} \times 10^{-4.20\times3} = 10^{1.47}$

$[HgCl_4]$：$\beta_4[Cl^-]^4 = 10^{15.07} \times 10^{-4.20\times4} = 10^{-1.73}$

$$\bar{n} = \frac{\sum_{i=1}^{4} i\beta_i[Cl^-]^i}{\sum_{i=1}^{4}\beta_i[Cl]^i} = \frac{1\times10^{2.54}+2\times10^{4.82}+3\times10^{1.47}+4\times10^{-1.73}}{10^{2.54}+10^{4.82}+10^{1.47}+10^{-1.73}} = 1.996$$

主要存在型体仍是 $HgCl_2$，平均配位数仍为 2.0。

§5.3 副反应系数和条件稳定常数

将金属离子 M 与 EDTA(简记为 Y)形成配合物 MY 的反应视为主反应。除主反应外,溶液的酸度、缓冲剂、其他辅助配位剂及共存的金属离子等,都可能与 M 或 Y 发生作用,从而使 M 与 Y 的主反应完全程度发生变化,这些作用统称为副反应,其平衡关系如下:

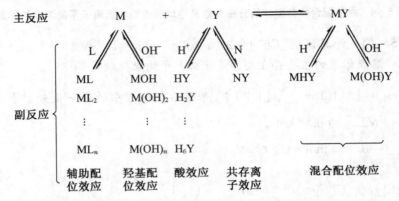

其中,L 为辅助配位剂,N 为共存的其他金属离子。

反应物 M 或 Y 发生副反应时,平衡向左移动,不利于主反应的进行,且 M 及 Y 各自的副反应破坏了 M 与 Y 之间固有的 1∶1 的计量关系。

反应产物 MY 发生副反应时,平衡向右移动,有利于主反应的进行,且不影响 M 与 Y 之间 1∶1 的计量关系。由于一般 MY 非常稳定,MHY 和 M(OH)Y 产生的比例极小,所以 MY 的副反应一般可以忽略。

为了便于得到副反应的规律,副反应系数根据产生副反应的对象和原因进行讨论。副反应发生的程度用副反应系数表示,下面分别讲述 M 和 Y 的副反应系数。

5.3.1 金属离子 M 的副反应系数

1. 金属离子的辅助配位效应系数

为防止金属离子在滴定条件下生成沉淀,或掩蔽其他干扰离子等原因,常需要在试液中加入某些辅助配位剂。但辅助配位剂的存在又会使金属离子参与主反应的能力降低,这种效应称为金属离子的辅助配位效应。例如,用 EDTA 滴定 Zn^{2+} 时加入 $NH_3 \cdot H_2O - NH_4Cl$ 缓冲溶液,一方面是为了控制滴定所需的 pH,同时又使 Zn^{2+} 与 NH_3 配位形成 $[Zn(NH_3)_4]^{2+}$ 而防止 $Zn(OH)_2$ 沉淀析出。

一般地,由于辅助配位剂 L 的存在而形成了 ML_i,使 M 参与主反应的能力下降,即除游离的 M 外,还有其他形式的 M 未进入主反应的产物 MY。体系中没有参加主反应的 M 的总浓度记为 $[M']$,副反应系数用 α 表示:

$$\alpha_{M(L)} = \frac{[M']}{[M]} = \frac{[M] + [ML] + \cdots + [ML_n]}{[M]}$$

$$= 1 + \sum_{i=1}^{n} \beta_i [L]^i \tag{5-7}$$

其中下标 M 表示 α 是 M 的副反应系数,括号中的 L 表示该副反应是由 L 所引起的。

副反应系数的大小与金属离子的浓度无关;

无副反应发生时,副反应系数达到最小值,等于 1;

配体 [L] 越大,副反应系数越大,副反应越严重。

羟基(—OH)只是 L 的一个特例,因此有

$$\alpha_{M(OH)} = 1 + \sum_{i=1}^{n} \beta_i [OH]^i \tag{5-8}$$

金属离子的羟基配位效应也称为其水解效应。酸度较低时该效应较严重,不仅影响主反应的完全程度,甚至可能形成金属离子氢氧化物沉淀,因此滴定分析体系的 pH 不宜过高。不同 pH 时各种金属离子的 $\lg \alpha_{M(OH)}$ 见附表 6。

2. 金属离子的总副反应系数

当体系中有两种辅助配位剂 L、A 同时存在时,总副反应系数为:

$$\alpha_M = \frac{[M] + [ML] + [ML_2] + \cdots + [ML_n] + [MA] + [MA_2] + \cdots + [MA_m]}{[M]}$$

$$= \frac{([M] + [ML] + [ML_2] + \cdots + [ML_n]) + ([M] + [MA] + [MA_2] + \cdots + [MA_m]) - [M]}{[M]}$$

$$= \alpha_{M(L)} + \alpha_{M(A)} - 1 \tag{5-9}$$

依此类推,当有 L_1、L_2、$\cdots$、L_n 种辅助配位剂共存时,总副反应系数为:

$$\alpha_M = \alpha_{M(L_1)} + \alpha_{M(L_2)} + \cdots + \alpha_{M(L_n)} - (n-1) \tag{5-10}$$

由于有辅助配位剂存在时的副反应系数远大于 1,因此也简记为:

$$\alpha_M = \alpha_{M(L_1)} + \alpha_{M(L_2)} + \cdots + \alpha_{M(L_n)} \tag{5-11}$$

即副反应系数是具有加和性的。

计算副反应系数时,由于各项通常大小悬殊,仅少数几项(1~3 项)占优,其他各项可忽略不计以简化计算。

【例 5-2】 在 $0.10 \text{ mol} \cdot L^{-1} \text{ NH}_3 - 0.18 \text{ mol} \cdot L^{-1} \text{NH}_4^+$ 溶液中,Zn^{2+} 的总副反应系数 α_{Zn} 是多少? 锌的主要型体有哪几种? 若将溶液的 pH 调至 11.00,α_{Zn} 又是多少(不考虑溶液体积的变化)?

解: $pH = pK_{a, NH_4^+} + \lg \dfrac{[NH_3]}{[NH_4^+]} = 9.26 + \lg \dfrac{0.10}{0.18} = 9.00$

$\alpha_{Zn(NH_3)} = 1 + \sum\limits_{i=1}^{n} \beta_i [NH_3]^i$

$= 1 + 10^{2.37} \times 10^{-1.00} + 10^{4.81} \times 10^{-2.00} + 10^{7.31} \times 10^{-3.00} + 10^{9.46} \times 10^{-4.00}$

$= 1 + 10^{1.37} + 10^{2.81} + 10^{4.31} + 10^{5.46}$（后两项相加即可）

$= 10^{5.49}$

查附表 6，得 pH9.00 时，$\lg\alpha_{Zn(OH)}=0.20$，则

$$\alpha_{Zn}=\alpha_{Zn(NH_3)}+\alpha_{Zn(OH)}-1=10^{5.49}+10^{0.20}-1$$
$$=10^{5.49}\text{（水解效应可忽略）}$$

总副反应系数 $\alpha_{Zn}=10^{5.49}$，主要存在型体为 $[Zn(NH_3)_4]^{2+}$ 和 $[Zn(NH_3)_3]^{2+}$。

pH11.00 时，$[OH^-]=10^{-14.00+11.00}=10^{-3.00}(mol \cdot L^{-1})$，$\lg\alpha_{Zn(OH)}=5.40$

$$c_{NH_3}=[NH_3]+[NH_4^+]=0.10+0.18=0.28=10^{-0.55}(mol \cdot L^{-1})$$

$$[NH_3]=c_{NH_3}\delta_{NH_3}=\frac{c_{NH_3}[OH^-]}{[OH^-]+K_{b,NH_3}}=\frac{10^{-0.55}\times10^{-3.00}}{10^{-3.00}+10^{-4.74}}=10^{-0.56}(mol \cdot L^{-1})$$

$$\alpha_{Zn(NH_3)}=1+10^{2.37}\times10^{-0.56}+10^{4.81}\times10^{-0.56\times2}+10^{7.31}\times10^{-0.56\times3}+10^{9.46}$$
$$\times10^{-0.56\times4}$$
$$=1+10^{1.81}+10^{3.69}+10^{5.63}+10^{7.22}\text{（后两项相加即可）}$$
$$=10^{7.23}$$

$$\alpha_{Zn}=\alpha_{Zn(NH_3)}+\alpha_{Zn(OH)}-1=10^{7.23}+10^{5.40}-1$$
$$=10^{7.24}\text{（水解效应对总副反应稍有贡献）}$$

5.3.2 EDTA 的副反应系数

1. EDTA 的酸效应系数

随着溶液酸度的增加，Y 的质子化反应逐级进行，导致 Y^{4-} 减少，与金属离子 M 的配位反应能力降低，这种现象称为 EDTA 的酸效应。所有未与 M 配位（未参与主反应）的 EDTA 各种型体的浓度之和用 $[Y']$ 表示。酸效应系数为：

$$\alpha_{Y(H)}=\frac{[Y']}{[Y]}=\frac{Y^{4-}+[HY^{3-}]+\cdots+[H_5Y^+]+[H_6Y^{2+}]}{[Y^{4-}]}$$
$$=1+\beta_1^H[H^+]+\beta_2^H[H^+]^2+\cdots+\beta_5^H[H^+]^5+\beta_6^H[H^+]^6$$
$$=1+\sum_{i=1}^{6}\beta_i^H[H^+]^i \tag{5-12}$$

EDTA 的酸效应系数 $\alpha_{Y(H)}$ 仅是溶液中 $[H^+]$ 的函数。溶液酸度越大，$\alpha_{Y(H)}$ 越大，酸效应引起的副反应越严重，仅在 pH≈12 以上时 $\alpha_{Y(H)}$ 才接近 1。由于多数配位滴定均在 pH≈12 以下进行，因此需要非常注意滴定体系酸度的控制。

【例 5-3】 计算 pH 5.00 时 EDTA 的酸效应系数 $\alpha_{Y(H)}$ 和 $\lg\alpha_{Y(H)}$。

解： $\alpha_{Y(H)}=1+\beta_1^H[H^+]+\beta_2^H[H^+]^2+\cdots+\beta_5^H[H^+]^5+\beta_6^H[H^+]^6$
$$=1+10^{10.26-5.00}+10^{16.42-5.00\times2}+10^{19.09-5.00\times3}+10^{21.09-5.00\times4}+$$
$$10^{22.69-5.00\times5}+10^{23.59-5.00\times6}$$
$$=1+10^{5.26}+10^{6.42}+10^{4.09}+10^{1.09}+10^{-2.31}+10^{-6.41}$$
$$=10^{6.45}$$

$$\lg\alpha_{Y(H)}=6.45$$

$[H^+]$ 一定时，其中只有 2~3 项是主要的。【例 5-3】中 EDTA 主要以 H_2Y^{2-} 和 HY^{3-}、H_3Y^- 三种型体存在，其他型体可忽略不计。为方便起见，将 EDTA 在不同

pH 时的 $\lg \alpha_{Y(H)}$ 值计算出来列于附表 7,也可绘制 $\lg \alpha_{Y(H)}$ - pH 图,称为 EDTA 的酸效应曲线(图 5 - 5)。

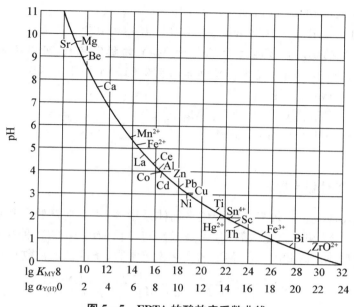

图 5 - 5　EDTA 的酸效应系数曲线

(金属离子浓度 $0.01\ mol \cdot L^{-1}$,$E_t = \pm 0.1\%$)

2. EDTA 的共存离子效应系数

当溶液中存在干扰金属离子 N 时,与被测金属离子 M 争夺 Y,从而使 EDTA 参与主反应的能力降低的现象称为 EDTA 的共存离子效应,其大小用共存离子效应系数 $\alpha_{Y(N)}$ 表示。

$$\alpha_{Y(N)} = \frac{[Y']}{[Y]} = \frac{[Y] + [NY]}{[Y]} = 1 + K_{NY}[N] \qquad (5 - 13)$$

式中:K_{NY} 为配合物 NY 的稳定常数;[N] 为游离 N 的平衡浓度。游离 N 的平衡浓度[N]越大,所形成的配合物 NY 稳定常数越大,则 $\alpha_{Y(N)}$ 越大,N 引起的副反应越严重。若溶液中同时有多种金属离子 $N_1, N_2, \cdots, N_n$ 与 M 共存,则

$$\alpha_{Y(N)} = \frac{[Y']}{[Y]} = \frac{[Y] + [N_1 Y] + [N_2 Y] + \cdots [N_n Y]}{[Y]}$$

$$= \alpha_{Y(N_1)} + \alpha_{Y(N_2)} + \cdots \alpha_{Y(N_n)} - (n - 1) \qquad (5 - 14)$$

$\alpha_{Y(N)}$ 的大小由其中影响最大的一种或少数几种决定。

3. EDTA 的总副反应系数 α_Y

若溶液中 H^+ 和共存干扰离子 N 的影响同时存在,此时 EDTA 的总副反应系数为:

$$\alpha_Y = \alpha_{Y(H)} + \alpha_{Y(N)} - 1 \qquad (5 - 15)$$

【例 5 - 4】 pH 5.0 时用 EDTA 滴定 Pb^{2+},试液中含有浓度均为 $0.010 \text{ mol} \cdot L^{-1}$ 的共存干扰离子 Ca^{2+} 和 Mg^{2+},计算 α_Y。

解:查附表 7,pH 5.0 时,$\lg\alpha_{Y(H)} = 6.45$;

查附表 8,$K_{PbY} = 10^{18.04}$,$K_{CaY} = 10^{10.69}$,$K_{MgY} = 10^{8.7}$。

由于 PbY 的稳定常数远大于 CaY 和 MgY 的稳定常数,可以认为 Y 优先与 Pb^{2+} 反应时,Ca^{2+} 和 Mg^{2+} 基本保持初始浓度 $0.010 \text{ mol} \cdot L^{-1}$ 不变。

$$\begin{aligned}\alpha_Y &= \alpha_{Y(H)} + \alpha_{Y(Ca)} + \alpha_{Y(Mg)} - 2 \\ &= \alpha_{Y(H)} + K_{CaY}[Ca^{2+}] + K_{MgY}[Mg^{2+}] - 2 \\ &= 10^{6.45} + 10^{10.69} \times 0.010 + 10^{8.7} \times 0.010 - 2 \\ &= 10^{8.7}\end{aligned}$$

5.3.3 条件稳定常数

在有副反应发生的较复杂的配位平衡体系中,与主反应产物平衡的并非只是游离金属离子 M 和游离配位剂 Y,而是未参与主反应的 M 的各种存在形体和 Y 的各种存在型体。因此配合物 MY 的实际稳定常数(条件稳定常数)为:

$$K'_{MY} = \frac{[MY']}{[M'][Y']} = \frac{[MY]}{\alpha_M[M]\alpha_Y[Y]} = \frac{K_{MY}}{\alpha_M\alpha_Y}$$

$$\lg K'_{MY} = \lg K_{MY} - \lg\alpha_M - \lg\alpha_Y \qquad (5-16)$$

其中 α_M 和 α_Y 均为总副反应系数。很多情况下,有

$$\lg K'_{MY} = \lg K_{MY} - \lg(\alpha_{M(L)} + \alpha_{M(OH)}) - \lg(\alpha_{Y(N)} + \alpha_{Y(H)}) \qquad (5-17)$$

滴定反应条件一定时,pH、辅助配位剂、共存离子浓度一定,K'_{MY} 即为常数。而当反应条件发生变化时,K'_{MY} 也随之变化,故称为条件稳定常数,又称表观稳定常数、有效稳定常数。K'_{MY} 越大,M 和 Y 的 1:1 定量反应完全程度越高。

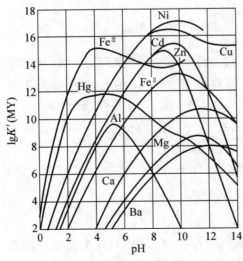

图 5 - 6 金属离子 - EDTA 配合物的 $\lg K'_{MY}$ - pH 曲线

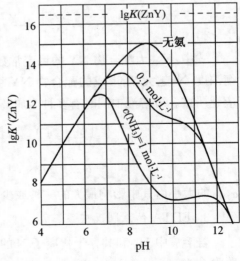

图 5 - 7 $\lg K'_{ZnY}$ - pH 曲线

辅助配位剂和共存离子浓度过高,均会导致 K'_{MY} 下降,需要注意的是,当 pH 过高时,$\alpha_{M(OH)}$ 较大,对主反应不利;而 pH 过低时,$\alpha_{Y(H)}$ 又较大,对主反应也不利。因此,配位滴定中须用恰当的缓冲溶液将酸度控制在适宜的范围内。

实际体系中存在的各种因素均会不同程度地造成 $K'_{MY} < K_{MY}$,影响金属离子-EDTA 配合物的稳定性,若 K'_{MY} 过小,则主反应不能定量进行,定量分析也就不能完成。

【例 5-5】 计算 pH5.00,游离 F^- 浓度 0.010 mol·L^{-1} 的 0.10 mol·L^{-1} AlY 溶液中 AlY 的条件稳定常数。

解: 查附表 8,得 lg K_{AlY}=16.3。

查附表 5,得 $[AlF_6]^{3-}$ 的 $lg\beta_1 \sim lg\beta_6$ 分别为 6.13、11.15、15.00、17.75、19.37 和 19.84,$[Al(OH)_4]$ 的 $lg\beta_4$ 为 33.3。

查附表 7,得 pH5.00 时,$lg\alpha_{Y(H)}$=6.45。

$$\alpha_{Al(F)} = 1 + \sum_{i=1}^{6} \beta_i [F^-]^i$$

$$= 1 + 10^{6.13-2.00} + 10^{11.15-2.00\times2} + 10^{15.00-2.00\times3}_{200} 10^{17.75-2.00\times4}$$

$$\qquad 10^{19.37-2.00\times5} 10^{19.84-2.00\times6}$$

$$= 1 + 10^{4.13} + 10^{7.15} + 10^{9.00} + 10^{9.75} + 10^{9.37} + 10^{7.84}$$

$$= 10^{9.96}$$

$$\alpha_{Al(OH)} = 1 + \beta_4 [OH]^4 = 1 + 10^{33.3-9.00\times4} = 1.00$$

$$lgK'_{AlY} = lgK_{AlY} - lg(\alpha_{Al(F)} + \alpha_{Al(OH)}) - lg\alpha_{Y(H)} = 16.3 - (10^{9.96} + 10^{1.00}) - 6.45$$

$$= -0.1$$

条件稳定常数很小,表明 AlY 已经大量解离。

5.3.4 金属离子缓冲溶液

金属离子 M 与配体 Y 配位形成 MY 在形式上与弱酸的酸根 A 与质子 H^+ 的结合类似。因而与弱酸及其共轭碱可以形成质子的缓冲溶液类似,MY 与 Y 可以形成 M 的缓冲溶液。溶液中金属离子浓度用 pM=-lg[M] 表示,当 M 有副反应时用 pM' 表示。

$$pH = pK_{a,HA} + lg\frac{[A^-]}{[HA]}$$

$$pM = lgK_{MY} + lg\frac{[Y]}{[MY]} \quad 或 \quad pY = lgK_{MY} + lg\frac{[M]}{[MY]}$$

考虑副反应时,则有

$$pM' = lgK'_{MY} + lg\frac{[Y']}{[MY]} \tag{5-18}$$

或

$$pY' = lgK'_{MY} + lg\frac{[M']}{[MY]} \tag{5-19}$$

在一些化学反应或化工生产中，常需要控制金属离子或配体的浓度，可以用较高浓度的 M–MY 构成 M 的缓冲体系，用较高浓度的 Y–MY 构成 Y 的缓冲体系。当然这也适用于除 Y 以外的其他配体。

§5.4　配位滴定曲线及化学计量点时金属离子的浓度

5.4.1　配位滴定曲线

随着 Y 的加入和 MY 的生成，溶液中金属离子 M 的浓度逐渐减小，pM 在化学计量点附近发生突跃，可用适当的方法指示终点。设待测金属离子 M 的初始浓度为 c_M^0，溶液体积为 V_M^0，用等浓度（$c_M^0 = c_Y^0$）的滴定剂 Y 滴定。V_Y 为某时刻加入的滴定剂体积，此时滴定分数为 a，根据物料平衡可列出以下方程组：

$$\begin{cases} c_M = \dfrac{V_M^0 c_M^0}{V_M^0 + V_Y} = \dfrac{c_M^0}{1+a} = [M'] + [MY] \\ c_Y = \dfrac{V_Y c_Y^0}{V_M^0 + V_Y} = \dfrac{a c_M^0}{1+a} = [Y'] + [MY] \end{cases} \tag{5-20}$$

将 [MY] 和 [Y'] 分别用已知量或当前量表达：

$$\begin{cases} [MY] = \dfrac{c_M^0}{1+a} - [M'] \\ [Y'] = \dfrac{a c_M^0}{1+a} - [MY] = \dfrac{a c_M^0}{1+a} - \dfrac{c_M^0}{1+a} + [M'] \end{cases} \tag{5-21}$$

将 [MY] 和 [Y'] 代入条件稳定常数的表达式，将得到一个只含 [M'] 和 a 两个变量的等式，以便于表达 pM' 与滴定度 a 的变化关系：

$$K_{MY}' = \frac{[MY]}{[M'][Y']} = \frac{\dfrac{c_M^0}{1+a} - [M']}{[M']\left(\dfrac{a c_M^0}{1+a} - \dfrac{c_M^0}{1+a} + [M']\right)} \tag{5-22}$$

整理得滴定曲线方程为：

$$(1+a)K_{MY}'[M']^2 - [(1-a)c_M^0 K_{MY}' - (1+a)][M'] - c_M^0 = 0 \tag{5-23}$$

根据 K_{MY}' 和 c_M^0 的不同取值，可以得到不同情况下的配位滴定曲线。

由图 5-8 和图 5-9 可见，待测金属离子的初始浓度 c_M^0 和配合物的条件稳定常数 K_{MY}' 共同决定滴定突跃的大小。两者越大，则突跃也越大。

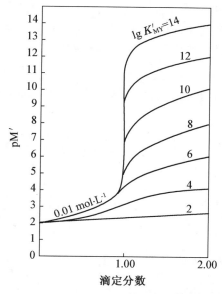

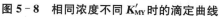

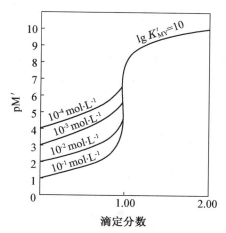

图 5-8 相同浓度不同 K'_{MY} 时的滴定曲线　　　图 5-9 相同 K'_{MY} 不同浓度时的滴定曲线

5.4.2 化学计量点时金属离子的浓度

对于 1：1 的滴定反应，化学计量点时滴定度 $a=1$；

对于 M 与 Y 等浓度的滴定，化学计量点时金属离子的总浓度 $c_M^{sp}=\frac{1}{2}c_M^0$。

将以上两个条件代入滴定曲线方程得

$$K'_{MY}[M']_{sp}^2+[M']_{sp}-c_M^{sp}=0$$

$$[M']_{sp}=\frac{1+\sqrt{1+4K'_{MY}c_M^{sp}}}{2K'_{MY}}\approx\frac{\sqrt{1+4K'_{MY}c_M^{sp}}}{2K'_{MY}}\approx\frac{\sqrt{4K'_{MY}c_M^{sp}}}{2K'_{MY}}=\sqrt{\frac{c_M^{sp}}{K'_{MY}}} \quad (5-24)$$

其实，根据化学计量点的意义及主、副反应的思想，化学计量点时一定有

$$[M']_{sp}=[Y']_{sp} \quad (5-25)$$

且此时

$$[MY]_{sp}=c_M^{sp}-[M']\approx c_M^{sp}$$

代入条件稳定常数的表达式，得

$$K'_{MY}=\frac{[MY]_{sp}}{[M']_{sp}[Y']_{sp}}\approx\frac{c_M^{sp}}{[M']_{sp}^2}$$

同样可得化学计量点时金属离子的浓度为：

$$[M']_{sp}=\sqrt{\frac{c_M^{sp}}{K'_{MY}}} \quad (5-26)$$

或表示为：

$$pM'_{sp}=\frac{1}{2}(pc_M^{sp}+lgK'_{MY}) \quad (5-27)$$

计算出化学计量点时金属离子的浓度是选择配位滴定指示剂的关键。酸碱滴

定中,化学计量点的 pH 是根据不同滴定产物的质子条件式进行计算的;配位滴定中,化学计量点的 pM′有上述固定公式,但其中的条件稳定常数需根据不同的滴定条件通过副反应系数进行计算。总体而言后者的方法更固定,因而更简单一些。

【例 5-6】 在 pH10.00 的铵氨缓冲溶液中,$[NH_3]$ 为 $0.20\ mol\cdot L^{-1}$,用 $2.0\times10^{-2}\ mol\cdot L^{-1}$ EDTA 溶液滴定 $2.0\times10^{-2}\ mol\cdot L^{-1}$ Cu^{2+},计算化学计量点时以及化学计量点前后各 0.1% 时的 pCu′。

解:该滴定体系的平衡关系为:

$$
\begin{array}{ccc}
& Cu & + & Y \Longrightarrow CuY \\
NH_4^+ \xleftarrow{H^+} NH_3 & {\scriptstyle\nearrow\nwarrow} OH^- & & {\scriptstyle\Updownarrow} H^+ \\
Cu(NH_3) & Cu(OH) & & HY \\
\vdots & \vdots & & \vdots
\end{array}
$$

查附表 8,得 $\lg K_{CuY}=18.80$。

pH10.00 时,查附表 6,得 $\lg\alpha_{Cu(OH)}=1.7$;查附表 7,得 $\lg\alpha_{Y(H)}=0.45$。

化学计量点时溶液体积增加 1 倍,但 pH 不变,因而 $[NH_3]$ 的分配系数不变,所以有 $c_{Cu}^{sp}=1.0\times10^{-2.00}\ mol\cdot L^{-1}$,$[NH_3]=0.10\ mol\cdot L^{-1}$。

$$
\begin{aligned}
\alpha_{Cu(NH_3)} &= 1+\sum_{i=1}^{5}\beta_i[NH_3]^i \\
&= 1+10^{4.31-1.00}+10^{7.98-1.00\times2}+10^{11.02-1.00\times3}+10^{13.32-1.00\times4} \\
&\quad +10^{12.86-1.00\times5} \\
&= 10^{9.36} \\
\lg K'_{CuY} &= \lg K_{CuY}-\lg(\alpha_{Cu(NH_3)}+\alpha_{Cu(OH)})-\lg\alpha_{Y(H)} \\
&= 18.80-9.36-0.45=8.99 \\
pCu'_{sp} &= \frac{1}{2}(pc_{Cu}^{sp}+\lg K'_{CuY})=\frac{1}{2}(2.00+8.99)=5.50
\end{aligned}
$$

化学计量点前后各 0.1% 时,体系的 pH 和 $[NH_3]$ 与化学计量点时几乎完全一致,所以可认为 K'_{CuY} 也与化学计量点时近似相等。

化学计量点前 0.1% 时,即

$$
\frac{99.9}{0.1}=\frac{[CuY]}{[Cu']}\approx\frac{c_{Cu}^{sp}}{[Cu']}=\frac{10^{-2.00}}{[Cu']}
$$
$$
pCu'=5.00
$$

化学计量点后 0.1% 时,即

$$
K'_{CuY}=\frac{[CuY]}{[Cu'][Y']}\approx\frac{100}{[Cu']\times0.1}=10^{8.99}
$$
$$
pCu'=5.99
$$

5.4.3 用 MATLAB 求解滴定曲线方程确定化学计量点和滴定突跃范围

化学计量点时对应的滴定度为 $a=1$,而滴定突跃对应的滴定度范围是 $0.999\sim1.001$。

针对【例 5-6】,将滴定分数 0.999、1.000、1.001 分别代入滴定曲线方程式

视频:配位滴定曲线的制作

(5-23)。

$$(1+a)K'_{MY}[M']^2-[(1-a)c_M^0K'_{MY}-(1+a)][M']-c_M^0=0$$

用 MATLAB 求解。只需把上述表达式输入"solve('表达式')"即可。例如滴定度 99.9%时,输入

```
solve('(1+0.999) * 10^8.99 * M^2-((1-0.999) * 0.020 * 10^8.99-(1+
0.999)) * M -0.020=0')
```

回车即得

.10939830032020233037203590175574e−4(pM=4.96 化学计量点前 0.1%)

将 1.000 和 1.001 分别代替 0.999,可得另外两个解。

.31983835041128442315761556577263e−5(pM=5.50 化学计量点)

.93561575126324019837181700482578e−6(pM=6.03 化学计量点后 0.1%)

从实际操作的角度看,与【例 5-6】所得化学计量点及滴定突跃范围几乎完全一致,因而均可用于指导设计分析方案时指示剂的选择,且用 MATLAB 求解滴定曲线方程的方法通用性和便利性都更高。

§5.5　金属离子指示剂

配位滴定法可以用光度法、电化学法等手段确定滴定终点,但在定量化学分析中最常用的还是采用指示剂指示终点的方法。

需要特别指出的是,酸碱滴定中若采用了指示剂,由于其本身就是酸或碱,自然会引入系统误差,因此,无论其酸碱性的强弱,加入后对酸碱的贡献与待测组分相比必须低至可以忽略不计。同样,在配位滴定中,若引入了金属离子指示剂,则相当于给待测金属离子引入了一个副反应,加入后发生的副反应所消耗的金属离子也必须少至可以忽略不计。

5.5.1　配位滴定中颜色转变的实质

滴定前加入指示剂,使溶液呈现出一种颜色,在化学计量点附近时发生颜色突变,溶液呈现出另一种具有明显差别的颜色以指示终点的到达。终点前后两种不同的颜色各来自什么呢? 请看下列滴定与变色过程。

滴定前加入指示剂后:M+In ══ ‖MIn‖

滴定中:M+Y ══ MY

终点变色时:MIn+Y ══ MY+ ‖In‖

可见,一般情况下,配位滴定终点时,滴定体系是从"金属离子-指示剂配合物"的颜色转变到"游离指示剂"的颜色。当然,若金属离子 M 本身有颜色,则 MY 的颜色往往更深,所以终点时看到的是 MY+In 的混合色。

5.5.2 金属离子指示剂的作用原理和选择原则

金属指示剂是一些有机配位剂,能与金属离子形成有色配合物,其颜色与游离指示剂的颜色不同,因而能指示滴定过程中金属离子浓度的变化情况。典型的金属离子指示剂如铬黑 T(EBT)为蓝色,而它与镁离子的配合物为酒红色。

HIn^{2-}(蓝)　　　　　　　　　　$MgIn^-$(红)

相当一部分金属指示剂本身是有机弱酸(碱),在 pH 不同的溶液中有不同的主要存在型体,因而可能呈现不同的颜色,兼具酸碱指示剂的性质。因此在选用这类指示剂时要注意它的适宜酸度。例如,铬黑 T 在 pH 不同的溶液中存在以下几种型体,各种型体颜色也不相同。

$$H_3In \xrightarrow{pK_{a_1}} H_2In^- \xrightarrow{pK_{a_2}} HIn^{2-} \xrightarrow{pK_{a_3}} In^{3-}$$

紫红　3.9　紫红　6.3　　蓝　　11.6　　　橙 pH

由于铬黑 T 与 Ca^{2+}、Mg^{2+}、Zn^{2+} 等金属离子形成的配合物呈酒红色,显然其适宜的使用酸度范围应在 pH6.3～11.6,最好在 8～10。这样可以保证配合物(酒红)与游离指示剂(蓝)色差明显。但是,由于人眼对不同颜色的敏感度不同,因此,色差最大的 pH 范围还需通过实验观察来确定。铬黑 T 在 pH9～10.5 时变色最敏锐。

5.5.3 指示剂变色点时金属离子浓度的获得

在没有共存干扰离子和辅助配位剂的简单体系中,金属离子与指示剂的配位显色反应平衡为

主、副反应是相对的,此时 EDTA 对金属离子-指示剂的显色反应(主反应)而言是一个产生副反应的因素。若以 $[MIn]=[In']$ 为理论变色点,此时

$$K'_{MIn}=\frac{[MIn]}{[M'][In']}=\frac{1}{[M']} \tag{5-28}$$

即

$$pM'=\lg K'_{MIn}=\lg K_{MIn}-\lg\alpha_{In(H)}-\lg(\alpha_{M(OH)}+\alpha_{M(Y)}) \tag{5-29}$$

由于[Y]随滴定过程而改变，K'_{MIn}难以获得，并且从实际意义上看，[M']＝[M]＋[MY]＋[M(OH)]＋…，即使计算出来也不是滴定主反应 M＋Y＝MY 终点时金属离子的浓度$[M']_{ep}$。另外，金属离子与指示剂还可能形成 MIn_n 型的配合物，Y和 In 又都可能与共存的干扰离子发生副反应等，情况将更加复杂，也缺乏一些计算所必需的常数。

不过对于大多数实用的配位滴定体系，因为酸度适宜，则 $\alpha_{M(OH)}$ 较小；又因为MY 的稳定性高于 MIn，化学计量点前 M 又相对过量，则[Y]很小，$\alpha_{M(Y)}$ 也较小。所以，在指示剂的显色反应中，M 的副反应是可以忽略的，即[M']＝[M]。指示剂的变色点一般用下式估算：

$$pM'_{ep}＝pM_{ep}＝\lg K_{MIn}－\lg \alpha_{In(H)} \tag{5-30}$$

仍以 $pM'_{ep}\pm 1$ 为理论变色范围。附表 9 给出了两种常见金属离子指示剂的酸效应系数和变色点(只考虑了指示剂的酸效应)。

实际上，指示剂的变色点的$[M']_{ep}$是在具体的滴定条件下，用待测金属离子标准溶液和 EDTA 标准溶液进行尝试滴定获得的，也可以用光度法辅助获得。

金属指示剂须具备的条件：
(1) 指示剂-金属离子配合物与游离指示剂本身色差明显；
(2) 显色反应灵敏、迅速，可逆性好；
(3) 指示剂-金属离子配合物稳定性适中($\lg K_{MY}－\lg K_{MIn}>2$)；
(4) 水溶性好，较稳定，易保存。

【例 5-7】 铬黑 T 的累积质子化常数 $\beta_1^H＝10^{11.6}$，$\beta_2^H＝10^{17.9}$，与镁离子配合物的稳定常数 $\lg K_{Mg-EBT}＝7.0$。估算在 pH10.0 的溶液中用 EDTA 滴定 Mg^{2+} 至终点时的 pMg_{ep}。

解：$\alpha_{In(H)}＝1+\beta_1^H[H^+]+\beta_2^H[H^+]^2＝1+10^{11.6-10.0}+10^{17.9-10.0\times2}＝10^{1.6}$

$pMg_{ep}＝\lg K_{MgIn}－\lg \alpha_{In(H)}＝7.0－1.6＝5.4$

5.5.4 指示剂的封闭、僵化和变质问题

1. 指示剂的封闭现象

指示剂与金属离子在某些条件下生成稳定的配合物，这些配合物较 MY 更稳定，以至到达计量点时，滴入过量的 EDTA 也不能夺取 MIn 中的金属离子而释放出 In 来，因而看不到颜色的变化，这种现象叫作指示剂的封闭现象。

例如，以铬黑 T 为指示剂，pH10.0 时用 EDTA 滴定 Ca^{2+}、Mg^{2+}，若有共存的Al^{3+}、Fe^{3+}、Co^{2+} 和 Ni^{2+}，则对铬黑 T 有封闭作用。可以加入少量三乙醇胺掩蔽Al^{3+} 和 Fe^{3+}，加入 KCN 掩蔽 Co^{2+} 和 Ni^{2+} 以消除干扰。

有时采用返滴定法也可以解决一些指示剂封闭的问题。例如，Al^{3+} 对二甲酚橙有封闭作用，测定 Al^{3+} 时可先加入一定量过量的 EDTA 标准溶液，在 pH3.5 时煮沸使 Al^{3+} 与 EDTA 完全配合后，再调整溶液至 pH5.0～6.0，加入二甲酚橙指示剂，用 Zn^{2+} 或 Pb^{2+} 标准溶液返滴定。

2. 指示剂的僵化现象

有些指示剂与金属离子形成的配合物溶解度很小,甚至析出,近终点时转色反应 MIn+Y══MY+In 太慢,颜色变化不明显;还有些指示剂与金属离子所形成的配合物 MIn 的稳定性只是稍低于 MY,因而转色反应也非常缓慢,使终点拖长,这些现象叫做指示剂的僵化。可以采用加热、加入适当的有机溶剂或表面活性剂以增大其溶解度或加快转色反应解决指示剂僵化的问题。

例如,用 PAN 作指示剂时,可以加入少量甲醇或乙酸,也可将溶液适当加热,以加快转色置换的速度使变色较明显。又如,以磺基水杨酸为指示剂,用 EDTA 滴定 Fe^{3+} 时,可先将溶液加热至 50 ℃~70 ℃ 以后再进行滴定。

3. 指示剂的变质问题

金属离子指示剂大多是具有共轭双键的有色化合物,易被日光、氧化剂、空气氧化或分解。不少指示剂在水溶液中并不稳定,日久会变质。如铬黑 T、钙指示剂等的水溶液均易氧化变质,所以常用氯化钠混合研磨配成稀释的固体混合物,或在溶液中加入还原性组分。分解变质的速度有时也与试剂的纯度有关,一般纯度较高的保存时间长些。有些金属离子对指示剂的氧化分解起催化作用。如铬黑 T 在 Mn(Ⅳ) 或 Ce(Ⅳ) 存在下,仅数秒就褪色,为此,在配制铬黑 T 指示剂时,应加入盐酸羟胺等还原剂。

5.5.5 常用金属离子指示剂的配制及使用方法

配位滴定中几种常用的金属离子指示剂列于表 5-1。

表 5-1 常见的金属离子指示剂

指示剂	适用的 pH 范围	颜色变化		直接滴定的离子	配制	注意事项
		In	MIn			
铬黑 T（eriochrome black T）简称 BT 或 EBT	8~10	蓝	红	pH=10，Mg^{2+}、Zn^{2+}、Cd^{2+}、Pb^{2+}、Mn^{2+}、稀土元素离子	1：100NaCl（固体）	Fe^{3+}、Al^{3+}、Cu^{2+}、Ni^{2+} 等封闭EBT
酸性铬蓝 K（acid chrome blue K）	8~13	蓝	红	pH=10，Mg^{2+}、Zn^{2+}、Mn^{2+}；pH=13，Ca^{2+}	1：100NaCl（固体）	
二甲酚橙（xylenol orange）简称 XO	<6	亮黄	红	pH<1，ZrO^{2+}；pH=1~3.5，Bi^{3+}、Th^{4+}；pH=5~6，Tl^{3+}、Zn^{2+}、Pb^{2+}、Cd^{2+}、Hg^{2+}、稀土元素离子	5 g·L^{-1} 水溶液	Fe^{3+}、Al^{3+}、Ni^{2+}、Ti^{4+} 等封闭XO
磺基水杨酸（sulfo salicylic acid）简称 Ssal	1.5~2.5	无色	紫红	pH=1.5~2.5，Fe^{3+}	50 g·L^{-1} 水溶液	Ssal 本身无色，FeY^- 呈黄色

（续表）

指示剂	适用的pH 范围	颜色变化		直接滴定的离子	配制	注意事项
		In	MIn			
钙指示剂（calconcarboxylic acid）简称 NN	12~13	蓝	红	pH＝12~13,Ca^{2+}	1:100 NaCl（固体）	Ti^{4+},Fe^{3+},Al^{3+},Cu^{2+},Ni^{2+},Co^{2+},Mn^{2+} 等封闭 NN
1-(2-吡啶偶氮-2-萘酚)[1-(2-pyridylazo-2-naphthol)]简称 PAN	2~12	黄	紫红	pH＝2~3,Th^{4+},Bi^{3+} pH＝4~5,Cu^{2+},Ni^{2+},Pb^{2+},Cd^{2+},Zn^{2+},Mn^{2+},Fe^{2+}	1g·L^{-1} 乙醇溶液	MIn 在水中溶解度很小,为防止 PAN 僵化,滴定时须加热

除表 5-1 中所列指示剂外,还有一类置换指示剂,如 Cu—PAN 指示剂,是 CuY 与少量 PAN 的混合溶液。用此指示剂可以滴定许多金属离子,包括一些与 PAN 配位不够稳定或不显色的离子。将该指示剂加到含有被测金属离子 M（例如 Ca^{2+}）的试液中时,发生如下置换反应。

滴定前加入指示剂后：CuY＋PAN＋Ca^{2+} ⟶ CaY＋Cu-PAN
　　　　　　　　蓝　　　黄　　　　　　　　　　　紫红
　　　　　　　　　　黄绿

滴定终点转色时：Y＋Cu-PAN ⟶ CuY＋PAN
　　　　　　紫红　　蓝　　　　　黄
　　　　　　　　　　黄绿

滴定其他金属离子时,在终点看到的变色现象也都与以 PAN 为指示剂用 EDTA 滴定 Cu^{2+} 时一样。滴定前加入的 CuY 与最后生成的 CuY 等量,故不影响测定结果。Cu-PAN 指示剂可在很宽的 pH 范围（pH 2~12）内使用,但该指示剂能被 Ni^{2+} 封闭。此外,不可同时加入能与 Cu^{2+} 生成更稳定配合物的其他掩蔽剂。

类似地,MgY＋EBT 也可以作这种置换指示剂,滴定其他金属离子时,看到的现象均与以 EBT 为指示剂,用 EDTA 滴定 Mg^{2+} 时相同。

§5.6　终点误差的计算及滴定条件的控制

5.6.1　终点误差的计算

一般以指示剂变色点时金属离子的浓度作为滴定终点的浓度$[M']_{ep}$,它与化学计量点时金属离子的浓度$[M']_{sp}$不完全一致所造成的误差称为配位滴定的终点误差或滴定误差。

设 c_Y^{ep}、c_M^{ep}、V_Y^{ep}、V_M^{ep} 分别为终点时滴定剂 Y 的总浓度、金属离子 M 的总浓度、滴定剂 Y 的体积、金属离子 M 溶液的体积。终点误差的意义为

$$E_t = \frac{\text{滴定剂 Y 过量或不足的物质的量}}{\text{待测金属离子 M 的物质的量}} \qquad (5-31)$$

由于同处一个滴定体系,因此 $V_Y^{ep} = V_M^{ep}$。

$$E_t = \frac{c_Y^{ep} V_Y^{ep} - c_M^{ep} V_M^{ep}}{c_M^{ep} V_M^{ep}} = \frac{c_Y^{ep} - c_M^{ep}}{c_M^{ep}} \tag{5-32}$$

由物料平衡得:

$$c_Y^{ep} = [MY]_{ep} + [Y']_{ep}$$
$$c_M^{ep} = [MY]_{ep} + [M']_{ep}$$

可得 $c_Y^{ep} - c_M^{ep} = [Y']_{ep} - [M']_{ep}$,所以终点误差可表示为:

$$E_t = \frac{[Y']_{ep} - [M']_{ep}}{c_M^{ep}} \tag{5-33}$$

当用 EDTA 的浓度计算金属离子的浓度时,上式的正负与终点误差的正负具有相同的意义。将终点 ep 时刻的变量合理地转化为化学计量点 sp 时刻的变量,将使终点误差 E_t 便于计算。令

$$\Delta pM' = \Delta pM'_{ep} - \Delta pM'_{sp} = \lg \frac{[M']_{sp}}{[M']_{ep}}$$

$$\Delta pY' = \Delta pY'_{ep} - \Delta pY'_{sp} = \lg \frac{[Y']_{sp}}{[Y']_{ep}}$$

则有

$$[M']_{ep} = [M']_{sp} \cdot 10^{-\Delta pM'} \tag{5-34}$$
$$[Y']_{ep} = [Y']_{sp} \cdot 10^{-\Delta pY'} \tag{5-35}$$

终点与化学计量点滴定体系的条件几乎一致,所以

$$K'_{MY,ep} \approx K'_{MY,sp}$$

$$\frac{[MY]_{ep}}{[M']_{ep}[Y']_{ep}} = \frac{[MY]_{sp}}{[M']_{sp}[Y']_{sp}}$$

终点与化学计量点非常接近,所以上式中 $[MY]_{ep} \approx [MY]_{sp}$,约去并整理得

$$\frac{[M']_{ep}}{[M']_{sp}} = \frac{[Y']_{sp}}{[Y']_{ep}}$$

$$pM'_{ep} - pM'_{sp} = pY'_{sp} - pY'_{ep}$$
$$\Delta pM' = -\Delta pY' \tag{5-36}$$

化学计量点时

$$[Y']_{sp} = [M']_{sp} = \sqrt{\frac{c_M^{sp}}{K'_{MY}}} \tag{5-37}$$

$$c_M^{ep} \approx c_M^{sp} = K'_{MY}[M']_{sp}^2 \tag{5-38}$$

将式(5-34)、式(5-35)、式(5-38)代入终点误差公式(5-33)得

$$E_t = \frac{[Y']_{sp} \cdot 10^{-\Delta pY'} - [M']_{sp} \cdot 10^{-\Delta pM'}}{K'_{MY}[M']_{sp}^2} \tag{5-39}$$

再将式(5-36)、式(5-37)代入,并整理得

$$E_t = \frac{10^{\Delta pM'} - 10^{-\Delta pM'}}{\sqrt{c_M^{sp} K'_{MY}}} \tag{5-40}$$

这就是林邦(Ringbom)终点误差公式。可以根据待测金属离子的浓度、滴定产物

的条件稳定常数、终点偏离化学计量点的程度估算滴定误差。

【例 5-8】 在 pH10.00 的氨性缓冲溶液中,以 EBT 为指示剂,用 0.020 mol·L^{-1} 的 EDTA 滴定 0.020 mol·L^{-1} 的 Zn^{2+},终点时游离氨的浓度为 0.20 mol·L^{-1},计算终点误差。

解:pH10.00 时,查附表 7,得 $\lg\alpha_{Y(H)}=0.45$;查附表 6,得 $\lg\alpha_{Zn(OH)}=2.4$

$$\alpha_{Zn(NH_3)}=1+10^{2.37}\times0.20+10^{4.61}\times0.20^2+10^{7.31}\times0.20^3+10^{9.46}\times0.20^4$$
$$=4.78\times10^5=10^{6.68}$$

$$\alpha_{Zn}=\alpha_{Zn(NH_3)}+\alpha_{Zn(OH)}-1=10^{6.68}+10^{2.4}-1=10^{6.68}$$

$$\lg K'_{ZnY}=\lg K_{ZnY}-\lg\alpha_{Y(H)}-\lg\alpha_{Zn}=16.5-0.45-6.68=9.37$$

$$pZn'_{sp}=\frac{1}{2}(\lg K'_{ZnY}+pc^{sp}_{Zn})=\frac{1}{2}\times(9.37+2.00)=5.69$$

pH10.00 时,查附表 9,得 $pZn_{ep}=12.2$

$$pZn'_{ep}=pZn_{ep}-\lg\alpha_{Zn}=12.2-6.68=5.52$$

$$\Delta pZn'=pZn'_{ep}-pZn'_{sp}=5.52-5.69=-0.17$$

$$E_t=\frac{10^{-0.17}-10^{0.17}}{\sqrt{10^{-2.00}\times10^{9.37}}}\times100\%=-0.02\%$$

终点误差的计算需要用到本章的全部定量计算公式,一般的思路是:

(1) 理清 M 和 Y 的所有副反应,逐个计算副反应系数,得到各自的总副反应系数 α_M 和 α_Y;

(2) 计算滴定反应产物的条件稳定常数 $\lg K'_{MY}=\lg K_{MY}-\lg\alpha_M-\lg\alpha_Y$;

(3) 计算化学计量点金属离子的浓度 $pM'_{sp}=\frac{1}{2}(pc^{sp}_M+\lg K'_{MY})$;

(4) 查表获得指示剂变色点金属离子的浓度 pM_{ep},然后计算 $pM'_{ep}=pM_{ep}-\lg\alpha_M$;

(5) 计算 $\Delta pM'=\Delta pM'_{ep}-\Delta pM'_{sp}$,代入林邦误差公式得到最终结果。

5.6.2 准确滴定判别式

在配位滴定的实际操作中,由于人眼判断颜色的局限性,即使指示剂的变色点与化学计量点完全一致,实际终止滴定时仍可能有与化学计量点偏差(±0.2~±0.5)pM'单位的不确定性。由终点误差计算公式可知,E_t 的正负由 $\Delta pM'$ 的正负决定,大小与 $\Delta pM'$、c^{sp}_M 和 K'_{MY} 有关。当用等浓度的 EDTA 滴定金属离子时,若约定 $\Delta pM'$ 为 0.2,$E_t<0.1\%$,且

$$0.001\geqslant\frac{10^{0.2}-10^{-0.2}}{\sqrt{c^{sp}_M K'_{MY}}} \tag{5-41}$$

则要求

$$c^{sp}_M K'_{MY}\geqslant10^6 \tag{5-42}$$

或

$$\lg c^{sp}_M K'_{MY}\geqslant6 \tag{5-43}$$

这通常被作为能否准确滴定的判据。当然这是有约定前提的,不同约定前提下的要求自然也不相同。例如:

$$|\Delta pM'|<0.2, E_t<0.1\%, c_M^{sp}K'_{MY}>10^6 \qquad (5-44)$$

$$|\Delta pM'|<0.2, E_t<0.3\%, c_M^{sp}K'_{MY}>10^5 \qquad (5-45)$$

$$|\Delta pM'|<0.2, E_t<1\%, c_M^{sp}K'_{MY}>10^4 \qquad (5-46)$$

$$|\Delta pM'|<0.5, E_t<0.3\%, c_M^{sp}K'_{MY}>10^6 \qquad (5-47)$$

为减小滴定误差,可采取以下措施:

(1) 适当增加取样量,提高待测金属离子的浓度;

(2) 减少副反应的发生,使滴定产物较稳定;

(3) 选好指示剂,减小终点与化学计量点的偏差。改进终点观测方法,减小终点的不确定性。

【例 5-9】 用 $0.0200\,0\,\text{mol} \cdot \text{L}^{-1}$ 的 EDTA 滴定 $0.020\,\text{mol} \cdot \text{L}^{-1}$ 的 Ca^{2+},必须在 pH10.0(氨性缓冲溶液)而不能在 pH5.0(六次甲基四胺- HCl 缓冲溶液)的溶液中进行;但滴定同浓度的 Zn^{2+} 则可以在 pH5.0 进行,为什么?

解: 查附表 8,得 $\lg K_{CaY}=10.69$,$\lg K_{ZnY}=16.50$。

查附表 6 和附表 7,得 pH5.0 时,$\lg\alpha_{Y(H)}=6.45$,$\lg\alpha_{Zn(OH)}=0$。pH10.0 时,$\lg\alpha_{Y(H)}=0.45$,$\lg\alpha_{Ca(OH)}=0$。

Ca^{2+}、Zn^{2+} 均无配位效应,$c_{Ca}^{sp}=c_{Zn}^{sp}=10^{-2.00}\,\text{mol} \cdot \text{L}^{-1}$,$\alpha_Y=\alpha_{Y(H)}$。

根据 $\lg K'_{MY}=\lg K_{MY}-\lg\alpha_Y$,则

pH10.0 时,$\lg K'_{CaY}=10.7-0.45=10.2$,$\lg c_{Ca}^{sp}K'_{CaY}=8.2>6$(可以准确滴定)

pH5.0 时,$\lg K'_{CaY}=10.7-6.45=4.2$,$\lg c_{Ca}^{sp}K'_{CaY}=2.2<6$(不能准确滴定)

$\lg K'_{ZnY}=16.50-6.45=10.05$,$\lg c_{Zn}^{sp}K'_{ZnY}=8.05>6$(可以准确滴定)

可见,在配位滴定中溶液酸度的控制十分重要。

§5.7 配位滴定中酸度的选择与控制

5.7.1 缓冲溶液和辅助配位剂的作用

由于在配位滴定中,随着配合物的生成,不断有 H^+ 释放出来,使溶液的酸度逐渐增高。

$$M+H_2Y \Longrightarrow MY+2H^+$$

酸度的增高会使 MY 的条件稳定常数减小,降低配位滴定的完全程度;另一方面,配位滴定指示剂通常是有机弱酸,显色反应也要求在一定的 pH 范围内,溶液酸度的变化,可能会影响指示剂的变色点和自身的颜色,导致终点误差变大,甚至不能准确滴定。因此,溶液的酸度对配位滴定的影响是多方面的,通常要加入缓冲溶液以保持溶液的酸度基本恒定。

配位滴定常用的缓冲体系有：HAc-NaAc 和六次甲基四胺-HCl(pH4～6)，NH_3-NH_4Cl(pH8～10)等。若在 pH<2 或 pH>12 进行滴定，则用强酸或强碱溶液来控制溶液的酸度。如在 pH1.0 滴定 Bi^{3+} 时，加入 0.10 mol·L^{-1} HNO_3；在 pH12～13 测定 Ca^{2+} 时，则加入 20% NaOH 溶液。

当溶液的酸度降低到一定程度以后，金属离子的水解效应逐渐严重，甚至产生碱式盐或氢氧化物沉淀。这些沉淀在滴定过程中有的不能与 EDTA 配位，有的虽然可以与 EDTA 配位，但速率缓慢，致使终点难以确定，因此溶液的酸度不能太低。当在较低的酸度下滴定时，常需加入辅助配位剂如氨水、酒石酸和柠檬酸等，以防止金属离子的水解。但由此又会引起金属离子的配位效应，可能降低配合物 MY 的条件稳定常数 K'_{MY}。因此使用时要控制其浓度。

有些缓冲剂组分也可以与金属离子形成配合物，如 NH_3 与 Zn^{2+}、Ac^- 与 Pb^{2+} 等，可能影响金属离子的准确滴定。因此在选择缓冲体系时，不仅要考虑缓冲容量和缓冲范围，还要注意引起的副反应。例如欲滴定低浓度的 Pb^{2+} 时，常选择六次甲基四胺-HCl 而不宜选择 HAc-NaAc 来控制溶液的酸度。

5.7.2 单一金属离子准确滴定的适宜酸度范围和最佳酸度

事实上，溶液 pH 对滴定的影响可归结为两个方面：① 提高溶液 pH，酸效应系数减小，K'_{MY} 增大，有利于滴定；② 提高溶液 pH，金属离子易发生水解反应，使 K'_{MY} 减小，不利于滴定。两种因素相互制约，必然存在最佳点或适宜范围。

1. 最高允许酸度——最低 pH

单一金属离子准确滴定的判别式 $c_M^{sp}K'_{MY}>10^6$ 表明，当 c_M 一定时，K'_{MY} 至少要达到一定的数值（最小值），才可能对该金属离子进行准确滴定。由于 EDTA 的酸效应是影响配位滴定最经常和最主要的因素之一，若金属离子没有副反应，则 K'_{MY} 仅受酸效应的影响，大小由 $\alpha_{Y(H)}$ 决定。

根据 $lgK'_{MY}=lgK_{MY}-lg\alpha_{Y(H)}$，其中 $\alpha_{Y(H)}$ 必然存在一个最高限值，对应一个最高允许酸度，超过这个极限值，金属离子就不能被准确滴定，这一最高允许酸度简称为"最高酸度"，即最小 pH。此时 $lg\alpha_{Y(H)}$ 的最大值为：

$$lg\alpha_{Y(H),max}=lgK_{MY}-lgK'_{MY,min} \quad (5-48)$$

当 $c_M^{sp}=0.010$ mol·L^{-1}，$\triangle pM=\pm0.2$，$|E_t|\leqslant0.1\%$ 时，则

$$lgK'_{MY,min}=8 \quad (5-49)$$

即可以准确滴定 M 离子，因此

$$lg\alpha_{Y(H)max}=lgK_{MY}-8 \quad (5-50)$$

查附表 7，找出与 $lg\alpha_{Y(H)}$ 对应的 pH，即为直接准确滴定某金属离子的最高酸度（最低 pH）。将金属离子的 lgK_{MY} 与其最小 pH 绘成曲线，称为 EDTA 的酸效应曲线或林邦曲线，见图 5-10。适用条件：$c_M^{sp}=0.010$ mol·L^{-1}，$\alpha_M=1$，$\triangle pM=\pm0.2$，$|E_t|\leqslant0.1\%$。

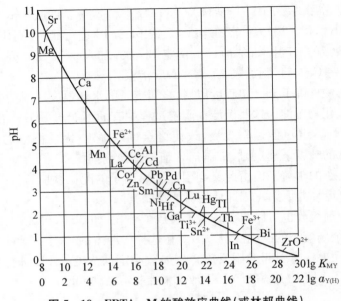

图 5-10　EDTA-M 的酸效应曲线(或林邦曲线)

图 5-10 所示的曲线表明了两种意义,其中 $\lg\alpha_{Y(H)}$-pH 曲线显示了酸效应系数 $\alpha_{Y(H)}$ 随溶液的酸度变化的趋势。如果横坐标用 $\lg K_{MY}$ 表示,pH 同时就是图中每个金属离子滴定的最高酸度。图中两条曲线完全重合,区别仅为两者的横坐标数值相差 8 个单位,相当于准确滴定该金属离子所需 $\lg K_{MY}$ 的最小值($c_M^{sp}=0.010$ mol·L^{-1})。由图 5-10 可知,$\lg K_{MY}$ 大的金属离子,例如 Bi^{3+}($pH_{min}=0.7$)、Fe^{3+}($pH_{min}=1.2$)等可以在较高的酸度下进行滴定,而碱土金属配合物的稳定性相对较低,须在碱性范围内测定,如 Mg^{2+}($pH_{min}=9.7$)。有些金属离子的 $\lg K_{MY}$ 相差较大,可以通过控制溶液的酸度进行选择滴定或连续滴定。例如,Bi^{3+} 和 Pb^{2+} 的混合溶液,可先在 pH1.0 滴定 Bi^{3+},再调至 pH5.0 滴定 Pb^{2+}。

需要指出的是,最高允许酸度与具体条件有关。为了准确滴定 M 离子须有 $\lg c_M^{sp} K'_{MY}\geqslant 6$,因此要求:

$$\lg\alpha_{Y(H),max}=\lg c_M^{sp} K'_{MY}-6 \tag{5-51}$$

再由 $\lg\alpha_{Y(H)}$ 求出相应的滴定最高允许酸度。

为使配位反应进行得更完全一些,实际工作中采用的 pH 要比最低允许 pH 略高一些,但也不宜过高,否则易形成金属氢氧基配合物甚至形成氢氧化物沉淀。

2. 最低酸度——最高 pH

在没有辅助络合剂存在时,为不使酸度过低引起金属离子的水解,可以将金属离子开始生成氢氧化物沉淀时的酸度作为配位滴定的最低酸度(最大 pH)。可由水解析出氢氧化物沉淀的溶度积计算。

$$M^{n+}+nOH^-\Longrightarrow M(OH)_n$$

要使 $M(OH)_n$ 沉淀,须满足 $[M][OH]^n\geqslant K_{sp}$。根据初始溶液中金属离子的浓度可得

$$[OH^-] = \sqrt[n]{\frac{K_{sp}}{[M]}} \qquad (5-52)$$

由此确定的[OH⁻]可得滴定该金属离子的最大允许 pH。应当指出，由于在计算最低浓度时忽略了形成多核氢氧基配合物、离子强度以及沉淀是否易于再溶解等因素的影响，因此所得的结果只能作为粗略估计，与实际情况会有些出入。此外，通过加入适当的辅助配位剂，滴定也是可以在更低酸度下进行的。

最高酸度和最低酸度之间的 pH 范围称为配位滴定的"适宜酸度范围"。如果滴定在此范围内进行，就有可能做到准确滴定，但在实际操作中能否达到预期的准确度，还需结合指示剂的变色点来考虑。

3. 用指示剂确定终点的最佳酸度

由于滴定剂和指示剂都受到酸效应的影响，所以 pM'_{sp} 和 pM'_{ep} 均随溶液的 pH 而变化，但两者的变化速率不同。如在选择并控制的滴定酸度下，使 pM'_{sp} 与 pM'_{ep} 最接近或完全相符，则可使误差达到最小，此酸度即为配位滴定的最佳酸度。当然，此时指示剂的变色必须是敏锐的。

$$pM_{ep} = \lg K'_{MIn} = \lg K_{MIn} - \lg \alpha_{In(H)}$$

或

$$pM'_{ep} = pM_{ep} - \lg \alpha_M = \lg K_{MIn} - \lg \alpha_{In(H)} - \lg \alpha_M$$

$$pM'_{sp} = \frac{1}{2}(\lg K'_{MY} + pc^{sp}_M)$$

$pM'_{sp} = pM'_{ep}$ 时的酸度为最佳酸度。在实际工作中，最佳酸度多是通过实验确定的。

【例 5-10】 计算用 0.020 00 mol·L⁻¹ EDTA 滴定 0.020 mol·L⁻¹ Zn²⁺ 时的最高允许酸度和最低允许酸度。如果用二甲酚橙作指示剂，滴定应在什么酸度范围内进行？

解：查附表 8，得 $\lg K_{ZnY} = 16.50$；查附表 14，得 $K_{sp,Zn(OH)_2} = 10^{-16.92}$。且 $c^0_{Zn} = 10^{-1.70}$ mol·L⁻¹，$c^{sp}_{Zn} = 10^{-2.00}$ mol·L⁻¹。

$$\lg \alpha_{Y(H),max} = \lg c^{sp}_{Zn} K'_{ZnY} - 6 = -2.00 + 16.50 - 6 = 8.50$$

查附表得 pH4.0 时 $\lg \alpha_{Y(H)} = 8.44$，与 8.50 接近且稍小，所以可作为滴定的最高允许酸度。

$$[OH^-] = \sqrt{\frac{K_{sp,Zn(OH)_2}}{[Zn^{2+}]}} = \sqrt{\frac{10^{-16.92}}{10^{-1.70}}} = 10^{-7.61} \text{ mol·L}^{-1}$$

pOH = 7.61，pH = 6.39，是滴定的最低允许酸度。

滴定 Zn²⁺ 的适宜酸度范围是 pH4.0～6.39。由于二甲酚橙应在 pH<6 的酸度下使用，故滴定应在 pH4.0～6.0 进行。

§5.8 提高配位滴定选择性的方法

实际工作中经常遇到多种金属离子共存于同一溶液中的情况。共存离子 N

的存在,一方面能与 EDTA 作用多消耗 EDTA 而引起待测离子 M 测定的误差;另一方面虽然某些条件下干扰离子浓度及 K'_{NY} 足够小,并不干扰主反应,但干扰离子 N 却可能与指示剂 In 形成有色配合物 NIn,使 M 的计量点无法观测。因此,如何提高配位滴定的选择性,必须考虑上述两方面因素的影响,设法降低 NY 以及 NIn 的稳定性,即通过减小干扰离子的浓度[N]、$\lg K'_{NY}$ 及 $\lg K'_{NIn}$ 来消除干扰。

5.8.1 分步滴定的可行性判据

若溶液中只含有 M、N 两种金属离子,且它们都能与 EDTA 配位,但 $K_{MY} > K_{NY}$。当用 EDTA 滴定时,M 首先与 Y 反应。如果 K_{MY} 大于 K_{NY} 至一定程度,就有可能准确滴定 M 而不受 N 离子的干扰,这种情况称为分步滴定。

K_{MY} 与 K_{NY} 之间究竟要相差多大,才有可能分步滴定? 滴定应该在什么条件下进行? 为了简化问题,先不考虑 M 与 N 的副反应。设 M、N 的初始分析浓度分别为 c_M^0、c_N^0,计量点时的分析浓度分别为 c_M^{sp}、c_N^{sp}。EDTA 在溶液中有两种副反应——酸效应和共存离子效应,总副反应系数为

$$\alpha_Y = \alpha_{Y(H)} + \alpha_{Y(N)} - 1 \approx \alpha_{Y(H)} + \alpha_{Y(N)}$$

若 M 能被分步滴定,那么到达计量点时 N 与 Y 的配位反应可以忽略不计,即此时游离 N 的浓度[N]$\approx c_N^{sp}$。且一般条件下,K_{NY}[N]远大于 1,因此

$$\alpha_{Y(N)} = 1 + K_{NY}[N] \approx K_{NY} c_N^{sp}$$

$$\alpha_Y \approx \alpha_{Y(H)} + K_{NY} c_N^{sp}$$

$\alpha_{Y(H)}$ 和 $\alpha_{Y(N)}$ 对主反应的影响,分下面两种情况讨论:

(1) 滴定 M 离子在较高的酸度进行时,由于 EDTA 的酸效应是主要的,此时 $\alpha_{Y(N)} \ll \alpha_{Y(H)}$,则 N 离子与 Y 的副反应可以忽略不计,$\alpha_Y \approx \alpha_{Y(H)}$,则

$$\lg K'_{MY} = \lg K_{MY} - \lg \alpha_{Y(H)}$$

此时可以认为 N 离子的存在不影响 M 的滴定,与单独滴定 M 离子的情况相同。

(2) 当滴定 M 的酸度较低时,$\alpha_{Y(H)} \ll \alpha_{Y(N)}$,此时 Y 的酸效应影响可以忽略不计,而 N 与 Y 的副反应是主要影响,因此 $\alpha_Y \approx \alpha_{Y(N)} \approx K_{NY} c_N^{sp}$,则

$$\lg K'_{MY} = \lg K_{MY} - \lg \alpha_{Y(N)} = \lg K_{MY} - \lg K_{NY} c_N^{sp} = \lg K_{MY} - \lg K_{NY} - \lg c_N^{sp} = \Delta \lg K - \lg c_N^{sp}$$

若同时按照 $E_t \leqslant 0.1\%$,$\Delta pM' = \pm 0.2$ 的要求来滴定 M 离子,须满足 $\lg c_N^{sp} K'_{MY} \geqslant 6$,即

$$\lg c_M^{sp} K'_{MY} = \Delta \lg K + \lg \frac{c_M^{sp}}{c_N^{sp}} = \Delta \lg K + \lg \frac{c_M}{c_N} \geqslant 6$$

可见 $\Delta \lg K$ 是判断能否分步滴定的主要判据。其次,c_M 越大且 c_N 越小,对分步滴定越有利。当两者相等时,则

$$\Delta \lg K \geqslant 6 \tag{5-53}$$

通常将上式作为能否准确分步滴定的判据。需要指出的是,上述分步滴定的条件与配位滴定的具体情况以及对准确度的要求有关。若 $c_M = 10 c_N$,则分步滴定判别式为 $\Delta \lg K \geqslant 5$。由于对混合离子的分步滴定允许误差可以大一些,因此 $\Delta \lg K$ 亦可以酌情减小。

此外,指示剂与 N 离子显色,会导致终点无法观测,因此还需考虑 N 与指示剂不产生干扰色的条件:

$$N+In \Longrightarrow NIn$$

$$K_{NIn}=\frac{[NIn]}{[N][In]}$$

即

$$\frac{[NIn]}{[In]}=K_{NIn}[N]$$

在 M 计量点附近,被配合的 N 很少,因而$[N]\approx c_N$,则

$$\frac{[NIn]}{[In]}=K_{NIn}c_N \qquad\qquad (5-54)$$

一般情况下,当$\frac{[NIn]}{[In]}<\frac{1}{10}$,可以看到游离指示剂的颜色,不致产生 NIn 颜色干扰滴定。因此,当有干扰离子 N 存在时,N 与指示剂不产生干扰色的条件为:$\lg c_N K_{NIn}\leqslant -1$;若考虑副反应的影响,$\lg c_N K'_{NIn}\leqslant -1$

综上所述,$\Delta\lg K\geqslant 6$ 提供了对混合离子进行分步滴定的可能性,但要实际可行,在滴定 M 离子的适宜条件下,还须有合适的指示剂或仪器分析方法辅助确定终点,而且要求指示剂不与 N 离子显色,这样分步滴定才有可能达到预期的准确度。

5.8.2　控制酸度进行混合离子的分步滴定

当 $\Delta\lg K$ 足够大时,分步滴定实际是通过控制不同的酸度来实现的。当溶液中有不止一种金属离子时,通过控制溶液的酸度使 M 与 EDTA 定量配位,准确滴定 M,而其他离子基本不能与之形成稳定的配合物(同时不与指示剂显色),从而达到选择滴定的目的。同时,上述滴定单一离子的酸度选择原则在此也是适用的,下面通过例子来说明。

【例 5-11】 欲用 $0.020\ 00\ mol\cdot L^{-1}$ EDTA 标准溶液连续滴定混合液中的 Bi^{3+}、Pb^{2+}(浓度均为 $0.020\ mol\cdot L^{-1}$),试问:(1) 有无可能进行? (2) 如能进行,能否在 pH1.00 时准确滴定 Bi^{3+}? (3) 应在什么酸度范围内滴定 Pb^{2+}?

解: 查附表 8,得 $\lg K_{BiY}=27.94$,$\lg K_{PbY}=18.04$;查附表 14,得 $Pb(OH)_2$ 的 $K_{sp}=10^{-14.93}$。

(1) $c_{Bi}=c_{Pb}$

$\Delta\lg K=\lg K_{BiY}-\lg K_{PbY}=27.94-18.04=9.90>6$

有可能在 Pb^{2+} 存在下滴定 Bi^{3+}。

(2) 查附表 6 和附表 7,得 pH1.00 时,$\lg\alpha_{Bi(OH)}=0.1$,$\lg\alpha_{Y(H)}=18.01$。

在 Bi^{3+} 的计量点时,$c_{Bi}^{sp}=c_{Pb}^{sp}=10^{-2.00}\ mol\cdot L^{-1}$,$[Pb^{2+}]=c_{Pb}^{sp}$。

$\alpha_{Y(Pb)}=1+\lg K_{PbY}[Pb^{2+}]=1+10^{18.01}\times 10^{-2.00}=10^{16.04}$

$\alpha_{Y(H)}\gg\alpha_{Y(Pb)}$,此时 EDTA 的酸效应是主要的,$\alpha_Y=\alpha_{Y(H)}$,$\alpha_{Bi}=\alpha_{Bi(OH)}$。

$\lg K'_{BiY}=\lg K_{BiY}-\lg\alpha_Y-\lg\alpha_{Bi}=27.94-18.01-0.1=9.83$

$$\lg c_{\text{Bi}}^{\text{sp}} K'_{\text{BiY}} = -2.00 + 9.83 = 7.83 > 6$$

由附表 9 可知,二甲酚橙在 pH1.00 时不能与 Pb^{2+} 形成稳定的有色配合物而干扰终点观察。因此,可以在 pH1.00 时准确滴定 Bi^{3+}。

(3) 在 Pb^{2+} 的计量点时,$c_{\text{Pb}}^{\text{sp}} = 0.020/3 = 10^{-2.18}$ mol·L^{-1}

$$\lg\alpha_{Y(H),\max} = \lg c_{\text{Pb}}^{\text{sp}} K_{\text{PbY}} - 6 = -2.18 + 18.04 - 6 = 9.86$$

查附表 7,得 pH=3.35

在 Bi^{3+} 的计量点时,$[Pb^{2+}] = c_{\text{Pb}}^{\text{sp}} = 10^{-2.00}$ mol·L^{-1}

$$[OH^-] = \sqrt{\frac{K_{sp,Pb(OH)_2}}{[Pb^{2+}]}} = \sqrt{\frac{10^{-14.93}}{10^{-2.00}}} = 10^{6.46} \text{ mol·}L^{-1}$$

pOH=6.46,pH=7.54

由附表 6 可知,pH7.0 时,$\lg\alpha_{Pb(OH)} = 0.1$

因此可以在 pH4~7 的范围内滴定 Pb^{2+}。

设滴定在 pH5.0 进行,此时 $\lg\alpha_Y = \lg\alpha_{Y(H)} = 6.45$,由于

$$\lg K'_{\text{PbY}} = \lg K_{\text{PbY}} - \lg\alpha_Y = 18.04 - 6.45 = 11.59$$

$$\lg c_{\text{Pb}}^{\text{sp}} K_{\text{PbY}} = -2.18 + 11.59 = 9.4 > 6$$

因此可以在 pH5.0 时准确滴定 Pb^{2+}。

上述例子是通过控制酸度进行连续滴定的典型代表。由于滴定在酸性溶液中进行,因此选择二甲酚橙作指示剂。二甲酚橙与 Bi^{3+}、Pb^{2+} 均可形成紫红色配合,但前者更为稳定,首先在 pH1.0 时指示 Bi^{3+} 的终点(紫红变亮黄),因为此时 Pb^{2+} 不与之显色而不干扰。待 Bi^{3+} 滴定完全后,加入六次甲基四胺调节溶液至 pH5~6,此时溶液中的 Pb^{2+} 与二甲酚橙配位而再呈紫红色。继续滴定至 Pb^{2+} 的终点,颜色再次变亮黄。由于受 Bi^{3+} 水解等因素的影响,实际滴定误差略大于 0.1%,理论计算仅为连续滴定提供了参考依据。

【例 5-12】 含有 Zn^{2+}、Ca^{2+} 的混合溶液,两者的浓度均为 0.020 mol·L^{-1},拟用 0.020 mol·L^{-1} EDTA 溶液滴定 Zn^{2+}。(1) 试判断有无可能分步滴定? (2) 若能分步滴定,采用二甲酚橙做指示剂,试比较在 pH5.0 和 pH5.5 时的终点误差。

解: 查附表 8,得 $\lg K_{\text{ZnY}} = 16.50$,$\lg K_{\text{CaY}} = 10.69$。

查附表 6、附表 7 和附表 9,得

pH5.0 时,$\lg\alpha_{Y(H)} = 6.45$,$\lg\alpha_{Zn(OH)} = 0$,$pZn_{ep} = 4.80$;

pH5.5 时,$\lg\alpha_{Y(H)} = 5.51$,$pZn_{ep} = 5.70$。

(1) $\Delta\lg K = \lg K_{\text{ZnY}} - \lg K_{\text{CaY}} = 16.50 - 10.69 = 5.81 \approx 6$

有可能分步滴定 Zn^{2+}。此时 Ca^{2+} 不与二甲酚橙显色,不干扰终点观察。

(2) pH5.0 时,$[Ca^{2+}] \approx c_{\text{Ca}}^{\text{sp}} = 10^{-2.00}$ mol·L^{-1}

$$\alpha_{Y(Ca)} = 1 + K_{\text{CaY}}[Ca^{2+}] = 1 + 10^{10.69} \times 10^{-2.00} = 10^{8.69}$$

$$\alpha_{Y(Ca)} \gg \alpha_{Y(H)}, \alpha_Y \approx \alpha_{Y(Ca)}$$

$$\lg K'_{\text{ZnY}} = \lg K_{\text{ZnY}} - \lg\alpha_Y = 16.50 - 8.69 = 7.81$$

$$pZn_{sp}=\frac{1}{2}(pc_{Zn,sp}+lgK'_{ZnY})=\frac{2.00+7.81}{2}=4.91$$

采用二甲酚橙作指示剂时，$pZn_{ep}=pZn_t=4.80$

$$\Delta pZn=pZn_{ep}-pZn_{sp}=4.80-4.91=-0.11$$

$$E_t=\frac{10^{\Delta pZn}-10^{-\Delta pZn}}{\sqrt{c_{Zn}^{sp}K'_{ZnY}}}\times100\%=\frac{10^{-0.1}-10^{0.1}}{\sqrt{10^{-2.00}\times10^{7.8}}}\times100\%=-0.064\%$$

pH5.5 时，$lg\alpha_{Y(H)}=5.51$，$lg\alpha_{Y(Ca)}=8.69$

$\alpha_{Y(Ca)}\gg\alpha_{Y(H)}$，$\alpha_Y\approx\alpha_{Y(Ca)}$

$lgK'_{ZnY}=7.81$，$pZn_{sp}=4.91$

此时以二甲酚橙作指示剂时，$pZn_{ep}=5.70$

$$\Delta pZn=pZn_{ep}-pZn_{sp}=5.70-4.91=0.79$$

$$E_t=\frac{10^{0.79}-10^{-0.79}}{\sqrt{10^{-2.00}\times10^{7.81}}}\times100\%=0.75\%$$

上述计算结果表明，pH5.5 时，由于 ΔpZn 较大（>0.2），所以 E_t 较大。此时，虽然有 $\Delta lgK\approx6$，但已经不能作为分步滴定实际可行的依据。究其原因，除共存 Ca^{2+} 对滴定 Zn^{2+} 有一定的干扰之外，指示剂变色过迟（pZn_{ep} 大）是造成误差的主要原因。而在 pH5.0 时，pZn_{ep} 与 pZn_{sp} 很接近，说明此时选择滴定 Zn^{2+} 是可行的。

【例 5-12】还说明，分步滴定是否切实可行，除了看 ΔlgK 的大小外，还需结合具体的指示剂来考虑（决定了 ΔpM 或 $\Delta pM'$ 的大小）。同时有其他离子共存时，滴定的适宜酸度范围也要窄得多。

由于在实际滴定中 M 和 N 离子的副反应都在所难免，具体情况会复杂得多。同时，指示剂的有关常数也比较缺乏，因此多以实验结果来确定滴定的适宜酸度范围。一般来说，滴定混合离子的酸度不宜过低，以免副反应严重，采用仪器分析方法辅助指示终点可以提高滴定的准确度。

5.8.3　使用掩蔽剂提高配位滴定的选择性

大多数金属离子的 K_{MY} 相差不是很多，甚至有时 $K_{NY}>K_{MY}$，无法通过控制酸度的方法进行选择性滴定。由于共存离子的影响还与其浓度有关，因此借助某些试剂与共存离子反应降低其平衡浓度，由此减少甚至消除其与 Y 的副反应，从而达到选择滴定的目的，这种方法称为掩蔽法，加入的试剂称为掩蔽剂。根据选择的掩蔽反应的类型不同可以分为配位掩蔽法、沉淀掩蔽法和氧化还原掩蔽法等。其中，配位掩蔽法效果较好而应用最多。

1. 配位掩蔽法

掩蔽剂 L 是一种配位剂，在一定条件下可与 N 离子形成稳定的配合物（最好是无色或浅色的），但不与或基本不与待测离子 M 反应。L 与 N 的反应可视为 N 与 Y 的副反应，此时溶液的平衡关系为：

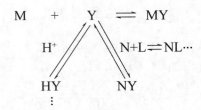

掩蔽的结果有两种情况:一是 N 离子的浓度 [N] 已降至很低,致使 $\alpha_{Y(N)} \ll \alpha_{Y(H)}$,此时 N 对于 M 的滴定反应不构成干扰,如同 M 离子单独存在的情况一样,选择适宜的酸度和指示剂,就有可能准确滴定;二是掩蔽剂 L 对 N 离子的掩蔽不完全,虽然使 $\alpha_{Y(N)}$ 有所降低,但仍然有 $\alpha_{Y(N)} \gg \alpha_{Y(H)}$(或者两者接近),此时 N 离子的存在对 M 的影响不可忽略。此时能否准确滴定 M 离子取决于 K'_{MY} 的大小,如其仍能满足准确滴定的条件,就可以认为 N 离子的干扰已被消除,否则不能准确滴定。下面通过实例加以说明。

【例 5-13】 含有 Zn^{2+}、Al^{3+} 的混合溶液,两者的浓度均为 0.020 mol·L^{-1}。若用 KF 掩蔽 Al^{3+},并调节溶液至 pH5.5。已知终点时 [F^-] 为 0.1 mol·L^{-1},问可否掩蔽 Al^{3+} 而准确滴定 Zn^{2+}($c_Y = 0.020$ mol·L^{-1})?

解: 查附表 8,得 $\lg K_{ZnY} = 16.50$,$\lg K_{AlY} = 16.3$;pH5.5 时查附表 7,得 $\lg \alpha_{Y(H)} = 5.15$;查附表 6,得 $\lg \alpha_{Zn(OH)} = 0$。铝氟配合物各级累积稳定常数分别为 $\beta_1 = 10^{6.13}$,$\beta_2 = 10^{11.15}$,$\beta_3 = 10^{15.00}$,$\beta_4 = 10^{17.75}$,$\beta_5 = 10^{19.37}$,$\beta_6 = 10^{19.84}$,[F^-] = 0.1 mol·L^{-1},$c_{Zn}^{sp} = c_{Al}^{sp} = 0.010$ mol·L^{-1}。

$$\alpha_{Al(F)} = 1 + \beta_1[F^-] + \beta_2[F^-]^2 + \cdots + \beta_6[F^-]^6$$
$$= 1 + 10^{6.13-1.0} + 10^{11.15-2.0} + 10^{15.00-3.00} + 10^{17.75-4.00} + 10^{19.37} \times 10^{-5.00} + 10^{19.84-6.00}$$
$$= 1 + 10^{5.13} + 10^{9.15} + 10^{12.00} + 10^{13.75} + 10^{14.37} + 10^{13.84}$$
$$= 10^{14.56}$$

忽略终点时 Al^{3+} 与 Y 的配位反应,则有:

$$[Al^{3+}] = \frac{c_{Al, sp}}{\alpha_{Al(F)}} = \frac{10^{-2.00}}{10^{14.56}} = 10^{-16.56} \text{(mol·L^{-1})}$$

$$\alpha_{Y(Al)} = 1 + K_{AlY}[Al^{3+}] = 1 + 10^{16.3} \times 10^{-16.56} = 1.6$$

pH = 5.5 时,$\alpha_{Y(H)} = 10^{5.15} \gg \alpha_{Y(Al)}$

显然此时 Al^{3+} 已经被完全掩蔽,对 Zn^{2+} 的滴定不干扰,$\alpha_Y = \alpha_{Y(H)}$

$$\lg K'_{ZnY} = \lg K_{ZnY} - \lg \alpha_Y = 16.50 - 5.15 = 10.99$$

因为 $\lg c_{Zn}^{sp} K'_{ZnY} = -2.00 + 10.99 = 8.99 > 6$,所以 Zn^{2+} 能被准确滴定。

【例 5-14】 在 pH5.0 时,用二甲酚橙作指示剂,用 0.020 mol·L^{-1} EDTA 滴定 Zn^{2+}、Cd^{2+} 的混合溶液,两者浓度均为 0.020 mol·L^{-1}。若用 KI 掩蔽 Cd^{2+},终点时 [I^-] = 1.0 mol·L^{-1},问终点误差是多少?Cd^{2+} 是否干扰 Zn^{2+} 滴定?

解: 查附表 8,得 $\lg K_{ZnY} = 16.50$,$\lg K_{CdY} = 16.46$;pH5.5 时,查附表 7,得 $\lg \alpha_{Y(H)} = 5.15$;查附表 6,得 $\lg \alpha_{Zn(OH)} = 0$。

镉碘配合物的各级累积稳定常数分别为 $\beta_1 = 10^{2.10}$，$\beta_2 = 10^{3.43}$，$\beta_3 = 10^{4.49}$，$\beta_4 = 10^{5.41}$，$[I^-] = 1.0 \text{ mol} \cdot L^{-1}$，$c_{Zn}^{sp} = c_{Cd}^{sp} = 0.01 \text{ mol} \cdot L^{-1}$。

$$\alpha_{Cd(I)} = 1 + \beta_1[I^-] + \beta_2[I^-]^2 + \beta_3[I^-]^3 + \beta_4[I^-]^4$$
$$= 1 + 10^{2.10} \times 1.0 + 10^{3.43} \times 1.0^2 + 10^{4.49} \times 1.0^3 + 10^{5.41} \times 1.0^4$$
$$= 10^{5.46}$$

忽略终点时 Cd^{2+} 与 Y 的配位反应，则有

$$[Cd^{2+}] = \frac{c_{Cd}^{sp}}{\alpha_{Cd(I)}} = \frac{10^{-2.00}}{10^{5.46}} = 10^{-7.46} \text{ mol} \cdot L^{-1}$$

$$\alpha_{Y(Cd)} = 1 + K_{CdY}[Cd^{2+}] = 1 + 10^{16.46} \times 10^{-7.46} = 10^{9.00}$$

pH5.0 时，$\alpha_{Y(H)} = 10^{6.45}$，由于 $\alpha_{Y(Cd)} \gg \alpha_{Y(H)}$，$\alpha_Y = \alpha_{Y(Cd)}$，则

$$\lg K'_{ZnY} = \lg K_{ZnY} - \lg \alpha_Y = 16.50 - 9.00 = 7.50$$

$$pZn_{sp} = \frac{1}{2}(pc_{Zn,sp} + \lg K'_{ZnY}) = \frac{2.00 + 7.50}{2} = 4.75$$

由附表可知，采用二甲酚橙作指示剂，pH = 5.0 时，$pZn_{ep} = 4.8$。

$$\Delta pZn = pZn_{ep} - pZn_{sp} = 4.8 - 4.75 = 0.05$$

$$E_t = \frac{10^{0.05} - 10^{-0.05}}{\sqrt{10^{-2.00} \times 10^{7.50}}} \times 100\% = 0.04\%$$

Zn^{2+} 可以被选择滴定。

查附表可知，pH5.0 时，$pCd_{ep} = 4.5$。由于掩蔽后 $[Cd^{2+}](10^{-7.46} \text{ mol} \cdot L^{-1})$ $\ll [Cd^{2+}]_{ep}(10^{-4.5} \text{ mol} \cdot L^{-1})$，所以 Cd^{2+} 不会与二甲酚橙显色而干扰 Zn^{2+} 滴定终点观察。

在配位掩蔽法中，并不一定要求共存离子与掩蔽剂的配合物 NL 比 NY 更稳定才能起到掩蔽作用，【例5-14】的计算结果正说明了这一点。事实上，N 离子最终是否影响 M 的滴定，不仅取决于掩蔽剂 L 对 N 的配位作用，还取决于滴定剂 Y 对 M 的选择性。即 K_{MY} 比 K_{NY} 越大，掩蔽反应越易进行，即使 NL 的稳定性小于NY，当掩蔽剂的浓度 [L] 足够大时，也能起到较好的掩蔽效果。表5-2列出了一些常用的配位掩蔽剂。

表 5-2 常用的配位掩蔽剂

名　称	pH 范围	被掩蔽离子	备　注
氰化钾	>8	Co^{2+}、Ni^{2+}、Cu^{2+}、Zn^{2+}、Hg^{2+}、Cd^{2+}、Ag^+、Tl^+ 及铂系元素	
氟化铵	4～6	Al^{3+}、$Ti(Ⅳ)$、Sn^{4+}、Zn^{2+}、$W(Ⅵ)$ 等	NH_4F 比 NaF 好，加入后溶液 pH 变化不大
	10	Al^{3+}、Mg^{2+}、Ca^{2+}、Sr^{2+}、Ba^{2+} 及稀土元素	
邻二氮杂菲	5～6	Cu^{2+}、Co^{2+}、Ni^{2+}、Zn^{2+}、Cd^{2+}、Mn^{2+}	

（续表）

名　称	pH 范围	被掩蔽离子	备　注
三乙醇胺（TEA）	10	Al^{3+}、Sn^{4+}、$Ti(\mathrm{IV})$、Fe^{3+}	与 KCN 并用，可提高掩蔽效果
	11～12	Fe^{3+}、Al^{3+} 及少量 Mn^{2+}	
二巯基丙醇	10	Hg^{2+}、Cd^{2+}、Zn^{2+}、Bl^{3+}、Pb^{2+}、Ag^+、$As(\mathrm{III})$、Sn^{4+} 及少量 Cu^{2+}、Co^{2+}、Ni^{2+}、Fe^{3+}	
硫脲	弱酸性	Cu^{2+}、Hg^{2+}、Tl^+	
铜试剂（DDTC）	10	能与 Cu^{2+}、Hg^{2+}、Pb^{2+}、Cd^{2+}、Bi^{3+} 生成沉淀，其中 Cu—DDTC 为褐色，Bi—DDTC 为黄色，故其存在量应分别小于 2 mg 和 10 mg	
酒石酸	1.5～2	Sb^{3+}、Sn^{4+}	在抗环血酸存在下
	5.5	Fe^{3+}、Al^{3+}、Sn^{4+}、Ca^{2+}	
	6～7.5	Mg^{2+}、Cu^{2+}、Fe^{3+}、Al^{3+}、$Mo(\mathrm{IV})$	
	10	Al^{3+}、Sn^{4+}、Fe^{3+}	

2. 沉淀掩蔽法

利用沉淀反应降低干扰离子的浓度，不经过分离沉淀直接进行滴定，这种消除干扰的方法称为沉淀掩蔽法，掩蔽剂为沉淀剂。

例如，欲选择滴定 Ca^{2+}、Mg^{2+} 混合溶液中的 Ca^{2+}，由于 K_{CaY}（$10^{10.7}$）与 K_{MgY}（$10^{8.7}$）相差不大，又找不到合适的配位剂掩蔽 Mg^{2+}，测 Ca^{2+} 时 Mg^{2+} 产生干扰。但钙、镁氢氧化物的溶解度有很大差别，故加入 NaOH 调节溶液的 pH＞12，此时 Mg^{2+} 因形成 $Mg(OH)_2$ 沉淀而不干扰 Ca^{2+} 的测定，OH^- 就是 Mg^{2+} 的沉淀掩蔽剂。

但沉淀掩蔽法在实际应用中并不广泛，主要有以下缺点：

（1）某些沉淀反应并不完全，特别是过饱和现象使掩蔽效率不高；

（2）发生沉淀反应时，通常伴随共沉淀现象，使某些在此条件下本不该沉淀的被测离子也形成了沉淀，从而影响滴定的准确度；

（3）某些沉淀颜色很深或体积庞大，甚至会吸附金属指示剂，妨碍终点观察。

沉淀掩蔽法示例如表 5-3 所示。

表 5-3　沉淀掩蔽法示例

名称	被掩蔽的离子	待测定的离子	pH 范围	指示剂
NH_4F	Mg^{2+}、Ca^{2+}、Sr^{2+}、Ba^{2+}、$Ti(\mathrm{IV})$、Al^{3+} 及稀土	Zn^{2+}、Cd^{2+}、Mn^{2+}（有还原剂存在下）	10	铬黑 T
		Cu^{2+}、Co^{2+}、Ni^{2+}	10	紫脲酸铵

（续表）

名称	被掩蔽的离子	待测定的离子	pH 范围	指示剂
K_2CrO_4	Ba^{2+}	Sr^{2+}	10	Mg - EDTA 铬黑 T
Na_2S 或铜试剂	Bi^{3+}、Cd^{2+}、Cu^{2+}、Hg^{2+}、Pb^{2+} 等	Mg^{2+}、Ca^{2+}	10	铬黑 T
H_2SO_4	Pb^{2+}	Bi^{3+}	1	二甲酚橙
$K_4[Fe(CN)_6]$	微量 Zn^{2+}	Pb^{2+}	5～6	二甲酚橙

3. 氧化还原掩蔽法

利用氧化还原反应改变干扰离子的价态以消除干扰的方法称为氧化还原掩蔽法，所加的掩蔽剂为氧化剂或还原剂。

例如，Fe^{3+} 与 EDTA 形成非常稳定的配合物 FeY^-（$\lg K_{FeY^-}=25.1$），且对某些指示剂（如铬黑 T）有封闭作用，作为常见元素，Fe^{3+} 的存在常常引起干扰。若将 Fe^{3+} 还原为 Fe^{2+}，由于其配合物 FeY^{2-} 的稳定性相对较小（$\lg K_{FeY^{2-}}=14.33$），就有可能消除其干扰。在 pH 1.0 时用 EDTA 滴定 Bi^{3+}、Zr^{4+}、Th^{4+} 等离子时，当有 Fe^{3+} 存在时就会干扰滴定，若用羟胺或抗坏血酸（维生素 C）等还原剂将 Fe^{3+} 还原为 Fe^{2+} 就可以消除干扰。但是在 pH5～6 时，用 EDTA 滴定 Pb^{2+}、Zn^{2+} 等离子，Fe^{3+} 即使还原为 Fe^{2+} 仍不能消除其干扰，因为 PbY^{2-}、ZnY^{2-} 的稳定常数与 FeY^{2-} 的相近，须用其他方法消除干扰。

有些氧化还原掩蔽剂不仅具有还原性，还能与干扰离子形成配合物。如 $Na_2S_2O_3$ 与 Cu^{2+} 的作用：

$$2Cu^{2+}+2S_2O_3^{2-}=\!\!=\!\!=2Cu^++S_4O_6^{2-}$$

$$Cu^++2S_2O_3^{2-}=\!\!=\!\!=[Cu(S_2O_3)_2]^{3-}$$

有些多价离子，当从低价被氧化为高价后在溶液中以含氧酸根离子的形式存在时，干扰作用大大降低。如：

$$Cr^{3+}\longrightarrow Cr_2O_7^{2-}；VO^{2+}\longrightarrow VO_3^-；Mo(V)\longrightarrow MoO_4^{2-}$$

需要注意的是，氧化还原掩蔽法只适用于那些易发生氧化还原反应的金属离子，且生成的还原型或氧化型物质不干扰测定的情况。因此，只有少数几种离子可以采用这种掩蔽方法。

4. 采用选择性解蔽剂

加入某种解蔽剂，使被掩蔽的金属离子从相应的配合物中释放出来的方法称为解蔽。

例如，测定铜合金中的 Pb^{2+}、Zn^{2+} 时，先在 pH10 的氨性缓冲溶液中加入 KCN 掩蔽 Cu^{2+}、Zn^{2+}，以铬黑 T 为指示剂，用 EDTA 标准溶液滴定 Pb^{2+}。待 Pb^{2+} 滴定完全后，再加入甲醛或三氯乙醛破坏 $Zn(CN)_4^{2-}$ 配离子，释放出 Zn^{2+} 用 EDTA 继续滴定。能被甲醛解蔽的还有 $Cd(CN)_4^{2-}$。Cu^{2+}、Co^{2+}、Ni^{2+}、Hg^{2+} 与 CN^- 能生成更稳定的配合物，一般不易被解蔽，但若甲醛浓度较大时也会发生部分解蔽。当然，解蔽时要注意控制相应的条件。

5.8.4 其他滴定剂的应用

除最常用的 EDTA 外，还有其他氨羧配位剂，如 CyDTA、EGTA、DTPA、EDTP 和 TTHA 等，也能与金属离子形成稳定的配合物，但稳定性与 EDTA 络合物的稳定性有时差别较大，故选用这些氨羧配位剂作滴定剂时，有可能提高滴定某些金属离子的选择性。

1. CyDTA（1,2-二氨基环己烷四乙酸）

亦称 DCTA，它与金属离子形成的配合物一般较相应的 EDTA 配合物更稳定。

金属离子	Mg^{2+}	Ca^{2+}	Al^{3+}	Fe^{3+}	Cu^{2+}	Zn^{2+}	Cd^{2+}
$\lg K$(M-CyDTA)	11.0	13.2	18.3	29.3	22.0	19.3	19.9
$\lg K$(M-EDTA)	8.7	10.7	16.3	25.1	18.8	16.5	16.5

CyDTA 与金属离子的配位反应速度较慢，往往使滴定终点拖后，且价格较高，所以不常用。但它与铝的反应速率相当快，且可以在室温下进行滴定（而 Al^{3+} 与 EDTA 反应速率慢，通常用返滴定法测定，且需要先加热），所以常用作铝的滴定剂。

2. EGTA（乙二醇二乙醚二胺四乙酸）

它和 EDTA 与某些碱土金属离子形成的配合物稳定常数比较如下：

金属离子	Mg^{2+}	Ca^{2+}	Sr^{2+}	Ba^{2+}
$\lg K$(M-EGTA)	5.2	11.0	8.5	8.4
$\lg K$(M-EDTA)	8.7	10.7	8.7	7.9

由于 Mg^{2+}、Ca^{2+} 与 EGTA 的配合物稳定常数相差较大（$\Delta\lg K=5.8$），采用 EGTA 可以在 Mg^{2+} 存在下滴定 Ca^{2+}。此外，EGTA 与 Ba^{2+} 的配合物较稳定，可用于钡的测定。

3. EDTP（乙二胺四丙酸）

它与金属离子的配合物普遍较相应的 EDTA 配合物稳定性差，但 Cu-EDTP 的稳定性相对较高，因此可以在一定的酸度下，用 EDTP 滴定 Cu^{2+}，共存的 Zn^{2+}、Cd^{2+}、Mn^{2+}、Mg^{2+} 均不干扰。

金属离子	Cu^{2+}	Zn^{2+}	Cd^{2+}	Mn^{2+}	Mg^{2+}
$\lg K$(M-EDTP)	15.4	7.8	6.0	4.7	1.8
$\lg K$(M-EDTA)	18.8	16.5	16.5	13.9	8.7

4. Trien（三乙撑四胺）

它是一种不含羧基的多胺类螯合剂，与 Cu^{2+}、Ni^{2+}、Co^{2+}、Zn^{2+}、Cd^{2+}、Hg^{2+} 等生成稳定的配合物，而与 Ca^{2+}、Mg^{2+}、Mn^{2+}、Fe^{3+}、Al^{3+}、Pb^{2+} 等不生成稳定的配合物。

金属离子	Mn^{2+}	Pb^{2+}	Ni^{2+}
$\lg K(M-Trien)$	4.9	10.4	14.0
$\lg K(M-EDTA)$	18.80	16.50	16.46

有 Mn^{2+}、Pb^{2+} 存在时,用三乙撑四胺滴定 Ni^{2+} 时 Mn^{2+} 的干扰很小,Pb^{2+} 也容易掩蔽。

许多实际试样是相当复杂的,若采用上述几类方法(包括几类方法联用)以后仍然不能消除干扰,需要借助分离的方法除去干扰离子,然后再进行测定。另外,不应局限于化学分析,仪器分析尤其是原子光谱分析在金属元素多组分测定中具有非常明显的优势。

§5.9 配位滴定的方式及应用

配位滴定也有直接滴定、返滴定、置换滴定和间接滴定等各种滴定方式。根据被测溶液的性质,采用适宜的滴定方法,可扩大配位滴定的应用范围和提高配位滴定的选择性。

5.9.1 直接滴定

直接滴定是配位滴定最基本的方式。将被测样品处理成溶液后,调节酸度,有时还要加入适当的辅助配位剂及掩蔽剂,加入指示剂,直接用 EDTA 标准溶液滴定,根据消耗的 EDTA 标准溶液的体积,计算试样中被测组分的含量。采用直接滴定法须符合以下几个要求:

(1) 被测离子的浓度与配合物的条件稳定常数满足 $\lg c^{sp}_M K'_{MY} \geqslant 6$,且在选用的条件下,被测离子不发生水解和沉淀反应,必要时可加入辅助配位剂予以防止。

(2) 配位反应速度较快;

(3) 变色敏锐的指示剂指示终点,且没有封闭现象。

直接滴定法具有简便、快捷、引入误差较小等优点,只要条件允许,尽量采用这种滴定方式。

选择并控制适宜的条件,大多数金属离子都可以采用 EDTA 直接滴定,如:

pH 1.0 时,滴定 Bi^{3+}、Zr^{4+};

pH 1.5~2.5 时,滴定 Fe^{3+};

pH 2.5~3.5 时,滴定 Th^{4+}、Ti^{4+}、Hg^{2+};

pH 5.0~6.0 时,滴定 Zn^{2+}、Pb^{2+}、Cd^{2+}、Cu^{2+} 及稀土元素;

pH 9.0~10.0 时,滴定 Mg^{2+}、Co^{2+}、Ni^{2+}、Mn^{2+}、Zn^{2+}、Cd^{2+}、Pb^{2+};

pH 12.0 时,滴定 Ca^{2+}。

但下列情况不宜采用直接滴定法:

(1) 待测离子(如 Al^{3+}、Cr^{3+} 等)与 EDTA 配位反应速率很慢,本身又易水解或封闭指示剂。

(2) 待测离子(如 Ba^{2+}、Sr^{2+} 等)虽能与 EDTA 形成稳定的配合物,但缺少变色敏锐的指示剂。

(3) 待测离子(如 SO_4^{2-}、PO_4^{3-} 等)不与 EDTA 形成配合物,或待测离子(如 Na^+ 等)与 EDTA 形成的配合物不稳定。

上述情况下需采用其他滴定方式。

5.9.2 返滴定

返滴定法是在被测定的溶液中先加入一定过量的 EDTA 标准溶液,待被测离子完全反应后,再用另外一种金属离子的标准溶液滴定剩余的 EDTA,根据两种标准溶液的浓度和用量,求得被测物质的含量。

例如 Al^{3+} 的测定,由于 Al^{3+} 与 EDTA 配位反应速度缓慢,需在过量的 EDTA 存在下煮沸才能反应完全。Al^{3+} 又较易水解,在最高酸度 pH4.1 时,水解反应相当明显,并可能形成多核氢氧基配合物,如 $[Al_2(H_2O)_6(OH)_3]^{3+}$,$[Al_3(H_2O)_6(OH)_6]^{3+}$ 等。这些多核配合物不仅形成得非常缓慢,并影响 Al^{3+} 与 EDTA 之间 1:1 的计量比,对滴定十分不利。在酸性介质中,Al^{3+} 对常用的指示剂二甲酚橙有封闭作用。由于上述原因,Al^{3+} 一般采用返滴定法进行测定,即在试液中先加入一定量过量的 EDTA 标准溶液,在 pH 约 3.5 时煮沸 2~3 min,使配位反应完全。冷却至室温,pH5~6 时在 HAc - NaAc 缓冲溶液中,以二甲酚橙作指示剂,用 Zn^{2+} 标准溶液返滴定过量的 EDTA。

用返滴定法测定的常见离子还有 Ti^{4+}、Sn^{4+}(易水解且无适宜指示剂)和 Cr^{3+}、Co^{2+}、Ni^{2+}(与 EDTA 配位反应速度慢)。

值得注意的是,作为返滴定所用标准溶液中的金属离子,它与 EDTA 配合物的稳定性要适当,既要有足够的稳定性以保证滴定的准确度,又不宜超过被测离子与 EDTA 配合物的稳定性,否则在返滴定过程中,它可能将被测离子从配合物中置换出来,造成测定结果偏低。在上述例子中,虽然 K'_{ZnY} 略大于 K'_{AlY},但由于 AlY 的化学活性较低,因而 Zn^{2+} 并不能将 Al^{3+} 从已形成的 AlY 中置换出来。

5.9.3 置换滴定

当待测组分与滴定剂之间的反应不够完全,或者不能按照一定的反应方程式进行而没有明确的计量关系时,可以先用适当的试剂与被测组分反应,将其定量转化成另一种物质后,再用标准溶液滴定,称为置换滴定法。在配位滴定中,利用置换反应置换出等物质的量的金属离子或 EDTA,然后再进行滴定。置换滴定法灵活多样,不仅能扩大配位滴定的应用范围,还可以提高配位滴定的选择性。

1. 置换出金属离子

如被测离子 M 与 EDTA 反应不完全或所形成的络合物不稳定,这时可让 M 置换出另一种配合物 NL 中等物质的量的 N,用 EDTA 溶液滴定 N,从而可求得 M 的含量。

$$M+NL \Longrightarrow ML+N$$
$$N+Y \Longrightarrow NY$$

2. 置换出 EDTA

将被测离子 M 与干扰离子全部用 EDTA 配位,加入选择性高的配位剂 L 以夺取 M,并释放出与 M 等物质的量的 EDTA,然后再用金属盐类 S 标准溶液滴定释放出的 EDTA,从而求得 M 的含量。

$$MY+L \Longrightarrow ML+Y$$
$$S+Y \Longrightarrow SY$$

另外,利用置换滴定法的原理,还可以改善指示剂指示滴定终点的敏锐性。例:1-(1-羟基-4-甲基-2-苯偶氮)-2-萘酚-4-磺酸(钙镁特,CMG)与 Mg^{2+} 显色很灵敏,但与 Ca^{2+} 显色的灵敏度较差。在 pH10.0 的溶液中用 EDTA 滴定 Ca^{2+} 时,常于溶液中先加入少量 MgY,此时发生下列置换反应:

$$MgY+Ca^{2+} \Longrightarrow CaY+Mg^{2+}$$

置换出来的 Mg^{2+} 与钙镁特显很深的红色。滴定时,EDTA 先与 Ca^{2+} 配位,当达到滴定终点时,EDTA 夺取 Mg-CMG 中的 Mg^{2+},形成 MgY,游离出指示剂,显蓝色,颜色变化很明显。加入的 MgY 和最后生成的 MgY 的量是相等的,不影响滴定结果。

$$Mg-CMG+Y \Longrightarrow MgY+CMG$$

5.9.4 间接滴定

有些金属离子(如 Li^+、Na^+、K^+、$W(V)$ 等),和一些非金属离子(如 SO_4^{2-}、PO_4^{3-} 等),由于与 EDTA 生成的配位物不稳定,或不能与 EDTA 配位反应,不便于配位滴定,这时可预先通过其他反应使其转变成能与滴定剂定量反应的产物,从而间接滴定。所利用的是一些能定量进行的沉淀反应,且沉淀的组成恒定。

例如 PO_4^{3-} 的测定,在一定条件下,可将 PO_4^{3-} 沉淀为 $MgNH_4PO_4$,然后过滤,洗净并将它溶解,调节溶液至 pH10.0,以铬黑 T 作指示剂,用 EDTA 标准溶液滴定 Mg^{2+},从而求得试样中磷的含量。

本章小结

一、本章主要知识点梳理

(1) 配合物的逐级形成(解离)常数、累积稳定常数、总稳定(解离)常数的意义和相互关系以及它们在配位平衡中的应用;配位剂质子化常数的意义;水溶液中 EDTA 各型体的分布及浓度的计算方法(可通过分布分数或质子化常数计算)。

(2) 配位滴定中的主反应和副反应,副反应系数的意义和计算。EDTA 的总副反应系数 $\alpha_Y = \alpha_{Y(H)}(查表) + \alpha_{Y(N)} - 1$,其中 $\alpha_{Y(N)} = 1 + K_{NY}[N]$。金属离子的总副反应系数 $\alpha_M = \alpha_{M(L)} + \alpha_{M(OH)}(查表) - 1$,其中 $\alpha_{M(L)} = 1 + \beta_1[L] + \beta_2[L]^2 + \cdots +$

$\beta_n[L]^n$。配合物 MY 的条件稳定常数的意义和计算，$\lg K'_{MY}=\lg K_{MY}-\lg \alpha_M-\lg \alpha_Y$，这是本章内容的核心。

（3）配位滴定曲线的绘制，重点是 pM'_{sp} 的计算，滴定突跃的定义；滴定突跃的影响因素（c_M 和 K'_{MY}）。

（4）金属指示剂的变色原理；滴定终点与指示剂理论变色点的关系；只考虑指示剂的酸效应时 $pM_{ep}=\lg K'_{MIn}=\lg K_{MIn}-\lg \alpha_{In(H)}$，还考虑金属离子的副反应时，$pM'_{ep}=\lg K_{MIn}-\lg \alpha_{In(H)}-\lg \alpha_M$；指示剂的选择原则；常用金属指示剂及其使用条件，以及在终点时的变色情况。

（5）$\Delta pM'$ 的含义（$\Delta pM'=pM'_{ep}-pM'_{sp}$）；林邦误差公式及其应用，影响终点误差大小和正负的因素。

（6）单一金属离子准确滴定的条件 $\lg c_M^{sp} K'_{MY} \geqslant 6$（前提：$\Delta pM$ 或 $\Delta pM'=\pm 0.2, E_t \leqslant 0.1\%$）

（7）配位滴定酸度的选择：最高酸度由 $\lg \alpha_{Y(H),max}=\lg c_M^{sp} K'_{MY}-6$，再查表求得，前提条件 $\Delta pM(\Delta pM')=\pm 0.2, E_t \leqslant 0.1\%$；最低酸度由相应 $M(OH)_n$ 的 K_{sp} 和 c_M 求出；两酸度之间称为适宜酸度范围。配位滴定中控制酸度的重要性。

（8）通过控制酸度进行混合离子分步滴定的可行性判据 $\Delta \lg K+\lg \dfrac{c_M}{c_N} \geqslant 6$，前提条件 $\Delta pM(\Delta pM')=\pm 0.2, E_t \leqslant 0.1\%$。提高配位滴定选择性的方法，其中掩蔽法的根本在于设法降低干扰离子的浓度。掌握配位掩蔽法的有关计算。

（9）配位滴定的四种方式和应用。

二、本章主要知识点及相互关系

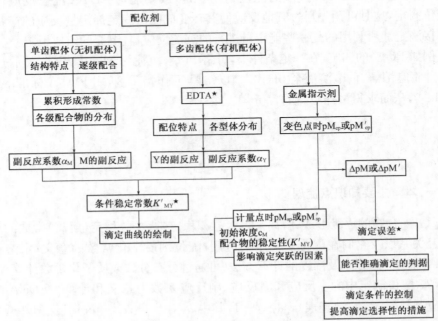

图 5-11　配位滴定法知识点关系图

习 题

1. 简要回答下列问题：

（1）EDTA 的中文全名是什么？请写出其结构式。EDTA 标准溶液的常用浓度是多大？EDTA 二钠盐水溶液的 pH 约为多少？

（2）EDTA 在其水溶液中有哪几种存在型体？何种型体与金属离子形成的配合物最稳定？在什么 pH 范围内 EDTA 才主要以此种型体存在？除个别金属离子外。EDTA 与金属离子形成配合物的配合比是多少？

（3）K'_{MY} 称为什么稳定常数？它的计算式是怎样的？

（4）配位滴定突跃的大小取决于什么因素？

（5）配位滴定误差的大小由什么决定？配位滴定误差的正负由什么决定？影响 K'_{MY} 大小的因素有哪些？

（6）$[H^+]$ 一定时，EDTA 酸效应系数的计算公式是怎样的？

2. Cu^{2+}、Zn^{2+}、Cd^{2+}、Ni^{2+} 等离子均能与 NH_3 形成配合物，为什么不能以氨水为滴定剂用配位滴定法来测定这些离子？

3. 不经具体计算，如何通过配合物 ML_n 的 β_i 值和配位剂浓度 $[L]$ 来估计溶液中配合物的主要存在型体？

4. 已知乙酰丙酮（L）与 Al^{3+} 配合物的累积稳定常数 $lg\beta_1 \sim lg\beta_3$ 分别为 8.6、15.5 和 21.3，AlL_3 为主要型体时的 pL 范围是多少？$[AlL]$ 与 $[AlL_2]$ 相等时的 pL 为多少？pL 为 10.0 时铝的主要型体又是什么？

5. 铬蓝黑 R（EBR）指示剂的 H_2In^- 是红色，HIn^{2-} 是蓝色，In^{3-} 是橙色，它的 $pK_{a_2} = 7.3$，$pK_{a_3} = 13.5$，它与金属离子形成的配合物 MIn 是红色。试问指示剂在不同的 pH 范围各呈什么颜色？变化点的 pH 是多少？它在什么 pH 范围内能用作金属离子指示剂？

6. Ca^{2+} 与 PAN 不显色，但在 pH10～12 时，加入适量的 CuY，却可以用 PAN 作为滴定 Ca^{2+} 的指示剂，为什么？

7. 用 NaOH 标准溶液滴定 $FeCl_3$ 溶液中游离的 HCl 时，Fe^{3+} 将如何干扰？加入下列哪一种化合物可以消除干扰？EDTA，Ca - EDTA，柠檬酸三钠，三乙醇胺。

8. 用 EDTA 滴定 Ca^{2+}、Mg^{2+} 时，可以用三乙醇胺、KCN 掩蔽 Fe^{3+}，但不使用盐酸羟胺和抗坏血酸；在 pH1 滴定 Bi^{3+}，可采用盐酸羟胺或抗坏血酸掩蔽 Fe^{3+}，而三乙醇胺和 KCN 都不能使用，这是为什么？已知 KCN 严禁在 pH<6 的溶液中使用，为什么？

9. 用 EDTA 连续滴定 Fe^{3+}、Al^{3+} 时，可以在下述哪个条件下进行？

（1）pH2 滴定 Al^{3+}，pH4 滴定 Fe^{3+}；

（2）pH1 滴定 Fe^{3+}，pH4 滴定 Al^{3+}；

（3）pH2 滴定 Fe^{3+}，pH4 返滴定 Al^{3+}；

(4) pH2 滴定 Fe^{3+},pH4 间接法测 Al^{3+}。

10. 如何检验水中是否含有金属离子？如何判断它们是 Ca^{2+}、Mg^{2+},还是 Al^{3+}、Fe^{3+}、Cu^{2+}？

11. 若配制 EDTA 溶液的水中含 Ca^{2+},判断下列情况对测定结果的影响。

(1) 以 $CaCO_3$ 为基准物质标定 EDTA,并用 EDTA 滴定试液中的 Zn^{2+},二甲酚橙为指示剂;

(2) 以金属锌为基准物质,二甲酚橙为指示剂标定 EDTA,用 EDTA 测定试液中 Ca^{2+}、Mg^{2+} 的合量;

(3) 以 $CaCO_3$ 为基准物质,铬黑 T 为指示剂标定 EDTA,用以测定试液中 Ca^{2+}、Mg^{2+} 合量。

并说明配位滴定中为什么标定和测定的条件要尽可能一致。

12. 若配制试样溶液的蒸馏水中含有少量 Ca^{2+},在 pH5.5 或 pH10(氨性缓冲溶液)滴定 Zn^{2+},所消耗 EDTA 的体积是否相同？哪种情况产生的误差大？

13. 将 100 mL 0.020 mol $\cdot$ L^{-1} Cu^{2+} 溶液与 100 mL 0.28 mol $\cdot$ L^{-1} 氨水相混后,溶液中浓度最大的型体是哪一种？其平衡浓度为多少？

14. 在 0.010 mol $\cdot$ L^{-1} Al^{3+} 溶液中,加氟化铵至溶液中游离 F^- 的浓度为 0.10 mol $\cdot$ L^{-1},问溶液中铝的主要型体是哪一种？浓度为多少？

15. 在含有 Ni^{2+} - NH_3 配合物的溶液中,若 $Ni(NH_3)_4^{2+}$ 的浓度 10 倍于 $Ni(NH_3)_3^{2+}$ 的浓度,问此体系中游离氨的浓度[NH_3]是多少？

16. 今有 100 mL 0.010 mol $\cdot$ L^{-1} Zn^{2+} 溶液,欲使其中 Zn^{2+} 浓度降至 10^{-9} mol $\cdot$ L^{-1},需向溶液中加入固体 KCN 多少克？已知 Zn^{2+} - CN^- 配合物的累积稳定常数 $\beta_4 = 10^{16.7}$,$M_{KCN} = 65.12$ g $\cdot$ mol^{-1}。

17. 用 $CaCO_3$ 基准物质标定 EDTA 溶液的浓度,称取 0.100 5 g $CaCO_3$ 基准物质溶解后定容为 100.0 mL。移取 25.00 mL 钙溶液,在 pH12 时以钙指示剂指示终点,用待标定的 EDTA 溶液滴定,用去 24.90 mL。计算:

(1) EDTA 的浓度;

(2) EDTA 对 ZnO 和 Fe_2O_3 的滴定度。

18. 计算 pH1.0 时草酸根的 $lg\alpha_{C_2O_4^{2-}(H)}$。

19. 今有 pH5.5 的某溶液,其中 Cd^{2+}、Mg^{2+} 和 EDTA 的浓度均为 1.0×10^{-2} mol $\cdot$ L^{-1}。对于 EDTA 与 Cd^{2+} 的主反应,计算 α_Y。

20. 以 $NH_3 - NH_4^+$ 缓冲剂控制锌溶液的 pH 为 10.0,对于 EDTA 滴定 Zn^{2+} 的主反应,(1) 计算[NH_3]=0.10 mol $\cdot$ L^{-1},[CN^-]=1.0×10^{-3} mol $\cdot$ L^{-1}时的 α_{Zn} 和 lgK'_{ZnY}。(2) 若 $c_Y = c_{Zn} = 0.020\ 00$ mol $\cdot$ L^{-1},求化学计量点时游离 Zn^{2+} 的浓度[Zn^{2+}]等于多少？

21. 在第 20 题的条件下,判断能否用 0.020 00 mol $\cdot$ L^{-1} EDTA 准确滴定 0.020 mol $\cdot$ L^{-1} Zn^{2+};如能直接滴定,选择 EBT 作指示剂是否合适？

22. 若溶液 pH 为 11.00,游离 CN^- 浓度为 1.0×10^{-2} mol $\cdot$ L^{-1},计算 HgY

配合物的 $\lg K'_{HgY}$。已知 $Hg^{2+}-CN^-$ 配和物的逐级形成常数 $\lg K_1 \sim \lg K_4$ 分别为：18.00、16.70、3.83 和 2.98。

23. 若将 $0.020 \ mol \cdot L^{-1}$ EDTA 与 $0.010 \ mol \cdot L^{-1} Mg(NO_3)_2$ 等体积混合，pH9.0 时混合溶液中游离 Mg^{2+} 的浓度是多少？

24. pH2.0 时，用 $20.00 \ mL \ 0.020 \ 00 \ mol \cdot L^{-1}$ EDTA 标准溶液滴定 $20.00 \ mL \ 2.0 \times 10^{-2} \ mol \cdot L^{-1} Fe^{3+}$。当 EDTA 加入 $19.98 \ mL$、$20.00 \ mL$ 和 $40.00 \ mL$ 时，溶液中 $pFe(Ⅲ)$ 各是多少？

25. 一定条件下，用 $0.010 \ 00 \ mol \cdot L^{-1}$ EDTA 滴定 $20.00 \ mL \ 1.0 \times 10^{-2} \ mol \cdot L^{-1}$ 金属离子 M。已知此时反应是完全的，在加入 $19.98 \sim 20.02 \ mL$ 时的 pM 改变 1 个单位，计算配合物 MY 的 K'_{MY}。

26. 指示剂铬蓝黑 R 的酸式解离常数 $K_{a_1} = 10^{-7.3}$，$K_{a_2} = 10^{-13.5}$，它与镁配合物的稳定常数 $K_{MgIn} = 10^{7.6}$。

(1) 计算 pH10.0 时的 pM_{ep}；

(2) 以 $0.020 \ 00 \ mol \cdot L^{-1}$ EDTA 滴定 $2.0 \times 10^{-2} \ mol \cdot L^{-1} Mg^{2+}$，计算终点误差。

27. 实验证明，在 pH9.6 的氨性溶液中，以铬黑 T 为指示剂，用 $0.020 \ 00 \ mol \cdot L^{-1}$ EDTA 滴定 $0.020 \ mol \cdot L^{-1} Mg^{2+}$ 时准确度很高，试通过计算 E_t 证明之。已知 $\lg K_{Mg-EBT} = 7.0$，EBT 的 $pK_{a_1} = 6.3$，$pK_{a_2} = 11.6$。

28. pH5.0 时，用 $0.002 \ 000 \ mol \cdot L^{-1}$ EDTA 滴定 $0.002 \ 000 \ mol \cdot L^{-1} Pb^{2+}$ 采用 (1) HAC-NaAc 缓冲溶液，终点时 $c_{HAc} + c_{Ac^-} = 0.31 \ mol \cdot L^{-1}$；(2) 总浓度与 (1) 相同的六亚甲基四胺-HCl 缓冲剂（不与 Pb^{2+} 配位反应）分别控制溶液的酸度。选用二甲酚橙（XO）为指示剂，计算两种情况下的终点误差，并讨论为什么终点误差不同？已知 $Pb^{2+}-Ac^-$ 配合物的累积稳定常数 $\lg \beta_1 = 1.9$，$\lg \beta_2 = 3.3$；pH5.0 时，$\lg K'_{Pb-XO} = 7.0$。

29. 溶液中有 Al^{3+}、Mg^{2+}、Zn^{2+} 三种离子，浓度均为 $2.0 \times 10^{-2} \ mol \cdot L^{-1}$，加入 NH_4F 使在终点时的氟离子浓度 $[F^-] = 0.01 \ mol \cdot L^{-1}$。能否在 pH5.0 时准确滴定 Zn^{2+}？

30. 浓度均为 $2.0 \times 10^{-2} \ mol \cdot L^{-1}$ 的 Cd^{2+}、Hg^{2+} 混合溶液，欲在 pH6.0 时，用 $0.020 \ 00 \ mol \cdot L^{-1}$ EDTA 滴定其中的 Cd^{2+}，试问：

(1) 用 KI 掩蔽混合溶液中的 Hg^{2+}，使终点时碘离子的浓度 $[I^-] = 0.010 \ mol \cdot L^{-1}$，能否完全掩蔽？$\lg K'_{CdY}$ 是多少？

(2) 已知二甲酚橙与 Cd^{2+}、Hg^{2+} 都显色，在 pH6.0 时 $\lg K'_{Hg-XO} = 9.0$，$\lg K'_{Cd-XO} = 5.5$，能否用二甲酚橙作滴定 Cd^{2+} 的指示剂（即此时 Hg^{2+} 是否会与指示剂显色）？

(3) 若能以二甲酚橙作指示剂，终点误差是多少？

31. 浓度为 $2.0 \times 10^{-2} \ mol \cdot L^{-1}$ 的 Th^{4+}、La^{3+} 混合溶液，欲用 $0.020 \ 00 \ mol \cdot L^{-1}$ EDTA 分别滴定，试问：

(1) 有无可能准确分步滴定？

(2) 若在 pH3.0 时滴定 Th^{4+}，能否直接准确滴定？

(3) 滴定 Th^{4+} 后，是否可能准确滴定 La^{3+}？讨论滴定 La^{3+} 的适宜酸度范围，已知$La(OH)_3$的 $K_{sp}=10^{-18.8}$。

(4) 滴定 La^{3+} 时选择何种指示剂较适宜？为什么？已知 $pH \leqslant 2.5$ 时，La^{3+} 不与二甲酚橙显色。

32. 溶解 4.013 g 含镓和铟的化合物试样并稀释至 100.0 mL。移取 10.00 mL 该试液调节至合适的酸度后，以 0.010 36 mol·L^{-1} EDTA 滴定，用去 36.32 mL。另取等体积试液用 0.011 42 mol·L^{-1} TTHA（三亚乙基四胺六乙酸）滴定，至终点时用去 18.43 mL。计算试样中镓和铟的质量分数。已知镓和铟分别与 TTHA 形成 2∶1（Ga_2L）和 1∶1（InL）配合物。

33. 有一矿泉水试样 250.0 mL，其中 K^+ 用下述反应沉淀：

$$K^+ + (C_6H_5)_5B^- \Longrightarrow KB(C_6H_5)_4 \downarrow$$

沉淀经过滤、洗涤后溶于有机溶剂中，然后加入过量的 HgY^{2-}，发生如下反应：

$$4HgY^{2-} + (C_6H_5)_4B^- + 4H_2O \Longrightarrow H_3BO_3 + 4C_6H_5Hg^+ + 4HY^{3-} + OH^-$$

释出的 EDTA 需 29.64 mL 0.055 80 mol·L^{-1} Mg^{2+} 溶液滴定至终点，计算矿泉水中 K^+ 的浓度，用 mg·L^{-1} 表示。

34. 称取 0.500 0 g 煤试样，熔融并使其中的硫完全氧化成 SO_4^{2-}。溶解并除去重金属离子后，加入 0.050 00 mol·L^{-1} $BaCl_2$ 20.00 mL 使之生成 $BaSO_4$ 沉淀。过量的 Ba^{2+} 用 0.025 00 mol·L^{-1} EDTA 滴定，用去 20.00 mL。计算试样中硫的质量分数。

35. 药物中咖啡因含量可用间接配位滴定法测定。称取 0.381 1 g 试样溶于酸中，定容于 50 mL 容量瓶，移取 20.00 mL 试液于烧杯中，加入 5.00 mL 0.250 7 mol·L^{-1} $KBiI_4$ 溶液，此时生成（$C_8H_{10}N_4O_2$）$HBiI_4$ 沉淀，过滤弃去沉淀，移取 10.00 mL 滤液在 HAc - Ac^- 缓冲溶液中用 0.049 19 mol·L^{-1} EDTA 滴定剩余 Bi^{3+} 至 BiI_4^- 黄色消失，耗去 EDTA 5.11 mL。计算试样中咖啡因（$C_8H_{10}N_4O_2$）的质量分数。已知 $M_r(C_8H_{10}N_4O_2)=194.2$。

36. 称取含 Fe_2O_3 和 Al_2O_3 的试样 0.200 0 g，将其溶解，在 50℃左右 pH2.0 的热溶液中，以磺基水杨酸为指示剂，用 0.020 00 mol·L^{-1} EDTA 标准溶液滴定试液中的 Fe^{3+}，用去 18.16 mL。然后将试样调至 pH3.5，加入上述 EDTA 标准溶液 25.00 mL，加热煮沸，再调至 pH4.5，以 PAN 为指示剂，趁热用 $CuSO_4$ 标准溶液（每毫升含 $CuSO_4$·$5H_2O$ 0.005 000 g）返滴定，用去 8.12 mL。计算试样中 Fe_2O_3 和 Al_2O_3 的质量分数。

37. 如何检验水中是否有少量金属离子？如何确定是 Ca^{2+}、Mg^{2+} 还是 Al^{3+}、Fe^{3+}、Cu^{2+}？（限用 EDTA 溶液、氨性缓冲液和铬黑 T）

第六章　氧化还原滴定法

§6.1　概　述

氧化还原滴定法是以氧化还原反应为基础的滴定方法,是应用最广泛的滴定分析方法之一,可以直接或间接滴定多种无机物和有机物,在化工、材料、食品、环境、药物、冶金等领域应用广泛。能作为滴定剂的氧化剂或还原剂种类较多,它们的反应条件又各不相同,氧化还原滴定法通常按照所采用的氧化剂或还原剂的种类又具体分为高锰酸钾法、重铬酸钾法、碘量法、溴酸钾法及硫酸铈法等。各种方法都有其特点和适用对象,本章将介绍氧化还原滴定法的基本原理及重要的应用示例。

§6.2　氧化还原平衡

6.2.1　条件电位

氧化剂与还原剂的强弱可以用有关电对的标准电极电位(简称标准电位)$E_{Ox/Red}^{\ominus}$来衡量。标准电位越高,电对的氧化型的氧化能力就越强;反之,标准电位越低,则其电对的还原型的还原能力就越强。作为一种氧化剂,它可以氧化电位比它低的还原剂;同时,作为一种还原剂,它可以还原电位比它高的氧化剂。对于一个可逆的氧化还原反应:

$$Ox + ne^- \rightleftharpoons Red$$

其电极电位可由能斯特方程求出。在 25 ℃时,

$$E_{Ox/Red} = E_{Ox/Red}^{\ominus} + \frac{0.059}{n}\lg\frac{a_{ox}}{a_{Red}}$$

n 为氧化还原半反应中 1 个计量单元氧化剂或还原剂的电子转移数。由此式可以看出,影响氧化还原电对电位 E 的因素有:氧化还原电对的性质($E^{\ominus}$),氧化还原反应中的电子转移数,以及氧化型和还原型的活度。书后附表 12 列出了 18～25 ℃时部分常见的氧化-还原电对的标准电极电位 $E^{\ominus}$ 值。

使用能斯特方程式应注意以下两个方面:

首先,通常知道的是溶液中的浓度而不是活度,为简化起见,往往忽略溶液离子强度的影响,而以浓度代替活度进行计算。但在实际工作中,当溶液浓度较高

PDF:电对
电位的测
量

时,离子强度的影响往往不能忽略。

其次,当溶液的酸度等外界因素改变时,氧化还原电对的氧化型和还原型的平衡浓度也往往随之改变,从而引起电极电位的变化。

因此,用能斯特方程式计算有关电对的电极电位时,如果采用该电对的标准电极电位,不考虑外界因素对离子强度及氧化型或还原型的存在形式的影响,则计算结果与实际情况就会相差较大。例如:计算 HCl 溶液中 Fe(Ⅲ)/Fe(Ⅱ)体系的电极电位时,由能斯特方程式可得:

$$E_{Fe(Ⅲ)/Fe(Ⅱ)}=E_{Fe(Ⅲ)/Fe(Ⅱ)}^{\ominus}+\frac{0.059}{n}\lg\frac{a_{Fe^{3+}}}{a_{Fe^{2+}}}=E_{Fe(Ⅲ)/Fe(Ⅱ)}^{\ominus}+0.059\lg\frac{\gamma_{Fe^{3+}}[Fe^{3+}]}{\gamma_{Fe^{2+}}[Fe^{2+}]}$$

$$(6-1)$$

在 HCl 溶液中,由于 Fe(Ⅲ) 与 HCl 形成了 $FeCl^{2+}$、$FeCl_2^+$ 等型体,与水形成了 $Fe(OH)^{2+}$、$Fe(OH)_2^+$ 等型体,若用 $c_{Fe(Ⅲ)}$、$c_{Fe(Ⅱ)}$ 分别表示溶液中 Fe(Ⅲ) 及 Fe(Ⅱ) 的总浓度,则

$$c_{Fe(Ⅲ)}=[Fe^{3+}]+[Fe(OH)^{2+}]+[FeCl^{2+}]+\cdots$$
$$c_{Fe(Ⅱ)}=[Fe^{2+}]+[Fe(OH)^+]+[FeCl^+]+\cdots$$

根据副反应系数 α 的定义,$\alpha_{Fe(Ⅲ)}=\frac{c_{Fe(Ⅲ)}}{[Fe^{3+}]}$,$\alpha_{Fe(Ⅱ)}=\frac{c_{Fe(Ⅱ)}}{[Fe^{2+}]}$,代入式(6-1)得:

$$E_{Fe(Ⅲ)/Fe(Ⅱ)}=E_{Fe(Ⅲ)/Fe(Ⅱ)}^{\ominus}+0.059\lg\frac{\gamma_{Fe^{3+}}\alpha_{Fe(Ⅱ)}c_{Fe(Ⅲ)}}{\gamma_{Fe^{2+}}\alpha_{Fe(Ⅲ)}c_{Fe(Ⅱ)}}$$

$$=E_{Fe(Ⅲ)/Fe(Ⅱ)}^{\ominus}+0.059\lg\frac{\gamma_{Fe^{3+}}\alpha_{Fe(Ⅱ)}}{\gamma_{Fe^{2+}}\alpha_{Fe(Ⅲ)}}+0.059\lg\frac{c_{Fe(Ⅲ)}}{c_{Fe(Ⅱ)}}$$

将 $c_{Fe(Ⅲ)}=c_{Fe(Ⅱ)}=1\ mol\cdot L^{-1}$ 或 $c_{Fe(Ⅲ)}/c_{Fe(Ⅱ)}=1$ 时,铁电对在 $1\ mol\cdot L^{-1}$ HCl 溶液中的实际电位定义为条件电位 $E_{Fe(Ⅲ)/Fe(Ⅱ)}^{\ominus'}$,即

$$E_{Fe(Ⅲ)/Fe(Ⅱ)}^{\ominus'}=E_{Fe(Ⅲ)/Fe(Ⅱ)}^{\ominus}+0.059\lg\frac{\gamma_{Fe^{3+}}\alpha_{Fe(Ⅱ)}}{\gamma_{Fe^{2+}}\alpha_{Fe(Ⅲ)}}$$

$$(6-2)$$

此时铁电对的能斯特方程式为:

$$E_{Fe(Ⅲ)/Fe(Ⅱ)}=E_{Fe(Ⅲ)/Fe(Ⅱ)}^{\ominus'}+0.059\lg\frac{c_{Fe(Ⅲ)}}{c_{Fe(Ⅱ)}}$$

$$(6-3)$$

推广到任意的氧化还原反应,其能斯特方程式可表示为:

$$E_{Ox/Red}=E_{Ox/Red}^{\ominus'}+\frac{0.059}{n}\lg\frac{c_{Ox}}{c_{Red}}$$

$$(6-4)$$

其中

$$E_{Ox/Red}^{\ominus'}=E_{Ox/Red}^{\ominus}+\frac{0.059}{n}\lg\frac{\gamma_{Ox}\alpha_{Red}}{\gamma_{Red}\alpha_{Ox}}$$

$E_{Ox/Red}^{\ominus'}$ 是指在某一特定条件下,该电对的氧化型和还原型的分析浓度均为 $1\ mol\cdot L^{-1}$ 或其浓度比 $c_{Ox}/c_{Red}=1$ 时该电对的实际电位。

标准电位 $E^{\ominus}$ 与条件电位 $E^{\ominus'}$ 的关系和配位平衡中的稳定常数 K 与条件稳定常数 K' 的关系类似。显然,引入条件电极电位后,计算的电位就比较符合实际情况,因此,采用条件电极电位比用标准电极电位能更准确地判断氧化还原反应的方

向、次序和反应完成的程度。书后附表 13 列出了部分氧化还原电对的标准电位 $E^{\ominus}$ 与条件电位 $E^{\ominus'}$。

由于实际体系的反应条件各不相同，而与之对应的条件电极电位 $E^{\ominus'}$ 的数据相对较少，因此在计算中当查不到相应的 $E^{\ominus'}$ 时，可以采用条件相近的 $E^{\ominus'}$ 来代替。若无条件相近的 $E^{\ominus'}$，一般亦可采用标准电极电位 $E^{\ominus}$ 做近似计算。

6.2.2 条件电位的影响因素

1. 离子强度

从条件电位的定义式(6-2)可以看出，$E^{\ominus'}$ 与氧化型及还原型的离子活度系数有关，当离子强度不同时，$E^{\ominus'}$ 也就不同。当溶液的离子强度较大时，离子的活度系数小于 1，其条件电位会与标准电位有一定差异。由于活度系数往往不易计算，且各种副反应等外界条件的影响通常是主要因素，所以一般可忽略离子强度对条件电位的影响，即近似认为各组分或型体的活度系数均等于 1，以相应的平衡浓度代替活度进行计算。

2. 生成沉淀或形成配合物

（1）生成沉淀

如果在氧化还原反应中，加入一种可与氧化型或还原型形成沉淀的沉淀剂，将会改变氧化型或还原型的浓度，从而改变体系的电极电位，因而就有可能影响反应进行的方向。

例如，用氧化还原滴定法中的碘量法测定 Cu^{2+} 含量时，利用反应：

$$2\,Cu^{2+}+4I^-\!=\!=\!2CuI\downarrow+I_2$$

其中 $E^{\ominus}_{Cu^{2+}/Cu^+}=0.16\text{ V}$，$E^{\ominus}_{I_2/I^-}=0.54\text{ V}$。若仅从两电对的标准电位看，反应不能向右进行。事实上 Cu^{2+} 氧化 I^- 的反应进行得很完全，因为生成了难溶的 CuI 沉淀，大大降低了 Cu^+ 的浓度，从而提高了 E_{Cu^{2+}/Cu^+}，使其大于 E_{I_2/I^-}。

【例 6-1】 设溶液中 $[I^-]=1.0\text{ mol·L}^{-1}$，计算 Cu^{2+}/Cu^+ 电对的条件电位 $E^{\ominus'}_{Cu^{2+}/Cu^+}$。已知 $E^{\ominus}_{Cu^{2+}/Cu^+}=0.16\text{ V}$，$K_{sp,CuI}=1.1\times10^{-12}$。

解： $E_{Cu^{2+}/Cu^+}=E^{\ominus}_{Cu^{2+}/Cu^+}+0.059\lg\dfrac{[Cu^{2+}]}{[Cu^+]}=E^{\ominus}_{Cu^{2+}/Cu^+}+0.059\lg[Cu^{2+}]-0.059\lg[Cu^+]$

$$[Cu^+]=\frac{K_{sp,CuI}}{[I^-]}=\frac{1.1\times10^{-12}}{1.0}=1.1\times10^{-12}\text{ mol·L}^{-1}。$$

当 $[Cu^{2+}]=1.0\text{ mol·L}^{-1}$ 时体系的实际电位即为 $E^{\ominus'}_{Cu^{2+}/Cu^+}$。

$E^{\ominus'}_{Cu^{2+}/Cu^+}=0.16+0.059\lg1.0-0.059\lg(1.1\times10^{-12})=0.87\text{ V}$

由于 CuI 沉淀的形成，使得 $E_{Cu^{2+}/Cu^+}>E_{I_2/I^-}$，从而 Cu^{2+} 可将 I^- 氧化为 I_2。

对于某一电对，当其氧化型生成沉淀时，使电对的电极电位降低，而还原型生成沉淀时,则使电对的电极电位增高。因而,当加入能与氧化型或还原型生成沉淀的化合物时,由于氧化型或还原型浓度的改变,改变了该体系的电极电位,从而可能引起氧化还原反应方向的改变。

(2) 形成配合物

在氧化还原反应体系中,加入可与氧化型或还原型形成配合物的配位剂,将会改变氧化型或还原型的浓度。从 $E^{\ominus}$ 的定义式(6-2)可见,当氧化型或还原型的副反应系数随着配位反应的发生而发生改变时,将影响条件电位 $E^{\ominus'}$ 的大小,有时甚至可以改变氧化还原反应的方向。例如:用碘量法测定铜矿中的铜时,共存的 Fe^{3+} 也能氧化 I^-,因而干扰 Cu^{2+} 的测定。此时若加入 NaF 或 NH_4F,则 Fe^{3+} 与 F^- 形成稳定的络合物,使 Fe^{3+}/Fe^{2+} 电对的电极电位降低,Fe^{3+} 失去氧化 I^- 的能力。

【例 6-2】 若溶液中 $c_{Fe^{3+}}=0.10\ mol \cdot L^{-1}$,$c_{Fe^{2+}}=1.0\times10^{-5}\ mol \cdot L^{-1}$,游离 F^- 浓度为 $1.0\ mol \cdot L^{-1}$,计算此时 Fe^{3+}/Fe^{2+} 电对的电极电位。已知 $E^{\ominus}_{Fe^{3+}/Fe^{2+}}=0.77\ V$,$Fe^{3+}$ 与 F^- 形成配合物的 $lg\beta_1 \sim lg\beta_3$ 分别为 $5.28,9.30$ 和 12.06。

解:$\alpha_{Fe^{3+}(F)}=1+\beta_1[F^-]+\beta_2[F^-]^2+\beta_3[F^-]^3$
$$=1+10^{5.28}\times1.0+10^{9.30}\times1.0^2+10^{12.06}\times1.0^3\approx10^{12.06}$$

$$[Fe^{3+}]=\frac{c_{Fe^{3+}}}{\alpha_{Fe^{3+}}}=8.7\times10^{-14}\ mol \cdot L^{-1}$$

由于 Fe^{2+} 不与 F^- 形成配合物,$\alpha_{Fe^{2+}}=1$,则 $[Fe^{2+}]=c_{Fe^{2+}}=1.0\times10^{-5}\ mol \cdot L^{-1}$

根据能斯特方程式:

$$E_{Fe^{3+}/Fe^{2+}}=E^{\ominus}_{Fe^{3+}/Fe^{2+}}+0.059lg\frac{[Fe^{3+}]}{[Fe^{2+}]}=0.77+0.059lg\frac{8.7\times10^{-14}}{1.0\times10^{-5}}=0.29\ V$$

【例 6-2】表明,加入 NaF 后,Fe^{3+} 与 F^- 形成了稳定配合物,使 $E_{Fe^{3+}/Fe^{2+}}$ 从 $0.77\ V$ 降至 $0.29\ V$,此时 $E_{Fe^{3+}/Fe^{2+}}<E_{I_2/I^-}$,因而 Fe^{3+} 不再能氧化 I^-,从而消除了 Fe^{3+} 对 Cu^{2+} 测定的干扰。

3. 溶液酸度

有些氧化剂的氧化作用必须在酸性溶液中才能发生,而且酸性越强,其氧化能力往往越强,例如:$KMnO_4$、$K_2Cr_2O_7$ 和 $(NH_4)_2S_2O_8$ 等。许多有 H^+ 或 OH^- 参加的氧化还原反应,溶液的酸度将直接影响其电位。此外,溶液的酸度会影响弱酸及弱碱存在型体的浓度,若电对的氧化态或还原态是弱酸或弱碱时,当溶液的酸度发生变化时,也将影响其电位的大小,因而就有可能改变反应进行的方向。

【例 6-3】 碘量法测定砷的一个重要反应:
$$H_3AsO_4+2I^-+2H^+ =\!=\!= HAsO_2+I_2+2H_2O$$
计算 pH8.00 时 $H_3AsO_4/HAsO_2$ 电对的条件电位 $E^{\ominus'}_{H_3AsO_4/HAsO_2}$,并判断反应进行的方向(忽略离子强度的影响)。已知 $E^{\ominus}_{H_3AsO_4/HAsO_2}=0.56\ V$,$E^{\ominus}_{I_2/I^-}=0.54\ V$;

H_3AsO_4 的 $pK_{a_1}2.20$，$pK_{a_2}=7.00$，$pK_{a_3}=11.50$；$HAsO_2$ 的 $pK_a=9.22$。

解： 在酸性条件下，$H_3AsO_4/HAsO_2$ 电对的氧化还原半反应为：

$$H_3AsO_4+2H^++2e^-\!=\!=\!HAsO_2+2H_2O$$

根据能斯特方程式：

$$E_{H_3AsO_4/HAsO_2}=E^{\ominus}_{H_3AsO_4/HAsO_2}+\frac{0.059}{2}\lg\frac{[H_3AsO_4][H^+]^2}{[HAsO_2]}$$

将 $[H_3AsO_4]=c_{H_3AsO_4}\delta_{H_3AsO_4}$，$[HAsO_2]=c_{HAsO_2}\delta_{HAsO_2}$ 代入并整理得：

$$E_{H_3AsO_4/HAsO_2}=E^{\ominus}_{H_3AsO_4/HAsO_2}+\frac{0.059}{2}\lg\frac{\delta_{H_3AsO_4}[H^+]^2}{\delta_{HAsO_2}}+\frac{0.059}{2}\lg\frac{c_{H_3AsO_4}}{c_{HAsO_2}}$$

$$E^{\ominus'}_{H_3AsO_4/HAsO_2}=E^{\ominus}_{H_3AsO_4/HAsO_2}+\frac{0.059}{2}\lg\frac{\delta_{H_3AsO_4}[H^+]^2}{\delta_{HAsO_2}}$$

当 pH8.00 时，则

$$\delta_{H_3AsO_4}=\frac{[H^+]^3}{[H^+]^3+[H^+]^2K_{a_1}+[H^+]K_{a_1}K_{a_2}+K_{a_1}K_{a_2}K_{a_3}}$$
$$=\frac{10^{-24.00}}{10^{-24.00}+10^{-18.20}+10^{-17.20}+10^{-20.70}}=10^{-6.80}$$

$$\delta_{HAsO_2}=\frac{[H^+]}{[H^+]+K_a}=\frac{10^{-8.00}}{10^{-8.00}+10^{-9.22}}=0.94$$

代入上式得：

$$E^{\ominus'}_{H_3AsO_4/HAsO_2}=0.56+\frac{0.059}{2}\lg\frac{10^{-6.80}\times10^{-16.00}}{0.94}=-0.11\text{ V}$$

由于 I_2/I^- 电对的氧化还原半反应中没有 H^+ 参加，故其电位受酸度影响很小，$E^{\ominus'}_{I_2/I^-}=E^{\ominus}_{I_2/I^-}$，此时 $E^{\ominus'}_{H_3AsO_4/HAsO_2}<E^{\ominus}_{I_2/I^-}$。故当 pH8.00 时，应发生上述反应的逆反应，即 I_2 氧化 $HAsO_2$ 为 $HAsO_4^{2-}$ 的反应：

$$HAsO_2+I_3^-+2H_2O\!=\!=\!HAsO_4^{2-}+4H^++3I^-$$

6.2.3 氧化还原反应进行的程度及准确滴定的判据

1. 氧化还原反应进行的程度

氧化还原反应进行的程度可以用反应平衡常数 K 的大小来衡量。K 可以根据能斯特方程式从氧化还原电对的标准电位或条件电位来求得。若引用的是条件电位 $E^{\ominus'}$，则可得到与之相应的条件平衡常数 K'。

例如，在 $1\text{ mol}\cdot L^{-1}$ 的 H_2SO_4 溶液中，以 $Ce(SO_4)_2$ 为滴定剂滴定 Fe^{2+} 的反应：

$$Ce^{4+}+Fe^{2+}\!=\!=\!Ce^{3+}+Fe^{3+}$$

根据能斯特方程式，Ce^{4+}/Ce^{3+} 和 Fe^{3+}/Fe^{2+} 两电对的电极电位为：

$$E_{Ce^{4+}/Ce^{3+}} = E_{Ce^{4+}/Ce^{3+}}^{\ominus} + 0.059 \lg \frac{[Ce^{4+}]}{[Ce^{3+}]}$$

$$E_{Fe^{3+}/Fe^{2+}} = E_{Fe^{3+}/Fe^{2+}}^{\ominus} + 0.059 \lg \frac{[Fe^{3+}]}{[Fe^{2+}]}$$

当反应达到平衡时,两电对的电位相等,即

$$E_{Ce^{4+}/Ce^{3+}}^{\ominus} + 0.059 \lg \frac{[Ce^{4+}]}{[Ce^{3+}]} = E_{Fe^{3+}/Fe^{2+}}^{\ominus} + 0.059 \lg \frac{[Fe^{3+}]}{[Fe^{2+}]}$$

整理后

$$E_{Ce^{4+}/Ce^{3+}}^{\ominus} - E_{Fe^{3+}/Fe^{2+}}^{\ominus} = 0.059 \lg \frac{[Fe^{3+}][Ce^{3+}]}{[Fe^{2+}][Ce^{4+}]} = 0.059 \lg K$$

所以

$$\lg K = \frac{E_{Ce^{4+}/Ce^{3+}}^{\ominus} - E_{Fe^{3+}/Fe^{2+}}^{\ominus}}{0.059}$$

若 $E_{Ce^{4+}/Ce^{3+}}^{\ominus} = 1.61\ V$,$E_{Fe^{3+}/Fe^{2+}}^{\ominus} = 0.77\ V$,则

$$\lg K = \frac{1.61 - 0.77}{0.059} = 14.24$$

即

$$K = 1.74 \times 10^{14}$$

推广到一般的氧化还原反应:

$$a\,Ox_1 + b\,Red_2 \Longrightarrow a\,Red_1 + b\,Ox_2$$

氧化剂电对 Ox_1/Red_1 的半反应及能斯特方程式为:

$$Ox_1 + n_1 e^- \Longrightarrow Red_1$$

$$E_1 = E_1^{\ominus'} + \frac{0.059}{n_1} \lg \frac{c_{Ox_1}}{c_{Red_1}} \qquad (6-5)$$

还原剂电对 Ox_2/Red_2 的半反应及能斯特方程式为:

$$Ox_2 + n_2 e^- \Longrightarrow Red_2$$

$$E_2 = E_2^{\ominus'} + \frac{0.059}{n_2} \lg \frac{c_{Ox_2}}{c_{Red_2}} \qquad (6-6)$$

当反应达到平衡时,$E_1 = E_2$,即

$$E_1^{\ominus'} + \frac{0.059}{n_1} \lg \frac{c_{Ox_1}}{c_{Red_1}} = E_2^{\ominus'} + \frac{0.059}{n_2} \lg \frac{c_{Ox_2}}{c_{Red_2}}$$

两边同乘以 n_1 和 n_2 的最小公倍数 n,则 $n_1 = n/a$,$n_2 = n/b$,经整理后得

$$\frac{n(E_1^{\ominus'} - E_2^{\ominus'})}{0.059} = \frac{n\Delta E^{\ominus'}}{0.059} = \lg\left(\frac{c_{Red_1}^a\, c_{Ox_2}^b}{c_{Ox_1}^a\, c_{Red_2}^b}\right) = \lg K' \qquad (6-7)$$

即

$$\lg K' = \frac{n(E_1^{\ominus'} - E_2^{\ominus'})}{0.059} = \frac{n\Delta E^{\ominus'}}{0.059}$$

式中 $E_1^{\ominus'}$、$E_2^{\ominus'}$ 分别为氧化剂、还原剂两电对的条件电位,n 为氧化剂、还原剂半反应中电子转移数的最小公倍数。当采用条件电位 $E^{\ominus'}$,则求得的是条件平衡常数 K'。若相应的条件电位查不到,亦可用标准电极电位求得平衡常数 K。

2. 准确滴定的判据

由式(6-7)氧化还原反应条件平衡常数 K' 的大小与氧化剂和还原剂两电对

的条件电位之差 $\Delta E^{\ominus'}$ 有关,还与两电对转移的电子数有关。$\Delta E^{\ominus'}$ 越大,K' 越大,氧化还原反应进行得越完全。那么,要使反应能进行完全(即满足滴定分析的要求),$\Delta E^{\ominus'}$ 至少应为多少呢?

若一个氧化还原反应能应用于滴定分析,一般要求在化学计量点时其反应完全程度至少达到 99.9%,即化学计量点时应有:

$$\frac{c_{Red_1}}{c_{Ox_1}} \geq \frac{99.9}{0.1} \approx 10^3, \quad \frac{c_{Ox_2}}{c_{Red_2}} \geq \frac{99.9}{0.1} \approx 10^3$$

由式(6-7)可得

$$\lg K' \geq \lg(10^3)^{a+b} \tag{6-8}$$

即

$$\frac{n\Delta E^{\ominus'}}{0.059} \geq 3(a+b) \tag{6-9}$$

由式(6-9)可判断一个氧化还原反应能否应用于滴定分析。

例如:若氧化还原反应中得失电子数均为 1,即 $n_1=n_2=1$,则 $a=b=1,n=1$,代入式(6-9)中,得

$$\Delta E^{\ominus'} \geq \frac{0.059}{1} \times 3 \times (1+1) = 0.35 \text{ V}$$

即两电对的条件电位之差必须大于 0.35 V 的反应才能用于滴定分析。若氧化还原反应中得失电子数 $n_1 \neq n_2$,假设 $n_1=2,n_2=1$,则 $a=1,b=2,n=2$,得

$$\Delta E^{\ominus'} \geq \frac{0.059}{2} \times 3 \times (1+2) = 0.27 \text{ V}$$

即两电对的条件电位之差必须大于 0.27 V 才能达到滴定分析的要求。

上述计算表明,如果仅考虑反应的完全程度,通常认为 $\Delta E^{\ominus'} \geq 0.4$ V 的氧化还原反应就能满足滴定分析的要求。需要注意的是,某些氧化还原反应虽然两电对的条件电位之差 $\Delta E^{\ominus'}$ 符合上述要求,但是由于副反应的发生,使该氧化还原反应的氧化剂和还原剂之间没有一定的计量关系。例如:$KMnO_4$ 与 Na_3AsO_3 的反应(在稀 H_2SO_4 存在下),虽然 $\Delta E^{\ominus'}$ 达到 0.95 V,远远大于 0.4 V,但由于 AsO_3^{3-} 只能将 MnO_4^- 还原为平均氧化数 3.3 的一系列不同价态锰的化合物,因此该反应不能用于定量分析。$K_2Cr_2O_7$ 与 $Na_2S_2O_3$ 的反应也是如此,由于 $S_2O_3^{2-}$ 可被氧化为 SO_4^{2-} 及 S 等产物,而使两者之间的计量关系不确定,因此碘量法中以 $K_2Cr_2O_7$ 作基准物标定 $Na_2S_2O_3$ 溶液浓度时,并不是采用它们之间的直接反应进行滴定,而是以 I_2 作为媒介,采用间接的置换滴定法进行测定,有关内容将在碘量法一节中介绍。

【例 6-4】 若氧化剂和还原剂电对的电子转移数均为 2 时,为使反应完全程度达到99.9%,两电对的条件电位之差至少应大于多少?

解:$n_1=n_2=2,n=2,a=b=1$,则

$$\Delta E^{\ominus'} \geq \frac{0.059}{2} \times 3 \times (1+1) \approx 0.18 \text{ V}$$

【例 6 - 5】 估算用 $KMnO_4$ 标准溶液滴定 Fe^{2+} 溶液（在 $1.0\ mol \cdot L^{-1}\ H_2SO_4$ 溶液中）达到化学计量点时体系的平衡常数，并求计量点时溶液中的 $c_{Fe(Ⅲ)}/c_{Fe(Ⅱ)}$。

解： 滴定反应：

$$MnO_4^- + 5Fe^{2+} + 8H^+ = Mn^{2+} + 5Fe^{3+} + 4H_2O$$

电子转移数 $n_1 = 5, n_2 = 1, n = 5$。查附表 13，缺少 MnO_4^-/Mn^{2+} 电对在 $1\ mol \cdot L^{-1}$ H_2SO_4 中的条件电位，则与 Fe^{3+}/Fe^{2+} 电对的条件电位一道均用标准电极电位代替进行估算。查附表 12，得 $E_{MnO_4^-/Mn^{2+}}^{\ominus'} = 1.51\ V, E_{Fe^{3+}/Fe^{2+}}^{\ominus'} = 0.771\ V$。

$$\lg K = \frac{n(E_{MnO_4^-/Mn^{2+}}^{\ominus} - E_{Fe^{3+}/Fe^{2+}}^{\ominus})}{0.059} = \frac{5 \times (1.51 - 0.771)}{0.059} = 62.63$$

$$K = 4.2 \times 10^{62}$$

化学计量点时 $c_{Fe(Ⅲ)} = 5c_{Mn(Ⅱ)}, c_{Fe(Ⅱ)} = 5c_{Mn(Ⅶ)}$，则 $\dfrac{c_{Mn(Ⅱ)}}{c_{Mn(Ⅶ)}} = \dfrac{c_{Fe(Ⅲ)}}{c_{Fe(Ⅱ)}}$。

$$K = \frac{c_{Mn(Ⅱ)} c_{Fe(Ⅲ)}^5}{c_{Mn(Ⅶ)} c_{Fe(Ⅱ)}^5 [H^+]^8} = \frac{c_{Fe(Ⅲ)}^6}{c_{Fe(Ⅱ)}^6 [H^+]^8}$$

按例 4 - 4 可求得 $[H^+] = 1.0\ mol \cdot L^{-1}$，

$$\frac{c_{Fe(Ⅲ)}}{c_{Fe(Ⅱ)}} = \sqrt[6]{[H^+]^8 K}$$

$$= \sqrt[6]{1.0^8 \times 4.2 \times 10^{62}} = 2.7 \times 10^{10}$$

反应后生成的产物浓度 $c_{Fe(Ⅲ)}$ 是未被滴定的反应物浓度 $c_{Fe(Ⅱ)}$ 的 2.7×10^{10} 倍，表明在化学计量点时该反应进行得很完全，可以用于滴定分析。

§6.3 氧化还原反应的速率

6.3.1 氧化还原反应的速率

在氧化还原反应中，平衡常数 K 的大小只能表示氧化还原反应的完全程度，不能说明氧化还原反应的速率。例如，H_2 与 O_2 反应生成水，反应的平衡常数高达 10^{41}，但在常温下几乎觉察不到该反应的进行，只有在点火或有催化剂存在的条件下，反应才能很快地进行，甚至发生爆炸。又如，$KMnO_4$ 和 $K_2Cr_2O_7$ 溶液的氧化还原反应速率均较慢，需要一定时间才能完成。因此，在氧化还原滴定分析中，不仅要从平衡观点来考虑反应的理论可能性，还应从其反应速率来考虑其现实可行性。

某些氧化还原反应的过程比较复杂，反应方程式只表示了反应的最初状态和最终状态，不能说明反应进行的真实历程，实际的反应经历了一系列中间步骤，即反应是分步进行的，其中速度最慢的一步决定总反应的反应速度。

例如，$K_2Cr_2O_7$ 氧化 Fe^{2+} 的反应：

$$Cr_2O_7^{2-} + 6Fe^{2+} + 14H^+ = 2Cr^{3+} + 6Fe^{3+} + 7H_2O$$

反应可能经过如下过程完成：

$$Cr(VI) + Fe(II) \longrightarrow Cr(V) + Fe(III) \quad (快)$$
$$Cr(V) + Fe(II) \longrightarrow Cr(IV) + Fe(III) \quad (慢)$$
$$Cr(IV) + Fe(II) \longrightarrow Cr(III) + Fe(III) \quad (快)$$

其中第二步为慢反应，其反应速率决定整个反应的速率。

6.3.2　氧化还原反应速率的影响因素

1. 反应物浓度

一般来说，在多数情况下增加反应物的浓度，可以提高氧化还原反应速率。由于氧化还原反应机理比较复杂，不能简单地从总的氧化还原反应方程式来判断反应物的浓度对反应速率的影响程度。但总的来说，反应物的浓度越大，反应速率越高。

2. 酸度

前面已提到，酸度可以改变氧化还原反应的方向。对有些氧化还原反应，尤其当反应中有 H^+ 参加时，适当增加酸度可加快反应。例如：$KMnO_4$ 和 $K_2Cr_2O_7$ 等强氧化剂在酸性溶液中反应速率更大。

3. 温度

对大多数氧化还原反应而言，升高温度可提高反应速率。一般温度每升高 $10\ ℃$，反应速率可增加 $2\sim4$ 倍。例如：对于 $KMnO_4$ 与 $Na_2C_2O_4$ 的反应，升高温度有利于反应。但是，当反应物易挥发、易分解或加热时容易被氧化时，温度升高也会带来一些不利影响。对上述 $KMnO_4$ 与 $Na_2C_2O_4$ 的反应，温度升高可能导致 $Na_2C_2O_4$ 的分解，所以通常控制反应的温度为 $75\ ℃\sim85\ ℃$。对于一些易挥发、易分解的物质参加的反应，不能用加热的方法来提高反应速率，通常加入催化剂提高反应速率。

4. 催化剂

（1）催化作用

在酸性溶液中，用 $KMnO_4$ 滴定 $Na_2C_2O_4$ 的反应：

$$2MnO_4^- + 5C_2O_4^{2+} + 16H^+ \Longrightarrow 2Mn^{2+} + 10CO_2 \uparrow + 8H_2O$$

即使加热仍然较慢，若加入适量的 Mn^{2+}，就能促使反应迅速地进行，其可能的反应过程为：

$$Mn(VII) + Mn(II) \longrightarrow Mn(VI) + Mn(III)$$
$$\downarrow Mn(II)$$
$$2Mn(IV) \xrightarrow{Mn(II)} 2Mn(III) \qquad (6-10)$$

生成的中间产物 $Mn(III)$ 与 $C_2O_4^{2-}$ 反应生成一系列配合物，如 $MnC_2O_4^+$（红色）、$Mn(C_2O_4)_2^-$（黄色）和 $Mn(C_2O_4)_3^{3-}$（红色）等，它们进一步分解为 $Mn(II)$

和 CO_2。

通常情况下,上述反应即使不加入 Mn^{2+},而利用反应后生成的 Mn^{2+} 作为催化剂,也可以加快反应的进行。这种生成物本身能起催化剂作用的反应,称为自身催化反应或自动催化反应。自身催化反应的特点是开始时反应较慢,随着生成物(催化剂)的浓度逐渐增加,反应速率逐渐提高。

(2)诱导作用

在氧化还原反应中,不仅催化剂能影响反应的速率,有时一个氧化还原反应的进行还可促使另一个氧化还原反应的进行。例如,$KMnO_4$ 氧化 Cl^- 的反应很慢,但是当溶液中同时存在 Fe^{2+} 时,由于 MnO_4^- 与 Fe^{2+} 的反应大大加速了 MnO_4^- 与 Cl^- 的反应。这里 MnO_4^- 与 Fe^{2+} 的反应称为诱导反应,而 MnO_4^- 与 Cl^- 的反应称为被诱导反应。

$$MnO_4^- + 5Fe^{2+} + 8H^+ \!\!=\!\!=\!\! Mn^{2+} + 5\ Fe^{3+} + 4H_2O \quad (诱导反应)$$
作用体　　诱导体
$$2MnO_4^- + 10Cl^- + 16H^+ \!\!=\!\!=\!\! 2Mn^{2+} + 5Cl_2 + 8H_2O \quad (被诱导反应)$$
　　　　　　受诱体

反应中 $KMnO_4$ 称为作用体,Fe^{2+} 称为诱导体,Cl^- 称为受诱体。

诱导反应和催化反应是不同的,在催化反应中,催化剂参加反应后又回到原来的组成;而在诱导反应中,诱导体参加反应后变为了其他物质。

要阻止上述被诱导反应的发生,可以在溶液中加入过量的 Mn^{2+}。由式(6-10)可知,Mn(Ⅶ)在 Mn(Ⅱ)催化下被还原为 Mn(Ⅲ),而大量的 Mn^{2+} 的存在,可降低 Mn(Ⅲ)/Mn(Ⅱ)电极电位,从而使 Mn(Ⅲ)只与 Fe^{2+} 反应而不与 Cl^- 反应。所以在 $MnSO_4$ 存在下,可以在稀 HCl 介质中用 $KMnO_4$ 法测 Fe^{2+}。

§6.4　氧化还原滴定曲线

在酸碱滴定中研究的是滴定过程中溶液 pH 的变化,而在氧化还原滴定中,要研究的则是由氧化剂和还原剂的浓度变化所引起的体系电位的改变。随着滴定剂的加入和反应的进行,体系中反应物的氧化态和还原态的浓度逐渐变化,体系电位 E 随着滴定剂的加入而变化的情况可以用氧化还原滴定曲线来表示。滴定曲线可以通过实验测得的数据进行绘制,对于所涉及的两个电对均为可逆电对的滴定体系,也可以通过能斯特方程从理论上加以计算,由所得的数据绘图。现以一个参与反应的两个电对均为可逆电对的氧化还原滴定体系为例,说明利用能斯特方程计算滴定曲线电位变化的过程。

以 $0.100\ 0\ mol \cdot L^{-1} Ce(SO_4)_2$ 标准溶液滴定 $20.00\ mL\ 0.100\ 0\ mol \cdot L^{-1}$ Fe^{2+} 溶液。设溶液的酸度为 $1\ mol \cdot L^{-1} H_2SO_4$,已知在此条件下两可逆电对 Ce(Ⅳ)/Ce(Ⅲ)和 Fe(Ⅲ)/Fe(Ⅱ)的半反应及条件电位分别为:

$$Ce^{4+}+e^-\Longrightarrow Ce^{3+}\quad E_{Ce(\text{IV})/Ce(\text{III})}^{\ominus'}=1.44\text{ V}$$
$$Fe^{3+}+e^-\Longrightarrow Fe^{2+}\quad E_{Fe(\text{III})/Fe(\text{II})}^{\ominus'}=0.68\text{ V}$$

Ce^{4+}滴定Fe^{2+}的反应为：

$$Ce^{4+}+Fe^{2+}\Longrightarrow Ce^{3+}+Fe^{3+}$$

滴定过程中两电对电位的变化可由能斯特方程式求得：

$$E=E_{Fe(\text{III})/Fe(\text{II})}^{\ominus'}+0.059\lg\frac{c_{Fe(\text{III})}}{c_{Fe(\text{II})}}\tag{6-11}$$

$$E=E_{Ce(\text{IV})/Ce(\text{III})}^{\ominus'}+0.059\lg\frac{c_{Ce(\text{IV})}}{c_{Ce(\text{III})}}\tag{6-12}$$

在滴定过程中，每加入一定量的滴定剂，当体系内反应达到平衡时，两个电对的电位相等，即$E_{Ce(\text{IV})/Ce(\text{III})}=E_{Fe(\text{III})/Fe(\text{II})}$。因此，可以根据滴定过程中不同的具体阶段，选择其中比较方便计算的公式来计算电位的变化。为此，将滴定过程分为三个阶段：

1. 滴定开始至化学计量点前

在达到化学计量点前，此时滴入的Ce^{4+}几乎全部转化为Ce^{3+}，溶液中$c_{Ce(\text{IV})}$很小，不易直接求得，因此体系的电位不宜采用$Ce(\text{IV})/Ce(\text{III})$电对来计算。每当加入一定量$Ce^{4+}$标准溶液后，溶液中产生的$Fe(\text{III})$和剩余的$Fe(\text{II})$是可知的，因此，可通过计算$E_{Fe(\text{III})/Fe(\text{II})}$的变化来计算滴定曲线电位的变化。

例如，若加入12.00 mL 0.100 0 mol·L^{-1}的Ce^{4+}标准溶液，则溶液中生成的$Fe(\text{III})$浓度为：

$$c_{Fe(\text{III})}=\frac{12.00\times0.100\,0}{20.00+12.00}=0.037\,5\text{ mol}\cdot L^{-1}$$

$$c_{Fe(\text{II})}=\frac{(20.00-12.00)\times0.100\,0}{20.00+12.00}=0.025\text{ mol}\cdot L^{-1}$$

$$E=E_{Fe(\text{III})/Fe(\text{II})}^{\ominus'}+0.059\lg\frac{c_{Fe(\text{III})}}{c_{Fe(\text{II})}}=0.68+0.059\lg\frac{0.037\,5}{0.025}=0.69\text{ V}$$

同样可以计算出当加入Ce^{4+}溶液19.98 mL时，$E=0.86$ V。

2. 化学计量点

当加入20.00 mL 0.100 0 mol·$L^{-1}$$Ce^{4+}$标准溶液，$Ce^{4+}$与$Fe^{2+}$恰好定量反应完毕达到化学计量点，此时两电对的电位相等，以E_{sp}表示，即

$$E_{sp}=E_{Ce(\text{IV})/Ce(\text{III})}^{\ominus'}+0.059\lg\frac{c_{Ce(\text{IV})}^{sp}}{c_{Ce(\text{III})}^{sp}}$$

$$E_{sp}=E_{Fe(\text{III})/Fe(\text{II})}^{\ominus'}+0.059\lg\frac{c_{Fe(\text{III})}^{sp}}{c_{Fe(\text{II})}^{sp}}$$

两式相加得

$$2E_{sp}=(E_{Ce(\text{IV})/Ce(\text{III})}^{\ominus'}+E_{Fe(\text{IV})/Fe(\text{III})}^{\ominus'})+0.059\lg\frac{c_{Ce(\text{IV})}^{sp}c_{Fe(\text{III})}^{sp}}{c_{Ce(\text{III})}^{sp}c_{Fe(\text{II})}^{sp}}\tag{6-13}$$

反应达到化学计量点时,根据反应方程式,生成的产物浓度相等,即

$$c_{Ce(III)}^{sp}=c_{Fe(III)}^{sp}$$

由于化学计量点时 Ce^{4+} 和 Fe^{2+} 已经定量反应完毕,溶液中存在的极少量的 Ce^{4+} 和 Fe^{2+} 来自于反应产物发生的逆反应,根据反应方程式,二者的物质的量浓度也相等,即

$$c_{Ce(IV)}^{sp}=c_{Fe(II)}^{sp}$$

所以

$$\frac{c_{Ce(IV)}^{sp}\,c_{Fe(III)}^{sp}}{c_{Ce(III)}^{sp}\,c_{Fe(II)}^{sp}}=1$$

代入式(6-13),得

$$E_{sp}=\frac{1}{2}(E_{Ce(IV)/Ce(III)}^{\ominus'}+E_{Fe(III)/Fe(II)}^{\ominus'})=\frac{1}{2}(1.44+0.68)=1.06\ V$$

一般地,对于氧化还原滴定反应:

$$a\,Ox_1+b\,Red_2 = a\,Red_1+b\,Ox_2$$

其化学计量点时的电位计算通式为:

$$E_{sp}=\frac{n_1E_1^{\ominus'}+n_2E_2^{\ominus'}}{n_1+n_2} \tag{6-14}$$

式中: $E_1^{\ominus'}$ 为氧化剂电对的条件电位; $E_2^{\ominus'}$ 为还原剂电对的条件电位; n_1、n_2 分别为氧化剂和还原剂得失的电子数。当条件电位查不到时,可用标准电位代替。

使用式(6-14)需注意的是,此式仅适用于参加滴定反应的两个电对都是对称电对的情况。对称电对是指在该电对的半反应方程式中,氧化型与还原型的系数相等的电对,如 Fe^{3+}/Fe^{2+}、MnO_4^-/Mn^{2+} 等。对称电对的 E_{sp} 与浓度无关,只与 $E_1^{\ominus'}$、$E_2^{\ominus'}$ 及 n_1、n_2 有关。如果电对的氧化型与还原型的系数不相等即是不对称电对,如 $Cr_2O_7^{2-}/Cr^{3+}$、$I_2/2I^-$ 等,氧化型与还原型的系数不相等,则化学计量点时的电位不能用该式表示。涉及不对称电对的氧化还原滴定,其化学计量点电位的计算较复杂,E_{sp} 除与 $E^{\ominus'}$ 及 n 有关外,还与反应物及产物的浓度有关。例如,对于像 $Cr_2O_7^{2-}/Cr^{3+}$ 这样的电对,其半反应为:

$$Cr_2O_7^{2-}+14H^++6e^- = 2\,Cr^{3+}+7H_2O$$

$$E_{sp}=\frac{6E_{Cr}^{\ominus'}+E_{Fe}^{\ominus'}}{7}+\frac{0.059}{7}lg\frac{1}{2c_{Cr(III)}}$$

3. 化学计量点后

化学计量点后加入过量的 Ce^{4+},此时 Fe^{2+} 几乎全部被氧化成 Fe^{3+},溶液中的 $c_{Fe(II)}$ 极小,$Fe(III)/Fe(II)$ 电对的电位不易求得。化学计量点后溶液中过量的 $c_{Ce(IV)}$ 及已生成的 $c_{Ce(III)}$ 容易求得,因此可计算 $Ce(IV)/Ce(III)$ 电对的电位来表示 E。

例如,当加入 Ce^{4+} 溶液 20.02 mL,则

$$E_{Ce(IV)/Ce(III)}=1.44+0.059lg\frac{0.02\times0.1000}{20.00\times0.1000}=1.26\ V$$

表 6-1 为加入不同体积的滴定剂时计算得到的体系的电位。以滴定剂体积为横坐标,体系的电位 E 为纵坐标,根据表 6-1 的数据绘制出该体系的滴定曲线如图 6-1 所示。

表 6-1　$0.100\,0\ \text{mol} \cdot \text{L}^{-1}\,Ce^{4+}$ 滴定 $0.100\,0\ \text{mol} \cdot \text{L}^{-1}\,Fe^{2+}$

($V_{Fe(II)} = 20.00\ \text{mL},1\ \text{mol} \cdot \text{L}^{-1}\,H_2SO_4$ 中)

滴入 Ce^{4+} 溶液体积 V/mL	滴定分数 $f = \dfrac{c^0_{Ce(IV)}V}{c^0_{Fe(III)}V_0}$	滴定体系电位 E/V	滴入 Ce^{4+} 溶液体积 V/mL	滴定分数 $f = \dfrac{c^0_{Ce(IV)}V}{c^0_{Fe(III)}V_0}$	滴定体系电位 E/V
1.00	0.050	0.60	19.80	0.990	0.80
2.00	0.100	0.62	19.98	0.999	0.86 ⎫
4.00	0.200	0.64	20.00	1.000	1.06 ⎬ 滴定突跃
8.00	0.400	0.67	20.02	1.001	1.26 ⎭
10.00	0.500	0.68	22.00	1.100	1.38
12.00	0.600	0.69	30.00	1.500	1.42
18.00	0.900	0.74	40.00	2.000	1.44

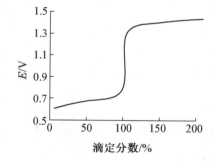

图 6-1　Ce^{4+} 滴定 Fe^{2+} 的滴定曲线

$0.100\,0\ \text{mol} \cdot \text{L}^{-1}$ 的 Ce^{4+} 滴定 20.00 mL
$0.100\,0\ \text{mol} \cdot \text{L}^{-1}\,Fe^{2+}$($1\ \text{mol} \cdot \text{L}^{-1}\,H_2SO_4$)

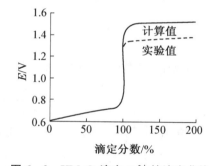

图 6-2　$KMnO_4$ 滴定 Fe^{2+} 的滴定曲线

$0.010\,00\ \text{mol} \cdot \text{L}^{-1}$ 的 $KMnO_4$ 滴定 20.00 mL
$0.100\,0\ \text{mol} \cdot \text{L}^{-1}\,Fe^{2+}$($1\ \text{mol} \cdot \text{L}^{-1}\,H_2SO_4$)

由表 6-1 可知:当加入 19.98 mL~20.02 mL Ce^{4+} 标准溶液(即在化学计量点前后 ±0.1% 误差的范围内),滴定体系的电位由 0.86 V 突跃到 1.26 V。

当滴定分数 $f = 0.500$ 时,滴定体系的电位恰好等于 Fe^{3+}/Fe^{2+} 电对的条件电位;而当滴定分数 $f = 2.000$ 时,滴定体系的电位则恰好等于 Ce^{4+}/Ce^{3+} 电对的条件电位。对于可逆的、对称的氧化还原电对,滴定分数 $f = 0.500$ 时,体系的电位就是被滴定物质电对的 $E^{\ominus}$;滴定分数 $f = 2.000$ 时,体系的电位就是滴定剂电对的 $E^{\ominus}$。滴定分数为 $f = 1.000$ 的电位就是 E_{sp},当 $n_1 = n_2$ 时,$E_{sp} = \dfrac{E_1^{\prime} + E_2^{\prime}}{2}$,即电位在滴定突跃中部;当 $n_1 \neq n_2$,E_{sp} 则偏向得失电子数较多电对的电位。n_1 和 n_2 相差越大,化学计量点的电位 E_{sp} 偏向越多,例如反应:

$$MnO_4^- + 5Fe^{2+} + 8H^+ \Longrightarrow Mn^{2+} + 5Fe^{3+} + 4H_2O$$

$$E_{sp} = \frac{5 \times 1.51 + 1 \times 0.771}{1+5} = 1.39 \text{ V}$$

其突跃范围为 0.94 V～1.48 V,滴定突跃中点为 1.21 V,E_{sp} 并不在滴定突跃中部,而是偏向 MnO_4^-/Mn^{2+}(得失电子数多)电对的电位。

设在一定条件下用氧化剂 Ox_1 滴定还原剂 Red_2,滴定反应为

$$a\ Ox_1 + b\ Red_2 \Longrightarrow a\ Red_1 + b\ Ox_2$$

氧化剂和还原剂电对的能斯特方程式分别为

$$E_1 = E_1^{\ominus'} + \frac{0.059}{n_1} \lg \frac{c_{Ox_1}}{c_{Red_1}} \qquad (6-15)$$

$$E_2 = E_2^{\ominus'} + \frac{0.059}{n_2} \lg \frac{c_{Ox_2}}{c_{Red_2}} \qquad (6-16)$$

化学计量点前后 ±0.1% 误差时的电位变化为突跃范围,当滴定进行到 99.9%(即 −0.1% 误差)时,有

$$\frac{c_{Ox_2}}{c_{Red_2}} = \frac{999}{1} \approx 10^3$$

化学计量点前体系的电位由被滴定的还原剂的能斯特方程式(6-16)计算,此时的电位为

$$E_{-0.1\%} = E_2^{\ominus'} + \frac{0.059}{n_2} \times 3$$

当滴定进行到 100.1%(即 +0.1% 误差)时,有

$$\frac{c_{Ox_1}}{c_{Red_1}} = \frac{1}{1001} \approx 10^{-3}$$

化学计量点后体系的电位由滴定剂的能斯特方程式(6-15)计算,此时电位为

$$E_{+0.1\%} = E_1^{\ominus'} - \frac{0.059}{n_1} \times 3$$

滴定突跃的电位范围为

$$E_2^{\ominus'} + \frac{3 \times 0.059}{n_2} \leqslant E \leqslant E_1^{\ominus'} - \frac{3 \times 0.059}{n_1} \qquad (6-17)$$

氧化还原滴定突跃的大小受下列因素影响:

(1) 两个电对的条件电位之差 $\Delta E^{\ominus'}$ 越大,计量点附近的电位突跃也越大。

(2) 参与氧化还原反应的电对是否是可逆电对。

图 6-1 为 Ce^{4+} 滴定 Fe^{2+} 的滴定曲线,Fe^{3+}/Fe^{2+} 和 Ce^{4+}/Ce^{3+} 电对都是可逆电对,实际电位符合能斯特方程的计算结果,理论计算得到的滴定曲线与实验结果一致。图 6-2 是在 1 mol·L^{-1} H_2SO_4 介质中用 $KMnO_4$ 滴定 Fe^{2+} 的滴定曲线。在化学计量点前,体系的电位由可逆电对 Fe^{3+}/Fe^{2+} 所决定,实验值与理论值一致。但在化学计量点后,由于体系的电位主要由不可逆电对 MnO_4^-/Mn^{2+} 决定,两者有较明显的差别。

(3) 滴定反应的介质不同会影响氧化还原滴定曲线的位置和突跃的大小。

图 6-3 是用 $KMnO_4$ 溶液在不同介质中滴定 Fe^{2+} 的滴定曲线。

化学计量点前：滴定曲线的位置由 $E_{Fe(Ⅲ)/Fe(Ⅱ)}$ 确定，其大小取决于溶液中 $c_{Fe(Ⅲ)}/c_{Fe(Ⅱ)}$ 的值。在 $HCl+H_3PO_4$ 介质中，由于 PO_4^{3-} 易与 Fe^{3+} 形成稳定无色的 $[Fe(HPO_4)]^+$ 配合物而使 $E_{Fe(Ⅲ)/Fe(Ⅱ)}$ 降低。所以有 H_3PO_4 存在时，在 HCl 溶液中用 $KMnO_4$ 溶液滴定 Fe^{2+} 的曲线起始位置最低，滴定突跃最长，且由于形成无色的 $[Fe(HPO_4)]^+$ 配合物，消除了 Fe^{3+} 的颜色干扰，终点时颜色变化敏锐。

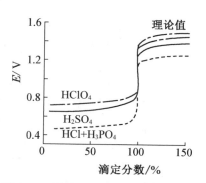

图 6-3 用 $KMnO_4$ 溶液在不同介质中滴定 Fe^{2+} 的滴定曲线

化学计量点后：由于溶液中存在过量的 $KMnO_4$，但实际上决定电位的是 $Mn(Ⅲ)/Mn(Ⅱ)$ 电对，因而曲线的位置取决于 $E_{Mn(Ⅲ)/Mn(Ⅱ)}$。由于 $Mn(Ⅲ)$ 易与 PO_4^{3-}、SO_4^{2-} 等阴离子形成配合物而降低其条件电极电位，而在 $HClO_4$ 介质中，ClO_4^- 不与 Fe^{3+}、$Mn(Ⅲ)$ 配位，所以在化学计量点后其滴定曲线位置最高。

§6.5 氧化还原滴定指示剂

6.5.1 氧化还原指示剂

氧化还原指示剂是本身具有氧化还原性的物质，其氧化型和还原型具有不同的颜色。例如，常用的氧化还原指示剂二苯胺磺酸钠，其氧化型是紫红色，还原型无色。若用 $K_2Cr_2O_7$ 滴定 Fe^{2+}，以二苯胺磺酸钠为指示剂，则滴定至终点时二苯胺磺酸钠被 $K_2Cr_2O_7$ 氧化，由无色的还原型氧化为紫红色的氧化型。

如果用 In_{Ox} 和 In_{Red} 分别表示指示剂的氧化型和还原型，则氧化还原指示剂的氧化还原半反应为：

$$In_{Ox}+ne^-\Longrightarrow In_{Red}$$

根据能斯特方程式：

$$E=E_{In}^{\ominus'}+\frac{0.059}{n}\lg\frac{c_{In_{Ox}}}{c_{In_{Red}}} \tag{6-18}$$

$E_{In}^{\ominus'}$ 为指示剂在一定条件下的条件电位，一般来说，

当 $\dfrac{c_{In_{Ox}}}{c_{In_{Red}}}\geqslant10$ 时，$E\geqslant E_{In}^{\ominus'}+\dfrac{0.059}{n}$，溶液呈氧化型颜色；

当 $\dfrac{c_{In_{Ox}}}{c_{In_{Red}}}\leqslant\dfrac{1}{10}$ 时，$E\leqslant E_{In}^{\ominus'}-\dfrac{0.059}{n}$，溶液呈还原型颜色。

所以氧化还原指示剂的理论变色范围为：

$$E_{In}^{\ominus'} \pm \frac{0.059}{n} \qquad\qquad (6-19)$$

表 6-2 列出了一些常用氧化还原指示剂的条件电位和氧化型、还原型的颜色。

表 6-2 常用的氧化还原指示剂

指示剂	$E^{\ominus'}/V$ ($[H^+]=$ 1 mol·L^{-1})	颜色		配制方法
		氧化型	还原型	
亚甲基蓝	0.53	蓝	无色	0.05%亚甲基蓝溶液
二苯胺磺酸钠	0.85	紫红	无色	0.8 g 二苯胺磺酸钠＋2 g Na$_2$CO$_3$ 并溶于 100 mL 水中
邻苯氨基苯甲酸	1.08	紫红	无色	0.11 g 邻苯氨基苯甲酸溶于20 mL 5% Na$_2$CO$_3$，稀至 100 mL
邻二氮菲-Fe(Ⅱ)	1.06	浅蓝	红	1.845 g 邻二氮菲 ＋ 0.695 g FeSO$_4$，溶于 100 mL 水中

滴定中指示剂的变色范围应全部或部分与滴定突跃范围（化学计量点前后±0.1% 误差范围内）重叠，由式（6-17）可知，理想的指示剂变色范围应为

$$E_2^{\ominus'} + \frac{3 \times 0.059}{n_2} \leqslant E \leqslant E_1^{\ominus'} - \frac{3 \times 0.059}{n_1}$$

由式（6-19），当 $n=1$ 时，指示剂变色的电位范围为 $E_{In}^{\ominus'} \pm 0.059$；当 $n=2$ 时，指示剂变色的电位范围约为 $E_{In}^{\ominus'} \pm 0.03$，由于该范围已很小，一般亦可用指示剂的条件电位 $E_{In}^{\ominus'}$ 来估计指示剂变色的电位范围。在选择指示剂时，最好使其条件电位 $E_{In}^{\ominus'}$ 处于滴定突跃范围之内，并尽量使之与化学计量点电位 E_{sp} 接近，以减少终点误差。

例如，表 6-2 中二苯胺磺酸钠的 $E_{In}^{\ominus'}=0.85$，其氧化还原反应如下：

从上式可知：$n=2$，故其变色的电位范围为

$$E_{In} = 0.85 \pm \frac{0.059}{2} = (0.85 \pm 0.03) \text{V}$$

当用 Ce^{4+} 标准溶液滴定 Fe^{2+} 时，从表 6-1 及图 6-2 中可知：化学计量点附近电位突跃在 0.86～1.26 V，如用二苯胺磺酸钠作指示剂，其变色的电位范围为 0.82～0.88 V，与突跃范围仅有很少重合，易产生一定的负误差。为此，在被滴定

溶液中加入 H_3PO_4，它与 Fe^{3+} 形成稳定的配合物 $[Fe(HPO_4)]^+$，从而降低 Fe（Ⅲ）/Fe（Ⅱ）电对的电位，使滴定的突跃范围增大。若形成配合物可以使 Fe^{3+} 浓度降低 10 倍，则滴定进行到 99.9%（即 -0.1% 误差）时，Fe（Ⅲ）/Fe（Ⅱ）电对电位值降至 0.62 V，滴定突跃范围增大至 0.62～1.26 V，完全涵盖了二苯胺磺酸钠变色的电位范围，采用其作指示剂就非常合适，提高了测定结果的准确度。

6.5.2　自身指示剂

在氧化还原滴定中，利用标准溶液本身颜色的变化以指示终点，称为自身指示剂。例如，用 $KMnO_4$ 作标准溶液时，当滴定达到化学计量点后，还原剂已全部反应完毕，只要有稍过量的 MnO_4^-（2×10^{-6} mol·L^{-1}）存在，就可使溶液呈粉红色，从而指示滴定终点的到达。

6.5.3　专属指示剂

指示剂能与标准溶液或被滴定物发生显色反应而指示终点。例如：淀粉遇 I_2 生成蓝色配合物，当 I_2 被还原为 I^- 时，蓝色消失。当 I_2 溶液的浓度为 5×10^{-6} mol·L^{-1} 时，即能使溶液显蓝色，反应灵敏度很高，所以在碘量法中均以淀粉溶液为指示剂，称为专属指示剂。由于淀粉指示剂对 I_2 具有强烈的吸附作用，应在接近终点时（I_2 浓度已较低）加入。

§6.6　氧化还原滴定的预处理

在氧化还原滴定中，通常将待测组分进行一些预处理，使其处于合适的价态。预处理时所选用的氧化剂或还原剂必须符合以下条件：

（1）反应速度快；

（2）将待测组分全部氧化或还原为指定价态；

（3）反应具有一定的选择性。例如，测定钛铁矿中的全铁含量时，如果用金属锌作为还原剂，由于的 $E_{Zn^{2+}/Zn}^{\ominus}$ 较低（-0.76 V），不但 Fe^{3+} 被还原为 Fe^{2+}（$E_{Fe^{3+}/Fe^2}^{\ominus}=0.77$ V），电位比它高的金属离子都可以被还原，从而干扰铁的测定。而如果选择 $SnCl_2$ 作为预还原剂（$E_{Sn^{4+}/Sn^{2+}}^{\ominus}=0.15$ V），则仅能使 Fe^{3+} 还原，因而提高了反应的选择性。

（4）过量的氧化剂或还原剂易于除去。一般可利用加热分解、过滤及化学反应等方法除去过量的预处理试剂。如 $(NH_4)S_2O_8$、H_2O_2 可通过加热煮沸分解而除去。不溶于水的氧化剂，如 $NaBiO_3$ 可通过过滤除去。上述用 $SnCl_2$ 作为预还原剂处理钛铁矿试样，过量的 $SnCl_2$ 会干扰 Fe^{2+} 的滴定，可加入 $HgCl_2$ 将其除去，其反应为：

$$SnCl_2+2HgCl_2 = SnCl_4+Hg_2Cl_2\downarrow（白色丝状）$$

所生成的 Hg_2Cl_2 在滴定中不会被滴定剂 $K_2Cr_2O_7$ 氧化。

氧化还原滴定预处理中一些常用的氧化剂和还原剂分别列于表 6 - 3 和表 6 - 4。

表 6 - 3 预处理常用的氧化剂

氧化剂	主要应用	反应条件	除去方法
$(NH_4)_2S_2O_8$ $E^{\ominus}=2.01\ V$	$Ce^{3+} \longrightarrow Ce^{4+}$ $VO^{2+} \longrightarrow VO_3^-$ $Cr^{3+} \longrightarrow Cr_2O_7^{2-}$ $Mn^{2+} \longrightarrow MnO_4^-$	在 HNO_3 或 H_2SO_4 中加入 H_3PO_4 的混酸溶液中,以 Ag^+ 作为催化剂	加热煮沸
$NaBiO_3$ $E^{\ominus}=1.80\ V$	$Mn^{2+} \longrightarrow MnO_4^-$ $Cr^{3+} \longrightarrow Cr_2O_7^{2-}$ $Ce^{3+} \longrightarrow Ce^{4+}$	HNO_3 或 H_2SO_4 溶液中,室温	过滤
H_2O_2 $E^{\ominus}=0.88\ V$	$Cr^{3+} \longrightarrow CrO_4^{2-}$ $Co^{2+} \longrightarrow Co^{3+}$ $Mn^{2+} \longrightarrow MnO_4^-$	碱性介质中	加热煮沸
PbO_2 $E^{\ominus}=1.46\ V$	$Cr^{3+} \longrightarrow Cr_2O_7^{2-}$ $Ce^{3+} \longrightarrow Ce^4$	pH2~6,焦磷酸盐缓冲液	过滤
$HClO_4$ $E^{\ominus}=1.34\ V$	$Cr^{3+} \longrightarrow Cr_2O_7^{2-}$ $VO^{2+} \longrightarrow VO_3^-$ $I^- \longrightarrow IO_3^-$	浓 $HClO_4$,加热	煮沸除去生成的 Cl_2,冷却并稀释,$HClO_4$ 即失去氧化性
KIO_3 $E^{\ominus}=1.20\ V$	$Mn^{2+} \longrightarrow MnO_4^-$	在酸性介质中加热	加入 Hg^{2+} 与过量 KIO_3 生成 $Hg(IO_3)_2$ 沉淀,过滤除去

表 6 - 4 预处理常用的还原剂

还原剂	主要应用	反应条件	除去方法
$TiCl_3$ 或 $SnCl_2-TiCl_3$ $E^{\ominus}=0.1\ V$	$Fe^{3+} \longrightarrow Fe^{2+}$	酸性溶液中	用水稀释,少量过量的 $TiCl_3$ 即被 O_2 所氧化
H_2S $E^{\ominus}=0.141\ V$	$Fe^{3+} \rightarrow Fe^{2+}$ $MnO_4^- \longrightarrow Mn^{2+}$ $Cr_2O_7^{2-} \longrightarrow Cr^{3+}$ $Ce^{4+} \longrightarrow Ce^{3+}$	强酸性溶液中	煮沸
$SnCl_2$ $E^{\ominus}=0.154\ V$	$Fe^{3+} \rightarrow Fe^{2+}$ $Mo(VI) \rightarrow Mo(V)$ $As(V) \rightarrow As(III)$	HCl 溶液中,加热	快速加入过量 $HgCl_2$
SO_2 $E^{\ominus}=0.17\ V$	$Fe^{3+} \longrightarrow Fe^{2+}$ $AsO_4^{3-} \longrightarrow AsO_3^{3-}$ $Sb(V) \rightarrow Sb(III)$ $V(V) \rightarrow V(IV)$ $Cu^{2+} \longrightarrow Cu^+$	H_2SO_4 或 HNO_3 溶液中,SCN^- 催化,室温	煮沸,通 CO_2 气流

（续表）

还原剂	主要应用	反应条件	除去方法
联胺	As(V)→As(Ⅲ) Sb(V)→Sb(Ⅲ)		浓 H_2SO_4 溶液中,煮沸
Al $E^{\ominus}=-1.66$ V	Sn(Ⅳ)→Sn(Ⅱ) Ti(Ⅳ)→Ti(Ⅲ)	HCl 溶液	
锌-汞齐还原柱	Fe^{3+}→Fe^{2+} Ti(Ⅳ)→Ti(Ⅲ) V(V)→V(Ⅳ)	H_2SO_4 介质	因还原剂固定在柱中,故在反应后无需除去

§6.7 常用的氧化还原滴定方法

6.7.1 高锰酸钾法

1. 概述

$KMnO_4$ 是一种强氧化剂,在强酸性溶液中,MnO_4^- 获得 5 个电子,还原为 Mn^{2+}。

$$MnO_4^- + 8H^+ + 5e^- = Mn^{2+} + 4H_2O \quad E^{\ominus} = 1.51 \text{ V}$$

在中性或弱酸性溶液中,MnO_4^- 获得 3 个电子,还原为 MnO_2。

$$MnO_4^- + 2H_2O + 3e^- = MnO_2 + 4OH^- \quad E^{\ominus} = 0.588 \text{ V}$$

在碱性溶液中,MnO_4^- 氧化能力比在酸性溶液中弱,获得 1 个电子,还原为 MnO_4^{2-}。

$$MnO_4^- + e^- = MnO_4^{2-} \quad E^{\ominus} = 0.564 \text{ V}$$

但 $KMnO_4$ 在碱性条件下氧化有机物的反应速度比在酸性条件下快,在 NaOH 溶液中,很多有机物可以被 MnO_4^- 氧化,此时 MnO_4^- 被还原为 MnO_4^{2-}。

在应用高锰酸钾法时,应注意控制溶液的酸度,以保证滴定反应能够按确定的反应式进行。通常高锰酸钾法的酸性介质采用 H_2SO_4 而不是 HCl 和 HNO_3,因为酸性条件下 Cl^- 可以被 MnO_4^- 氧化,而 HNO_3 使被滴定的还原剂氧化,干扰滴定分析。

$KMnO_4$ 法的优点是氧化能力强,可以直接或间接地测定许多无机物或有机物,应用广泛。滴定剂 $KMnO_4$ 可作为自身指示剂指示滴定终点。但由于其氧化能力强,可以和许多还原性物质发生作用,所以干扰也比较严重。市售的 $KMnO_4$ 纯度达不到基准试剂的纯度,其溶液浓度需要标定。由于 $KMnO_4$ 易与水和空气中的某些还原性物质起反应,因此其标准溶液不够稳定,标定后不宜长期使用。

2. $KMnO_4$ 标准溶液

市售 $KMnO_4$ 试剂常含有 MnO_2 等杂质,因此不能用直接法配制准确浓度的标准溶液,溶液的浓度通过以还原剂作基准物的滴定反应确定。$H_2C_2O_4 \cdot 2H_2O$、$Na_2C_2O_4$、$FeSO_4 \cdot (NH_4)_2SO_4 \cdot 6H_2O$ 及 As_2O_3 等都可用作基准物,其中 $Na_2C_2O_4$ 不含结晶水,容易提纯,是最常用的基准物质。在 H_2SO_4 溶液中,用 $Na_2C_2O_4$ 标定 $KMnO_4$ 的反应为:

$$2MnO_4^- + 5C_2O_4^{2-} + 16H^+ \rightleftharpoons 2Mn^{2+} + 10CO_2\uparrow + 8H_2O$$

滴定中需注意下述滴定条件:

(1) 温度

由于室温下该反应速度较慢,需加热以加快反应,但温度不宜过高,否则在酸性溶液中会使部分 $H_2C_2O_4$ 发生分解,故应控制溶液温度在 75 ℃～85 ℃。

(2) 酸度

酸度不足时,会生成 MnO_2 沉淀;酸度过高,又会使 $H_2C_2O_4$ 发生分解。一般滴定开始时,控制溶液的酸度约为 $0.5 \sim 1\ mol \cdot L^{-1}$。

(3) 滴定速度

滴定开始时由于反应速度较慢,滴定的速度也要慢,在加入的 $KMnO_4$ 红色没有褪去之前,不要加入下一滴,否则部分 $KMnO_4$ 将来不及与 $Na_2C_2O_4$ 反应而在热的酸性溶液中分解。

$$4MnO_4^- + 12H^+ \rightleftharpoons 4Mn^{2+} + 5O_2\uparrow + 6H_2O$$

这将破坏 MnO_4^- 与 $C_2O_4^{2-}$ 的化学计量关系。随着滴定的进行,溶液中反应产物 Mn^{2+} 的浓度不断增大,反应速率明显加快,即存在自身催化作用,此时滴定的速度也可相应加快。

滴定终点时过量的 $KMnO_4$ 会被空气中的还原性物质缓慢分解,而使微红色褪去,所以终点颜色半分钟内不褪即可认为到达终点。

3. 应用示例

(1) 过氧化氢含量的测定

过氧化氢是医疗中常用的消毒剂,具有还原性,在酸性介质和室温条件下很容易被高锰酸钾定量氧化,反应方程式为:

$$2MnO_4^- + 5H_2O_2 + 6H^+ \rightleftharpoons 2Mn^{2+} + 5O_2\uparrow + 8H_2O$$

室温时滴定开始反应缓慢,随着 Mn^{2+} 的生成而反应加速。H_2O_2 加热时易分解,因此,滴定时通常加入 Mn^{2+} 作催化剂以尽量缩短滴定时间。

(2) 软锰矿中 MnO_2 含量的测定

软锰矿的主要成分是 MnO_2,由于 MnO_2 是一种较强的氧化剂。MnO_2 无法用 $KMnO_4$ 法直接测定,在没有还原剂存在的条件下,MnO_2 难溶于酸或碱,因此也不能直接用还原剂进行滴定。通常是采用返滴定法,即在酸性条件下,在软锰矿中加入一定量过量的 $Na_2C_2O_4$,于 H_2SO_4 介质中加热分解矿样,直至所余残渣为白色,表明试样已分解完全,且 MnO_2 已全部还原为 Mn^{2+}。剩余的 $Na_2C_2O_4$ 用 $KMnO_4$ 标准溶液趁热返滴定,根据消耗的 $KMnO_4$ 标准溶液的量可得出过量的 $Na_2C_2O_4$ 的量,再由加入的 $Na_2C_2O_4$ 的量减去过量的 $Na_2C_2O_4$ 的量即可求出软锰矿中 MnO_2

的含量,反应方程式如下:

$$MnO_2 + C_2O_4^{2-} + 4H^+ \Longrightarrow Mn^{2+} + 2CO_2 \uparrow + 2H_2O$$

$$2MnO_4^- + 5C_2O_4^- + 16H^+ \Longrightarrow 2Mn^{2+} + 10CO_2 \uparrow + 8H_2O$$

（3）Ca^{2+} 含量的测定

利用 Ca^{2+} 在一定条件下能定量生成草酸盐沉淀的性质,可用高锰酸钾法间接测定 Ca^{2+}。即先用 $Na_2C_2O_4$ 将 Ca^{2+} 全部沉淀为 CaC_2O_4,沉淀经过滤和洗涤后溶于稀 H_2SO_4 中:

$$CaC_2O_4 + 2H^+ \Longrightarrow Ca^{2+} + H_2C_2O_4$$

再用 $KMnO_4$ 标准溶液滴定生成的 $H_2C_2O_4$,从而间接测得 Ca^{2+} 的含量。

（4）有机化合物的测定

在碱性溶液中,$KMnO_4$ 氧化有机化合物的反应比在酸性溶液中速率高,故常在碱性介质下采用高锰酸钾法测定有机化合物。例如,$KMnO_4$ 与甲醇的反应为:

$$CH_3OH + 6MnO_4^- + 8OH^- \Longrightarrow CO_3^{2-} + 6MnO_4^{2-} + 6H_2O$$

待反应完全后,将溶液酸化,此时 MnO_4^{2-} 歧化为 MnO_4^- 和 MnO_2,用还原剂(如亚铁离子标准溶液)滴定溶液中所有高价态锰,使之还原为 $Mn(II)$,计算出消耗的还原剂的物质的量。在同样的条件下,测得不加入甲醇的 $KMnO_4$ 消耗的还原剂的物质的量,根据两者之差即可求得试液中甲醇的含量。

用此法还可以测定甘油、甲酸、甲醛、酒石酸、柠檬酸、苯酚、水杨酸和葡萄糖等其他有机物的含量。

6.7.2　重铬酸钾法

1. 概述

$K_2Cr_2O_7$ 是一种常用的强氧化剂,在酸性溶液条件下,其半反应为:

$$Cr_2O_7^{2-} + 14H^+ + 6e^- \Longrightarrow 2Cr^{3+} + 7H_2O \quad E^\ominus = 1.33 \text{ V}$$

$K_2Cr_2O_7$ 的氧化能力比 $KMnO_4$ 稍弱,但与高锰酸钾法相比,重铬酸钾法有如下优点:

（1）$K_2Cr_2O_7$ 固体试剂易提纯且稳定,可以作为基准物质直接配制标准溶液而不必再进行标定;

（2）$K_2Cr_2O_7$ 标准溶液非常稳定,浓度可长期保持不变,因此可以长期保存和使用;

（3）在通常情况下 K_2Cr_2O 不与常见阴离子 Cl^- 反应,因此可在 HCl 溶液中用 $K_2Cr_2O_7$ 滴定。

应用 $K_2Cr_2O_7$ 标准溶液进行滴定时,需采用氧化还原指示剂,例如二苯胺磺酸钠。

$K_2Cr_2O_7$ 有毒性,使用后的废液要集中回收处理,以免对环境造成污染。

2. 应用示例

（1）铁矿石中全铁含量的测定(有汞法)

重铬酸钾法是测定铁矿石中全铁含量的标准方法。一般采用热的浓盐酸分解试样,再用 $SnCl_2$ 溶液将 $Fe(Ⅲ)$ 全部还原为 $Fe(Ⅱ)$:

$$2Fe^{3+} + SnCl_4^{2-} + 2Cl^- === 2Fe^{2+} + SnCl_6^{2-}$$

然后加入 $HgCl_2$ 除去过量的 $SnCl_2$:

$$SnCl_2 + 2HgCl_2 === SnCl_4 + Hg_2Cl_2 \downarrow (白色丝状)$$

最后在 $H_2SO_4 - H_3PO_4$ 介质中,以二苯胺磺酸钠为指示剂,用 $K_2Cr_2O_7$ 标准溶液滴定 $Fe(Ⅱ)$

$$Cr_2O_7^{2-} + 6Fe^{2+} + 14H^+ === 2Cr^{3+} + 6Fe^{3+} + 7H_2O$$

加入 H_3PO_4 使 $Fe(Ⅲ)$ 生成无色 $[Fe(HPO_4)_2]^-$ 配合物,这样既消除 $Fe(Ⅲ)$ 黄色的影响,有利于终点的观察,又降低了 $Fe(Ⅲ)/Fe(Ⅱ)$ 电对的电位,使化学计量点附近电位突跃增大,提高了滴定的准确度。

用 $SnCl_2 - HgCl_2 - K_2Cr_2O_7$ 有汞法测铁,方法简便,准确度高,但由于使用了 $HgCl_2$,造成环境污染,这是有汞法测铁的最大缺点。

（2）化学需氧量的测定

阅读:COD 分析法和 分析仪

化学需氧量又称化学耗氧量,简称 COD(Chemical Oxygen Demand),是量度水体受污染程度的重要指标。它是指用强氧化剂,在一定的强化条件下,氧化单位体积水中的还原性物质所消耗的氧化剂折算为 O_2 的量,以 $mg \cdot L^{-1}$ 计。通常用高锰酸钾或重铬酸钾作氧化剂来测定 COD。高锰酸钾法适用于地表水、饮用水和生活污水等污染程度不大的水体,而重铬酸钾法适用于工业废水或其他污染程度较重的废水。

重铬酸钾法测定水样的 COD 时,用 $HgSO_4$ 掩蔽氯离子,在浓硫酸介质中加入一定量过量的 $K_2Cr_2O_7$ 标准溶液,以 Ag_2SO_4 为催化剂,加热回流 2 h,冷却后以邻二氮菲- $Fe(Ⅱ)$ 为指示剂,用 Fe^{2+} 标准溶液返滴定过量的 $K_2Cr_2O_7$,根据水样在加热回流过程中所消耗的 $K_2Cr_2O_7$ 的量换算求得 COD。全程约需 2.5 h。

微波加热法可以提高上述反应的速度,而多孔加热法则更受欢迎。用比色管在 165 ℃密闭或敞口加热 15 min,多孔加热器可同时处理多份样品,配合自动加样器和双波长快速光度检测器,可以在 30 min 内测定 30 份样品,达到平均每样 1 min 的分析速度。

6.7.3 碘量法

1. 概述

碘量法是以 I_2 的氧化性和 I^- 的还原性为基础的氧化还原滴定法,氧化还原半反应为:

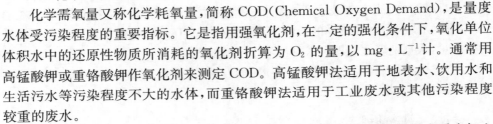

$$I_2 + e^- === 2I^- \quad E^{\ominus} = 0.54 \text{ V}$$

I_2 是一种较弱的氧化剂,只可与较强的还原剂作用,如 S^{2-}、SO_3^{2-}、$S_2O_3^{2-}$、$Sn(Ⅱ)$ 和维生素 C 等。因此,可用 I_2 标准溶液直接滴定这类还原性物质,这种方法称为直接碘量法,又称碘滴定法。由于 I_2 的氧化能力不强,且容易挥发,故直接碘量法的应用受到较多限制。

而 I^- 是中等强度的还原剂,能被较强的氧化剂定量氧化析出 I_2,析出的 I_2 可用 $Na_2S_2O_3$ 标准溶液滴定,因而可间接测定氧化性物质,这种方法称为间接碘量法。

碘量法的主要误差来源是 I_2 的挥发和 O_2 对 I^- 的氧化。故在滴定操作中用碘量瓶代替普通的锥形瓶。

碘量法用的标准溶液主要有硫代硫酸钠和碘标准溶液。

2. 硫代硫酸钠标准溶液

固体试剂 $Na_2S_2O_3 \cdot 5H_2O$ 通常含有一些杂质,且易风化和潮解。$Na_2S_2O_3$ 溶液不够稳定,水中的 CO_2、细菌和光照都能使其分解,水中的 O_2 也能将其氧化。故配制 $Na_2S_2O_3$ 溶液时,最好采用新煮沸并冷却的蒸馏水,以除去水中的 CO_2 和 O_2 并杀灭细菌;加入少量 Na_2CO_3 使溶液呈弱碱性以抑制 $Na_2S_2O_3$ 的分解和细菌的生长。NaS_2O_3 溶液宜贮于棕色瓶中,放置几天后再进行标定。长期使用的溶液应定期标定。

因为 $K_2Cr_2O_7$ 与 $Na_2S_2O_3$ 反应产物有多种,不能按确定的反应式进行,故不能用 $K_2Cr_2O_7$ 直接滴定 $Na_2S_2O_3$。通常采用 $K_2Cr_2O_7$ 作为基准物,以淀粉为指示剂,用间接碘量法标定 $Na_2S_2O_3$ 溶液。先使 $K_2Cr_2O_7$ 与过量的 KI 反应,析出与 $K_2Cr_2O_7$ 计量相当的 I_2,再用 $Na_2S_2O_3$ 溶液滴定 I_2,反应方程式如下:

$$Cr_2O_7^{2-} + 6I^- + 14H^+ \rightleftharpoons 2Cr^{3+} + 3I_2 + 7H_2O$$
$$I_2 + 2S_2O_3^{2-} \rightleftharpoons 2I^- + S_4O_6^{2-}$$

$Cr_2O_7^{2-}$ 与 I^- 的反应较慢,为了加快反应速度,可控制溶液酸度为 $0.2 \sim 0.4 \ mol \cdot L^{-1}$,同时加入过量的 KI,并在暗处放置一定时间。但在滴定前须将溶液稀释以降低酸度,防止 $Na_2S_2O_3$ 在滴定过程中遇强酸而分解。

3. 碘标准溶液

通常使用的市售 I_2 固体试剂,纯度不高,无法作为基准物质,故 I_2 标准溶液需采用标定法进行配制。最常用的标定方法是采用 $Na_2S_2O_3$ 标准溶液,滴定反应为:

$$I_2 + 2S_2O_3^{2-} \rightleftharpoons 2I^- + S_4O_6^{2-}$$

由于 I_2 几乎不溶于水,但能溶于 KI 溶液,形成溶解度较大的 I_3^- 离子,所以配制溶液时应加入过量 KI。

4. 应用示例

(1) 间接碘量法测定铜的含量

二价铜盐与过量 KI 的反应如下:

$$2Cu^{2+} + 5I^- \rightleftharpoons 2CuI \downarrow + I_3^-$$

生成的 I_2 用 $Na_2S_2O_3$ 标准溶液滴定,以淀粉为指示剂,蓝色恰好褪去为终点。这里 I^- 既是 Cu^{2+} 的还原剂和沉淀剂,又是 I_2 的配位剂。由于 CuI 沉淀强烈地吸附 I_2,使其无法完全被 $Na_2S_2O_3$ 滴定,造成结果偏低。加入 KSCN,使 CuI 转化为溶解度更小的 CuSCN 沉淀：

$$CuI + SCN^- \rightleftharpoons CuSCN\downarrow + I^-$$

则可使被 CuI 吸附的 I_2 释放出来，而 CuSCN 沉淀几乎不吸附 I_2，因而消除了由于 I_2 被吸附造成的误差。但是 KSCN 只能在临近终点时加入，否则 SCN^- 可能被氧化而使结果偏低。

在测定 Cu^{2+} 时，通常用 NH_4HF_2 控制溶液的酸度为 pH3～4。这种缓冲溶液（HF-F^-）同时也提供了 F^- 作为掩蔽剂，可以使共存的 Fe^{3+} 转化为 FeF_6^{3-}，而避免其氧化 I^- 干扰测定。

（2）有机物的测定

碘量法可用于有机物的测定，例如在葡萄糖（$C_6H_{12}O_6$）的碱性溶液中加入一定量过量的 I_2 标准溶液，I_2 会发生歧化反应生成 IO^-：

$$I_2 + 2OH^- \rightleftharpoons IO^- + I^- + H_2O$$

可以将葡萄糖的醛基定量氧化成羧基，反应为：

$$CH_2OH(CHOH)_4CHO + IO^- + OH^- \rightleftharpoons CH_2OH(CHOH)_4COO^- + I^- + H_2O$$

其总反应为：

$$C_6H_{12}O_6 + I_2 + 3OH^- \rightleftharpoons C_6H_{11}O_7^- + 2I^- + 2H_2O$$

碱液中剩余的 IO^- 歧化为 IO_3^- 及 I^-：

$$3IO^- \rightleftharpoons IO_3^- + 2I^-$$

溶液酸化后，上述歧化产物又析出 I_2：

$$IO_3^- + 5I^- + 6H^+ \rightleftharpoons 3I_2 + 3H_2O$$

用 $Na_2S_2O_3$ 标准溶液滴定生成的 I_2。

$$2S_2O_3^{2-} + I_2 \rightleftharpoons 2I^- + S_4O_6^{2-}$$

在上述过程中，反应物之间有如下计量关系：

$$n_{I_2} = n_{IO^-} = n_{C_6H_{12}O_6} = \frac{1}{2}n_{S_2O_3^{2-}}$$

葡萄糖的质量分数为：

$$w_{C_6H_{12}O_6} = \frac{\left(c_{I_2}V_{I_2} - \frac{1}{2}c_{Na_2S_2O_3}V_{Na_2S_2O_3}\right) \times M_{C_6H_{12}O_6}}{m_s}$$

这里 m_s 为葡萄糖固体试样的质量（g），$M_{C_6H_{12}O_6}$ 为葡萄糖的摩尔质量（g·mol^{-1}）。

（3）费休法测定微量水份

卡尔·费休（Karl Fischer）于 1935 年提出了用碘量法测定微量水份的方法，由于其专一性强和准确性高，长期以来被广泛应用于测定无机物和有机物中水含量的标准方法。

费休法的基本原理是利用 I_2 氧化 SO_2 时，需要定量的水参加反应。

$$I_2 + SO_2 + 2H_2O \rightleftharpoons 2HI + H_2SO_4$$

但此反应是可逆的，为了使反应向右定量进行，需要加入适当的碱性物质（如吡啶 C_5H_5N）以中和反应后生成的酸。

PDF：卡尔·费休水份测定仪

$$C_5H_5N \cdot I_2 + C_5H_5N \cdot SO_2 + C_5H_5N + H_2O == 2C_5H_5N \cdot HI + C_5H_5N \cdot SO_3$$

同时还需加入甲醇,以防止上述反应的生成物 $C_5H_5N \cdot SO_3$ 与水发生副反应,消耗一部分水而干扰测定,相应的反应为:

$$C_5H_5N \cdot SO_3 + CH_3OH == C_5H_5NHOSO_2OCH_3$$

费休法测定水的标准溶液是 I_2、SO_2、C_5H_5N、CH_3OH 的混合溶液,此溶液称为费休试剂,其中除 I_2 应严格计量外,其他组分都是过量的且不必严格计量,但必须严格控制它们的含水量在极低的范围内以保证不影响测定。

标定费休试剂时一般可采用纯水或含水的甲醇作为标准溶液,或采用稳定的含结晶水化合物作为基准物质。费休试剂由于 I_2 的存在而显棕色,与水反应后呈浅黄色。标定时,当其由浅黄色变为棕色时即为终点。为了避免误差,测定中所用器皿都必须干燥。

费休法不仅可用于测定水的含量,而且还可以根据某些反应中生成水或消耗的水量,间接测定多种有机物,如醇、酸酐、羧酸、腈类、羰基化合物、伯胺、仲胺及过氧化物等。

6.7.4　其他氧化还原滴定法

1. 硫酸铈法

$Ce(SO_4)_2$ 是一种强氧化剂,其氧化还原半反应和标准电极电位为:

$$Ce^{4+} + e^- == Ce^{3+} \quad E^{\ominus} = 1.61 \text{ V}$$

因在酸度较低的溶液中 Ce^{4+} 易水解,故应在强酸溶液中使用。硫酸铈法一般采用邻二氮菲-$Fe(II)$ 为指示剂。

与高锰酸钾法相比,硫酸铈法具有以下特点:

(1) Ce^{4+} 还原为 Ce^{3+} 是单电子转移,反应简单,不生成中间价态产物,副反应少。

(2) 固体试剂 $Ce(SO_4)_2 \cdot (NH_4)_2SO_4 \cdot 2H_2O$ 易提纯,因而可以直接配制标准溶液。

(3) $Ce(SO_4)_2$ 标准溶液稳定,长时间放置后浓度不变,不必重新标定。

(4) 可在较高浓度的盐酸中滴定还原剂。

2. 溴酸钾法

$KBrO_3$ 是一种强氧化剂,在酸性溶液中的氧化还原半反应和标准电极电位为:

$$BrO_3^- + 6H^+ + 6e^- == Br^- + 3H_2O \quad E^{\ominus} = 1.44 \text{ V}$$

$KBrO_3$ 试剂易提纯,可以直接配制标准溶液,其浓度也可采用间接碘量法标定。即在酸性 $KBrO_3$ 溶液中加入过量的 KI,生成与 $KBrO_3$ 计量相当的 I_2:

$$BrO_3^- + 6I^- + 6H^+ == 3I_2 + Br^- + 3H_2O$$

再以淀粉为指示剂,用 $Na_2S_2O_3$ 标准溶液滴定生成的 I_2。

在酸性溶液中,可以用 $KBrO_3$ 标准溶液直接滴定一些还原性的物质,如 As(III)、Sb(III)和 Sn(II)等。但 $KBrO_3$ 本身与还原剂的反应很慢,为此可在 $KBrO_3$

标准溶液中加入过量的 KBr，组成 KBrO₃- KBr 标准溶液。KBrO₃- KBr 溶液十分稳定，当溶液酸化时 KBrO₃ 即氧化 Br⁻ 而产生 Br₂，从而氧化还原性物质。因此，KBrO₃- KBr 标准溶液就相当于 Br₂ 标准溶液。

$$BrO_3^- + 5Br^- + 6H^+ \Longrightarrow 3Br_2 + 3H_2O$$

溴酸钾法常与碘量法配合使用，在有机物分析中应用较多。以苯酚的测定为例，在试剂中加入一定量过量的 KBrO₃- KBr 标准溶液，酸化后生成 Br₂，其中一部分与苯酚反应：

反应完成后，加入过量的 I⁻ 与剩余的 Br₂ 作用：

$$Br_2 + 2I^- \Longrightarrow I_2 + 2Br^-$$

再用 Na₂S₂O₃ 标准溶液滴定析出的 I₂，从加入的 KBrO₃ 量中减去剩余量，从而可求得试样中苯酚的含量。

§6.8　氧化还原滴定结果的计算

氧化还原滴定结果的计算关键是理清待测组分与滴定剂之间的化学反应计量关系，根据滴定终点时滴定剂的消耗量求得待测组分的含量。

【例 6-6】　准确称取含有 PbO 和 PbO₂ 混合物的试样 1.234 g，在其酸性溶液中加入 20.00 mL 0.250 0 mol · L⁻¹ H₂C₂O₄ 溶液，使 PbO₂ 还原为 Pb²⁺。所得溶液用氨水中和，使溶液中所有的 Pb²⁺ 均沉淀为 PbC₂O₄。过滤，滤液酸化后用 0.040 00 mol · L⁻¹ KMnO₄ 标准溶液滴定，用去 10.00 mL。然后将所得 PbC₂O₄ 沉淀溶于酸后，用 0.040 00 mol · L⁻¹ KMnO₄ 标准溶液滴定，用去 30.00 mL。计算试样中 PbO 和 PbO₂ 的质量分数。

解：有关的反应为：

$$PbO + H_2C_2O_4 \Longrightarrow Pb^{2+} + C_2O_4^{2-} + H_2O$$
$$PbO_2 + H_2C_2O_4 + 2H^+ \Longrightarrow Pb^{2+} + 2CO_2\uparrow + 2H_2O$$
$$Pb^{2+} + C_2O_4^{2-} \Longrightarrow PbC_2O_4\downarrow$$
$$PbC_2O_4 + 2H^+ \Longrightarrow Pb^{2+} + H_2C_2O_4$$
$$5H_2C_2O_4 + 2MnO_4^- + 6H^+ \Longrightarrow 2Mn^{2+} + 10CO_2\uparrow + 8H_2O$$

$$n_{H_2C_2O_4 总} = 0.250\,0 \times 20.00 \times 10^{-3} = 5.0 \times 10^{-3}\ mol$$
$$n_{H_2C_2O_4 过量} = \frac{5}{2} n_{KMnO_4} = \frac{5}{2} \times 0.040\,00 \times 10.00 \times 10^{-3}$$

$$=1.0\times10^{-3}\ \text{mol}$$

$$n_{\text{Pb总}}=n_{\text{H}_2\text{C}_2\text{O}_4\text{沉淀}}=\frac{5}{2}n_{\text{KMnO}_4}=\frac{5}{2}\times0.040\ 0\times30.00\times10^{-3}$$

$$=3.0\times10^{-3}\ \text{mol}$$

$$n_{\text{PbO}_2}=n_{\text{H}_2\text{C}_2\text{O}_4\text{还原}}=n_{\text{H}_2\text{C}_2\text{O}_4\text{总}}-n_{\text{H}_2\text{C}_2\text{O}_4\text{沉淀}}-n_{\text{H}_2\text{C}_2\text{O}_4\text{过量}}$$

$$=5.0\times10^{-3}-1.0\times10^{-3}-3.0\times10^{-3}$$

$$=1.0\times10^{-3}\ \text{mol}$$

$$n_{\text{PbO}}=n_{\text{Pb总}}-n_{\text{PbO}_2}=3.0\times10^{-3}-1.0\times10^{-3}=2.0\times10^{-3}\ \text{mol}$$

$$w_{\text{PbO}}=\frac{n_{\text{PbO}}\times M_{\text{PbO}}}{m_{\text{s}}}\times100\%$$

$$=\frac{2.0\times10^{-3}\times223.20}{1.234}\times100\%=36.18\%$$

$$w_{\text{PbO}_2}=\frac{n_{\text{PbO}_2}\times M_{\text{PbO}_2}}{m_{\text{s}}}\times100\%$$

$$=\frac{1.0\times10^{-3}\times239.20}{1.234}\times100\%=19.38\%$$

【例 6－7】 0.489 7 g 铬铁矿试样经 Na_2O_2 熔融后,使其中的 Cr^{3+} 氧化为 $Cr_2O_7^{2-}$,然后加入 10 mL 3 mol·L^{-1} H_2SO_4 及 50.00 mL 0.120 2 mol·L^{-1} 硫酸亚铁铵溶液处理。过量的 Fe^{2+} 需用 15.05 mL $K_2Cr_2O_7$ 标准溶液滴定,而 1.00 mL $K_2Cr_2O_7$ 标准溶液相当于 0.006 023 g Fe。试求试样中铬的质量分数。若以 Cr_2O_3 表示时又为多少?

解: $$Cr_2O_7^{2-}+6Fe^{2+}+14H^+=\!\!=\!\!=2Cr^{3+}+6Fe^{3+}+7H_2O$$

由以上反应可知:$n_{Cr^{3+}}=\frac{1}{3}n_{Fe^{2+}}$

$$n_{Cr^{3+}}=\frac{1}{3}\times\left(c_{\text{硫酸亚铁铵}}V_{\text{硫酸亚铁铵}}-\frac{T_{\text{Fe/K}_2\text{Cr}_2\text{O}_7}\times V_{\text{K}_2\text{Cr}_2\text{O}_7}}{M_{\text{Fe}}}\right)$$

$$=\frac{1}{3}\times\left(0.120\ 2\times50.00\times10^{-3}-\frac{0.006\ 023\times15.05}{55.85}\right)$$

$$=0.001\ 462(\text{mol})$$

$$w_{Cr}=\frac{n_{Cr^{3+}}\times M_{Cr}}{m_{\text{s}}}\times100\%$$

$$=\frac{0.001\ 462\times52.00}{0.489\ 7}\times100\%=15.53\%$$

$$\omega_{Cr_2O_3}=\frac{\frac{1}{2}\times n_{Cr^{3+}}\times M_{Cr_2O_3}}{m_{\text{s}}}\times100\%$$

$$=\frac{\frac{1}{2}\times n_{Cr^{3+}}\times152.0}{0.489\ 7}\times100\%=22.69\%$$

【例 6-8】 称取含有 Na_2HAsO_3 和 As_2O_5 及惰性杂质的试样 0.250 0 g,溶解后在 $NaHCO_3$ 存在下用 0.051 50 $mol \cdot L^{-1} I_2$ 标准溶液滴定,用去 15.80 mL。再酸化溶液并加入过量 KI,析出的 I_2 用 0.130 0 $mol \cdot L^{-1} Na_2S_2O_3$ 标准溶液滴定,用去 20.70 mL。计算试样中 Na_2HAsO_3 和 As_2O_5,的质量分数。已知 $M_{Na_2HAsO_3} = 169.9$ $g \cdot mol^{-1}$,$M_{As_2O_5} = 229.8$ $g \cdot mol^{-1}$。

解:涉及的反应如下:

$$As_2O_5 + 6OH^- \Longrightarrow 2AsO_4^{3-} + 3H_2O$$
$$AsO_3^{3-} + I_2 + 2HCO_3^- \Longrightarrow AsO_4^{3-} + 2I^- + 2CO_2 \uparrow + H_2O$$
$$AsO_4^{3-} + 2I^- + 2H^+ \Longrightarrow AsO_3^{3-} + I_2 + H_2O$$
$$I_2 + 2S_2O_3^{2-} \Longrightarrow 2I^- + S_4O_6^{2-}$$

由以上反应可知:$n_{HAsO_3^{2-}} = n_{I_2}$

$$w_{Na_2HAsO_3} = \frac{c_{I_2} V_{I_2} \times M_{Na_2HAsO_3}}{m_s} \times 100\%$$

$$= \frac{0.051\ 50 \times 15.80 \times 10^{-3} \times 169.9}{0.250\ 0} \times 100\%$$

$$= 55.30\%$$

$$n_{As_2O_5} = \frac{1}{2} n_{AsO_4^{3-}} = \frac{1}{2} n_{AsO_3^{3-}} = \frac{1}{2} n_{I_2} = \frac{1}{4} n_{S_2O_3^{2-}}$$

$$n_{As_2O_5} = \frac{1}{4}(c_{Na_2S_2O_3} V_{Na_2S_2O_3} - 2n_{Na_2HAsO_3})$$

$$= \frac{1}{4} \times 0.130\ 0 \times 20.70 \times 10^{-3} - \frac{1}{2} \times 0.051\ 50 \times 15.80 \times 10^{-3}$$

$$= 0.000\ 265\ 9\ mol$$

$$w_{As_2O_5} = \frac{n_{As_2O_5} \times M_{As_2O_5}}{m_s} \times 100\%$$

$$= \frac{0.000\ 265\ 9 \times 229.8}{0.250\ 0} \times 100\% = 24.45\%$$

【例 6-9】 今有不纯的 KI 试样 0.350 4 g,在 H_2SO_4 溶液中加入纯 K_2CrO_4 0.194 0 g 与之反应,煮沸逐出生成的 I_2。放冷后又加入过量 KI,使之与剩余的 K_2CrO_4 作用,析出的 I_2 用 0.102 0 $mol \cdot L^{-1} Na_2S_2O_3$ 标准溶液滴定,用去 10.23 mL。问试样中 KI 的质量分数是多少?

解:涉及如下反应:

$$2CrO_4^{2-} + 6I^- + 16H^+ \Longrightarrow 2Cr^{3+} + 3I_2 + 8H_2O$$
$$I_2 + 2S_2O_3^{2-} \Longrightarrow 2I^- + S_4O_6^{2-}$$

由以上反应可知:$n_{CrO_4^{2-}} = \frac{1}{3} n_{I^-} = \frac{2}{3} n_{I_2} = \frac{1}{3} n_{S_2O_3^{2-}}$

$$w_{KI} = \frac{3 \times \left(\dfrac{m_{K_2CrO_4}}{M_{K_2CrO_4}} - \dfrac{1}{3} \times c_{Na_2S_2O_3} V_{Na_2S_2O_3} \right) \times M_{KI}}{m_s} \times 100\%$$

$$= \frac{3 \times \left(\dfrac{0.194\,0}{294.2} - \dfrac{1}{3} \times 0.102\,0 \times 10.23 \times 10^{-3} \right) \times 166.0}{0.350\,4} \times 100\%$$

$$= 92.55\%$$

【例 6-10】 称取苯酚试样 0.408 2 g,用 NaOH 溶解后,移入 250.0 mL 容量瓶中用水定容。吸取 25.00 mL,加入溴酸钾标准溶液(KBrO₃+KBr)25.00 mL,然后加入 HCl 及 KI。待析出 I_2 后,用 $0.108\,4$ mol·L^{-1} $Na_2S_2O_3$ 标准溶液滴定,用去 20.04 mL。另取 25.00 mL 溴酸钾标准溶液做空白试验,消耗同浓度的 $Na_2S_2O_3$ 标准溶液 41.60 mL。试计算试样中苯酚的质量分数。

解: 涉及如下反应:

$$BrO_3^- + 5Br^- + 6H^+ \Longrightarrow 3Br_2 + 3H_2O$$
$$C_6H_5OH + 3Br_2 \Longrightarrow C_6H_3OBr_3 + 3Br^- + 3H^+$$
$$Br_2 + 2I^- \Longrightarrow I_2 + 2Br^-$$
$$I_2 + 2S_2O_3^{2-} \Longrightarrow 2I^- + S_4O_6^{2-}$$

由以上反应可知: $n_{C_6H_5OH} = \dfrac{1}{3} n_{Br_2} = \dfrac{1}{6} n_{S_2O_3^{2-}}$

$$w_{C_6H_6O} = \frac{\dfrac{1}{6} \times c_{Na_2S_2O_3} (V_{Na_2S_2O_3}^{空白试验} - V_{Na_2S_2O_3}) \times M_{C_6H_6O} \times \dfrac{250.0}{25.00}}{m_s} \times 100\%$$

$$= \frac{\dfrac{1}{6} \times 0.108\,4 \times (41.60 - 20.04) \times 10^{-3} \times 94.11 \times 10.00}{0.408\,2} \times 100\%$$

$$= 89.80\%$$

本章小结

一、本章主要知识点梳理。

(1) 可逆、均相的氧化还原电对的电位可用能斯特方程式计算。

$$E_{Ox/Red} = E_{Ox/Red}^{\ominus} + \frac{0.059}{n} \lg \frac{a_{Ox}}{a_{Red}}$$

(2) 条件电位

在实际工作中,通常只知道氧化态和还原态的浓度,而当溶液中的离子强度较大时,则必须对浓度进行校正。此外,氧化态和还原态在溶液中发生的副反应,如酸效应、配位效应和沉淀的生成等,也会引起电位的改变。引入相应的活度系数 γ_{Ox}、γ_{Red} 和相应的副反应系数 α_{Ox}、α_{Red},代入能斯特方程式:

$$E_{Ox/Red}=E_{Ox/Red}^{\ominus}+\frac{0.059}{n}\lg\frac{\gamma_{Ox}\alpha_{Red}}{\gamma_{Red}\alpha_{Ox}}+\frac{0.059}{n}\lg\frac{c_{Ox}}{c_{Red}}=E_{Ox/Red}^{\ominus'}+\frac{0.059}{n}\lg\frac{c_{Ox}}{c_{Red}}$$

式中 $E_{Ox/Red}^{\ominus'}=E_{Ox/Red}^{\ominus}+\frac{0.059}{n}\lg\frac{\gamma_{Ox}\alpha_{Red}}{\gamma_{Red}\alpha_{Ox}}$ 称为条件电位。它是指在特定条件下,氧化态和还原态的分析浓度均为 $1\,mol\cdot L^{-1}$(或其比值为 1)时的实际电位。采用条件电位按照能斯特方程式进行计算,所得的电位值将更加符合实际情况。

（3）氧化还原反应进行的程度

氧化还原反应进行的程度可用其平衡常数的大小来衡量。溶液中有副反应时,用条件平衡常数 K' 进行计算:

$$\lg K'=\frac{n(E_{Ox}^{\ominus'}-E_{Red}^{\ominus'})}{0.059\,V}$$

式中 n 为两电对电子转移数的最小公倍数。

（4）氧化还原反应滴定曲线

若参与氧化还原滴定的两个电对都是可逆电对,可利用能斯特方程式进行滴定曲线的理论计算。

化学计量点时的电位:

$$E_{sp}=\frac{n_1 E_1^{\ominus'}+n_2 E_2^{\ominus'}}{n_1+n_2}$$

滴定的电位突跃范围为(氧化剂滴定还的剂):

$$E_{-0.1\%}=E_{Red}^{\ominus'}+\frac{3\times0.059\,V}{n_2}$$

$$E_{+0.1\%}=E_{Ox}^{\ominus'}-\frac{3\times0.059\,V}{n_1}$$

若 $n_1=n_2$,则 E_{sp} 位于电位突跃范围的中点;若 $n_1\neq n_2$,则 E_{sp} 偏向电子转移数较多的电对的条件电位。

（5）氧化还原滴定指示剂

氧化还原滴定指示剂有三类:一类是氧化还原指示剂,是本身具有氧化还原性质,且其氧化型与还原型具有不同颜色的物质,指示剂的变色范围为 $E_{In}^{\ominus'}\pm\frac{0.059\,V}{n}$;第二类是自身指示剂,如 $KMnO_4$ 溶液;第三类是专属指示剂,如 I_2-淀粉溶液。

（6）常用的氧化还原滴定方法

氧化还原滴定方法按照所采用的滴定剂分类,常用的有高锰酸钾法、重铬酸钾法和碘量法。

（7）氧化还原滴定结果的计算

通过氧化还原反应中有关的化学反应方程式来确定待测组分与滴定剂之间的化学计量关系,再根据所消耗的滴定剂的浓度与体积求得待测组分的含量。

二、本章主要知识点及相互间的关系

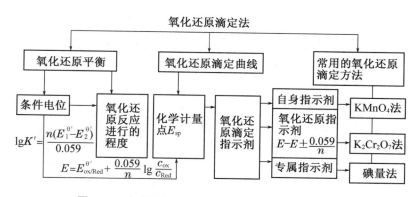

图 6-4　氧化还原滴定法的主要知识点和相互关系

1. 条件电位和标准电极电位有什么不同？影响条件电位的外界因素有哪些？

2. 能应用于氧化还原滴定的反应其平衡常数与氧化还原电对的电位之间有什么关系？

3. 影响氧化还原反应速率的主要因素有哪些？

4. 常用氧化还原滴定法有哪几类？这些方法的基本反应是什么？

5. 化学计量点在滴定曲线上的位置与氧化剂和还原剂的电子转移数有什么关系？

6. 试比较酸碱滴定、配位滴定和氧化还原滴定的滴定曲线，说明它们的共性和特性。

7. 氧化还原滴定中的指示剂分为几类？各自如何指示滴定终点？

8. 用 $Na_2C_2O_4$ 标定 $KMnO_4$ 时，为什么要在 H_2SO_4 介质中进行？为什么要加热到 $75\sim85$ ℃？

9. 碘量法中为什么在滴定至近终点时才加入淀粉指示剂？

10. 计算在 1 mol·L^{-1} HCl 溶液中，当 $[Cl^-]=1.0$ mol·L^{-1} 时，Ag^+/Ag 电对的条件电位。

11. 计算在 1.5 mol·L^{-1} HCl 介质中，当 $c_{Cr(VI)}=0.10$ mol·L^{-1}，$c_{Cr(III)}=0.020$ mol·L^{-1} 时 $Cr_2O_7^{2-}/Cr^{3+}$ 电对的电极电位。

12. 计算 pH10.0，$[NH_4^+]+[NH_3]=0.20$ mol·L^{-1} 时 Zn^{2+}/Zn 电对的条件电位。若 $c_{Zn(II)}=0.020$ mol·L^{-1}，体系的电位是多少？

13. 分别计算 $[H^+]=2.0$ mol·L^{-1} 和 pH2.00 时 MnO_4^-/Mn^{2+} 电对的条件电位。

14. 用碘量法测定铬铁矿中铬的含量时，试液中共存的 Fe^{3+} 有干扰。此时若溶液

pH 为 2.0,Fe(Ⅲ)的浓度为 0.10 mol·L^{-1},Fe(Ⅱ)的浓度为 $1.0×10^{-5}$ mol·L^{-1},加入 EDTA 并使其过量的浓度为 0.10 mol·L^{-1}。问此条件下,Fe^{3+} 的干扰能否被消除?

15. 已知在 1 mol·L^{-1} HCl 介质中,Fe(Ⅲ)/Fe(Ⅱ)电对的 $E^{\ominus'}=0.70$ V,Sn(Ⅳ)/Sn(Ⅱ)电对的 $E^{\ominus'}=0.14$ V。求在此条件下,反应 $2Fe^{3+}+Sn^{2+}\rightleftharpoons Sn^{4+}+2Fe^{2+}$ 的条件平衡常数。

16. 对于氧化还原反应 $BrO_3^-+5Br^-+6H^+\rightleftharpoons 3Br_2+3H_2O$,计算:

(1) 反应的平衡常数;

(2) 当溶液 pH 为 7.0,$[BrO_3^-]=0.10$ mol·L^{-1},$[Br^-]=0.70$ mol·L^{-1} 时,游离溴的平衡浓度。

17. 在 0.5 mol·L^{-1} H_2SO_4 介质中,将等体积的 0.60 mol·L^{-1} Fe^{2+} 溶液与 0.20 mol·L^{-1} Ce^{4+} 溶液相混合。反应达到平衡后,Ce^{4+} 的浓度为多少?

18. 在 1 mol·L^{-1} $HClO_4$ 介质中,用 0.020 00 mol·L^{-1} $KMnO_4$ 滴定 0.10 mol·L^{-1} Fe^{2+},试计算滴定分数分别为 0.50、1.00 和 2.00 时体系的电位。已知在此条件下 MnO_4^-/Mn^{2+} 电对的 $E^{\ominus'}=1.45$ V,Fe^{3+}/Fe^{2+} 电对的 $E^{\ominus'}=0.73$ V。

19. 在 0.10 mol·L^{-1} HCl 介质中,用 0.200 0 mol·L^{-1} Fe^{3+} 滴定 0.10 mol·L^{-1} Sn^{2+},试计算在化学计量点时的电位及突跃范围。在此滴定中选用什么指示剂?滴定终点与化学计量点是否一致?已知在此条件下,Fe^{3+}/Fe^{2+} 电对的 $E^{\ominus'}=0.73$ V,Sn^{4+}/Sn^{2+} 电对的 $E^{\ominus'}=0.07$ V。

20. 分别计算在 1 mol·L^{-1} HCl 和 1 mol·L^{-1} HCl—0.5 mol·L^{-1} H_3PO_4 溶液中,用 0.100 0 mol·L^{-1} $K_2Cr_2O_7$ 滴定 20.00 mL 0.600 0 mol·L^{-1} Fe^{2+} 时化学计量点的电位。如果两种情况下都选用二苯胺磺酸钠作指示剂,哪种情况的误差较小?已知在两种条件下,$Cr_2O_7^{2-}/Cr^{3+}$ 的 $E^{\ominus'}=1.00$ V,指示剂的 $E^{\ominus'}=0.85$ V。Fe^{3+}/Fe^{2+} 电对在 1 mol·L^{-1} HCl 中的 $E^{\ominus'}=0.70$ V,而在 1 mol·L^{-1} HCl-0.5 mol·L^{-1} H_3PO_4 中的 $E^{\ominus'}=0.51$ V。

21. 用 30.00 mL 某 $KMnO_4$ 溶液恰能氧化一定质量的 $KHC_2O_4·H_2O$,同样质量的 $KHC_2O_4·H_2O$ 又恰能与 25.20 mL 浓度为 0.201 2 mol·L^{-1} 的 KOH 溶液反应。计算此 $KMnO_4$ 溶液的浓度。

22. 某 $KMnO_4$ 标准溶液的浓度为 0.024 84 mol·L^{-1},求滴定度:

(1) $T_{Fe/KMnO_4}$;

(2) $T_{Fe_2O_3/KMnO_4}$;

(3) $T_{FeSO_4·7H_2O/KMnO_4}$。

23. 用 0.264 3 g 纯 As_2O_3 试剂标定某 $KMnO_4$ 溶液的浓度。先用 NaOH 溶解 As_2O_3,酸化后再用此 $KMnO_4$ 溶液滴定,用去 40.46 mL。计算 $KMnO_4$ 溶液的浓度。

24. 准确称取铁矿石试样 0.500 0 g,用酸溶解后加入 $SnCl_2$,使 Fe^{3+} 还原为 Fe^{2+},然后用 24.50 mL $KMnO_4$ 标准溶液滴定。已知 1 mL $KMnO_4$ 相当于

0.012 60 g $H_2C_2O_4 \cdot 2H_2O$。试问：

（1）矿样中 Fe 及 Fe_2O_3 的质量分数各为多少？

（2）取市售双氧水 3.00 mL 稀释定容至 250.0 mL，从中移取 20.00 mL 试液，需用上述 $KMnO_4$ 标准溶液 21.18 mL 滴定至终点。计算每 100.0 mL 市售双氧水中所含 H_2O_2 的质量。

25. 仅含有惰性杂质的铅丹（Pb_3O_4）试样重 3.500 g，加一移液管 Fe^{2+} 标准溶液和足量的稀 H_2SO_4 于此试样中。溶解作用停止后，过量的 Fe^{2+} 需 3.05 mL 0.040 00 $mol \cdot L^{-1}$ $KMnO_4$ 溶液滴定。同样一移液管的上述 Fe^{2+} 标准溶液，在酸性介质中用 0.040 00 $mol \cdot L^{-1}$ $KMnO_4$ 标准溶液滴定时，需去 48.05 mL。计算铅丹中 Pb_3O_4 的质量分数。

26. 准确称取软锰矿试样 0.526 1 g，在酸性介质中加入 0.704 9 g 纯 $Na_2C_2O_4$。待反应完全后，过量的 $Na_2C_2O_4$ 用 0.021 60 $mol \cdot L^{-1}$ $KMnO_4$ 标准溶液滴定，用去 30.47 mL。计算软锰矿中 MnO_2 的质量分数。

27. 用 $K_2Cr_2O_7$ 标准溶液测定 1.000 g 试样中的铁。试问 1.000 L $K_2Cr_2O_7$ 标准溶液中应含有多少克 $K_2Cr_2O_7$ 时，才能使滴定管读到的体积（mL）恰好等于试样中铁的质量分数（%）。

28. 将 0.196 3 g 分析纯 $K_2Cr_2O_7$ 试剂溶于水，酸化后加入过量 KI，析出的 I_2 需用33.61 mL $Na_2S_2O_3$ 溶液滴定。计算 $Na_2S_2O_3$ 溶液的浓度。

29. 将 1.025 g 二氧化锰矿试样溶于浓盐酸中，产生的氯气通入浓 KI 溶液后，将其体积稀释到 250.0 mL。然后取此溶液 25.00 mL，用 0.105 2 $mol \cdot L^{-1}$ $Na_2S_2O_3$ 标准溶液滴定，需要 20.02 mL。求软锰矿中 MnO_2 的质量分数。

30. 燃烧不纯的 Sb_2S_3 试样 0.167 5 g，将所得的 SO_2 通入 $FeCl_3$ 溶液中，使 Fe^{3+} 还原为 Fe^{2+}。再在稀酸条件下用 0.019 85 $mol \cdot L^{-1}$ $KMnO_4$ 标准溶液滴定 Fe^{2+}，用去 21.20 mL。问试样中 Sb_2S_3 的质量分数为多少？

31. 取废水样 100.0 mL，用 H_2SO_4 酸化后，加入 0.016 67 $mol \cdot L^{-1}$ $K_2Cr_2O_7$ 溶液 25.00 mL，加催化剂加热回流使水样中的还原性物质完全氧化。然后用 0.100 0 $mol \cdot L^{-1}$ $FeSO_4$ 标准溶液滴定剩余的 $Cr_2O_7^{2-}$，用去了 15.00 mL。计算废水样的化学耗氧量（$mg \cdot L^{-1}$）。

第七章　沉淀滴定法

§7.1　概　述

沉淀滴定法是基于沉淀反应建立的一种滴定分析方法。沉淀反应是一类广泛存在的反应,但由于沉淀的生成过程比较复杂,因此沉淀反应虽然很多,但并不是所有的沉淀反应都能用于滴定分析。沉淀滴定法适用于符合下列几个条件的沉淀反应:

(1)沉淀反应迅速、定量地进行,反应的完全程度高;

(2)生成的沉淀物组成恒定,溶解度小,不易形成过饱和溶液和产生共沉淀;

(3)有确定化学计量点的简单方法;

(4)沉淀的吸附现象不影响滴定终点的确定。

由于上述条件的限制,能用于沉淀滴定的反应并不多,目前有实用价值的主要是银量法,该法利用生成难溶银盐的反应进行沉淀滴定,主要用于测定 Ag^+、Cl^-、Br^-、I^-、CN^-、SCN^- 等离子及与其有关的有机化合物,例如:

$$Ag^+ + Cl^- = \!\!= AgCl \downarrow$$

$$Ag^+ + SCN^- = \!\!= AgSCN \downarrow$$

除银量法外,$K_4[Fe(CN)_6]$ 与 Zn^{2+}、$NaB(C_6H_5)_4$ 与 K^+、Hg^{2+} 与 S^{2-}、Ba^{2+} 或 Pb^{2+} 与 SO_4^{2-} 等形成沉淀的反应也可用于沉淀滴定法,但重要性不及银量法。本章主要讨论银量法。

§7.2　沉淀滴定方法

根据确定终点所用的指示剂不同,银量法可分为莫尔(Mohr)法、佛尔哈德(Volhard)法和法扬司(Fajans)法。

7.2.1　莫尔法

1. 基本原理

莫尔法是以 K_2CrO_4 为指示剂,以 $AgNO_3$ 标准溶液为滴定剂,利用生成沉淀的溶解度以及颜色的不同测定 Cl^-、Br^-、CN^- 及 Ag^+ 的分析方法。由于 AgI 或

AgSCN 沉淀对 I^- 或 SCN^- 的吸附较为强烈,因此该法不适合于碘化物和硫氰酸盐的测定。对于 Ag^+ 的测定,则需采用返滴定法。

以 Cl^- 的测定为例。在中性或弱碱性溶液中,以 K_2CrO_4 为指示剂,用 $AgNO_3$ 标准溶液直接滴定 Cl^-。滴定反应与指示反应分别为

$$Ag^+ + Cl^- \Longrightarrow AgCl\downarrow(白色) \quad K_{sp} = 1.8 \times 10^{-10}$$

$$2Ag^+ + CrO_4^{2-} \Longrightarrow Ag_2CrO_4\downarrow(砖红色) \quad K_{sp} = 2.0 \times 10^{-12}$$

由于 AgCl 的溶解度小于 Ag_2CrO_4 的溶解度,因此在含有 Cl^- 和 CrO_4^{2-} 的溶液中,根据分步沉淀的原理,AgCl 沉淀首先析出,当 Cl^- 被定量滴定后,CrO_4^{2-} 与稍过量的 Ag^+ 生成砖红色的 Ag_2CrO_4 沉淀而指示终点到达。显然,该法中指示剂的用量和溶液的酸度是影响滴定准确度的两个主要因素。

2. 滴定条件

(1) 指示剂的用量

在莫尔法中,应严格控制指示剂 K_2CrO_4 的用量,加入 K_2CrO_4 过多或过少,Ag_2CrO_4 沉淀的生成就会提前或滞后,从而影响滴定的准确度。理论上当达到化学计量点时应同时析出 Ag_2CrO_4 沉淀,根据溶度积原理,此时 Ag^+ 和 Cl^- 的浓度为

$$[Ag^+]_{sp} = [Cl^-]_{sp} = \sqrt{K_{sp,AgCl}} = 1.3 \times 10^{-5} \text{ mol} \cdot L^{-1}$$

所需 CrO_4^{2-} 的浓度为

$$[CrO_4^{2-}] = \frac{K_{sp,Ag_2CrO_4}}{[Ag^+]^2} = \frac{2.0 \times 10^{-12}}{(1.3 \times 10^{-5})^2} = 1.2 \times 10^{-2} \text{ mol} \cdot L^{-1}$$

由于 K_2CrO_4 本身的水溶液呈黄色,当其浓度较高时颜色较深,使 Ag_2CrO_4 沉淀的出现不易观察,影响终点的判断。实验表明,滴定溶液中 K_2CrO_4 适宜浓度一般为 5×10^{-3} mol $\cdot$ L^{-1} 左右。显然,此时滴定剂将过量,终点在化学计量点后出现,但通过计算可以证明产生的终点误差小于 0.1%,不会影响分析结果的准确度。但是如果溶液较稀时,滴定误差将增大,这种情况下应做指示剂空白试验进行校正。

(2) 溶液的酸度

CrO_4^{2-} 为二元弱碱,在溶液中存在如下解离平衡。

$$CrO_4^{2-} + H^+ \Longrightarrow HCrO_4^- \Longrightarrow \frac{1}{2}Cr_2O_7^{2-} + \frac{1}{2}H_2O$$

若溶液酸度过高,平衡将向右移动,游离的 CrO_4^{2-} 浓度降低,终点滞后;但若溶液的碱性太强,$AgNO_3$ 易形成 Ag_2O 沉淀。所以莫尔法适宜在中性或弱碱性介质中进行,通常控制滴定溶液的酸度在 pH6.5~10.5 的范围内。

当溶液中有铵盐存在时,需用 HNO_3 控制溶液的 pH 在 6.5~7.2。因为溶液酸度较低时,NH_4^+ 将转化为 NH_3 与 Ag^+ 生成 $Ag(NH_3)^+$ 和 $Ag(NH_3)_2^+$ 离子,影响滴定反应的定量进行。

(3) 干扰离子

莫尔法的选择性较差。凡能与 Ag^+ 生成沉淀的阴离子、能与 CrO_4^{2-} 生成沉淀

的阳离子均干扰测定,前者如 SO_3^{2-}、PO_4^{3-}、AsO_4^{3-}、S^{2-}、$C_2O_4^{2-}$、CO_3^{2-} 等,后者如 Ba^{2+}、Pb^{2+}、Hg^{2+} 等。此外,有色离子 Cu^{2+}、Co^{2+} 和 Ni^{2+} 等影响终点颜色的观察。在中性、弱碱性溶液中易发生水解反应的离子,如 Fe^{3+}、Al^{3+}、Bi^{3+}、Sn^{4+} 等均干扰测定,应预先分离。

另外,在滴定过程中生成的 AgCl 或 AgBr 沉淀会强烈地吸附 Cl^- 或 Br^-,使终点提前到达而产生负误差。因此,在滴定过程中必须剧烈摇动溶液,以减小误差。

3. 应用示例——水中氯离子的测定

氯离子是各类水体中最常见的无机阴离子之一,水体中氯化物含量过高时,不仅会对人体健康产生危害,还会损害金属管道和构筑物,并妨碍植物的生长。水中氯离子的测定可用 $AgNO_3$ 标准溶液进行滴定,一般采用莫尔法。

若水样颜色较深,影响滴定终点的观察时,可在滴定前用活性炭吸附脱色。水样中含有 PO_4^{3-}、AsO_4^{3-}、S^{2-} 等能与 Ag^+ 生成沉淀的阴离子时,应采用佛尔哈德法测定。

7.2.2 佛尔哈德法

佛尔哈德法是以硫酸铁铵(铁铵矾)$NH_4Fe(SO_4)_2 \cdot 12H_2O$ 为指示剂,以 KSCN(或 NH_4SCN、NaSCN)标准溶液为滴定剂测定 Ag^+、SCN^- 及卤素等离子的分析方法。根据滴定方式的不同,佛尔哈德法分为直接滴定法和返滴定法两种。

1. 基本原理

(1) 直接滴定法

在强酸性介质中,以铁铵矾为指示剂,用 KSCN(或 NH_4SCN、NaSCN)标准溶液直接滴定 Ag^+,SCN^- 首先与 Ag^+ 形成白色 AgSCN 沉淀,当 Ag^+ 被定量滴定后,微过量的 SCN^- 与 Fe^{3+} 结合生成红色的 $[FeSCN]^{2+}$ 指示滴定终点的到达。其滴定反应与指示反应如下:

$$Ag^+ + SCN^- \Longrightarrow AgSCN \downarrow (白色) \quad K_{sp} = 1.0 \times 10^{-12}$$

$$Fe^{3+} + SCN^- \Longrightarrow Fe(SCN)^{2+} (红色) \quad \lg K = 2.95$$

由于 AgSCN 沉淀具有较强的吸附性,使溶液中游离的 Ag^+ 浓度降低,滴定终点提前。因此在滴定过程需剧烈摇动溶液以释放被沉淀吸附的 Ag^+,提高滴定的准确度。

(2) 返滴定法

在佛尔哈德法中,对 SCN^- 及卤素等离子(如 Cl^-、Br^-、I^-)的测定采用返滴定法。即在含有待测物质的酸性溶液中,先加入一定量过量的 $AgNO_3$ 标准溶液,再加入铁铵矾指示剂,用 KSCN(或 NH_4SCN、NaSCN)标准溶液返滴定过量的 Ag^+。以测定 Cl^- 为例:

$$Ag^+ + Cl^- \Longrightarrow AgCl \downarrow (白色)$$

滴定反应:$Ag^+ (过量) + SCN^- \Longrightarrow AgSCN \downarrow (白色)$

终点指示反应：$Fe^{3+}+SCN^-\rlap{=}{=\!=}FeSCN^{2+}$（红色）

由于 AgSCN 的溶解度比 AgCl 小，当过量的 Ag^+ 被 SCN^- 完全滴定后，若再滴入 SCN^-，则将与 AgCl 沉淀发生作用，使其转化为 AgSCN 沉淀。该沉淀转化的发生将导致终点颜色随着滴定中溶液的摇动而消失，造成滴定终点拖后。为避免此类误差发生，通常可采用以下措施：

① 促使 AgCl 沉淀凝聚，减少 AgCl 沉淀对 Ag^+ 的吸附。在待测试液中加入一定量过量的 $AgNO_3$ 标准溶液后，将溶液煮沸促使 AgCl 沉淀凝聚，并将沉淀过滤，用稀 HNO_3 充分洗涤，合并滤液和洗涤液，再用 NH_4SCN 标准溶液返滴定过量 Ag^+。由于要用到沉淀、过滤等操作，较为繁琐，且易因沉淀因素造成损失。

② 加入有机溶剂形成保护层，阻止沉淀转化。在形成 AgCl 沉淀后，用 SCN^- 标准溶液返滴定之前，先加入少量的有机溶剂，如硝基苯、苯、四氯化碳或 1,2 -二氯乙烷，用力摇动溶液，AgCl 沉淀被有机溶剂包裹形成保护层，从而不与 SCN^- 接触而发生沉淀的转化。但上述有机溶剂毒性较大，在要求不高的分析中，可不加有机溶剂而进行直接滴定，但滴定速度要快，近终点溶液摇动不可过于剧烈，尽量减少 AgCl 沉淀向 AgSCN 沉淀的转化。

③ 增加指示剂的用量以提高 Fe^{3+} 的浓度。这样在 SCN^- 过量浓度较小时即可观察到变色点的出现，以此达到减小误差的目的。

2. 滴定条件

（1）指示剂用量

终点出现的早晚与加入指示剂后 Fe^{3+} 的浓度有关。实验证明，溶液中 Fe^{3+} 的浓度在 $0.015\sim0.02\ mol\cdot L^{-1}$ 范围内，终点误差将小于 0.1%。

（2）溶液的酸度

滴定在酸性（如硝酸）介质中进行，一般控制溶液酸度在 $0.1\sim1\ mol\cdot L^{-1}$ 之间。若溶液酸度较低，指示剂中 Fe^{3+} 在中性及碱性溶液中易水解成深棕色水合离子甚至水解析出棕红色 $Fe(OH)_3$ 沉淀，Ag^+ 在碱性溶液中也易生成 Ag_2O 沉淀，影响滴定终点的观察。

（3）干扰离子

与莫尔法相比，佛尔哈德法的优点不仅在于可直接测定 Ag^+，而且可在酸性溶液中进行滴定。在酸性介质中，如 PO_4^{3-}、CO_3^{2-}、$C_2O_4^{2-}$ 等许多弱酸根离子都不与 Ag^+ 生成沉淀，但强氧化剂、氮氧化物、铜盐及汞盐都能与 SCN^- 作用，测定前须预先除去。

3. 应用示例

（1）复混肥料中氯离子含量的测定

在微酸性试样溶液中加入一定量过量的硝酸银溶液，使氯离子转化为氯化银沉淀。用邻苯二甲酸二丁酯包裹沉淀，以硫酸铁铵为指示剂，用硫氰酸铵标准溶液滴定剩余的硝酸银。

（2）烧碱中 NaCl 含量的测定

对含有 NaCl 的烧碱溶液进行酸化处理后,在其中加入一定量过量的 $AgNO_3$ 标准溶液,使 Cl^- 定量生成 AgCl 沉淀后,再加入铁铵矾指示剂,用 NH_4SCN 标准溶液返滴定剩余的 $AgNO_3$。

(3) 银合金中银的测定

将银合金溶于 HNO_3 中,制成溶液。

$$Ag + NO_3^- + 2H^+ \Longrightarrow Ag^+ + NO_2 \uparrow + H_2O$$

在溶解试样时,必须煮沸以除去氮的低价氧化物,因为它能与 SCN^- 作用生成红色化合物,而影响终点的观察。

$$HNO_2 + H^+ + SCN^- \Longrightarrow NOSCN + H_2O$$
$$\text{(红色)}$$

试样溶解后,加入铁铵矾指示剂,用 NH_4SCN 标准溶液滴定。

根据试样的质量、滴定用去 NH_4SCN 标准溶液的体积,计算银的百分含量。

7.2.3 法扬司法

法扬司法是以吸附指示剂确定滴定终点的一种银量法,该法终点变色明显,易于判别,方法简便,可用于测定 Cl^-、Br^-、I^-、SCN^-、Ag^+ 及生物碱盐类(如盐酸麻黄碱)等。

1. 基本原理

动画:吸附指示剂变色原理

吸附指示剂是一类有机染料,它在游离态和吸附态时因结构发生变化而呈现不同的颜色,从而指示滴定终点的到达。

例如,荧光黄是一种有机弱酸,用 HFl 表示,在水溶液中可离解为荧光黄阴离子 Fl^- 而呈黄绿色:

$$HFl \Longrightarrow Fl^- \text{(黄绿色)} + H^+$$

当用 $AgNO_3$ 标准溶液滴定 Cl^- 时,在化学计量点前,溶液中 Cl^- 过量,AgCl 沉淀吸附 Cl^- 而带负电荷,形成的 $AgCl \cdot Cl^-$ 胶体微粒不吸附同为阴离子的 Fl^-,溶液呈黄绿色;化学计量点后,溶液中 $AgNO_3$ 过量,AgCl 沉淀吸附 Ag^+ 形成 $AgCl \cdot Ag^+$ 胶体微粒而带正电荷,将吸附带负电荷的荧光黄阴离子 Fl^-,使指示剂分子结构发生变化,溶液由黄绿色变成粉红色,指示滴定终点的到达。

$$AgCl \cdot Ag^+ + \quad Fl^- \quad \xrightarrow{\text{吸附}} \quad AgCl \cdot Ag^+ \cdot Fl^-$$
$$\text{(黄绿色)} \qquad\qquad\qquad\qquad \text{(粉红色)}$$

2. 滴定条件

(1) 保持沉淀呈胶体状态

由于吸附指示剂是被沉淀吸附后而变色,因此,在滴定时需采取措施以防止卤化银沉淀凝聚。一般在溶液中加入糊精或淀粉等高分子化合物作为胶体保护剂,尽可能使卤化银沉淀呈胶体状态,以具有较大的表面积对指示剂产生明显的吸附作用。

此外,在滴定前将待测溶液适当稀释,降低电解质的浓度,也有利于沉淀保持溶胶状态。但也不宜过度稀释,否则因沉淀量少而难以观察终点。

（2）控制溶液酸度

常用的吸附指示剂大多是有机弱酸,起指示作用的是它们的阴离子。酸度高时,指示剂不易解离,无法指示终点。酸性的强弱与指示剂的离解常数大小有关,离解常数越大,滴定允许酸度越高。

（3）避免强光照射

卤化银对光敏感,容易感光转变为灰黑色,影响终点观察,因此滴定应避免在强光下进行。

（4）吸附指示剂的选择

沉淀胶体微粒对指示剂的吸附能力,应略小于对待测离子的吸附能力,否则会使滴定终点提前。但也不能太小,否则终点滞后。卤化银对卤素离子和几种吸附指示剂的吸附能力的大小顺序如下:

$$I^- > SCN^- > Br^- > 曙红 > Cl^- > 荧光黄$$

几种常用的吸附指示剂及其应用列于表 7 - 1 中。

表 7 - 1　常用的吸附指示剂

指示剂	被测离子	滴定剂	适用的 pH 范围
荧光黄	Cl^-、Br^-、I^-	Ag^+	7～10（一般为 7～8）
二氯荧光黄	Cl^-、Br^-、I^-	Ag^+	4～10（一般为 5～8）
曙红	Cl^-、Br^-、I^-	Ag^+	2～10（一般为 3～8）
溴甲酚绿	SCN^-	Ag^+	4～5
甲基紫	Ag^+	Cl^-	酸性溶液
罗丹明 6G	Ag^+	Br^-	酸性溶液
溴酚蓝	Hg_2^{2+}	Cl^-、Br^-	酸性溶液

本章小结

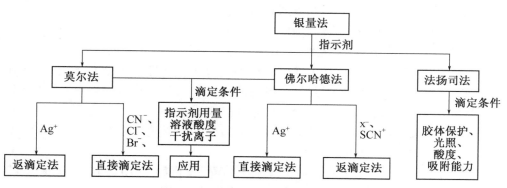

图 7 - 1　沉淀滴定法知识点关系图

习 题

1. 能用于沉淀滴定分析的沉淀反应必须符合什么条件?

2. 为什么莫尔法只能在中性或弱碱性溶液中进行,而佛尔哈德法只能在酸性溶液中进行?

3. 法扬司法使用吸附指示剂时,应注意哪些问题?

4. 用银量法测定下列试样时,应选用何种方法确定终点? 为什么?

(1) $BaCl_2$;   (2) KCl;   (3) NH_4Cl;

(4) $KSCN$;   (5) $NaCO_3 + NaCl$;   (6) $NaBr$。

5. 在下列情况下,测定结果是偏高、偏低还是无影响? 并说明其原因。

(1) 在 pH4 的条件下,用莫尔法测定 Cl^-;

(2) 用佛尔哈德法测定 Cl^- 既没有将 $AgCl$ 沉淀滤去或加热促其凝聚,也没有加有机溶剂;

(3) 同(2)的条件下测定 Br^-;

(4) 用法扬斯法测定 Cl^-,曙红作指示剂;

(5) 用法扬斯法测定 I^-,曙红作指示剂。

6. 某质量技术监督检验中心欲测定某品牌肉食制品中的氯化钠含量,现称取该肉食制品试样 9.226 6 g,经预处理后试液于 100 mL 容量瓶中定容。移取 25.00 mL 上述试液置于锥形瓶中,加入 0.112 1 mol·L^{-1} $AgNO_3$ 标准溶液 30.00 mL,过量的 $AgNO_3$ 用 0.118 5 mol·L^{-1} KSCN 标准溶液滴定,用去 6.50 mL,计算该肉食制品中 NaCl 的质量分数。

7. 称取银合金试样 0.300 0 g,溶解后制成溶液,加铁铵矾指示剂,用 0.100 0 mol·L^{-1} NH_4SCN 标准溶液滴定,用去 23.80 mL,计算合金中银的质量分数。

8. 称取烧碱样品 0.503 8 g,溶于水中,用硝酸调节 pH 后,于 250 mL 容量瓶中定容。移取 25.00 mL 上述溶液置于锥形瓶中,加入 25.00 mL 0.104 1 mol·L^{-1} 的 $AgNO_3$ 溶液,充分反应后,过量的 $AgNO_3$ 用 0.115 8 mol·L^{-1} NH_4SCN 标准溶液滴定,用去 21.45 mL,计算烧碱中氯的含量。

9. 将纯 KCl 和 KBr 的混合物 0.300 0 g 溶于水后,用 0.100 2 mol·L^{-1} $AgNO_3$ 溶液 30.85 mL 滴定至终点,计算混合物中 KCl 和 KBr 的含量。

10. 用移液管从食盐水槽中移取试液 25.00 mL,采用莫尔法进行测定,滴定用去 0.101 3 mol·L^{-1} $AgNO_3$ 标准溶液 25.36 mL。向液槽中加入食盐(含 NaCl 96.61%)4.500 0 kg,溶解后混合均匀,再移取 25.00 mL 试液,滴定用去 $AgNO_3$ 标准溶液 28.42 mL。如移取试液对液槽中溶液体积的影响可以忽略不计,计算液槽中加入食盐溶液的体积是多少升?

11. 称取纯 KIO_x 试样 0.500 0 g,将碘还原成碘化物后,用 0.100 0 mol·L^{-1} $AgNO_3$ 标准溶液滴定,用去 23.36 mL。计算分子式中的 x。

第八章　沉淀重量分析法

§8.1　概　述

重量分析法是经典的化学分析方法之一,是用适当的方法先将试样中待测组分与其他组分分离,然后用称量的方法测定该组分含量的定量分析方法。

8.1.1　重量分析法的适用对象

重量分析法通过使用分析天平准确称量来获得分析结果,与滴定分析法相比,具有不需要与基准物质或标准试样进行比较的特点,获得结果的途径更直接,所以重量分析法的准确度较高,对于常量组分测定的相对误差一般不超过$\pm 0.1\%$。但是重量分析法的操作步骤一般多而繁琐,周期较长,难以满足快速分析的要求,对低含量组分的测定误差较大。因此,重量分析法适用于常量分析。此外,重量分析法还用于标准方法及仲裁分析中。

8.1.2　重量分析法的分类和一般操作过程

在重量分析法中,将待测组分从试样中分离出来是至关重要的一步,根据分离方法的不同,重量分析法常分为以下三类。

1. 沉淀法

沉淀法是利用沉淀反应使待测组分生成溶解度很小的微溶化合物沉淀出来,沉淀经过滤、洗涤、烘干或灼烧后转化为称量形式,称其质量,计算待测组分的含量。沉淀法是重量分析中最常用的方法。

例如,测定煤试样中全硫含量时,先将煤样与艾氏卡试剂(2 份质量的化学纯氧化镁+1 份质量的化学纯无水碳酸钠)在高温下充分反应,煤中的硫生成硫酸盐,再于试液中加入过量 $BaCl_2$ 溶液,使 SO_4^{2-} 定量生成 $BaSO_4$ 沉淀,根据 $BaSO_4$ 沉淀的质量即可计算煤试样中全硫的含量。

2. 气化法

气化法又称挥发法,通过加热或其他方法使试样中待测组分挥发逸出,然后根据试样质量的变化来计算该组分的含量;或者选择吸收剂吸收逸出的组分,根据吸收剂吸收前后质量的变化来计算该组分的含量。例如,测定试样中结晶水或吸附水时,可将一定质量的试样加热烘干,根据试样质量的减轻计算试样中水分的含量。也可以用吸湿剂吸收逸出的水分,根据吸湿剂质量的增加来计算水分的含量。

3. 电解法

利用电解原理使待测金属离子在电极上以金属单质或氧化物形式析出,根据电极增加的质量,求得待测组分含量。

在重量分析法中,以沉淀法应用最为广泛,本章将重点讨论。一个完整的沉淀重量分析方法,一般包括以下步骤:

(1) 试样经前处理制得试样溶液;

(2) 选择合适的沉淀剂,控制适宜的沉淀条件生成沉淀(得到沉淀形式);

(3) 过滤、洗涤、烘干或灼烧沉淀至恒重(得到称量形式);

(4) 称量与计算。

例如,重量法测定 Ba^{2+} 时,先将试样制成适合分析的试液,选择稀硫酸作为沉淀剂,通过加入过量的稀硫酸溶液,待测 Ba^{2+} 以 $BaSO_4$ 沉淀下来,此为 Ba^{2+} 的沉淀形式;经过过滤、洗涤、烘干后仍为 $BaSO_4$,得到 Ba^{2+} 的称量形式,此时沉淀形式和称量形式相同。

又如,在 Ca^{2+} 的测定中,以草酸铵为沉淀剂,沉淀形式是 $CaC_2O_4 \cdot H_2O$,灼烧后得到的称量形式是 CaO,此时沉淀形式因在灼烧过程中发生化学变化而与称量形式不同。

在沉淀重量分析法的几个步骤中,最重要的是与沉淀反应相关的过程,尤其是沉淀条件的控制,这也是本章的学习重点。

§8.2 沉淀重量分析法对沉淀的要求

沉淀重量分析法的误差主要来源于沉淀和称量这两个部分,为了保证分析结果的准确度,沉淀形式和称量形式必须满足以下要求。

1. 对沉淀形式的要求

(1) 沉淀的溶解度要小,即待测组分必须定量沉淀完全,沉淀的溶解损失不应超过分析天平的称量误差。一般要求溶解损失小于 $0.2\ mg$。

(2) 沉淀纯度要高,不应被杂质玷污而引起误差。

阅读:重量分析操作要点

(3) 沉淀易于过滤和洗涤。为此最好是生成颗粒较大的晶型沉淀(如 $MgNH_4PO_4 \cdot 6H_2O$)。而颗粒细小的晶形沉淀(如 $BaSO_4$)能穿过或堵塞滤纸的小孔,非晶形沉淀(如 $Al(OH)_3$)则因体积庞大疏松、吸附杂质较多而难于过滤和洗涤。

(4) 沉淀形式应易于转化为称量形式。

2. 对称量形式的要求

(1) 称量形式有确定的组成,必须与化学式相符,这是计算分析结果的基本依据。

（2）称量形式性质较稳定，不易受空气中水分、CO_2 和 O_2 的影响。

（3）称量形式的摩尔质量尽可能大，以减小称量误差。例如在铝的测定中，可以用氨水或 8-羟基喹啉作沉淀剂，以被测组分 Al 的质量为 0.100 0 g 进行计算，则分别得到 0.189 0 g Al_2O_3 和 1.702 9 g 8-羟基喹啉铝[$Al(C_9H_6NO)_3$]两种称量形式。分析天平的称量误差为 ±0.2 mg，这两种称量形式的称量相对误差分别为 ±1% 和 ±0.1%。显然，用摩尔质量相对较大的 $Al(C_9H_6NO)_3$ 测定 Al 的误差更小。

§8.3 沉淀的溶解度及其影响因素

沉淀溶解度的大小决定了沉淀反应进行的完全程度，是沉淀重量法误差的重要来源之一。沉淀的溶解损失不超过称量误差 0.2 mg，即认为待测组分定量沉淀完全，但大多数沉淀很难达到这一要求。因此，在重量分析中，必须了解沉淀的溶解度及影响因素，以便选择和控制沉淀的条件，减少沉淀的溶解损失，以满足定量分析的要求。

8.3.1 溶解度和溶度积

1. 溶解度与固有溶解度

1∶1 型微溶化合物 MA 在水中溶解可达到下列平衡关系：

$$MA_{(固)} \longleftrightarrow MA_{(水)} \longleftrightarrow M^+ + A^-$$

其中，$MA_{(水)}$ 表示 MA 在水溶液中未解离的部分，它可以是不带电荷的分子 $MA_{(水)}$，也可以是离子化合物 M^+A^- 或离子对 $M^+ \cdot A^-$。例如，AgCl 溶于水中，未解离部分以 $AgCl_{(水)}$ 分子状态存在，而 $CaSO_4$ 溶于水后，未解离部分则以离子化合物 $Ca^{2+}SO_4^{2-}{}_{(水)}$ 存在于水溶液中。

根据 MA(固)和 MA(水)之间的溶解平衡可得

$$\frac{a_{MA(水)}}{a_{MA(固)}} = K$$

由于纯固体物质的活度等于 1，溶液中中性分子的活度系数也近似为 1，则

$$s^0 = a_{MA(水)} = [MA]_水 \tag{8-1}$$

s^0 称为固有溶解度或分子溶解度。是在水溶液中以分子状态或离子化合物状态或离子对状态存在的 $MA_{(水)}$ 的浓度，一定温度下是一常数。

若忽略溶液中存在的其他副反应，微溶化合物 MA 的溶解度 s 等于固有溶解度 s^0 和 M^+（或 A^-）离子浓度之和，即

$$s = s^0 + [M^+] = s^0 + [A^-] \tag{8-2}$$

固有溶解度与物质本身的性质有关。对于大多数微溶化合物而言，其 s^0 都比较小且大多未被测定，与离子浓度[M^+]（或[A^-]）相比可以忽略不计，故在一般计算中通常忽略 s^0 项，近似认为：

$$s=[\text{M}^+]=[\text{A}^-] \tag{8-3}$$

但也有少数化合物具有较大的固有溶解度,例如 HgCl_2,25 ℃时在水中实际测得的溶解度约为 $0.25\ \text{mol} \cdot \text{L}^{-1}$,而按其溶度积($2\times10^{-14}$)计算,$\text{HgCl}_2$ 的理论溶解度仅为 $1.7\times10^{-5}\ \text{mol} \cdot \text{L}^{-1}$。这说明在 HgCl_2 的饱和溶液中有大量的中性 HgCl_2 分子存在,只有很少一部分解离为 Hg^{2+} 和 Cl^-,计算该类物质的溶解度时,则应该包括固有溶解度在内。

2. 溶度积与条件溶度积

根据微溶化合物 MA 在水溶液中的溶解平衡关系:

$$a_{\text{M}^+}\, a_{\text{A}^-} = K_{\text{ap}} \tag{8-4}$$

K_{ap} 为微溶化合物的活度积,K_{ap} 仅与温度有关,称为活度积常数。附表 14 中列出了常见微溶化合物的活度积常数。在沉淀重量法测定过程中,沉淀剂一般是过量的,因此大多需要考虑离子强度的影响,这时应引入溶度积计算沉淀的溶解度,考虑活度与浓度之间的关系后可得出

$$a_{\text{M}^+}\, a_{\text{A}^-} = \gamma_{\text{M}^+}[\text{M}^+]\gamma_{\text{A}^-}[\text{A}^-] = \gamma_{\text{M}^+}\,\gamma_{\text{A}^-}\, K_{\text{sp}} = K_{\text{ap}}$$

$$K_{\text{sp}} = [\text{M}^+][\text{A}^-] = \frac{K_{\text{ap}}}{\gamma_{\text{M}^+}\,\gamma_{\text{A}^-}} \tag{8-5}$$

K_{sp} 称为溶度积常数,简称溶度积,它是微溶化合物饱和溶液中各种离子浓度的乘积。K_{sp} 的大小不仅与温度有关,而且与溶液的离子强度有关。在重量分析中大多加入过量沉淀剂,离子强度较大,引用溶度积计算比较符合实际,仅在计算纯水中的溶解度时,才用活度积。不过通常情况下,由于微溶化合物的溶解度较小,溶液中的离子强度不大,一般在计算中可忽略离子强度的影响,用活度积代替溶度积。

对于 $m:n$ 型微溶化合物 M_mA_n,根据溶解平衡可导出溶解度与溶度积的关系:

$$\text{M}_m\text{A}_{n(\text{固})} \Longleftrightarrow m\text{M}^{n+} + n\text{A}^{m-}$$

若 M_mA_n 的溶解度为 s,则溶液中 M^{n+} 与 A^{m-} 的总浓度分别为 ms 和 ns,则

$$K_{\text{sp}} = [\text{M}^{n+}]^m[\text{A}^{m-}]^n = (ms)^m(ns)^n = m^m n^n s^{m+n}$$

$$s = \sqrt[m+n]{\frac{K_{\text{sp}}}{m^m n^n}} \tag{8-6}$$

在沉淀溶解平衡中,实际上除了主反应外,还可能存在多种副反应。例如对于 $1:1$ 型沉淀 MA,除了溶解为 M^+ 和 A^- 这个主反应外,组成沉淀的金属离子还可能与溶液中的配位剂 L 形成配合物,也可能发生水解作用;组成沉淀的阴离子 A^- 还可能与 H^+ 结合成弱酸,有如下平衡关系:

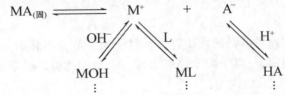

参考配位平衡的处理方法,引入相应的副反应系数 α_M 和 α_A,则溶液中金属离子总浓度 $[M']$ 和沉淀剂总浓度 $[A']$ 分别为:

$$[M']=\alpha_M \cdot [M]=[M]+[ML]+[ML_2]+\cdots+[M(OH)]+[M(OH)_2]+\cdots$$
$$[A']=\alpha_A \cdot [A]=[A]+[HA]+[H_2A]+\cdots$$

$$K'_{sp}=[M'][A']=K_{sp}\alpha_M\alpha_A \qquad (8-7)$$

其中,K'_{sp} 称为条件溶度积常数,简称条件溶度积。由于副反应系数 $\alpha_M \geqslant 1$,$\alpha_A \geqslant 1$,所以 $K'_{sp} \geqslant K_{sp}$,即副反应的发生使溶度积增大。此时沉淀的实际溶解度为:

$$s=[M']=[A']=\sqrt{K'_{sp}}=\sqrt{K_{sp}\alpha_M\alpha_A} \qquad (8-8)$$

对于 $m:n$ 型微溶化合物 M_mA_n,则

$$K'_{sp}=[M']^m[A']^n=K_{sp}\alpha_M^m\alpha_A^n \qquad (8-9)$$

条件溶度积 K'_{sp} 的引入,使得相关计算更能真实地反应沉淀反应的完全程度,以及溶液中沉淀溶解平衡的实际情况。

8.3.2　沉淀溶解度的影响因素

影响沉淀溶解度的因素很多,如盐效应、同离子效应、酸效应、配位效应等。此外,温度、介质、沉淀结构和颗粒大小等对溶解度也有一定的影响。下面进行分别讨论。

1. 盐效应

在微溶化合物的溶解平衡系统中,由于强电解质的加入使沉淀的溶解度增大的现象称为盐效应。发生盐效应的原因主要是由于平衡体系中活度系数的改变引起的。强电解质的浓度越大以及所带电荷数越高,均使得离子强度增大而离子活度系数减小。而一定温度下,K_{ap} 是常数,故溶度积随着强电解质浓度的增大而增大,沉淀的溶解度随之增大。

$$K_{sp} \nearrow = [M^+][A^-]=\frac{K_{ap}}{\gamma_{M^+} \downarrow \gamma_{A^-} \downarrow}$$

图 8-1 是 AgCl 和 BaSO$_4$ 的溶解度随溶液中 KNO$_3$ 浓度变化的曲线,纵坐标是不同 KNO$_3$ 浓度时溶解度 s 对纯水中溶解度 s_0 的比值。从图中可见,盐效应对 BaSO$_4$ 溶解度的影响要大于 AgCl,这是因为 BaSO$_4$ 沉淀构晶离子的电荷数较高的缘故。

2. 同离子效应

与沉淀组成相同的离子称为构晶离子。当沉淀反应达到平衡后,向溶液中加入适当过量的含有某一构晶离子的试剂或溶液,则沉淀的溶解度减

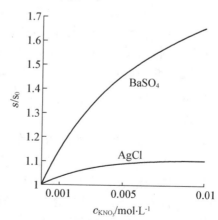

图 8-1　AgCl 和 BaSO$_4$ 在不同浓度 KNO$_3$ 溶液中的溶解度

小,这种现象称为同离子效应。其本质是抑制了沉淀的溶解反应。在重量分析法中,常加入过量的沉淀剂以增大构晶离子的浓度,降低沉淀的溶解度,减少溶解损失,使被测组分沉淀更完全。

例如,25 ℃时,$BaSO_4$ 在水中的溶解度为

$$s=[Ba^{2+}]=[SO_4^{2-}]=\sqrt{K_{sp}}=\sqrt{1.1\times10^{-10}}=1.0\times10^{-5}\ mol \cdot L^{-1}$$

则可算出 200 mL 饱和 $BaSO_4$ 水溶液中溶解的 $BaSO_4$ 为

$$m=1.0\times10^{-5}\times233.37\times200=0.47\ mg$$

此时溶解损失量已超过重量分析的要求。如果使上述溶液中的 $[SO_4^{2-}]$ 增至 $0.10\ mol \cdot L^{-1}$,此时 $BaSO_4$ 的溶解度为

$$s=[Ba^{2+}]=\frac{K_{sp}}{[SO_4^{2-}]}=\frac{1.1\times10^{-10}}{0.10}=1.1\times10^{-9}\ mol \cdot L^{-1}$$

溶液中溶解的 $BaSO_4$ 为

$$m=1.1\times10^{-9}\times233.37\times200=0.000\ 051\ mg$$

可见,由于同离子效应抑制了沉淀的溶解,溶液中溶解损失的 $BaSO_4$ 已远小于重量分析所允许的损失质量。

但沉淀剂若过量太多,可能引起盐效应、酸效应及配位效应等副反应,反而会增大沉淀的溶解度。$PbSO_4$ 在不同浓度 Na_2SO_4 溶液中的溶解度变化情况如表 8-1 和图 8-2 所示。

表 8-1　$PbSO_4$ 在不同浓度 Na_2SO_4 溶液中的溶解度

Na_2SO_4 的浓度/(mol · L^{-1})	0	0.001	0.01	0.02	0.04	0.10	0.20
$PbSO_4$ 的溶解度/(mol · L^{-1})	0.15	0.024	0.016	0.014	0.013	0.016	0.023

可以看出,当溶液中 Na_2SO_4 浓度较低时,同离子效应使 $PbSO_4$ 溶解度大大降低,当 Na_2SO_4 浓度增加至 $0.04\ mol \cdot L^{-1}$ 后,盐效应又使 $PbSO_4$ 溶解度随之增大。在沉淀重量分析中,大多沉淀剂都是强电解质,所以在进行沉淀反应时,沉淀剂不要过量太多。通常情况下,沉淀剂一般过量 $50\%\sim100\%$;对非挥发性沉淀剂,则以过量 $20\%\sim30\%$ 为宜。

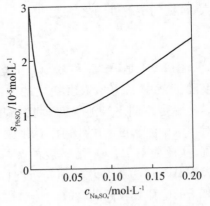

图 8-2　$PbSO_4$ 在不同浓度
Na_2SO_4 溶液中的溶解度

3. 酸效应

溶液酸度对沉淀溶解度的影响称为酸效应。酸效应的影响比较复杂,组成沉淀的构晶离子都可能与溶液中的 H^+ 或 OH^- 发生副反应而破坏原有的沉淀平衡,增大沉淀的溶解度。同时,酸效应对于不同类型沉淀的影响情况不一样,若沉淀是强酸盐,如 $BaSO_4$、$AgCl$ 等,溶液的酸度对沉淀溶解度的影响不大;但对弱酸盐,如 CaC_2O_4 等,则酸效应影响就很显著。

对于 M_mA_n 型沉淀,在不同酸度的溶液中存在如下平衡关系:

$$M_mA_n = mM^{n+} + nA^{m-}$$

当酸度较高时,可能使 A^{m-} 与 H^+ 结合生成相应的酸,酸度较低时,M^{n+} 又可能发生水解,这些情况都将使沉淀溶解平衡向右移动,从而增大沉淀的溶解度。若知道平衡时溶液的 pH,就可以计算出酸效应系数,根据条件溶度积而计算出溶解度。

【例 8-1】 计算 CaC_2O_4 在下列情况时的溶解度:(1) 在纯水中;(2) 在 pH4.00 的溶液中。已知 $K_{sp,CaC_2O_4} = 10^{-8.70}$,$H_2C_2O_4$ 的 $pK_{a_1} = 1.22$,$pK_{a_2} = 4.19$。

解:(1) 在纯水中

$$s = [Ca^{2+}] = [C_2O_4^{2-}] = \sqrt{K_{sp}} = \sqrt{10^{-8.70}} = 4.5 \times 10^{-5} \text{ mol} \cdot L^{-1}$$

(2) pH4.00 时,应考虑 $C_2O_4^{2-}$ 的酸效应对溶解度的影响。

$$\alpha_{C_2O_4^{2-}(H)} = 1 + \beta_1^H[H^+] + \beta_2^H[H^+]^2 = 1 + \frac{[H^+]}{K_{a_2}} + \frac{[H^+]^2}{K_{a_2}K_{a_1}}$$

$$= 1 + 10^{4.19-4.00} + 10^{4.19+1.22-4.00\times2} = 10^{0.41}$$

$$s = \sqrt{K'_{sp}} = \sqrt{K_{sp}\alpha_{C_2O_4^{2-}(H)}} = \sqrt{10^{-8.70} \times 10^{0.41}} = 7.2 \times 10^{-5} \text{ mol} \cdot L^{-1}$$

由上述计算可知,pH4.00 时的酸效应使 CaC_2O_4 的溶解度比在纯水中增加了约 60%,但仍很小,可以完全沉淀。

【例 8-2】 计算在 pH4.00,草酸根总浓度 0.020 mol·L^{-1} 的溶液中 CaC_2O_4 的溶解度。

解:这种情况下,既要考虑酸效应,又要考虑同离子效应。

由【例 8-1】知 pH4.00 时,$\alpha_{C_2O_4^{2-}(H)} = 10^{0.41}$,则

$$s = [Ca^{2+}] = \frac{K'_{sp}}{[C_2O_4^{2-}{}']} = \frac{K_{sp}\alpha_{C_2O_4^{2-}(H)}}{[C_2O_4^{2-}]} = \frac{10^{-8.70} \times 10^{0.41}}{0.020} = 2.6 \times 10^{-7} \text{ mol} \cdot L^{-1}$$

与【例 8-1】相比,同离子效应使 CaC_2O_4 的溶解度有所减小。

【例 8-3】 考虑 S^{2-} 的水解,计算 PbS 在纯水中的溶解度。已知 $K_{sp,PbS} = 8 \times 10^{-28}$,$H_2S$ 的 $pK_{a_1} = 6.88$,$pK_{a_2} = 14.15$。

解:由于 $K_{sp,PbS}$ 很小,所以 PbS 解离出的 S^{2-} 也很小,由 S^{2-} 水解产生的 OH^- 浓度可以忽略不计,溶液的 pH 仍近似等于纯水的 pH7.00。

$$\alpha_{S^{2-}(H)} = 1 + \beta_1^H[H^+] + \beta_2^H[H^+]^2 = 1 + \frac{[H^+]}{K_{a_2}} + \frac{[H^+]^2}{K_{a_2}K_{a_1}}$$

$$= 1 + 10^{14.15-7.00} + 10^{14.15+6.88-7.00\times2} = 2.5 \times 10^7$$

$$s = \sqrt{K'_{sp}} = \sqrt{K_{sp}\alpha_{S^{2-}(H)}} = \sqrt{8 \times 10^{-28} \times 2.5 \times 10^7} = 1.4 \times 10^{-10} \text{ mol} \cdot L^{-1}$$

若不考虑 S^{2-} 的水解,$s = \sqrt{K_{sp}} = \sqrt{8.0 \times 10^{-28}} = 2.8 \times 10^{-14}$ mol·L^{-1},可见水解作用使 PbS 的溶解度增大了约 5 000 倍。

为了防止沉淀溶解损失,对于弱酸盐沉淀,如碳酸盐、草酸盐、磷酸盐等,通常

应在较低的酸度下进行沉淀。如果沉淀本身是弱酸,如硅酸($SiO_2 \cdot nH_2O$)、钨酸($WO_3 \cdot nH_2O$)等,易溶于碱,则应在强酸性介质中进行沉淀。对于强酸盐如 AgCl 等,在酸性溶液中进行沉淀时,溶液的酸度对沉淀的溶解度影响不大。对于硫酸盐沉淀,例如 $BaSO_4$、$SrSO_4$ 等,由于 H_2SO_4 存在第二级解离平衡,故其溶解度受酸度的轻微影响,当溶液酸度太高时,溶解度也随之增大。

4. 配位效应

在沉淀反应中,由于形成沉淀的构晶离子与溶液中存在的配位剂生成可溶性配合物,使沉淀的溶解度增大甚至完全溶解,这种现象称为配位效应。

配位剂主要来自两个方面,一是加入的其他试剂,二是沉淀剂本身就是配位剂。下面通过具体例子讨论配位效应对沉淀溶解度的影响。

【例 8-4】 分别计算(1) AgI 和(2) AgBr 在 0.10 mol·L^{-1} 氨溶液中的溶解度。已知 $K_{sp,AgI}=9.3\times10^{-17}$,$K_{sp,AgBr}=5.0\times10^{-13}$,$Ag(NH_3)_2^+$ 的 $\beta_1=10^{3.24}$,$\beta_2=10^{7.05}$。

解:(1) 由于 NH_3 的存在,AgI 解离产生的 Ag^+ 与其生成 $Ag(NH_3)^+$ 和 $Ag(NH_3)_2^+$ 而使 AgI 的溶解度增大。

$$\alpha_{Ag(NH_3)}=1+\beta_1[NH_3]+\beta_2[NH_3]^2$$
$$=1+10^{3.24}\times0.10+10^{7.05}\times0.10^2$$
$$=1.1\times10^5$$

$$s_{AgI}=\sqrt{K'_{sp,AgI}}=\sqrt{K_{sp,AgI}\alpha_{Ag(NH_3)}}=\sqrt{9.3\times10^{-17}\times1.7\times10^5}=3.2\times10^{-6} \text{ mol·L}^{-1}$$

(2) AgBr 在 0.10 mol·L^{-1} 氨溶液中的平衡关系与 AgI 类似,因此

$$s_{AgBr}=\sqrt{K'_{sp,AgBr}}=\sqrt{K_{sp,AgBr}\alpha_{Ag(NH_3)}}=\sqrt{5.0\times10^{-13}\times1.1\times10^5}=2.3\times10^{-4} \text{ mol·L}^{-1}$$

可见 AgI 在 0.10 mol·L^{-1} 氨溶液中的溶解度很小,而 $Ag(NH_3)_2^+$ 的稳定常数又不是很大,与 Ag^+ 配位的 NH_3 的浓度也很小,可以忽略不计,故 $[NH_3]$ 以 0.10 mol·L^{-1} 计算是合理的。

AgI 与 AgBr 在纯水中的溶解度分别为 9.6×10^{-9} mol·L^{-1} 和 7.1×10^{-7} mol·L^{-1},故 NH_3 的存在使其溶解度大大增加。

上例表明,在沉淀反应中,应尽量避免使用能与构晶离子形成配合物的配位剂。但在有些情况下,沉淀剂本身就是配位剂。例如,用 Cl^- 沉淀 Ag^+ 时,Cl^- 既是 Ag^+ 的沉淀剂又是 Ag^+ 的配位剂。当沉淀剂过量时,反应中既有同离子效应降低沉淀的溶解度,又有配位效应增大沉淀的溶解度。究竟哪一种效应影响更大,则取决于溶液中沉淀剂的浓度。

【例 8-5】 计算 AgCl 在下列情况时的溶解度:(1) 在纯水中;(2) 在 0.010 mol·L^{-1} Cl^- 的溶液中;(3) 在 1.0 mol·L^{-1} Cl^- 的溶液中。已知 $K_{sp,AgCl}=1.8\times10^{-10}$,$AgCl_4^{3-}$ 的 $\beta_1=10^{3.04}$,$\beta_2=10^{5.04}$,$\beta_3=10^{5.04}$,$\beta_4=10^{5.30}$。

解:(1) 在纯水中

$$s_1 = \sqrt{K_{sp,AgCl}} = \sqrt{1.8 \times 10^{-10}} = 1.3 \times 10^{-5} \ mol \cdot L^{-1}$$

（2）在 $0.010 \ mol \cdot L^{-1} \ Cl^-$ 的溶液中，同离子效应与配位效应同时存在，此时

$$\alpha_{Ag(Cl)} = 1 + \sum_{i=1}^{4} \beta_i [Cl^-]^i$$

$$= 1 + 10^{3.04} \times 0.010 + 10^{5.04} \times 0.010^2 + 10^{5.04} \times 0.010^3 + 10^{5.30} \times 0.010^4$$

$$= 10^{1.36}$$

$$s_2 = \frac{K'_{sp,AgCl}}{[Cl^-]} = \frac{K_{sp,AgCl}\alpha_{Ag(Cl)}}{0.010} \approx \frac{1.8 \times 10^{-10} \times 10^{1.36}}{10^{-2.00}} = 4.1 \times 10^{-7} \ mol \cdot L^{-1}$$

（3）当 $[Cl^-] = 1.0 \ mol \cdot L^{-1}$ 时，同理得

$$\alpha_{Ag(Cl)} = 10^{5.62}$$

$$s_3 = 7.5 \times 10^{-5} \ mol \cdot L^{-1}$$

由计算结果可以看出，当 $[Cl^-] = 0.010 \ mol \cdot L^{-1}$ 时，AgCl 的溶解度比纯水中小，此时以同离子效应为主，AgCl 的溶解度随着 Cl^- 浓度的增大而减小；而当 $[Cl^-] = 1.0 \ mol \cdot L^{-1}$ 时，AgCl 的溶解度比纯水中大，此时以配位效应为主，AgCl 的溶解度又随着 Cl^- 浓度的增大而增大。

图 8-3 为理论计算的不同 Cl^- 浓度时 AgCl 的溶解度曲线，图中的点是实验值。从图中可以看出，理论值和实验值较接近。所以在进行沉淀时，应控制好沉淀剂的用量，避免加入过量太多的沉淀剂。

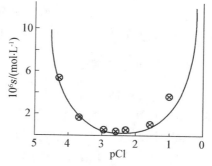

图 8-3 不同 Cl^- 浓度时
AgCl 的溶解度曲线

5. 影响沉淀溶解度的其他因素

除上述因素外，温度、溶剂、沉淀颗粒大小和结构等，都对沉淀的溶解度有影响。

（1）温度的影响

沉淀的溶解反应一般是吸热反应，因此沉淀的溶解度大多随温度升高而增大，但不同的沉淀影响的程度不同。在重量分析中，为了使沉淀易于过滤和洗涤，沉淀的制备一般需在热溶液中进行，这必然会加大沉淀的溶解损失。因此，对于一些在热溶液中溶解度较大的晶形沉淀，在过滤洗涤时必须在室温下进行，如 $MgNH_4PO_4 \cdot 6H_2O$、CaC_2O_4 等。对于一些溶解度很小，冷时又较难过滤和洗涤的无定形沉淀，则应趁热过滤，并用热的洗涤液进行洗涤，如水合氧化铁、水合氧化铝及某些硫化物沉淀等。

（2）溶剂的影响

大部分无机物沉淀是离子型晶体，在有机溶剂中的溶解度一般比在纯水中小。对于一些溶解度较大的沉淀，可在水中加入一些能与水混溶的有机溶剂来降低沉淀的溶解度。例如用于重量法测定钾时，生成的 K_2PtCl_6 沉淀在水中的溶解度仍较大，若加入乙醇则可使其定量沉淀。

（3）沉淀颗粒大小和结构的影响

对同一种沉淀而言，颗粒越小，其总表面积越大，溶解度越大。这是由于小颗粒晶体比大颗粒晶体有更多的角、边和表面，处于这些位置的离子受晶体内离子的吸引力小，易受到溶剂分子的作用进入溶液中。因此，小颗粒沉淀的溶解度比大颗粒沉淀的溶解度大。所以，在晶形沉淀形成后，常将沉淀与母液一起放置一段时间进行陈化，使小结晶逐渐转化为大结晶，以便于沉淀的过滤和洗涤，减小沉淀的溶解损失。但在沉淀的放置过程中，有些沉淀的结构会发生转变，由初生成时的亚稳晶型逐渐转变为另一种稳定的晶型结构，使溶解度大为减小。例如，初生成的 CoS 沉淀为 α 型，$K_{sp}=4\times10^{-21}$；放置后转变为 β 型，$K_{sp}=2\times10^{-25}$，溶解度降低近 100 倍。

§8.4 沉淀纯度的影响因素

沉淀重量法是通过沉淀的称量形式与待测组分之间的定量关系进行测定的，所以要求获得的沉淀是纯净的。但是，沉淀从溶液中析出时，总会或多或少地夹杂溶液中的其他组分。因此必须了解影响沉淀纯度的各种因素，研究沉淀的类型和沉淀的形成过程，找出减少杂质混入的方法，以获得符合重量分析要求的沉淀。

8.4.1 沉淀的类型

沉淀按其物理性质的不同，可粗略地分为两类：一类是晶形沉淀，如 $BaSO_4$、$MgNH_4PO_4$ 等；另一类是无定形沉淀，如 $SiO_2 \cdot nH_2O$、$Fe_2O_3 \cdot nH_2O$ 等；还有较少数的一类沉淀性质介于两者之间，例如 AgCl，通常据其外观称为凝乳状沉淀。

各类型沉淀之间最大的差别是沉淀颗粒的大小。晶形沉淀颗粒最大，直径约为 $0.1\sim1\ \mu m$，内部排列规则有序，结构紧密，有明显的晶面，是具有一定形状的晶体。该类型沉淀所占体积较小，对杂质的吸附也较少，极易沉降于容器的底部，因而易于过滤和洗涤。

无定形沉淀颗粒很小，是一类无晶体结构特征的絮状沉淀，颗粒直径一般小于 $0.02\ \mu m$。无定型沉淀内部排列杂乱无章，是由许多疏松聚集在一起的微小沉淀颗粒组成的，整个沉淀体积庞大，不易沉降，吸附杂质多，难于过滤和洗涤。

介于晶型沉淀与无定型沉淀之间的是凝乳状沉淀，颗粒直径在 $0.02\sim0.1\ \mu m$ 之间，性质也介于晶形和无定形沉淀之间。

在沉淀过程中，生成的沉淀究竟属于哪一种类型，主要取决于沉淀本身的性质和沉淀的条件。在重量分析中，最好能获得颗粒较大的晶形沉淀，沉淀的纯度较高，并便于过滤和洗涤。因此，了解各类沉淀的形成过程并掌握控制沉淀的条件，对于沉淀重量分析具有非常重要的作用。

8.4.2 沉淀的形成过程

沉淀的形成是一个复杂的过程,前人在沉淀过程的热力学和动力学方面做了大量的研究,但目前尚无成熟的理论。一般认为,沉淀的形成要经过晶核形成和晶核成长两个过程,即构晶离子首先在过饱和溶液中形成晶核,然后晶核再进一步成长形成沉淀。下面对沉淀形成的大致过程作简单叙述。

1. 晶核的形成和成长

将沉淀剂加入待测组分的试液中,当溶液处于过饱和状态时,构晶离子由于静电作用而形成微小的晶核。一般认为晶核由 4~8 个构晶离子即 2~4 个离子对组成,其形成过程可以分为均相成核和异相成核。

均相成核是指过饱和溶液中构晶离子通过缔合作用,自发地形成晶核的过程。不同性质的沉淀,晶核所含的离子数目不同。例如:$BaSO_4$ 的晶核由 8 个构晶离子(即 4 个离子对)组成,$AgCl$ 的晶核由 6 个构晶离子(即 3 个离子对)组成。

异相成核是指在过饱和溶液中,外来固体微粒起着晶种的作用,构晶离子在这些外来固体微粒的诱导下,聚合形成晶核的过程。在进行沉淀的过程中,溶液及容器中不可避免地存在不同数量的固体微粒,例如溶剂及试剂中的不溶微粒、空气中的尘埃、容器壁上的细小颗粒等,因此异相成核作用总是存在的。某些情况下,溶液中还可能只有异相成核作用,此时溶液中的"晶核"数目取决于溶液中混入固体微粒的数目,随着构晶离子浓度的增加,晶体将成长得大一些,而不形成新的晶核。但是,当溶液的相对过饱和程度较大时,构晶离子本身也可以形成晶核,此时异相成核与均相成核同时作用,使溶液中形成的晶核数目多,沉淀颗粒小。

在沉淀的形成过程中,溶液的相对过饱和度越大,越易引起均相成核作用。冯·韦曼(Von Weimarn)通过研究提出了一个经验公式,描述了沉淀的分散度(表示沉淀颗粒大小,或沉淀的生成速度)与溶液的相对过饱和度之间的关系,该经验公式为:

$$分散度 = K \times \frac{Q-s}{s} \tag{8-10}$$

式中:Q 为加入沉淀剂瞬间沉淀物质的浓度;s 为开始沉淀时沉淀物质的溶解度;$Q-s$ 为沉淀开始瞬间的过饱和度;$(Q-s)/s$ 为相对过饱和度;K 是常数,与沉淀的性质、温度和介质等因素有关。溶液的相对过饱和度越大,沉淀生成的速度越大,形成的晶核数目越多,得到的沉淀颗粒越小;反之,溶液的相对过饱和度越小,形成的晶核数目越少,得到的沉淀颗粒越大。图 8-4 是沉淀 $BaSO_4$ 时晶核的数目 N(N 为每立方厘米溶液中晶核数)与溶液浓度的关系曲线。由图可见,在 $BaSO_4$ 浓度约为 10^{-2} mol·L^{-1} 时,曲线上出现一个转折点,当溶液中 $BaSO_4$ 的瞬时浓度低于该点浓度时,沉淀的晶核数目 N 基本不变,说明主要为异相成核作用。当溶液中 $BaSO_4$ 的瞬时浓度增大至该点浓度以上时,晶核数目 N 随着浓度 Q 的增大而激增,这显然是由均相成核作用引起的。曲线上的这个转折点,相当于沉淀反应由异相成核作用转化为既有异相成核作用又有均相成核作用,该点对应的 $BaSO_4$

的瞬时浓度 Q 与其溶解度 s 的比值 Q/s 称为临界过饱和比。

各种沉淀都有一个能大量地自发产生晶核的临界过饱和比值,该比值越大,表明该沉淀越不易进行均相成核作用。不同的沉淀,其临界值不一样,它由沉淀的性质所决定。如表 8 - 2 所示,$BaSO_4$ 的临界过饱和值为 1 000,$CaC_2O_4 \cdot H_2O$ 为 31,$AgCl$ 仅为 5.5。因此,在进行沉淀反应时,$AgCl$ 的均相成核作用比较显著,易于生成晶核数目多而颗粒小的凝乳状沉淀;而与 $AgCl$ 溶解度接近的 $BaSO_4$ 则不同,只要试液和沉淀剂的浓度不是太大,就比较容易控制过饱和度在临界值以下,故 $BaSO_4$ 易于通过异相成核作用形成较大颗粒的晶形沉淀。

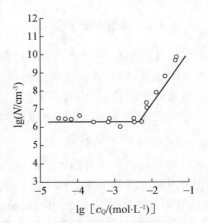

图 8 - 4　沉淀 $BaSO_4$ 时溶液浓度与晶核数目的关系

表 8 - 2　几种微溶化合物的临界过饱和值和临界核半径

微溶化合物	临界过饱和值 Q/s	晶核半径/nm	微溶化合物	临界过饱和值 Q/s	晶核半径/nm
$BaSO_4$	1 000	0.43	$PbSO_4$	28	0.53
$CaC_2O_4 \cdot H_2O$	31	0.58	$PbCO_3$	106	0.45
$AgCl$	5.5	0.54	$SrCO_3$	30	0.50
$SrSO_4$	39	0.51	CaF_2	21	0.43

经验表明,临界值大的易获得大颗粒晶形沉淀,临界值小的易生成小颗粒的凝乳状沉淀。当相对过饱和度高于临界值时,以均相成核为主;当相对过饱和度低于临界值时,则以异相成核为主。所以,对于晶形沉淀,在操作上应尽量降低其相对过饱和度,以获得较大的沉淀颗粒。

2. 沉淀的生成

在沉淀过程中,当晶核形成后,溶液中的构晶离子向晶核表面扩散,并沉积在晶核上,晶核就逐渐长大形成沉淀微粒。这种由构晶离子聚集成晶核的速度称为聚集速度。

在聚集的同时,构晶离子也可以按一定晶格定向排列在晶核的表面,使晶核逐渐长成大颗粒结晶,这种速度称为定向速度。

如果定向速度大于聚集速度较多,溶液中最初生成的晶核不很多,有更多的离子以晶核为中心,并有足够的时间依次定向排列长大,形成颗粒较大的晶形沉淀。反之,聚集速度大于定向速度,则大量离子很快聚集生成沉淀颗粒,溶液中没有更多的离子定向排列到晶核上,因而得到颗粒较小的无定形沉淀。

聚集速度主要与溶液的相对过饱和度有关,溶液相对过饱和度越大,聚集速度越大,越易形成无定型沉淀。定向速度与沉淀物质本身的性质有关,极性较强的盐类,如 $BaSO_4$、$MgNH_4PO_4$、CaC_2O_4 等,一般具有较大的定向速度,易形成晶形沉淀。反之,$AgCl$ 的极性较弱,通常得到的是凝乳状沉淀。氢氧化物,特别是高价金属离子的氢氧化物,如 $Fe(OH)_3$、$Al(OH)_3$ 等,由于沉淀易含有大量水分子,阻碍离子在沉淀表面的定向排列,一般生成无定形胶状沉淀。

8.4.3　共沉淀和后沉淀现象

影响沉淀纯度的主要因素有共沉淀现象和后沉淀现象。

1. 共沉淀现象

当一种沉淀从溶液中析出时,溶液中的某些可溶性组分也同时被沉淀下来而混杂于沉淀之中,这种现象称为共沉淀。例如,在用沉淀剂 $BaCl_2$ 沉淀时,若溶液中有 Fe^{3+} 存在,当 $BaSO_4$ 析出时,可溶性的 $Fe_2(SO_4)_3$ 也被夹杂在 $BaSO_4$ 中沉淀下来,使得灼烧后的 $BaSO_4$ 不呈纯白色,而是混有 Fe_2O_3 呈棕黄色。

共沉淀是引起沉淀不纯的主要原因,也是沉淀重量分析误差的主要来源之一。产生共沉淀的原因主要有以下三类。

(1) 表面吸附

在沉淀颗粒内部,构晶离子按照一定的晶型规律排列,处于电荷平衡状态。但处于沉淀表面、边和角的离子,其电荷的作用力则不完全平衡。于是沉淀表面的静电引力作用会吸引溶液中带相反电荷的离子,使沉淀微粒带有电荷,形成吸附层。为了保持电中性,带电荷的微粒又吸引溶液中带相反电荷的抗衡离子,构成电中性的分子,从而形成扩散层,也称为抗衡离子层。吸附层和扩散层共同组成沉淀表面的双电层,导致其他物质随沉淀颗粒一起沉降,造成沉淀被玷污。这种由于沉淀表面吸附了杂质分子的共沉淀称为吸附共沉淀。

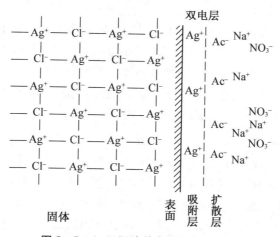

图 8-5　AgCl 沉淀的表面吸附示意图

图 8-5 为 AgCl 沉淀表面吸附示意图。可以看出,在沉淀过程中,沉淀对杂质离子的吸附是有选择性的。其表面吸附遵循一定的规律:

① 首先吸附溶液中的构晶离子。例如在过量 $AgNO_3$ 溶液中沉淀 $AgCl$,若溶液中除 Ag^+ 和 NO_3^- 外,还有 K^+、Na^+、Ac^- 等离子,则 $AgCl$ 沉淀表面首先吸附的是构晶离子 Ag^+,而不是 K^+ 或 Na^+。

② 在浓度和电荷相同的离子中,优先吸附那些与构晶离子形成溶解度或解离度最小的化合物的离子。由于 $AgAc$ 的溶解度远小于 $AgNO_3$ 的溶解度,所以作为扩散层被吸附到 $AgCl$ 沉淀表面的抗衡离子是 Ac^- 而不是 NO_3^-。

③ 离子的价态越高,浓度越大,越容易被吸附。

④ 对同质量的沉淀而言,沉淀的颗粒越小,比表面积越大,吸附的杂质越多。无定形沉淀颗粒较晶形沉淀要小,比表面积大,因而表面吸附现象严重。

⑤ 吸附作用是放热过程,溶液的温度越高,杂质被吸附的量越少。

在表面吸附现象中,杂质离子是通过静电引力作用吸附在沉淀表面,这种物理吸附并不是很牢固,可以采用洗涤的方法除去或减少吸附在沉淀表面的杂质。

(2) 吸留和包藏

在沉淀过程中,若沉淀剂加入太快,使得沉淀急速生长,沉淀表面吸附的杂质来不及离开就被随后生成的沉淀所覆盖,因此而留在沉淀内部的共沉淀称为吸留。有时由于沉淀的形成过程太快,少量母液也可能被包裹在沉淀中,这种情况称为包藏。吸留和包藏是造成晶形沉淀玷污的主要原因。由于这些现象发生在沉淀的内部,这类共沉淀不能用洗涤的方法将杂质除去,但可以通过陈化或重结晶的方法来减少杂质。

(3) 生成混晶

沉淀都具有一定的晶体结构,当溶液杂质离子与构晶离子半径相近,晶体结构相似时,杂质离子将进入晶核排列中形成混晶。例如 Pb^{2+} 和 Ba^{2+} 半径相近,电荷相同,Pb^{2+} 能够取代 $BaSO_4$ 中的 Ba^{2+} 进入晶核形成 $PbSO_4$ 与 $BaSO_4$ 的混晶共沉淀。又如 $AgCl$ 和 $AgBr$、$MgNH_4PO_4 \cdot 6H_2O$ 和 $MgNH_4AsO_4$、$KClO_4$ 和 KBF_4 等都易形成混晶。有时杂质离子与构晶离子的晶体结构不同,但在一定条件下也能形成混晶,如 $KMnO_4$ 和 $BaSO_4$,因都有 ABO_4 型的化学组成,也能形成异型混晶。由于混晶中的杂质离子混合在晶体的内部,不能用洗涤或陈化的方法除去,因此为了减免混晶的生成,最好在沉淀前先将杂质分离出去。

2. 后沉淀现象

后沉淀是指在沉淀析出后,溶液中某些本来难以析出沉淀的杂质离子慢慢地沉淀到原沉淀表面的现象,所以后沉淀又称为继沉淀。这种情况大多发生在不能单独沉淀的物质形成的稳定的过饱和溶液中,放置时间越长,杂质析出的量越多。例如:在 Mg^{2+} 存在时沉淀 CaC_2O_4,Mg^{2+} 易形成稳定的草酸盐过饱和溶液而不立即析出。如果把形成的 CaC_2O_4 沉淀过滤,则发现沉淀表面上吸附有少量镁。若将含有 Mg^{2+} 的母液与 CaC_2O_4 沉淀一起放置一段时间,则 MgC_2O_4 沉淀的量将会增多。

由后沉淀引入杂质的量比共沉淀要多,且随沉淀在溶液中放置时间的延长而增多。因此为防止后沉淀的发生，尽量缩短沉淀与母液的共置时间；温度升高也会加重后沉淀现象，应避免高温浸煮。

8.4.4 减少沉淀中杂质的方法

在沉淀重量分析中，针对共沉淀和后沉淀玷污沉淀的原因，可采用下列措施来提高沉淀的纯度。

（1）采用适当的分析步骤。当试液中含有几种组分待沉淀分离或测定时，首先应沉淀低含量组分，再沉淀高含量组分。反之，由于大量沉淀析出，会使部分低含量组分随之共沉淀，引起测定误差。

（2）改变杂质离子的状态。对于易被吸附的杂质离子，可采用适当的掩蔽方法或改变杂质离子价态来降低其浓度。例如：将 SO_4^{2-} 沉淀为 $BaSO_4$ 时，若溶液中含有易被吸附的 Fe^{3+} 时，可把 Fe^{3+} 还原为不易被吸附的 Fe^{2+}，或加入酒石酸、EDTA 等，使 Fe^{3+} 生成稳定的配合物，以减小沉淀对 Fe^{3+} 的吸附。

（3）选择合适的沉淀剂。对一些离子选择适当的有机沉淀剂，可以减免共沉淀。

（4）选择适当的洗涤剂洗涤沉淀。吸附作用是可逆过程，用适当的洗涤剂可洗去沉淀表面吸附的杂质离子。为了提高洗涤沉淀的效率，同体积的洗涤液应遵循"少量多次"的洗涤原则。

（5）再沉淀。必要时将沉淀过滤、洗涤、溶解后，再进行一次沉淀。再沉淀时，溶液中杂质的量大为降低，共沉淀和继沉淀现象自然减小。

（6）改善沉淀条件。沉淀条件包括溶液浓度、温度、试剂的加入次序和速度，陈化与否等，对不同类型的沉淀，应选用不同的沉淀条件，以获得符合重量分析要求的沉淀。

§8.5 沉淀条件的选择

在重量分析中，为了获得准确的分析结果，要求沉淀完全、纯净、易于过滤和洗涤，并减小沉淀的溶解损失。因此，对于不同的沉淀类型，应当选用不同的沉淀条件。

8.5.1 晶形沉淀的沉淀条件

为了形成易于过滤和洗涤的大颗粒晶形沉淀，沉淀过程中应采取以下沉淀条件。

（1）沉淀应在适当稀的溶液中进行，以降低溶液的相对过饱和度，利于生成晶形沉淀。同时稀溶液中杂质浓度小，共沉淀现象相应减小，也有利于得到纯净的沉淀。但对于溶解度较大的沉淀，溶液不能太稀，否则沉淀溶解损失较多，影响结果的准确度。

（2）应在不断搅拌的同时缓慢滴加沉淀剂，使沉淀剂迅速扩散，避免局部相对过饱和度过大而产生大量小晶粒，导致沉淀颗粒小，纯度差。

（3）沉淀过程应在热溶液中进行。升高溶液温度，可使沉淀的溶解度增大，溶液的相对过饱和度降低，有利于大结晶颗粒的生成，同时又可减少杂质的吸附。为防止因溶解度增大而造成的溶解损失，在沉淀完全后，应将溶液冷却至室温后再进行过滤。

（4）陈化。陈化是指沉淀完全后，将初生成的沉淀连同母液一起放置一段时间，使小晶粒变为大晶粒，不纯净的沉淀转变为纯净沉淀的过程。在相同条件下，小晶粒的溶解度比大晶粒大，小晶粒逐渐溶解，溶液中的构晶离子就不断在大晶粒上沉积，这样不但使大晶粒得以继续长大，还可以改变初生成的沉淀结构，由亚稳态转化为稳定态的沉淀，使不完整的小晶粒转化为完整的结晶。同时，随着小晶粒的溶解，原来吸附、吸留和包藏的杂质，也将重新进入溶液中，从而提高了沉淀的纯度。所以，经过陈化过程后，沉淀颗粒变大，溶解度变小，吸附杂质量减少，沉淀更为纯净和完整。此外，可以根据具体情况，采取加热或搅拌来缩短陈化时间。

但是，对于伴随有混晶共沉淀的沉淀而言，陈化作用不一定能提高沉淀的纯度。对伴随有后沉淀的沉淀，不仅不能提高纯度，有时反而会降低纯度。因此，是否需要陈化，还应根据沉淀的类型和性质而定。

8.5.2　无定形沉淀的沉淀条件

无定形沉淀是由许多沉淀微粒聚集而成，沉淀的颗粒小，其特点是结构疏松，比表面积大，因而吸附杂质多，溶解度小，易形成胶体，不易过滤和洗涤。对于这类型沉淀，关键问题是创造适宜的沉淀条件来改善沉淀的结构，加速沉淀微粒的凝聚，使之不致形成胶体，并且有较紧密的结构，便于过滤和减小杂质吸附。无定形沉淀的沉淀条件是：

（1）沉淀一般在在较浓的溶液中进行。在浓溶液中进行沉淀，则离子水合程度减小，得到的沉淀结构较紧密，体积较小，容易过滤和洗涤。但浓溶液也提高了杂质的浓度，增加了杂质被吸附的可能性。因此，在沉淀作用完全后，应立即加入热水稀释母液并搅拌，使被吸附的杂质离子转移到溶液中，从而减少杂质的吸附量。

（2）沉淀在热溶液中进行。在热溶液中进行沉淀可防止生成胶体，减少杂质的吸附和含水量，还可以促进沉淀微粒的凝聚，使生成的沉淀紧密些。

（3）加入电解质促进沉淀凝聚。电解质的存在，能中和胶体微粒的电荷，降低其水化程度，可促使带电荷的胶体粒子相互凝聚沉降，加快沉降速度。电解质一般选用在灼烧时易挥发除去的铵盐，如 NH_4NO_3 或 NH_4Cl 等。有时在溶液中加入带相反电荷的胶体来代替电解质，可使被测组分沉淀完全。例如测定 SiO_2 时，在硅酸水溶胶中加入适量的带正电荷的动物胶，因中和硅胶电荷而相互凝聚，从而使硅胶沉淀完全。

（4）不需陈化。沉淀完成后，应立即趁热过滤，不要陈化，因为该类沉淀放置后,将逐渐失去水分而聚集得更为紧密,使吸附的杂质更难洗去。

由于无定形沉淀吸附杂质较严重,一次沉淀很难保证纯净,必要时将洗涤过的沉淀重新溶解进行再沉淀。

8.5.3　均匀沉淀法

在沉淀操作的过程中,因加入沉淀剂所引起的溶液局部相对过饱和的现象是难免的,为了消除这种现象,改善沉淀结构,可采用均匀沉淀法。这种方法的特点是通过缓慢的化学反应过程,逐步地、均匀地在溶液中产生沉淀剂,使沉淀在整个溶液中缓慢地、均匀地析出,如此获得的沉淀颗粒较大,结构紧密,纯净,且易于过滤和洗涤。

例如,用均匀沉淀法沉淀 Ca^{2+} 时,先用 HCl 将溶液酸化后再加入 $(NH_4)_2C_2O_4$,则溶液中主要存在的是 $HC_2O_4^-$ 和 $H_2C_2O_4$ 两种型体,此时,向溶液中加入尿素并加热至 90 ℃,尿素逐渐水解产生 NH_3。

$$CO(NH_2)_2 + H_2O = 2NH_3 + CO_2 \uparrow$$

水解产生的 NH_3 均匀地分布在溶液的各个部分,使溶液的酸度逐渐降低,$C_2O_4^{2-}$ 浓度渐渐增大,从而 CaC_2O_4 均匀而缓慢地沉淀下来。

均匀沉淀法还可以利用有机化合物的水解(如酯类水解)、配合物的分解、氧化还原反应等方式进行,如表 8-3 所示。

表 8-3　部分均匀沉淀法的应用

沉淀剂	加入试剂	反应	被测组分
Ba^{2+}	Ba-EDTA	$BaY^{2-} + 4H^+ = H_4Y + Ba^{2+}$	SO_4^{2-}
$C_2O_4^{2-}$	草酸二甲酯	$(CH_3)_2C_2O_4 + 2H_2O = 2CH_3OH + H_2C_2O_4$	Ca^{2+}、Th^{4+}、稀土
OH^-	尿素	$CO(NH_2)_2 + H_2O = CO_2 \uparrow + 2NH_3$	Al^{3+}、Fe^{3+}、Th^{4+} 等
OH^-	六次甲基四胺	$(CH_2)_6N_4 + 6H_2O = 6HCHO + 4NH_3$	Th^{4+}
PO_4^{3-}	磷酸三甲酯	$(CH_3)_3PO_4 + 3H_2O = 3CH_3OH + H_3PO_4$	Zr^{4+}、Hf^{4+}
S^{2-}	硫代乙酰胺	$CH_3CSNH_2 + H_2O = CH_3CONH_2 + H_2S$	形成硫化物沉淀的金属离子
SO_4^{2-}	硫酸二甲酯	$(CH_3)_2SO_4 + 2H_2O = 2CH_3OH + SO_4^{2-} + 2H^+$	Ba^{2+}、Sr^{2+}、Pb^{2+}
8-羟基喹啉	8-乙酰基喹啉		Al^{3+}、U(Ⅵ)、Mg^{2+}、Zn^{2+}

均匀沉淀法作为沉淀重量分析的一种改进方法,本身仍存在一些不足,例如用均匀沉淀法仍不能避免混晶的生成和后沉淀现象,有时甚至会加重这一现象;形成沉淀的时间较长,容器壁上易因沉淀沉积形成致密的膜很难取下,增加了沉淀分离的难度。

§8.6　有机沉淀剂

与无机沉淀剂相比,有机沉淀剂具有许多独特的优点,近年来有机沉淀剂的应用非常广泛。

8.6.1　有机沉淀剂的特点

有机沉淀剂较无机沉淀剂具有下列优点:

(1) 试剂种类多,选择性高。有机沉淀剂在一定条件下,一般只与少数几种离子起沉淀反应。

(2) 有机沉淀剂一般疏水性较强,生成的沉淀溶解度小,有利于沉淀完全。

(3) 沉淀表面电荷密度低,吸附无机杂质离子少,易获得纯净的沉淀。

(4) 沉淀的摩尔质量大,被测组分在称量形式中占的百分比小,有利于提高分析结果的准确度。

(5) 有机沉淀物组成相对较恒定,有些经烘干后即可称重,简化了重量分析的操作。

但有机沉淀剂本身也存在一些缺点。譬如许多有机沉淀剂在水中的溶解度较小,容易被夹杂在沉淀中,有些沉淀易黏附于器壁或漂浮在液面上,沉淀的组成也不恒定等。

8.6.2　有机沉淀剂的分类

有机沉淀剂主要有生成螯合物的沉淀剂和生成离子缔合物的沉淀剂两种类型。有机沉淀剂及其应用实例不胜枚举,可参考有关专著,这里仅对有机沉淀剂的两种类型作简单介绍。

1. 生成螯合物的沉淀剂

能形成螯合物沉淀的有机沉淀剂,至少应有两种基团:一种是酸性基团,如—COOH、—OH、—SH、—SO$_3$H 等,这些基团在一定条件下能直接与金属离子反应,生成难溶盐;另一种是碱性基团,如—NH$_2$、=NH、=N—、C=O 及 C=S 等,这些基团中 N、O、S 具有未被共用的电子对,可以与金属离子形成配位键。通过酸性基团和碱性基团的共同作用,金属离子与有机螯合物反应,生成微溶性的螯合物。例如,8-羟基喹啉与 Al^{3+} 的反应为酸性基团—OH 上的氢被 Al^{3+} 置换,同时 Al^{3+} 又与碱性基团$\equiv$N—以配位键相结合,形成五元环结构的微溶性螯合物,生成的 8-羟基喹啉铝不带电荷,所以不易吸附其他杂质离子,沉淀比较纯净且有固定的组成,而且溶解度很小($K_{sp}=1.0\times10^{-29}$)。8-羟基喹啉与许多金属元素,除碱金属外,在不同的 pH 范围内都能生成沉淀,所以该试剂最大的缺点就是选择性较差。目前已合成了一部分选择性较高的 8-羟基喹啉衍生物,如甲基、乙基以及乙烯基等桥联取代的 8-羟基喹啉衍生物,其中 2-甲基 8-羟基喹啉可在 pH5.5 时沉淀 Zn^{2+},pH9.0 时沉淀 Mg^{2+},而其他离子不会形成干扰。

2. 生成离子缔合物的沉淀剂

有些摩尔质量较大的有机试剂,在水溶液中能解离出体积较大的阳离子和阴离子,它们与带相反电荷的离子以较强的静电引力相结合,生成微溶性的离子缔合物。

例如,沉淀 K^+ 时,加入的四苯硼钠 $NaB(C_6H_5)_4$ 沉淀剂在水溶液中解离出四苯硼酸阴离子,与 K^+ 生成难溶盐:

$$B(C_6H_5)_4^- + K^+ \Longrightarrow KB(C_6H_5)_4 \downarrow$$

$KB(C_6H_5)_4$ 的溶解度小,组成恒定,烘干后即可直接称量,所以四苯硼钠是测定 K^+ 的较好沉淀剂。此外,四苯硼钠还能与 NH_4^+、Rb^+、Cs^+、Tl^+、Ag^+ 等生成离子缔合物沉淀,该法也可用于有机胺类、含氮杂环类、生物碱及季铵盐等药物的测定。

此外,还常用苦杏仁酸在盐酸溶液中沉淀锆,铜铁试剂沉淀 Cu^{2+}、Fe^{3+}、Ti^{4+},α-亚硝基-β-萘酚沉淀 Co^{2+}、Pd^{2+} 等。

§8.7　沉淀重量分析法的应用

8.7.1　重量分析结果的计算

重量分析结果与称量形式的质量有关。多数情况下获得的称量形式与待测组分的形式不同,这就需要将称得的称量形式的质量换算成待测组分的质量。待测组分的摩尔质量与称量形式的摩尔质量之比称为换算因数或化学因数,以 F 表示。

$$F = \frac{a \times 被测组分的摩尔质量}{b \times 称量形式的摩尔质量} \tag{8-12}$$

式中:a、b 是使待测组分与称量形式中主体元素原子数平衡的系数。若称量形式中没有被测组分时,系数 a、b 可由形成沉淀的一系列相关化学反应的化学计量关系确定,则质量分数为

$$w = F \times \frac{称量形式的质量}{试样的质量} \times 100\% \tag{8-13}$$

例如,测定某磁铁矿中铁的含量时,被测组分为 Fe_3O_4,称量形式是 Fe_2O_3,则换算因数应为

$$F = \frac{2M_{Fe_3O_4}}{3M_{Fe_2O_3}}$$

【例 8 - 6】 用重量法测定黄铁矿中硫的含量时,称取试样 0.263 8 g,将试样处理后使之沉淀为 $BaSO_4$,灼烧后称量 $BaSO_4$ 质量为 0.582 1 g,计算该黄铁矿中硫的质量分数。

解: 沉淀形为 $BaSO_4$,称量形也是 $BaSO_4$,但被测组分是 S,所以须将称量组分利用换算因数换算为被测组分,才能算出被测组分的含量。即

$$w_s = F \times \frac{m_{BaSO_4}}{m_s} = \frac{M_s}{M_{BaSO_4}} \times \frac{m_{BaSO_4}}{m_s} = \frac{32.066}{233.39} \times \frac{0.5821}{0.2638} = 0.3032$$

【例 8 - 7】 有一质量为 0.500 0 g 的含镁试样,经处理后于氨性溶液中加入 $(NH_4)_2HPO_4$,使 Mg^{2+} 沉淀为 $MgNH_4PO_4 \cdot 6H_2O$,然后经过滤、洗涤、灼烧后得 $Mg_2P_2O_7$,称得 $Mg_2P_2O_7$ 的质量为 0.351 5 g,计算试样中:(1) Mg 的质量;(2) MgO 的质量分数。

解:(1) 每一个 $Mg_2P_2O_7$ 分子含有两个 Mg 原子,则

$$m_{Mg} = F \times m_{Mg_2P_2O_7} = \frac{2M_{Mg}}{M_{Mg_2P_2O_7}} \times m_{Mg_2P_2O_7}$$

$$= \frac{2 \times 24.305}{222.55} \times 0.351 5 = 0.076 7 8 \text{ g}$$

(2)

$$w_{MgO} = F \times \frac{m_{Mg_2P_2O_7}}{m} = \frac{2M_{MgO}}{M_{Mg_2P_2O_7}} \times \frac{m_{Mg_2P_2O_7}}{m}$$

$$= \frac{2 \times 40.31}{222.55} \times \frac{0.351 5}{0.500 0} = 0.254 7$$

8.7.2 重量分析法应用示例

重量分析法是定量分析的基本内容之一,目前对于某些常量元素、水分、灰分和挥发分等含量的精确测定应用较多,常用于标准分析及仲裁分析。

1. 硫酸钡重量法

该法一般是将试样预处理为 SO_4^{2-} 或 Ba^{2+},将其沉淀成 $BaSO_4$,再进行灼烧称量。

硫酸钡重量法应用范围较广,测定煤中全硫量的标准方法就属于此法的范畴。煤中的硫元素一般分为无机硫和有机硫两大类。测定煤中全硫量有艾氏卡法、库仑滴定法和高温燃烧 - 酸碱滴定法。而艾氏卡法是世界公认的测定煤中全硫量的标准方法,在仲裁分析中,可采用艾氏卡法。将煤样与艾氏卡试剂(艾氏卡试剂:以两份质量的化学纯轻质氧化镁与一份质量的化学纯无水碳酸钠混合并研细至粒度小于 0.2 mm 后保存在密闭容器中)混合灼烧,煤中硫生成硫酸盐,然后将硫酸根

离子生成硫酸钡沉淀,根据硫酸钡的质量计算煤中全硫的含量。

此外,工业水体中、水泥中硫酸盐含量、某些原料矿石和炉渣中硫和钡,以及其他可溶性硫酸盐都可用该法测定。

2. 氯化铵重量法

该法主要用于测定硅酸盐中的二氧化硅,这是国家标准 GB/T176—2008 中的基准法。硅酸盐是地壳的主要组成部分,分为天然硅酸盐和人造硅酸盐。传统的人造硅酸盐材料及其制品主要有硅酸盐水泥、玻璃、陶瓷及它们的制品和耐火材料等。采用氯化铵重量法测定 SiO_2 不但准确,而且沉淀作用完成后的滤液还可用作 Al、Fe、Ca、Mg 等元素的测定。利用过滤完 SiO_2 的滤液,不但消除了 Si 的干扰,提高了测定 Al、Fe、Ca、Mg 的准确度,并且大大节省了分析时间。

该法中试样先用无水 Na_2CO_3 烧结,使不溶的硅酸盐转化为可溶性的硅酸钠,用盐酸分解熔融块。再加入氯化铵固体,在蒸汽水浴上加热蒸发。由于氯化铵是强电解质,对硅酸胶体有盐析作用,从而加快硅酸胶体的凝聚;同时由于 NH_4^+ 的存在,减少了硅酸胶体对其他阳离子的吸附,而被硅酸胶粒吸附的 NH_4^+ 在加热时即可挥发除去,从而获得纯净的硅酸沉淀。沉淀经过滤灼烧后,得到含有铁、铝等杂质的不纯二氧化硅。用 HF 处理沉淀,使其中的 SiO_2 以 SiF_4 形式挥发,失去的质量即为纯二氧化硅的质量。

3. 磷肥中磷的测定

磷肥中的磷因为对象或目的的不同,常分别测定有效磷及全磷的含量,结果均用 P_2O_5 表示。测定方法通常有磷钼酸喹啉重量法、磷钼酸铵容量法和钒钼酸铵分光光度法。磷钼酸喹啉重量法为国家标准 GB/T10512—2008 规定的仲裁分析方法,容量法和分光光度法主要用于日常生产的控制分析。

磷钼酸喹啉重量法中,用水和乙二胺四乙酸二钠溶液提取磷肥中水溶性磷和有效磷,提取液中正磷酸根离子在酸性介质中与钼酸盐、喹啉作用生成黄色磷钼酸喹啉沉淀:

$$H_3PO_4 + 12MoO_4^{2-} + 3C_9H_7N + 24H^+ =\!=\!=$$

$$(C_9H_7N)_3H_3(PO_4 \cdot 12MoO_3) \cdot H_2O\downarrow + 11H_2O$$

沉淀用已恒重的 4 号玻璃砂芯漏斗过滤、洗涤、干燥后称量,计算试样中 P_2O_5 的含量。由于称量形式是磷钼酸喹啉,其换算为 P_2O_5 的换算因数较小,所以测定的准确度较高。

4. 环境空气颗粒物 $PM_{2.5}$ 和 PM_{10} 的测定

PM(Particulate Matter)是指环境空气中可吸入颗粒物,也被称为“微粒物质”,是一种相当复杂的混合物。这种颗粒污染可分为两类:细颗粒和可吸入粗颗粒。细颗粒直径一般不大于 $2.5~\mu m$,被称为 $PM_{2.5}$;可吸入粗颗粒直径在 $2.5\sim 10~\mu m$ 之间,被称为 PM_{10},这是表征环境空气质量的两个重要污染物指标,细颗粒物所造成的“雾霾”已成为目前我国城市和区域性大气污染的热点问题。

国家环境保护部于 2012 年出版发行了《环境空气 PM_{10} 和 $PM_{2.5}$ 的测定重量

法》(HJ 618—2011),该标准规定了测定环境空气中 PM_{10} 和 $PM_{2.5}$ 的重量法。其方法原理为:分别通过具有一定切割特性的采样器,以恒速抽取定量体积空气,使环境空气中 $PM_{2.5}$ 和 PM_{10} 被截留在已知质量的滤膜上,根据采样前后滤膜的重量差和采样体积,计算出 $PM_{2.5}$ 和 PM_{10} 浓度:

$$\rho = \frac{W_1 - W_2}{V} \times 1\,000$$

式中:ρ 为 PM_{10} 或 $PM_{2.5}$ 浓度,mg/m^3;W_2 为采样后滤膜的质量,g;W_1 为空白滤膜的质量,g;V 为已换算成标准状态(101.325 kPa,273 K)下的采样体积,m^3。

本章小结

一、本章主要知识点梳理

(1) 沉淀的溶解度及其影响因素

沉淀的溶解损失是沉淀重量法误差的重要来源之一。影响沉淀溶解度的因素主要有盐效应、同离子效应、酸效应、配位效应,此外,还有温度、溶剂、沉淀结构和颗粒大小等。对于 $M_m A_n$ 型难溶化合物,忽略其固有溶解度和副反应,其溶解度计算公式为:

$$s = \sqrt[m+n]{\frac{K_{sp}}{m^m n^n}}$$

(2) 影响沉淀纯度的因素

① 沉淀的类型和形成过程。沉淀按其物理性质的不同,可粗略地分为晶形沉淀和无定形沉淀两类,各类型沉淀之间最大的差别是沉淀颗粒大小的不同。

沉淀的形成一般经过晶核形成和晶核长大两个过程。晶核的形成有两种,分别是均相成核和异相成核。晶核长大形成沉淀颗粒,沉淀颗粒大小由聚集速度和定向速度的相对大小决定。

② 影响沉淀纯度的因素有共沉淀和后沉淀,共沉淀包括表面吸附、吸留和包藏、生成混晶。

③ 提高沉淀纯度的措施:对不同类型的沉淀,选择适当的分析步骤,改变杂质离子的状态,选择合适的沉淀剂和洗涤剂,必要时再沉淀。

(3) 沉淀条件的选择

① 晶形沉淀:稀溶液、热溶液、快搅慢滴、陈化。

② 无定形沉淀:浓溶液、热溶液、电解质促凝、不陈化、再沉淀(必要时)。

③ 均匀沉淀法

(4) 沉淀重量分析法的结果计算

$$\text{待测组分的质量分数 } w = F \times \frac{\text{称量形式的质量}}{\text{试样的质量}} \times 100\%$$

$$\text{换算因数 } F = \frac{a \times \text{被测组分的摩尔质量}}{b \times \text{称量形式的摩尔质量}}$$

二、本章主要知识点及相互关系

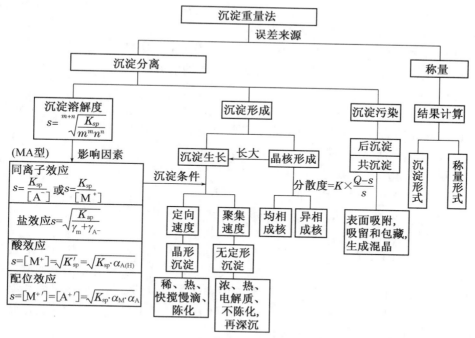

图 8-6 沉淀重量法知识点关系图

习 题

1. 沉淀重量分析中对沉淀形式和称量形式各有哪些要求？两者有何区别？试举例说明。

2. 影响沉淀溶解度的因素有哪些？它们是怎样发生影响的？

3. 共沉淀与后沉淀有什么区别？如何减少共沉淀现象？

4. Ni_2^+ 与丁二酮肟(DMG)在一定条件下形成丁二酮肟镍 $Ni(DMG)_2$ 沉淀，然后可以采用两种方法测定：一是将沉淀洗涤、烘干，以 $Ni(DMG)_2$ 形式称重；二是将沉淀再灼烧成 NiO 的形式称重。采用哪一种方法较好？为什么？

5. 将固体 AgBr 和 AgCl 加入到 50.0 mL 纯水中，不断搅拌使其达到平衡。计算溶液中 Ag^+ 的浓度。

6. 要获得较大颗粒且纯净的 $BaSO_4$ 晶形沉淀，需要控制怎样的条件？

7. 均匀沉淀法有何优点？试举例说明。

8. 考虑酸效应，计算下列微溶化合物的溶解度。

(1) CaF_2 在 pH2.00 的溶液中；

(2) CuS 在 pH0.50 的饱和 H_2S 溶液中($[H_2S] \approx 0.10 \ mol \cdot L^{-1}$)。

9. 计算下列难溶化合物的溶解度。

(1) $PbSO_4$ 在 $0.10 \ mol \cdot L^{-1} \ HNO_3$ 中(已知 H_2SO_4 的 $K_{a_2}=1.0 \times 10^{-2}$, $K_{sp,PbSO_4}=1.6 \times 10^{-8}$);

(2) $BaSO_4$ 在 pH10.00 的 $0.020 \ mol \cdot L^{-1}$ EDTA 溶液中(已知 $K_{sp,BaSO_4}=1.1 \times 10^{-10}$, $\lg K_{BaY}=7.86$, $\lg \alpha_{Y(H)}=0.45$)。

10. 已知 $K_{sp,CuS}=6 \times 10^{-36}$, $K_{sp,MnS}=2 \times 10^{-10}$, H_2S 的 $pK_{a_1}=6.88$, $pK_{a_2}=14.15$。考虑 S^{2-} 的水解,计算下列硫化物在水中的溶解度。

(1) CuS;(2) MnS。

11. 为了防止 AgCl 从含有 $0.010 \ mol \cdot L^{-1} \ AgNO_3$ 和 $0.010 \ mol \cdot L^{-1} \ NaCl$ 的溶液中析出沉淀,应加入氨的总浓度为多少(忽略溶液体积变化)?

12. 计算下列换算因数。

(1) 根据 $PbCrO_4$ 测定 Cr_2O_3;

(2) 根据 $Mg_2P_2O_7$ 测定 $MgSO_4 \cdot 7H_2O$;

(3) 根据 $(NH_4)_3PO_4 \cdot 12MoO_3$ 测定 $Ca_3(PO_4)_2$ 和 P_2O_5;

(4) 根据 $(C_9H_6NO)_3Al$ 测定 Al_2O_3。

13. 欲分析某食品中果胶含量,准确称取该样品 $49.050 \ 0 \ g$,加热煮沸后配成 $100.00 \ mL$ 试液。移取 $25.00 \ mL$ 试液,加入 $0.1 \ mol \cdot L^{-1}$ 氢氧化钠溶液使其形成果胶酸钠,多余的 NaOH 溶液用醋酸溶液中和除去,再加入 $2 \ mol \cdot L^{-1}$ 氯化钙溶液 $50 \ mL$,共得果胶酸钙沉淀 $0.215 \ 6 \ g$。试计算该食品中胶质的含量。已知果胶酸钙换算成果胶质的因数为 0.923 5。

14. 称取 $0.500 \ 0 \ g$ 磷矿试样,经溶解、氧化等化学处理后,其中 PO_4^{3-} 被沉淀为 $MgNH_4PO_4 \cdot 6H_2O$,高温灼烧成 $Mg_2P_2O_7$,其质量为 $0.201 \ 8 \ g$。已知 $M_{r,P_2O_5}=141.95$, $M_{r,Mg_2P_2O_7}=222.55$, $M_{r,MgNH_4PO_4 \cdot 6H_2O}=245.4$,计算:

(1) 矿样中 P_2O_5 的百分质量分数;

(2) $MgNH_4PO_4 \cdot 6H_2O$ 沉淀的质量。

15. 称取含硫的纯有机化合物 $1.000 \ 0 \ g$。首先用 Na_2O_2 熔融,使其中的硫定量转化为 Na_2SO_4,然后溶解于水,用 $BaCl_2$ 溶液处理,定量转化为 $BaSO_4$ 沉淀 $1.089 \ 0 \ g$。计算:

(1) 有机化合物中硫的质量分数;

(2) 若有机化合物的摩尔质量为 $214.33 \ g \cdot mol^{-1}$,求该有机化合物中硫原子个数。

16. 称取 CaC_2O_4 和 MgC_2O_4 纯混合试样 $0.624 \ 0 \ g$,在 500 ℃ 下灼烧,定量转化为 $CaCO_3$ 和 $MgCO_3$ 后为 $0.483 \ 0 \ g$。计算:

(1) 试样中 CaC_2O_4 和 MgC_2O_4 的质量分数;

(2) 若在 900 ℃ 灼烧该混合物,则定量转化为 CaO 和 MgO 的质量为多少克?

17. 称取含有 NaCl 和 NaBr 的试样 $0.628 \ 0 \ g$,溶解后用 $AgNO_3$ 溶液处理,得到干燥的 AgCl 和 AgBr 沉淀 $0.506 \ 4 \ g$。另称取相同质量的试样一份,溶解后用 $0.105 \ 0 \ mol \cdot L^{-1} \ AgNO_3$ 溶液滴定至终点,消耗 $28.34 \ mL$。计算试样中 NaCl 和 NaBr 的质量分数。

18. 称取含砷试样 0.500 0 g，溶解后在弱碱性介质中将砷处理为 AsO_4^{3-}，然后沉淀为 Ag_3AsO_4。将沉淀过滤、洗涤，最后将沉淀溶于酸中。以 0.100 0 mol·L^{-1} NH_4SCN 溶液滴定其中的 Ag^+ 至终点，消耗 45.45 mL。计算试样中砷的质量分数。

第九章　分光光度法

§9.1　概　述

许多物质的溶液呈现出不同的颜色,例如 $KMnO_4$ 溶液呈紫红色,硫酸铜溶液呈天蓝色,还有各种五颜六色的染料等等。而且人们很自然地意识到溶液颜色的深浅与有色物质的浓度有关,浓度越大,颜色越深;浓度越小,颜色越浅。参照标准色阶,人们用肉眼观察溶液颜色的深浅来确定物质的浓度,建立了“目视比色法”。随着科学和技术的进步,出现了能定量测定颜色深浅的仪器,即光电比色计,建立了“光电比色法”。再到后来,出现了具有更好波长选择性的分光光度计,建立了“分光光度法”,并且也已不限于溶液颜色深浅的比较。用分光光度计不仅可以客观准确地定量测定颜色的深浅,而且把测量范围扩大到了紫外和红外光谱范围,很多无色溶液也可以进行定量测定。

基于物质对光的选择性吸收而建立起来的分析方法,称为分光光度法(也称吸光光度法)。在选定的波长下,被测溶液对光的吸收程度与溶液中吸光物质的浓度有简单的定量关系。可被利用的光波范围包括紫外、可见和红外区。所测量的是物质的物理性质——物质对光的吸收,测量所需的仪器是特殊的光学、电子学仪器,所以分光光度法不属于传统的化学分析法,而属于近代的仪器分析法。由于分光光度法是仪器分析中较简单且较基础的方法,并且测量中可以灵活地运用各种显色反应,与物质的化学性质关系密切,因此,可见光区的分光光度法常作为化学分析与仪器分析衔接部分的一章。本身具有颜色或经过反应后显色的物质均可作为分光光度法的测定对象。分光光度法在生化、医药、食品、材料、环境等领域具有非常广泛的应用。

§9.2　分光光度法的基本原理

9.2.1　分子结构与吸收光谱

1. 光的基本性质

光是一种电磁波,如果按照波长或频率排列,可得到如表 9-1 所示的电磁波谱。光具有二象性,即波动性和粒子性。

表 9-1　电磁波谱范围

光谱区	频率范围/Hz	空气中波长	作用类型
宇宙或 γ 射线	$>10^{20}$(MeV)	$<10^{-12}$ m	原子核
X 射线	$10^{20} \sim 10^{16}$	10^{-3} nm$\sim$10 nm	内层电子跃迁
远紫外光	$10^{16} \sim 10^{15}$	10 nm$\sim$200 nm	电子跃迁
紫外光	$10^{15} \sim 7.5 \times 10^{14}$	200 nm$\sim$400 nm	电子跃迁
可见光	$7.5 \times 10^{14} \sim 4.0 \times 10^{14}$	400 nm$\sim$750 nm	价电子跃迁
近红外光	$4.0 \times 10^{14} \sim 1.2 \times 10^{14}$	0.75 $\mu m \sim 2.5$ μm	振动跃迁
红外光	$1.2 \times 10^{14} \sim 10^{11}$	2.5 $\mu m \sim 1000$ μm	振动或转动跃迁
微波	$10^{11} \sim 10^{8}$	0 cm$\sim$100 cm	转动跃迁
无线电波	$10^{11} \sim 10^{5}$	1 m$\sim$1 000 m	原子核旋转跃迁

波动性是指光按波动形式传播。例如光的折射、衍射、偏振和干涉等现象,就明显地表现出其波动性。光的波长 λ 频率 ν 与速度 c 的关系为:

$$c = \nu\lambda$$

式中:λ 以 cm 表示;ν 以 Hz 表示;c 为光速,在真空中等于 2.997 9$\times 10^{10}$ cm·s^{-1},约为 3×10^{10} cm·s^{-1}。

光同时又具有粒子性。光是由"光微粒子"(光量子或光子)所组成的。光量子的能量与波长的关系为:

$$E = h\nu = hc/\lambda$$

式中:E 为光量子能量,ν 为频率,h 为普朗克常数 6.626 2$\times 10^{-34}$ J·s。每个光子的质量为:

$$m = E/c^2 = h\nu/c^2 = h/c\lambda$$

光子也具有动量,可以表示为:

$$mc = h\nu/c = h/\lambda$$

不同波长(或频率)的光,其能量不同,短波的能量大,长波的能量小。

2. 物质对光的选择性吸收

(1)物质对光产生选择性吸收的原因

物质的分子具有一系列不连续的特征能级,如其中的电子能级就分为能量较低的基态和能量较高的激发态。一般情况下,物质的分子处于能量最低的能级,只有吸收了一定能量后才可能产生能级跃迁,进入能量较高的能级。

当光照射到某物质以后,该物质的分子就有可能吸收光子的能量而发生能级跃迁,这种现象就叫做光的吸收。但是,并不是任何一种波长的光照射到物质上都能够被物质吸收,只有当照射光的能量与物质分子的某两个能级的能量之差恰好相等时,才有可能发生能级跃迁,与此能量相应的那种波长的光才能被吸吸。或者说,能被吸收的光的波长必须符合公式:

$$\Delta E = hc/\lambda$$

这里,$\Delta E = E_2 - E_1$,表示两个能级的能量之差。由于不同物质的分子其组成与结构不同,它们所具有的特征能级不同,能级差也不同,所以不同物质对不同波长的光的吸收就具有选择性,有的能吸收,有的不能吸收。

(2) 物质的颜色与吸收光的关系

在可见光中,通常所说的白光是由许多不同波长的可见光组成的复合光。由红、橙、黄、绿、青、蓝、紫这些不同波长的可见光按照一定的比例混合得到。进一步的研究表明,只需要把两种特定颜色的光按一定比例混合,也可以得到白光,如绿光和紫红光混合,黄光和蓝光混合,都可以得到白光。按照一定比例混合后能够得到白光的那两种光就称为互补光,互补光的颜色就称为互补色。

当一束阳光即白光照射到某一溶液上时,如果该溶液的溶质不吸收任何波长的可见光,则组成白光的各色光将全部透过溶液,透射光依然是白光,溶液无色。如果溶质选择性地吸收了某种颜色的可见光,则只有其余颜色的光透过溶液,透射光中除了仍然两两互补的那些可见光组成的白光以外,还有未配对的被吸收光的互补光,于是溶液呈现出该互补光的颜色。例如:当白光通过 $CuSO_4$ 溶液时,Cu^{2+} 选择性地吸收了黄色光,使透过光中的蓝色光失去了其互补光,于是 $CuSO_4$ 溶液呈现出蓝色。

(3) 吸收曲线(吸收光谱)

为了更精细地研究某溶液对光的选择性吸收,通常要做该溶液的吸收曲线,即该溶液对不同波长光的吸收程度记录曲线。吸收程度用吸光度 A 表示,后面将详细讨论。A 越大,表明溶液对某波长的光吸收越多。图 9-1 是 $KMnO_4$ 溶液的吸收曲线。由图可见,$KMnO_4$ 溶液对波长 525 nm 附近的绿色光吸收程度最大,而对与绿色光互补的 400 nm 附近的紫色光和 700 nm 附近的红色光吸收程度很小,所以 $KMnO_4$ 溶液呈紫红色。吸收曲线中吸光度 A 最大处的波长称为最大吸收波长,以 λ_{max} 表示,如 $KMnO_4$ 的 $\lambda_{max} = 525$ nm。

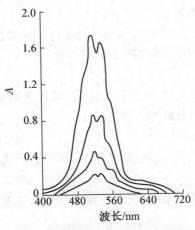

图 9-1　$KMnO_4$ 溶液的吸收曲线

对于同一物质,当它的浓度不同时,同一波长下的吸光度 A 不同,但是最大吸收波长的位置和吸收曲线的形状不变。而对于不同物质,由于它们对不同波长的光的吸收具有选择性,因此它们的 λ_{max} 的位置和吸收曲线的形状互不相同。可以据此进行物质的定性分析。

由图 9-1 还可以发现,对同一种物质,在一定波长时,随着其浓度的增加,吸光度 A 也相应增大,而且由于在 λ_{max} 处吸光度 A 最大,在此波长下 A 随浓度的增大更为明显。可以据此进行物质的定量分析。光度法进行定量分析的理论基础就是光的吸收定律—朗伯-比尔定律。

9.2.2　分光光度法的定量关系

1. 朗伯-比尔定律

物质对光吸收的定量关系,早就受到科学家的注意。朗伯于 1760 年和比尔在 1852 年分别阐明了光的吸收程度与液层厚度及溶液浓度的定量关系,二者结合称为朗伯-比尔定律,也称光的吸收定律。

(1) 朗伯-比尔定律的推导

当一束平行单色光通过任何均匀、非散射的固体、液体或气体介质时,光的一部分被吸收,一部分透过,一部分被容器表面反射。设入射单色光的强度为 I_0,反射光强度为 I_r,吸收光强度为 I_a,透过光强度为 I_t,则它们之间的关系为:

$$I_0 = I_r + I_a + I_t$$

因为入射光常垂直于介质表面射入,一般 I_r 很小(约为入射光强度的 4%)。又由于进行光度分析时都采用同样材质,同样厚度的吸收池盛装试液及参比溶液,反射光的强度几乎一致。因此,由反射所引起的误差可校正,抵消。故上式可简化为:

$$I_0 = I_a + I_t$$

当一束平行光垂直照射到厚度为 b 的溶液时,其光强减弱主要原因是溶液中的吸光质点(离子或分子)吸收了一部分光能。设想把厚度为 b 的溶液分成许多薄层,每一薄层的厚度为 db,入射光通过每一薄层后,其强度减小了 $-dI$,则 $-dI$ 与入射光强度 I 和薄层厚度 db 成正比。

$$-dI \propto I db$$
$$-dI/I = k db$$

对上式积分有

$$\int_{I_0}^{I_t} -\frac{dI}{I} = k \int_0^b db$$
$$\ln \frac{I_0}{I_t} = k_1 b$$

把自然对数换成常用对数,则

$$\lg \frac{I_0}{I_t} = \frac{k_1}{2.303} b = k_2 b \tag{9-1}$$

式(9-1)反映了溶液浓度一定时,吸光度与溶液厚度的关系。

如果溶液的厚度一定时,在每薄层中吸光质点的数目为 dn,则入射光强度减小 $-dI$ 与入射光强度及 dn 成正比。

$$-dI = k_3 I dn$$
$$-\frac{dI}{I} = k_3 dn$$

对上式积分有

$$\int_{I_0}^{I_t} -\frac{dI}{I} = k_3 \int_0^N dn$$

$$\ln \frac{I_0}{I_t} = k_3 n$$

将自然对数改为常用对数,得

$$\lg \frac{I_0}{I_t} = \frac{k_3}{2.303} n = k_4 n \tag{9-2}$$

又因为溶液的浓度与溶液中吸光质点的数目成正比,结合式(9-1)和式(9-2)得

$$A = \lg \frac{I_0}{I_t} = kbc \tag{9-3}$$

这个关系式称为光吸收定律或朗伯-比尔定律的数学表达式。式中:$\lg \frac{I_0}{I_t}$ 为吸光度,用 A 表示,表示有色溶液吸收单色入射光的程度;$\frac{I_t}{I_0}$ 为透光率或透光度,用 T 表示,即 $T = \frac{I_t}{I_0}$。

若溶液不吸收单色入射光,$I_t = I_0$,$A = \lg \frac{I_0}{I_t} = 0$;

若溶液吸收全部单色入射光,$I_t = 0$,$A = \lg \frac{I_0}{I_t} = \infty$。

吸光度 A 与透光率 T 之间的关系为

$$A = -\lg T = \lg \frac{I_0}{I_t} = kbc$$

朗伯-比尔定律的物理意义:当一束平行单色光垂直通过某溶液时,溶液的吸光度 A 与液层厚度 b 及吸光物质的浓度 c 成正比。

(2) 吸光系数和桑德尔灵敏度

吸光系数表示吸光质点对某波长光的吸收本领,与吸光物质的性质、入射光波长及温度等因素有关,用 k 表示。k 随 b 和 c 的单位不同而不同。

① 吸光系数 a

当浓度 c 的单位为 $g \cdot L^{-1}$,液层厚度 b 的单位为 cm 时,k 用 a 表示,称为吸光系数或吸收系数,单位为 $L \cdot g^{-1} \cdot cm^{-1}$,这时朗伯-比尔定律可表示为

$$A = abc$$

② 摩尔吸光系数 ε

当浓度 c 的单位为 $mol \cdot L^{-1}$,液层厚度 b 的单位为 cm 时,k 用另一符号 ε 表示,称为摩尔吸光系数,它表示物质的浓度为 $1\,mol \cdot L^{-1}$,液层厚度为 1 cm 时溶液的吸光度。单位为 $L \cdot mol^{-1} \cdot cm^{-1}$。这时朗伯-比尔定律可表示为

$$A = \varepsilon bc$$

式中:ε 表示某溶液对特定波长的光的吸收能力。ε 值愈大,表示吸光质点对某波长的光吸收能力愈强,分光光度法测定的灵敏度就愈高。

摩尔吸光系数 ε 的大小除了与吸光物质本身的性质有关外,还与温度和波长有关。在温度和波长一定时,ε 是常数,这表明同一吸光物质在不同波长 λ 下的 ε

不同。在这些不同的 ε 之中,最大吸收波长 λ_{max} 下的摩尔吸光系数 ε_{max} 是一个重要的特征常数。它反映了该物质吸光能力可能达到的最大限度,也能反映用光度法测定该物质可能达到的最大灵敏度。

由于分光光度法只适用于测定微量组分,像 $1\ mol\cdot L^{-1}$ 这样高浓度溶液的吸光度很难用分光光度法直接测得。因而要确定 ε 值,应在较低浓度下测量吸光度 A,然后根据朗伯-比尔定律计算 ε 值。

吸光度 A 随浓度 c 呈正比线性地增大,因而 ε 仅与物质性质和测量波长相关(当然也与溶剂介质、温度等条件相关,一般测量时需尽量固定这些条件),而与一定范围内浓度的具体大小不相关,所以可以通过测量已知浓度标准溶液的吸光度而获得 ε,并将其用于任意未知浓度样品的测定。

$$\varepsilon = \frac{A_{标准}}{bc_{标准}}$$

$$c_{未知} = \frac{A_{未知}}{b\varepsilon}$$

分析化学手册中都列有常见吸光物质在水溶液中的 ε_{max} 值。对不同吸光物质来说,ε_{max} 越大,表明物质对光的吸收能力越强,用分光光度法测定该物质的灵敏度也越高。在书写摩尔吸光系数时,应在下角标注相应的测量波长。如:邻二氮菲—亚铁络合物 $\varepsilon_{510nm} = 1.1 \times 10^4\ L\cdot mol^{-1}\cdot cm^{-1}$,$KMnO_4$ 溶液的 $\varepsilon_{525\ nm} = 2.2 \times 10^3$ $L\cdot mol^{-1}\cdot cm^{-1}$,显然前者的吸光能力较强。一般认为,如果 $\varepsilon_{max} \geqslant 10^4$,则用分光光度法测定具有较高的灵敏度,$\varepsilon_{max} \leqslant 10^3$ 则不灵敏,不宜用分光光度法测定。

③ 桑德尔灵敏度

光度分析的灵敏度除用 a、ε 表示外,还可用桑德尔灵敏度 S 表示。S 的定义为:当仪器所能测出的最小吸光度(即仪器的检测极限)$A = 0.001$ 时,单位截面积光程内所能检测出的吸光物质的最低含量。单位为 $\mu g\cdot cm^{-2}$。

S 与 ε 之间有一定的关系:

$$A = 0.001 = \varepsilon bc$$

$$bc = \frac{0.001}{\varepsilon} \qquad\qquad (9-4)$$

b 的单位为 cm,c 的单位为 $mol\cdot L^{-1}$,即为 $mol\cdot(100\ 0\ cm^{-3})$,则 $b \times c$ 的单位为 $cm\cdot mol\cdot L^{-1}$,乘以摩尔质量 $M(g\cdot mol^{-1})$ 将 mol 换成质量,就是单位截面积光程内吸光物质的量,即为 S,所以

$$S = bc(cm\cdot mol\cdot L^{-1}) \times M(g\cdot mol^{-1}) = bcM \times 10^{-3}(g\cdot cm^{-2})$$

将式(9-4)代入上式得

$$S = \frac{0.001}{\varepsilon} \times M \times 10^3 = \frac{M}{\varepsilon}(\mu g\cdot cm^{-2})$$

2. 偏离朗伯-比尔定律的因素

根据朗伯-比尔定律,吸光度 A 与吸光物质的浓度 c 成正比,因此,以吸光度 A 对 c 作图时,应得到一条通过坐标原点的直线。但在实际工作中,常常遇到偏离线

性关系的现象,即曲线向下或向上发生弯曲,产生负偏离或正偏离,如图 9-2 所示。

偏离朗伯-比尔定律的因素很多,但基本上可以分为物理方面的因素和化学方面的因素两大类。分别讨论如下。

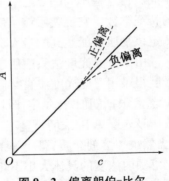

图 9-2 偏离朗伯-比尔
定律的现象

(1) 物理因素

① 单色光不纯

在光度分析仪器中,使用的是连续光源,用单色器分光,用狭缝控制光谱带的宽度,因而投射到吸收溶液的入射光,常常是一个有限宽度的光谱带,而不是真正的纯单色光。由于非单色光使吸收光谱的分辨率下降,因而导致了对朗伯-比尔定律的偏离,A 与 c 的线性范围缩小。

假设入射光仅由两个波长分别为 λ_1 和 λ_2 的光所组成,其入射光强分别为 I_{01} 和 I_{02}。当该入射光通过一个浓度为 $c(\text{mol} \cdot \text{L}^{-1})$,厚度为 $b(\text{cm})$ 的溶液后,透射光强度分别减弱为 I_1 和 I_2,溶液在这两个波长处的吸光度分别为 A_1 和 A_2。由于波长 λ_1 和 λ_2 的光均为单色光,故它们均符合朗伯-比尔定律:

$$A_1 = \varepsilon_1 bc = -\lg \frac{I_1}{I_{01}}, \quad I_1 = I_{01} \times 10^{-\varepsilon_1 bc}$$

$$A_2 = \varepsilon_2 bc = -\lg \frac{I_2}{I_{02}}, \quad I_2 = I_{02} \times 10^{-\varepsilon_2 bc}$$

但实际上并不能分别测得 A_1 和 A_2,而只能测得总吸光度 $A_{总}$。

$$A_{总} = -\lg \frac{I_1 + I_2}{I_{01} + I_{02}}$$

$$= -\lg \frac{I_{01} \times 10^{-\varepsilon_1 bc} + I_{02} \times 10^{-\varepsilon_2 bc}}{I_{01} + I_{02}}$$

如果 λ_1 和 λ_2 相差不大,即 $\Delta\lambda = |\lambda_1 - \lambda_2|$ 很小,可以近似认为 $\varepsilon_1 = \varepsilon_2 = \varepsilon$,于是

$$A_{总} = -\lg \frac{10^{-\varepsilon bc}(I_{01} + I_{02})}{I_{01} + I_{02}} = \varepsilon bc$$

即总吸光度 $A_{总}$ 仍然符合朗伯-比尔定律。但如果 $\Delta\lambda$ 较大,则 $\varepsilon_1 \neq \varepsilon_2$,显然总吸光度 $A_{总}$ 不符合朗伯-比尔定律,表现为工作曲线偏离直线。

为了克服非单色引起的偏离,应尽量设法得到比较窄的入射光谱带,这就需要有比较好的单色器。棱镜和光栅的谱带宽度仅几个纳米,对于一般光度分析是足够窄的。此外,还应将入射光波长选择在被测物的最大吸收波长处。这不仅是因为在 $\lambda_{\max}$ 处测定的灵敏度最高,还由于在 $\lambda_{\max}$ 附近的一个小范围内吸收曲线较为平坦,在 $\lambda_{\max}$ 附近各波长处的 ε 大体相等,因此在 $\lambda_{\max}$ 处由于非单色光引起的偏离要比在其他波长处小得多。

② 非平行入射光

非平行入射光将导致光束的平均光程大于吸收池的厚度 b,实际测得的吸光度

将大于理论值。

③ 介质不均匀

朗伯-比尔定律要求吸光物质是均匀的。如果溶液不均匀,例如产生胶体或发生混浊,就会发生工作曲线偏离直线的情况。当入射光通过不均匀溶液时,除了被吸光物质所吸收的那部分光强以外,还有一部分光强因散射等而损失。假设入射光强为 I_0,吸收光强为 I_a,透射光强为 I_t,损失的散射光强为 I_s,则

$$I_0 = I_a + I_t + I_s$$

实际测得的透光率为:

$$T_{实} = \frac{I_t}{I_0} = \frac{I_0 - I_a - I_s}{I_0}$$

如果没有发生散射,$I_s = 0$,I_a 不变,则理想的透光率为:

$$T_{理} = \frac{I_t}{I_0} = \frac{I_0 - I_a}{I_0}$$

可见 $T_{实} < T_{理}$ 或 $A_{实} > A_{理}$,即实际的吸光度比理想的吸光度偏大。而一旦产生胶体,往往是吸光物质的浓度越大,所产生的胶体的浓度也越大,散射也越严重,吸光度偏高得越多,从而使工作曲线偏离直线而向吸光度轴弯曲。故在光度法中应避免溶液产生胶体或混浊。

(2) 化学因素

① 溶液浓度过高

朗伯-比尔定律是建立在吸光质点之间没有相互作用的前提下,但当溶液浓度过高时,吸光物质的分子或离子间的平均距离减小,从而改变物质对光的吸收能力,即改变物质的摩尔吸收系数。浓度增加,相互作用增强,导致在高浓度范围内摩尔吸收系数不恒定而使吸光度与浓度之间的线性关系被破坏。

② 化学变化

溶液中吸光物质常因解离、缔合、形成新的化合物或在光照射下发生互变异构等,从而破坏了平衡浓度与分析浓度之间的正比关系,也就破坏了吸光度 A 与分析浓度 c 之间的线性关系,产生对朗伯-比尔定律的偏离现象。

例如,可用分光光度法测定 $Cr_2O_7^{2-}$ 的浓度。但若将某分析浓度为 c 的 $K_2Cr_2O_7$ 溶液分别用水稀释,得到分析浓度分别为 $c/2$、$c/3$、$c/4$ 的 $K_2Cr_2O_7$ 标液,测定这些标准溶液的吸光度,并对各分析浓度做工作曲线,结果发现工作曲线偏离直线。这是因为 $Cr_2O_7^{2-}$ 在溶液中有以下平衡:

$$Cr_2O_7^{2-} + H_2O \rightleftharpoons 2CrO_4^{2-} + 2H^+$$

当稀释时,平衡向右移动,故溶液中实际存在的 $Cr_2O_7^{2-}$ 型体的浓度要低于其分析浓度。而且稀释倍数越大,$Cr_2O_7^{2-}$ 的实际浓度比分析浓度的降低就越显著,因而造成了工作曲线的弯曲。为了克服这种偏离,应控制溶液的酸度为强酸性,此时,$Cr(Ⅵ)$ 总以 $Cr_2O_7^{2-}$ 的型体存在,工作曲线很好地遵从直线关系。

§9.3 分光光度计

9.3.1 分光光度计的结构

一般分光光度计均由光源、分光系统、吸收池、检测记录系统四个部分构成。

1. 光源

分光光度计所用的光源,应该在尽可能宽的波长范围内给出强度较均匀的连续光谱,具有足够的辐射强度,良好的辐射稳定性等特点。可见分光光度计的光源一般用卤钨灯,发出的复合光波长约在 $400\sim2\,500$ nm 之间,覆盖了整个可光光区($400\sim750$ nm)。另外,常用的紫外-可见分光光度计在紫外光区则采用氢灯或氘灯作为光源,其稳定的发射波长范围为 $185\sim375$ nm。为了保持光源发光强度的稳定,光源前面通常配有稳压装置。

2. 分光系统

分光系统(或称单色器)是一种能把光源辐射的复合光按波长的长短色散,并能很方便地从其中分出所需单色光的光学装置。包括狭缝和色散元件两部分。色散元件常为棱镜或光栅。

棱镜是根据光的折射原理将复合光色散为不同波长的单色光,再让所需波长的光通过一个很窄的狭缝照射到吸收池上。由于狭缝的宽度很窄,通过的辐射波长范围一般只有几个纳米,故得到的单色光比较纯。一般多用在低端分光光度计上。

光栅是根据光的衍射和干涉原理来达到色散目的,也是让所需波长的光经过狭缝照射到吸收池上,所以得到的单色光也比较纯。光栅色散的波长范围比棱镜宽,而且色散能力更强,波长分布均匀,常用在中高端分光光度计上。

3. 吸收池

吸收池又称比色皿,通光面由无色透明的光学玻璃或石英制成,用于盛装试液和参比溶液。可见光区使用光学玻璃即可,紫外光区需采用石英。比色皿一般为长方体,厚度(即光程)有各种规格,如 0.5 cm、1 cm、2 cm、5 cm 等。这里的规格是指两通光面内壁间的距离,实际是液层厚度。使用比色皿时,同一组吸收池的透光率相差应小于 0.5%,且要注意保护其光学面,避免磨损并保持清洁。为保证测量的重现性,现在的中高端分光光度计倾向于采用单个比色皿和固定位置进行测量。

4. 检测记录系统

检测系统是把透过吸收池后的透射光强度转换成电信号的装置,故又称为光电转换器。只有通过接收器,才能将透射光转换成与其强度成正比的电流强度,也才有可能通过监测电流的大小来获得透光强度的信息。检测系统应具有灵敏度高,对透过光的响应时间短,响应的线性关系好,以及对不同波长的光具有相近的响应可靠性等特点。分光光度计中常用的检测器是光电池、光电管或光电倍增管三种,现在也开始逐步采用基于 CCD(电荷耦合元件)的二极管阵列检测器,可以同时检测全波长的吸光度。

（1）光电池

光电池是用半导体材料制成的光电转换元件。在光电比色计及简易的分光光度计中广泛应用的是硒光电池。它对光的响应范围为 300~800 nm,尤其对 500~600 nm 的光最灵敏。硒光电池由三层物质组成,表层是导电性能良好的可透光金属,如用金、铂等制成的薄膜;中层是具有光电效应的半导体材料硒;底层是铁或铝片。当光透过上层金属照射到中层的硒片时,就有电子从半导体硒的表面逸出。由于电子只能单向流动到上层金属薄膜,使之带负电,成为光电池的负极。硒片失去电子后带正电,使下层铁片也带正电,成为光电池的正极。这样,在金属薄膜和铁片之间就会产生电位差,线路接通后,便会产生与照射光强度成正比的光电流。硒光电池产生的光电流可以用普通的灵敏检流计测量。但当光照射时间较长时,硒光电池会产生"疲劳"现象,无法正常响应,必须暂停工作。

（2）光电管

光电管是一种二极管,它是在玻璃或石英泡内装有两个电极,阳极通常是一个镍环或镍片,阴极为涂有一层光敏物质如氧化铯的金属片。这种光敏物质受到光线照射时可以放出电子。当光电管的两极与一个电池相连时,由阴极放出的电子将会在电场的作用下流向阳极,形成光电流,并且光电流的大小与照射到它上面的光强度成正比。管内可以抽成真空,叫作真空光电管;也可以充进一些气体,叫作充气光电管。由于光电管产生的光电流很小,需要用放大装置将其放大后才能用微安表测量。常用的光电管有红敏光电管(阴极面为银和氯化铯)和蓝敏光电管(阴极面为锑铯),分别用于 625~1 000 nm 和 200~625 nm 的波长范围。灵敏度更高的有光电倍增管,用多个倍增电极对光电流进行放大,适用波长范围为 160~700 nm。光电管和光电倍增管具有灵敏度高、光敏范围广和使用寿命长等优点,一般用于中高端的分光光度计中。

（3）信号显示系统

分光光度计中常用的显示装置为较灵敏的检流计。检流计用于测量光电池受光照射之后产生的电流。但其面板上标示的不是电流值,而是透光率 T 和吸光度 A,这样就可直接从检流计的面板上读取透光率和吸光度。因 $A = -\lg T$,故板面上吸光度的刻度是不均匀的。现代的分光光度计已广泛采用数字显示和自动记录。

9.3.2　分光光度计的测量原理和操作步骤

分光光度计实际上测得的是透射光经光电转换后的光电流或电压,再通过转换器将测得的电流或电压转换为对应的吸光度 A。测量中必须使用参比溶液,与样品装在相同的比色皿中,以扣除比色皿及水溶液本身对入射光的吸收、反射、散射等,使测量值仅与溶液中的有色物质对光的选择性吸收相关。具体操作步骤

视频＋PDF:
分光光度
计原理及
操作方法

如下：
(1) 调至设定的波长，调节分光光度计 $T=0$；
(2) 将参比溶液置于光路，调节 $T=100\%$ 或 $A=0$；
(3) 将待测溶液推入光路，读取 A 值。

9.3.3 分光光度计的分类

分光光度计按工作波长范围可以分为可见分光光度计、紫外-可见分光光度计和红外分光光度计。红外分光光度计主要用于分析有机物的结构，将在仪器分析中阐述，本书不予讨论。而可见分光光度计和紫外-可见分光光度计又可以根据仪器的结构分为单波长单光束、单波长双光束和双波长等基本类型。

如图 9-3 所示，单波长单光束分光光度计的主要优点是仪器结构简单，价格低廉，适合于固定测量波长的定量分析。其主要缺点是测量时需要先用参比溶液池调节吸光度零点，再将待测溶液池推入光路测量其吸光度，由于光源的不稳定性（例如电压不稳）和检测系统的不稳定性，参比溶液池和待测溶液池在不同时间推入光路时可能引起测量误差。另外，由于入射光为单波长，因此不能自动获得待测溶液的吸收光谱。

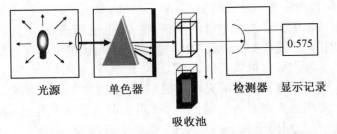

图 9-3 单波长单光束分光光度计仪器结构示意图

如图 9-4 所示，单波长双光束分光光度计利用一个光束分裂器将来自单色器的单色光变成强度完全一样的两束光分别射向参比溶液池和待测溶液池，检测器交替接受参比溶液透射光和待测溶液透射光，经处理后可获得参比溶液和待测溶液的吸光度之差，该差值即为待测溶液的吸光度。该光度计由于参比溶液和待测

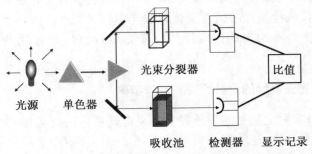

图 9-4 单波长双光束分光光度计仪器结构示意图

溶液几乎是同时进行测量,基本上可以忽略光源和检测系统不稳定带来的影响,因此双光束分光光度计具有较高的测量精密度和准确度,使用上也更加方便。另外,双光束分光光度计可以实现待测溶液吸收光谱的自动扫描,特别适合样品的结构分析。但由于其光路设计相对要求严格,价格也比较昂贵;同时,由于参比溶液和待测溶液是装在不同的检测池中,因此该光度计仍然无法完全消除检测池不同所带来的测量误差。

图9-5为双波长分光光度计仪器结构示意图,其测量原理和特点在分光光度分析方法一节中详述。

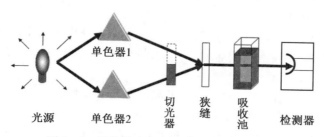

图9-5　双波长分光光度计仪器结构示意图

§9.4　显色反应及其影响因素

9.4.1　显色反应及显色条件的选择

1. 显色反应和显色剂

(1) 显色反应

在分光光度分析中,将试样中的被测组分转变成有色化合物的化学反应叫做显色反应。常见的显色反应可分两大类,即配位反应和氧化还原反应,而配位反应是最主要的显色反应。与被测组分反应生成有色物质的试剂称为显色剂。同一被测组分常可与若干种显色剂反应,同一显色剂也常可与多种组分发生反应。一种被测组分究竟应该采用哪种显色反应,可根据以下标准加以选择。

① 选择性要好。一种显色剂最好只与一种被测组分起显色反应,干扰离子容易被掩蔽或消除,或者显色剂与被测组分及干扰离子生成的有色化合物的吸收峰相隔较远。

② 灵敏度要高。灵敏度高的显色反应有利于微量组分的测定。灵敏度的高低,可从摩尔吸光系数的大小来判断。

③ 有色化合物的组成要恒定,化学性质要稳定,若易受空气的氧化、日光的照射而分解,就会引入测量误差。

④ 显色剂和有色化合物之间的颜色差别要大。一般要求有色化合物的最大吸收波长与显色剂的最大吸收波长之差在60 nm以上。

⑤ 显色反应的条件要易于控制。如果条件要求过于严格,难以控制,测定结

果的重现性就差。

（2）显色剂

许多无机试剂能与金属离子起显色反应，如 Cu^{2+} 与氨水生成 $Cu(NH_3)_4^{2+}$；硫氰酸盐与 Fe^{3+} 生成红色的配离子 $FeSCN^{2+}$ 或 $Fe(SCN)_5^{2-}$ 等等。许多有机试剂在一定条件下能与金属离子生成有色的金属螯合物，其优点有：

① 灵敏度高。大部分金属螯合物呈现鲜明的颜色，摩尔吸光系数大于 10^4。而且螯合物中金属所占比率很低，提高了灵敏度。

② 稳定性好。金属螯合物都很稳定，一般离解常数很小，而且能较好地抵抗光源辐射的降解作用。

③ 选择性好。绝大多数有机螯合剂在一定条件下只与少数甚至某一种金属离子配位。而且同一种有机螯合物与不同的金属离子配位时，生成各有特征颜色的螯合物。

④ 扩大光度法的应用范围。虽然大部分金属螯合物难溶于水，但可被萃取到有机溶剂中，由此发展了萃取光度法。

有机显色剂与金属离子能否生成具有特征颜色的化合物，主要与试剂的分子结构密切相关。有机显色剂分子中一般都含有生色团和助色团。

生色团是某些含不饱和键的基团，如：—N＝N—（偶氮基）、＝C＝O（羰基）、＝C＝S（硫羰基）等，这些基团中的 π 电子被激发时所需能量较小，波长大于 350 nm 的光就可以做到，故往往可以吸收可见光而呈现出特定的颜色。

助色团是某些含孤电子对的基团，如氨基（—NH₂）、羟基（—OH）和卤代基（—Cl、—Br、—I）等。这些基团与生色团上的不饱和键相互作用，可以影响生色团对光的吸收，使颜色加深。所以简单地说，某些有机化合物及其螯合物之所以表现出颜色，就在于它们具有特殊的结构。而它们的结构中含有生色团和助色团则是它们有色的根本原因。

常用的有机显色剂有邻二氮菲、双硫腙、偶氮胂（Ⅲ），铬天青 S 等。

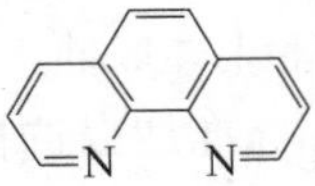

邻二氮菲

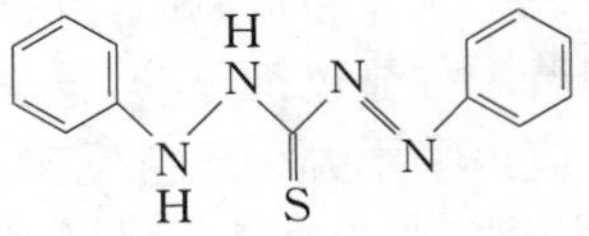

双硫腙

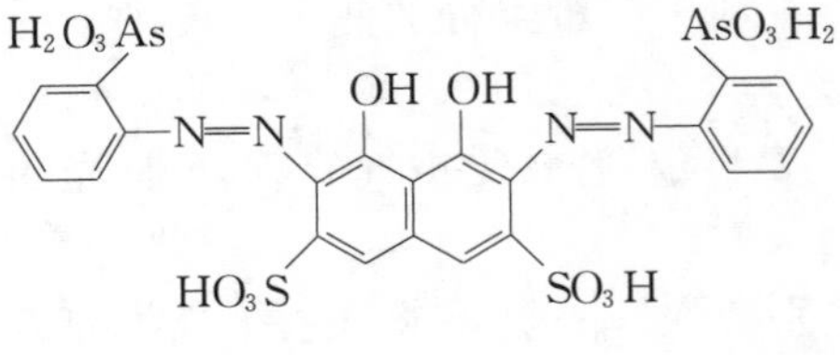

偶氮胂Ⅲ

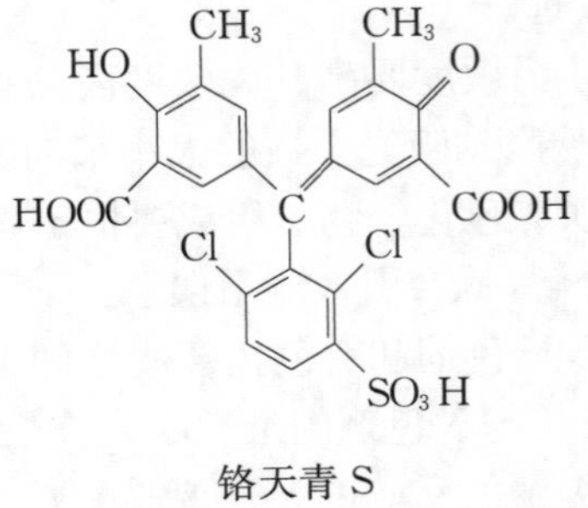

铬天青 S

2. 显色反应条件的选择

只有控制适宜的反应条件才能使显色反应按预期的方式进行,达到利用光度法对目标物质进行测定的目的,因此显色反应条件的选择是十分重要的。

（1）显色剂用量

为了保证显色反应进行完全,使待测离子 M^{n+} 全部转化为有色配合物 MR_m^{n+},均需加入过量的显色剂 R。但显色剂究竟过量多少可通过实验确定。具体做法是,在一系列容量瓶中保持待测离子 M^{n+} 溶液的量不变,加入一系列不同量的显色剂 R 溶液,控制相同的介质条件,定容。分别测定系列溶液的吸光度。以吸光度 A 对显色剂的浓度 c_R 作图,如图 9-6 所示,可能出现三种情况。

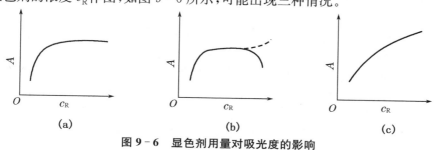

图 9-6 显色剂用量对吸光度的影响

比较常见的是(a)曲线,开始时 A 随 c_R 的增加而增加,当 c_R 增加到一定量以后,A 趋于平坦,表明此时 M^{n+} 已全部转化为 MR_m^{n+}。这样可以在最大且恒定的平台区域选择一个合适的 c_R 作为测定时显色剂的适宜浓度。曲线(b)与(a)不同,当平台出现后,从某一点开始,A 又随 c_R 的增加而下降或上升。这可能是由于 c_R 较大时,形成了其他配位数的配合物。此时须严格控制 c_R 在平台区域。如果出现了曲线(c)的情况,即 A 总是随着 c_R 的增大而增加,不出现 A 较稳定的区域,则测定条件很难控制。一般这样的显色反应不适于进行光度分析。

（2）溶液的酸度

酸度对显色反应的影响很大。例如邻二氮菲与 Fe^{2+} 的反应,酸度太高时,邻二氮菲将发生质子化副反应,降低反应的完全程度;酸度太低,Fe^{2+} 又会水解甚至沉淀。故该显色反应适宜的 pH 是 3~9。另外,酸度对配合物的存在形态也可能有影响,从而使其颜色发生改变,所以,也须通过实验确定适宜的酸度范围。具体做法是,固定其他条件不变,配制一系列 pH 不同的溶液,分别测定它们的吸光度 A,作 A-pH 曲线。曲线中间一段 A 最大且恒定的平台部分所对应的 pH 范围就是适宜的酸度范围,可以从中选择某 pH 作为测定时的酸度条件。即使 pH 略有波动,对测定结果也基本没有影响。

（3）时间和温度

时间对显色反应的影响表现在两个方面：一方面它反映了显色反应速度的快慢；另一方面它又反映了显色配合物的稳定性。因此测定时间的选择必须综合考虑这两个方面。对于慢反应，待反应达平衡后再进行测定；而对于不稳定的显色配合物，则应在吸光度下降之前及时测定。当然，对那些反应速度很快，显色配合物又很稳定的体系，测定时间的影响则很小。

多数显色反应的反应速度很快，室温下即可进行。少数显色反应速度较慢，需加热以促使其迅速完成。但温度太高可能使某些显色剂分解。故适宜的温度也应由显色配合物的性质或实验确定。

（4）有机溶剂和表面活性剂

① 有些有色化合物因分子较大，极性较弱，形成后则从水溶液中析出。有机溶剂和表面活性剂可以起到"增溶"和"增敏"的作用。

② 溶剂影响配合物的离解度。许多有色化合物在水中的离解度大，而在有机溶剂中的离解度小，如在 $Fe(SCN)_3$ 溶液中加入可与水混溶的有机溶剂，如丙酮，由于降低了 $Fe(SCN)_3$ 的离解度而使颜色加深从而提高了测定的灵敏度。

③ 有些溶剂可以改变配合物的颜色，可能是由于各种溶剂分子的极性不同、介电常数不同，从而影响到配合物的稳定性，改变了配合物分子内部的状态或者形成不同的溶剂化物的结果。

（5）共存离子的干扰及消除

在光度法中共存离子的干扰是一个经常要遇到的问题。例如待测离子 M^{n+} 与显色剂 R 发生显色反应生成 MR_n^{n+}，如果有共存离子 N^{p+} 存在，则 N^{p+} 可能对 M^{n+} 的测定发生干扰。这种干扰或者直接表现为 N^{p+} 离子有色，或者虽然 N^{p+} 无色，但它也能与 R 生成有色配合物 NP_m^{p+}，从而引起测定 M^{n+} 的误差。通常可以采取以下一些措施来消除共存离子的干扰。

① 控制酸度

这实际上是利用显色剂的酸效应来控制显色反应的完全程度。例如用双硫腙光度法测 Hg^{2+}，共存的 Cd^{2+}、Pb^{2+} 等离子也能与双硫腙生成有色配合物，从而干扰 Hg^{2+} 的测定。但由于双硫腙汞配合物的稳定常数最大且最稳定，故可以在强酸条件下测定，而此时其他离子的双硫腙配合物则由于稳定常数较小而不能稳定存在，因而无法显色。通过控制强酸条件就可以消除 Cd^{2+}、Pb^{2+} 等离子对测 Hg^{2+} 的干扰。

② 加入掩蔽剂

常用的掩蔽剂有配位剂、氧化剂、还原剂等。例如，用 SCN^- 测定钴时，Fe^{3+} 的干扰可利用掩蔽剂 F^- 的配位效应予以消除。又如铬天青 S 法测定 Al^{3+} 时，Fe^{3+} 的干扰可利用抗坏血酸的还原作用进行消除。选择掩蔽剂需要注意它不能与被测离子反应，且掩蔽剂的颜色以及它与干扰离子反应产物的颜色均不应干扰被测组分的测定。

③ 选择合适的测量波长

例如在 $\lambda_{max}=525$ nm 处测定 MnO_4^- 时，共存的 $Cr_2O_7^{2-}$ 也有吸收因而产生干扰，为此可改在 545 nm 处测定 MnO_4^-。此时虽然测定 MnO_4^- 的灵敏度有所降低，但由于 $Cr_2O_7^{2-}$ 在该波长无吸收，它的干扰可被消除。

④ 选择合适的参比溶液

例如在用铬天青 S 光度法测 Al^{3+} 时，在 $\lambda_{max}=525$ nm 下共存的 Co^{2+}、Ni^{2+} 等有色离子也有吸收因而发生干扰。此时可将一份待测试液中加入 NH_4F 及铬天青 S，以此作为参比溶液。由于 Al^{3+} 可以与 F^- 形成稳定的无色配合物，无法再与铬天青反应而显色，而此时 Co^{2+}、Ni^{2+} 等有色物质仍然在溶液中。所以当以此溶液作为参比溶液时，既可以抵消显色剂本身有色所造成的干扰，也可以抵消 Co^{2+}、Ni^{2+} 等有色离子所造成的干扰。

9.4.2　分光光度法的测量误差及测量条件的选择

同任何其他分析仪器一样，分光光度计测量的准确程度会受到很多因素的影响。

1. 仪器的测量误差

仪器的测量误差是指在测量吸光度或透光率时所产生的误差。这是因为总存在一些难以控制的偶然因素，如电子元件性能的不稳定性，杂散光的干扰，吸收池位置不完全一致等，造成了测量中一定程度的不确定性。正是由于这种不确定性，限制了仪器的测量精度，是造成仪器测量误差的原因之一。习惯上把造成仪器测量误差的偶然因素统称为噪音或噪声。

以普通分光光度计为例，由噪声引起的测量不确定性直接表现为检测器光电流读数的波动，而光电流又与透光率成正比，因此这种波动就表现为透光率 T 读数的不确定性。一般 T 的这种不确定性不超过 ± 0.01，这个由噪音引起的最大不确定性 ΔT 是由整套测量系统装置的水平决定的，大小基本固定，与 T 本身的大小无关，即 $\Delta T=\pm 0.01$。

光度分析的目的是通过吸光度 A 测得 c，那么由这个固定的 ΔT 所引起的浓度 c 的测量相对误差是多少呢？这就涉及到误差传递的问题，即透光率 T 的测量误差如何传递到浓度 c。

首先考察吸光度 A 的测量误差与浓度 c 的测量误差之间的关系。若在测量吸光度 A 时产生了一个微小的绝对误差 dA，则 A 的相对误差为：

$$E_r=\frac{dA}{A}$$

在固定的测量条件下，由朗伯-比尔定律 $A=\varepsilon bc$ 可得

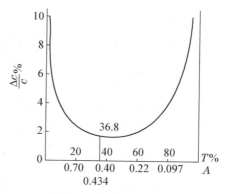

图 9-7　$|E_r|$-T 曲线图

$$dA = \varepsilon b dc$$

dc 是测量浓度 c 的微小的绝对误差。两式相除有

$$\frac{dA}{A} = \frac{dc}{c}$$

可见,由于 c 与 A 成正比,则测量的绝对误差 dc 与 dA 成正比,而测量的相对误差相等。设透光率在一定范围内的较小的测量误差为 dT,则

$$A = -\lg T$$

$$dA = -d(\lg T) = -0.434 d(\ln T) = -\frac{0.434}{T} dT$$

$$\frac{dA}{A} = \frac{-\dfrac{0.434}{T} dT}{-\lg T}$$

$$E_r = \frac{dc}{c} = \frac{0.434}{T \lg T} dT$$

可见测量结果的相对误差与仪器读数误差(dT)及本身透光率(T)有关。假定某仪器的 $dT = \pm 0.01$(常数),按上式计算出不同 T 值对应的 $|E_r|$,可以作出相应的 $|E_r| - T$ 曲线。从曲线图可以看出,浓度过低(T 太大)或过高(T 太小)均导致较大的测量误差,只有当被测溶液的透光率在 $15\% \sim 70\%$,对应的吸光度 A 大约在 $0.15 \sim 0.8$ 范围内,引起的误差 $|E_r|$ 较小。

E_r 最小时对 T 的一阶导数为 0,即

$$E_r{'} = \left(\frac{0.434}{T \lg T} dT \right)' = 0.434 dT \left(\frac{1}{T \lg T} \right)' = 0$$

所以

$$-\frac{\lg T + T \times \dfrac{1}{T \ln 10}}{(T \lg T)^2} = 0$$

得

$$\lg T + \lg e = 0$$

$$-\lg T = \lg e = 0.434 = A$$

因此,$A = 0.434$ 或 $T = 0.368$ 时,相对误差最小。

2. 测量条件的选择

选择适当的测量条件,是获得准确测定结果的重要途径。以下几个方面均需全面考虑。

(1)测量波长的选择

由于有色物质对光有选择性吸收,为了使测定结果有较高的灵敏度和准确度,尽可能选择溶液最大吸收波长处的入射光。若有干扰时,则根据"吸收最大且稳定,干扰最小"的原则选用灵敏度较低但较稳定且能避免或减小干扰的测量波长。

(2)吸光度范围的控制

要使测量的误差较小,准确度较高。为此可以从以下几方面采取措施:

① 计算并控制试样的称取量,含量高时,少取样,或稀释试液;含量低时,可多取样,或萃取富集。

② 若溶液已显色,则可通过改变比色皿的厚度或选择合适的参比溶液来调节

吸光度的大小。

（3）参比溶液的选择

通过选择合适的参比溶液可以消除由于比色皿和溶液中某些共存物质对光的吸收、反射或散射所造成的误差。若参比溶液选择不适当，则对测量结果影响很大。选择参比的主要原则是：

① 当试样溶液、显色剂和其他试剂均无色时，可用蒸馏水作参比以简化实验操作。

② 显色剂和其他试剂均无色，而试样溶液中其他离子有色时，应采用不加显色剂的试样溶液作参比。

③ 试样无色但显色剂或其他试剂有颜色时，应选用试剂空白作参比。

④ 试样溶液和显色剂均有颜色时，可将一份试液加入适当的掩蔽剂，将被测组分掩蔽起来，使之不再与显色剂作用，然后加入显色剂和其他试剂，以此作参比，这样可以消除共存有色组分的干扰。

此外，还可对比色皿的厚度、透光率、仪器波长等进行校正，对比色皿放置的位置、光电池的灵敏度等也应注意检查。

§9.5　分光光度分析方法

9.5.1　目视比色法

在实际工作中，尤其野外作业或做初探性试验时，常用目视比色法，即用眼睛比较溶液颜色的深浅来确定试样中被测组分的含量。目视比色法采用标准系列进行比较。将一系列待测组分的标准溶液加入一组相同规格的比色管中，再分别加入等量的显色剂等其他试剂，定容，制成一套标准色阶。

系列标准溶液　　　　待测样品

图 9-8　目视比色法测量原理图

将待测样品溶液在同样条件下显色，然后与标准色阶进行比较，即可确定其含量。操作时需在比色管底部衬白，然后从正上方向下观测以增加有效光程。目视比色法所需仪器简单，操作方便，适于大量试样的分析，但相对误差较大，一般在 5%～20%。

9.5.2 标准曲线法

在相同且固定的条件下(比色皿、入射光波长及其他试剂和操作方法不变),用分光光度计测量一系列不同浓度 $c_1, c_2, \cdots, c_n$ 标准溶液的吸光度 $A_1, A_2, \cdots, A_n$。以吸光度为纵坐标,标准溶液的浓度为横坐标作图绘制曲线。在相同条件下测得待测试液的吸光度,由标准曲线确定待测试液的浓度,如图9-9所示。标准曲线方程可用 Excel 求得,方法见第二章§2.6节。

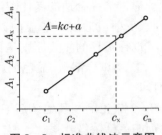

图9-9 标准曲线法示意图

由于标准溶液与待测样品溶液的组成可能不同,即基体条件不一致,因此,标准曲线法仅适用于试样组成较简单的大批量样品的快速测定。原则上每批样品测量前应同时重做工作曲线,但当仪器和测量条件相当稳定时,也可以调用以前保存的工作曲线进行定量。

9.5.3 标准加入法

当试样组成较复杂,除待测组分外,难于确知其他共存基体组分时,宜采用标准加入法。

分取几份等量的待测试样,第一份中不加入待测组分的标准溶液,其余各份中均分别加入不同量的待测组分标准溶液,定容至同一体积后,在选定的测量条件下测量各份溶液的吸光度 A,绘制 A 对待测组分加入量 Δc 的关系曲线。若被测试样中不含待测组分,曲线应通过原点;若曲线不过原点,表明含有待测组分,A 轴截距所对应的吸光度就是由待测组分产生

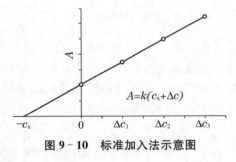

图9-10 标准加入法示意图

的。外延曲线与 Δc 轴相交,交点至原点的距离即为待测组分在测量体系中的浓度。

标准加入法中各份测试溶液的组成基本相同,仅少量待测组分的浓度不同,因而基体条件接近完全一致,可以较好地消除基体的干扰,测定结果的准确度较高,特别适用于少量样品较高要求的测定,但工作量稍大,不太适用于大批量样品的测定。

9.5.4 光度滴定法

测量滴定过程中溶液吸光度的变化,通过作图法求得滴定终点从而计算待测组分的含量。测量波长一般选择为待测溶液、滴定剂或反应生成物中摩尔吸光系数最大者的 λ_{max}。滴定曲线主要有图9-11所示的几种形式。

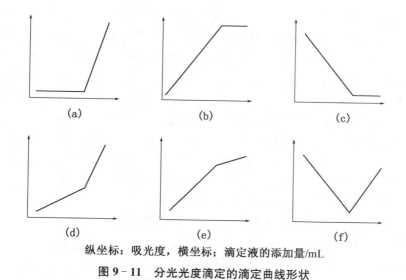

纵坐标：吸光度，横坐标：滴定液的添加量/mL

图 9 - 11 分光光度滴定的滴定曲线形状

例如用高锰酸钾滴定过氧化氢时,滴定曲线如图 9 - 11(a)所示;用邻菲罗啉滴定 Fe^{2+} 时滴定曲线如图 9 - 11(b)所示。

9.5.5 双波长分光光度法

通常用分光光度计在单波长下检测样品时,如果样品中共存组分与被测组分的吸收光谱重叠干扰,或者由于溶剂、悬浮物、胶体等的散射或吸收产生背景干扰,都会影响待测组分的分析。另外,经典的单波长分光光度法一般用溶剂或试剂空白溶液等作参比,而且参比溶液和待测溶液装入不同的吸收池中。这个过程中,吸收池的位置、吸收池本身的性质以及溶液组成、溶液浊度等的任何变化都会引起误差。受限于方法本身的缺陷,单波长分光光度法往往无法解决这些问题。鉴于此,一系列针对不同特定情况进行改进的分光光度方法应运而生,双波长分光光度法就是其中之一。

如图 9 - 5 所示,双波长分光光度法只需要一个吸收池,光源发出来的光线分别经过两个单色器后得到两束不同波长的光。这两束单色光通过切光器以一定的频率交替射向吸收池(比色皿),仪器则可以检测出吸收池中的试液对两束不同波长的光的吸光度。在两个波长下,吸光度与浓度的关系均遵从朗伯-比尔定律,因此有

$$A^{\lambda_1} = \varepsilon^{\lambda_1} bc + A_{b_1}$$
$$A^{\lambda_2} = \varepsilon^{\lambda_2} bc + A_{b_2}$$

式中:A^{λ_1} 和 A^{λ_2} 分别为波长 λ_1 和 λ_2 处试液的吸光度;ε^{λ_1} 和 ε^{λ_2} 分别为波长 λ_1 和 λ_2 处待测组分的摩尔吸光系数;A_{b_1} 和 A_{b_2} 分别为波长 λ_1 和 λ_2 处的背景吸光度(散射或吸收等)。背景吸收的选择性不高,可认为 $A_{b_1} \approx A_{b_2}$,两式相减,则吸收池对两束光的吸光度之差可表示为:

$$\Delta A = A^{\lambda_1} - A^{\lambda_2} = (\varepsilon^{\lambda_1} - \varepsilon^{\lambda_2})bc$$

可见,吸光物质在不同波长下的吸光度之差与其浓度成正比。由于只用到一个吸收池,不需要参比溶液,只用到参比波长,这样不仅消除了吸收池不同所引起的误差,也可以消除参比溶液与待测溶液组成、浊度等差异带来的影响,而且,双波长分光光度法在两个波长处的检测几乎是同时进行的,因此也较好地消除了光源和检测器不稳定所引起的误差。此外,通过适当地选择 λ_1 和 λ_2,还可以消除吸收光谱重叠和背景浑浊的干扰,从而实现对浑浊溶液和多组分混合物进行测定。

双波长分光光度法中波长的选择是关键。一般以待测有色配合物的最大吸收波长为 λ_1,而参比波长 λ_2 的选择有多种方法,例如:以等吸收点作参比波长;以显色剂的吸收峰作参比波长;以有色配合物吸收曲线下端的某一波长作为参比波长等。这里着重介绍以等吸收点作为参比波长的方法。

设溶液中待测组分为 X,干扰组分为 Y,两者吸收光谱重叠严重,如图 9 - 12 所示。X 组分在 λ_1 处有最大吸收,将该波长作为 X 组分的测量波长。在波长 λ_1 处作垂线,与 Y 组分的吸收曲线相交,经过该交点做横坐标的平行线。从图中可以看出,该平行线与 Y 组分有三个交点,对应的波长分别是 λ_1,λ_2 和 $\lambda_2{}'$。Y 组分在测量波长 λ_1 处也有较大的吸收,对 X 组分的测定产生干扰。如果选择 λ_2 或 $\lambda_2{}'$ 作为参比波长,则可以消除 Y 组分对 X 组分测定的干扰。

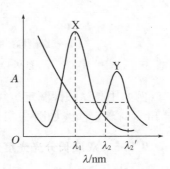

图 9 - 12　等吸收点法原理示意图

设溶液在 λ_1 和 λ_2 处的吸光度之差为 ΔA,即

$$\Delta A = A^{\lambda_1} - A^{\lambda_2} = (A_X^{\lambda_1} + A_Y^{\lambda_1}) - (A_X^{\lambda_2} + A_Y^{\lambda_2})$$

由于 Y 组分在波长 λ_1 和 λ_2 处吸光度相等,即 $A_Y^{\lambda_1} = A_Y^{\lambda_2}$,故有

$$\Delta A = A_X^{\lambda_1} - A_X^{\lambda_2} = (\varepsilon_X^{\lambda_1} - \varepsilon_X^{\lambda_2}) b c_X$$

ΔA 只与待测组分 X 有关而与干扰组分 Y 不相关,因而,这样就消除了共存组分 Y 的干扰。

等吸收点法选择测量波长和参比波长的原则是:

(1) 干扰组分在测量波长 λ_1 处和参比波长 λ_2 处具有相等的吸光度;

(2) 待测组分在测量波长 λ_1 处和参比波长 λ_2 处吸光度的差值较大。

9.5.6　多元光度分析法

吸光度与浓度呈线性关系,因而在一定浓度范围内具有加和性,即某波长处混合溶液的吸光度等于混合溶液中各组分的吸光度之和。例如,利用吸光度的加和性,对组分 1 和组分 2 共存的体系,测量其在选定的两波长 λ_1 和 λ_2 处的吸光度,解联立方程组即可求得各组分的浓度。

$$\begin{cases} \varepsilon_1^{\lambda_1} b c_1 + \varepsilon_2^{\lambda_1} b c_2 = A^{\lambda_1} \\ \varepsilon_1^{\lambda_2} b c_1 + \varepsilon_2^{\lambda_2} b c_2 = A^{\lambda_2} \end{cases}$$

其中的 4 个摩尔吸光系数 ε 可通过在 λ_1 和 λ_2 处分别测量组分 1 和 2 的单组分标准溶液的吸光度后获得。实际操作中,随着组分数的增加,由于组分间交互作用等因素增强,吸光度的加和性变差,对于具有 3 个以上共存组分的体系,联立方程组求解效果不佳,需借助因子分析法、偏最小二乘法、模拟退火算法、遗传算法及人工神经网络等化学计量学算法才能得到可靠的结果。

9.5.7　差示分光光度法

分光光度法中吸光度 A 在 $0.15\sim0.8$ 范围内的测量误差较小。超出此范围,测定的相对误差将会变大。对高浓度溶液,采用差示分光光度法进行测定则更为适宜。

用已知浓度为 c_s(略低于未知样的浓度)的标准溶液作参比,测量浓度为 c_x 的待测组分溶液的吸光度,即

$$A = A_x - A_s = \varepsilon b c_x - \varepsilon b c_s = \varepsilon b (c_x - c_s) = \varepsilon b \Delta c$$

这是差示分光光度法的基本关系式,即吸光度与浓度差 Δc 成正比,可用标准曲线法或标准加入法得到待测组分的 Δc,最终结果为 $c_x = c_s + \Delta c$。

在差示分光光度法中,由仪器噪声引起的测量误差依然存在,因此即使控制吸光度 ΔA 在 $0.15\sim0.8$ 之内,测量相对误差也仍将达到约 4%。但与一般分光光度法不同的是,在差示分光光度法中这个近 4% 的相对误差是相对于 Δc 而言的,而不是相对于 c_x 而言的。由于 c_x 往往远大于 Δc,因而差示分光光度法的相对误差是很小的,测量的准确度大大提高了,可适用于常量组分的分析。

从仪器元件的要求上讲,差示分光光度法需要一个强度较大的光源,才能保证透过高浓度参比溶液的光强仍然在仪器的正常响应范围内,以便于准确地调节吸光度的零点,这使它的应用受到一定限制。

9.5.8　导数分光光度法

求吸光度 A 对波长 λ 的一阶或高阶导数并对 λ 作图,可得导数光谱,即

$$\frac{\mathrm{d}^n A}{\mathrm{d}\lambda^n} = \frac{\mathrm{d}^n \varepsilon}{\mathrm{d}\lambda^n} bc$$

可见导数光谱值也与浓度 c 成比例。可以用标准曲线法或标准加入法等进行定量。不同阶次的导数光谱曲线形状与原始光谱相比具有显著不同的特征,如图 $9-13$ 所示。

随着求导阶数 n 的增加,共存组分中吸收曲线变化趋势相对平缓的组分对导数光谱的贡献逐渐减小直至可以忽略。如一般组分的吸收曲线为峰型,而浑浊等散射产生的"吸光度"多接近直线。求一阶导数可使浑浊的影响变为常数,求二阶导数即可使其影响基本消失,即二阶导数信号只与待测组分的浓度成正比,如图

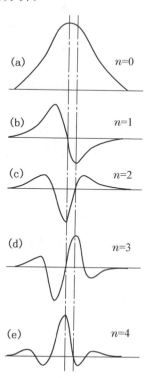

图 9-13　导数光谱曲线

9-14所示。随着导数光谱阶数的增加,同时也会引入更大的计算误差,一般求导阶数在4阶以下。1阶和2阶导光谱应用较多。

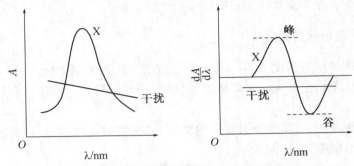

图 9-14　导数光谱法消除干扰的过程示意图

导数光谱的应用非常广泛,既可以进行定性分析,也可以进行定量分析。其特点是灵敏度较高,尤其是选择性获得显著提高,能有效消除基体的干扰,并适用于浑浊试样。高阶导数能分辨重叠光谱甚至提供"指纹"特征,而特别适用于消除干扰或多组分同时测定,在药物、生物化学及食品分析中的应用研究十分活跃。如用于复合维生素、消炎药、感冒药及扑尔敏、磷酸可待因和盐酸亚麻黄素复合制剂中的各组分的测定而不需预先分离。又如用于生物体液中同时测定血红蛋白和胆红素、血红蛋白和羧洛血红蛋白,测定羊水中胆红素、白蛋白及氧络血红蛋白等。在无机分析方面也应用很广,如用一阶导数分光光度法最多可同时测定五个金属元素;用二阶导数法同时测定性质十分相近的稀土混合物中单个稀土元素等。

9.5.9　其他分光光度法

分光光度法的定量方法十分灵活,还有双峰双波长法、系数倍率法、三波长分光光度法、比值导数分光光度法、多波长线性回归法、H-点标准加入法等。另外,还可以运用分光光度法测定酸碱的离解常数和配合物的配比、稳定常数等。

§9.6　分光光度法的应用

9.6.1　物质的鉴别

紫外-可见光区的分光光度法光谱定性分析的依据是在一定的介质中,特定的生色团只在特定的波长处有吸收,因此根据吸收光谱的峰位、峰形等,就可以推测生色团的存在以及分子的结构,从而对待分析物质进行鉴别。表9-2列出了常见生色团的吸收峰位置。

表 9-2　常见生色团最大吸收波长

化合物	生色团	λ_{max} / nm	化合物	生色团	λ_{max}/nm
烷烃	—C—C—	150	亚硝基化合物	—NO	220～230
烯烃	>C=C<	170	偶氮化合物	—N=N—	285～400
炔烃	—C≡C—	170	共轭烯烃	(—C=C—)₂	210～230
酮	R—C<	205		(—C=C—)₃	260
醛	R—C	210		(=C=C—)₅	330
羧酸	R—C	200～210	苯		204,255
硝基化合物	—NO₂	270～280	萘		220,275,314

　　例如,在 210～250 nm 间有吸收峰,ε 较大,说明可能有两个共轭双键;260～300 nm 间有吸收峰,ε 较大,可能有 3～5 个共轭双键;250～300 nm 间有吸收峰,但 ε 较小,且增加溶剂的极性 λ_{max} 会蓝移(向短波移动),说明可能有羰基存在;250～300 nm 间有吸收峰,中等强度,光谱呈现精细结构,说明有苯环存在。

　　用紫外-可见吸收光谱对物质进行鉴定时,具体可按以下步骤进行。
　　(1) 由紫外-可见吸收光谱图找出最大吸收波长 λ_{max},并计算出 ε;
　　(2) 推测与该吸收带对应的化合物结构类型;
　　(3) 与同类已知化合物的紫外-可见吸收光谱进行比较;
　　(4) 与标准品进行比较对照或检索文献进行核对。

　　对于有机化合物的分析与鉴定,通常采用的方法是与标准的有机化合物的图谱进行对照。但由于物质的紫外可见吸收光谱基本上是其分子中的生色团和助色团的特性,具有相同生色团及助色团的化合物的光谱大致上是相同的,因此仅根据紫外-可见吸收光谱只能知道是否存在某些基团,不能完全确定其结构,还必须与其他谱学方法结合起来,才能进行结构分析。

　　紫外-可见吸收光谱也有自身的特点,它与红外光谱或其他光谱、波谱互相配合、互相补充,可以发挥重要作用。特别是对一些化合物纯度的鉴定,混合物是否有杂质,或在结构研究中鉴别化合物的功能基团及结构变化(如顺式、反式等),以及发现化合物中的共轭系统和芳香结构是很有用的。例如,某一化合物具有顺式和反式两种异构体,当该化合物中的生色团与助色团在同一平面上时,由于能产生最大的共轭效应,因而 λ_{max} 就会红移(向长波移动)。而在顺式时,由于位阻效应,而使共轭程度降低,则吸收峰会蓝移。据此,即可判断该化合物的顺反异构。

　　总的来说,对于定性分析,紫外-可见吸收光谱远不及红外光谱有效。这是因为紫外-可见光谱主要测定具有共轭体系的化合物产生的吸收光谱,而后者则几乎对所有化合物都有吸收光谱。而且即使具有共轭体系的化合物,从紫外光谱的峰位及峰形可以辨别属于哪个类型,但也不像红外光谱那样,由于有振动和转动结构的谱带曲线尖锐且峰多,就像"指纹"鉴定一样可靠、准确。因此,对于定性分析,本章不作详述,重点在其定量分析方面的应用。

9.6.2 常数的测定

1. 酸碱离解常数的测定

如果一种有机化合物如酸碱指示剂的酸式和碱式具有不同的颜色,则其吸收光谱随溶液的 pH 而改变。

$$HB \Longrightarrow H^+ + B^-$$

设其分析浓度为 c,则

$$c = [HB] + [B^-]$$

使用 1 cm 比色皿时,根据吸光度的加和性,则

$$A = A_{HB} + A_{B^-} = \varepsilon_{HB}[HB] + \varepsilon_{B^-}[B^-] = \varepsilon_{HB}[HB] + \varepsilon_{B^-}(c - [HB])$$
$$= \varepsilon_{B^-} c + (\varepsilon_{HB} - \varepsilon_{B^-})[HB]$$

$$[HB] = \frac{A - \varepsilon_{B^-} c}{\varepsilon_{HB} - \varepsilon_{B^-}}$$

同理,

$$[B^-] = \frac{A - \varepsilon_{HB} c}{\varepsilon_{B^-} - \varepsilon_{HB}}$$

则

$$K_{a,HB} = \frac{[H^+][B^-]}{[HB]} = \frac{[H^+]\frac{A - \varepsilon_{HB} c}{\varepsilon_{B^-} - \varepsilon_{HB}}}{\frac{A - \varepsilon_{B^-} c}{\varepsilon_{HB} - \varepsilon_{B^-}}} = \frac{[H^+](A - \varepsilon_{HB} c)}{\varepsilon_{B^-} c - A}$$

这里 $\varepsilon_{HB} c$ 实际上是弱酸全部以 HB 型体存在时的吸光度,定义为 A_{HB}。$\varepsilon_{B^-} c$ 是弱酸全部以 B^- 型体存在时的吸光度,定义为 A_{B^-}。于是

$$K_{a,HB} = \frac{[H^+](A - A_{HB})}{A_{B^-} - A}$$

或

$$pH = pK_{a,HB} + \lg \frac{A - A_{HB}}{A_{B^-} - A}$$

可据此用分光光度法测定一元弱酸的解离常数。测定时,调节溶液的 pH,当 $pH \ll pK_a$ 时,弱酸几乎全部以 HB 型体存在,可测得 A_{HB};当 $pH \gg pK_a$ 时,弱酸几乎全部以 B^- 型体存在,可测得 A_B^-;而在 $pH = pK_a \pm 1$ 范围内,可测得某一确定的 pH 及对应的 A,根据上式可得 pK_a。

2. 配合物组成的测定

应用光度法测定配合物的组成有多种方法,这里介绍较常用的两种方法。

(1) 摩尔比法

对于配位反应

$$M^{n+} + mR \Longrightarrow MR_m^{n+}$$

若在某波长下只有配合物 MR_m^{n+} 有吸收,M^{n+} 和 R 及其他中间配合物均无吸收,可配制一系列具有相同浓度金属离子 M^{n+} 和不同浓度配位剂的溶液,使摩尔比

c_R/c_M 分别等于 0.5，1，1.5，2，…，测定这一系列溶液的吸光度 A，绘制 A – c_R/c_M 曲线。

如图 9 – 15 所示，分别作曲线上升部分和平台部分两条直线的延长线，两者交点的横坐标等于多少，配位比就是多少。若图中交点的横坐标等于 2，形成的络合物就是 MR_2^{n+}。摩尔比法的原理是：当 c_R/c_M 小于 2 时，溶液中的 M^{n+} 只有一部分转变为 MR_2^{n+}，随着 R 浓度增加，比值 c_R/c_M 增大，MR_2^{n+} 的量逐渐增多，吸光度也逐渐增大，表现为一条随 c_R/c_M 增大而上升的直线。而当 c_R/c_M 大于 2 时，溶液中的 M^{n+} 已全部转变为 MR_2^{n+}，

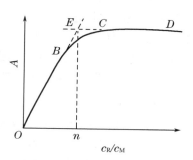

图 9 – 15　摩尔比法示意图

其浓度不再随 R 浓度的增加而增加，因此吸光度不变，表现为一条水平直线。从上升直线到水平直线的转折点对应的摩尔比就是配合物的配位比。在实际测定中，两条直线之间并非有明显的转折点，而是一段曲线。这是由于配合物 MR_2^{n+} 部分离解所造成的，故采用延长线的交点作为实际的转折点。

显然，所生成的有色配合物越稳定，转折点就越容易得到，配比就越好求。所以摩尔比法比较适合于求性质较稳定的配合物的组成。另外，在可能形成的多级配合物中，若 MR^{n+}、MR_2^{n+}、…MR_{m-1}^{n+} 等中间配合物也很稳定，则摩尔比法不适用。只有当最后一级配合物 MR_m^{n+} 稳定且有颜色，其配位比才适用于摩尔比法测定。

（2）等摩尔连续变化法

保持溶液中 $c_M + c_R$ 为常数，连续改变 c_R/c_M 配制一系列溶液，分别测量系列溶液的吸光度 A，以 A 对 $c_M/(c_M + c_R)$ 作图，曲线折点对应的 c_R/c_M 值就等于络合比 n。

等摩尔连续变化法适用于配位比较低、稳定性较高的配合物组成的测定。此外，还可以通过两端延长线交点与曲线顶点的距离测定配合物的稳定常数。

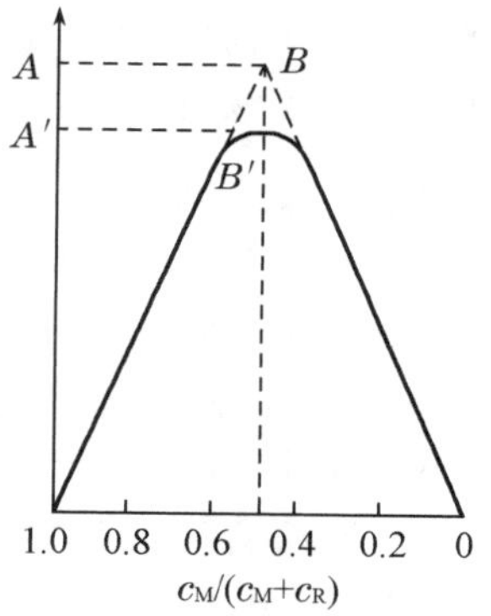

9.6.3　定量分析

分光光度法具有灵敏度高、重现性好等优点。

图 9 – 16　等摩尔连续变化法

其检出限一般可以达到 $10^{-5} \sim 10^{-6}$ mol·L^{-1}，如果使用分离富集手段，灵敏度还可以进一步提高。分光光度法的精密度为千分之几，表现出很好的重现性。而且，分光光度法所使用的仪器操作简便，价格低廉，因而被广泛地用于食品安全、环境监测与临床诊断等领域。下面分别举例说明。

1. 食品安全中的应用

随着人们生活水平的提高，对生活质量的要求也越来越高。近年来，随着一些

食品安全事件的曝光,食品安全问题受到广泛关注。目前我国食品安全问题主要表现在掺假制假,食品添加剂与非法添加剂的滥用,残留农药兽药、微生物、重金属等有害物质的含量超标,以及食品加工过程产生的毒素等几个方面。分光光度法在食品安全领域中的应用非常广泛。例如国标 GB 2763-2005 规定了食品中农药最大残留限量,分光光度法是国标中检测蔬菜、水果中农药残留量的方法之一。又如食品添加剂中砷的测定采用二乙氨基二硫代甲酸银比色法,铅的测定采用双硫腙比色法。

【例 9-1】 采用双硫腙法分光光度法测定含铅食品试液,用 1 cm 比色皿在 510 nm 处以水作参比测得试液的透光率为 68%。已知 $\varepsilon = 6.7 \times 10^4$ L·mol^{-1}·cm^{-1},求该食品试液中铅的含量。

解: $A = \varepsilon bc$,则 $-\lg T = \varepsilon bc$,即

$$c = \frac{-\lg T}{\varepsilon b} = \frac{-\lg 0.68}{6.7 \times 10^4 \times 1} = 2.5 \times 10^{-6} \text{ mol·L}^{-1}$$

2. 环境监测中的应用

分光光度法方法成熟,可测元素多,灵活性强,在环境水质监测中的应用非常广泛。目前能用直接法和间接法测定的水中金属和非金属元素有 70 多种,所涉及的水样包括饮用水、江水、湖水、河水、海水、雨水、泉水、井水以及各种废水等。例如水质监测的行业标准中规定铜的测定采用 2,9-二甲基-1,10-菲罗啉分光光度法,银的测定采用镉试剂 2B 分光光度法或 3,5-Br$_2$-PADAP 分光光度法,氟化物的测定采用氟试剂分光光度法,磷酸盐和总磷的测定采用钼酸铵分光光度法,氨氮的测定采用水杨酸分光光度法,游离氯和总氯的测定采用 N,N-二乙基-1,4-苯二胺分光光度法,挥发酚的测定采用 4-氨基安替比林分光光度法等。

【例 9-2】 测定废水中的酚,利用加入过量的显色剂形成有色配合物,并在 575 nm 处测量吸光度。若溶液中有色配合物的浓度为 1.0×10^{-5} mol·L^{-1},游离试剂的浓度为 1.0×10^{-4} mol·L^{-1} 测得吸光度为 0.657。在同一波长下,仅含 1.0×10^{-4} mol·L^{-1} 游离试剂的溶液,其吸光度只有 0.018。所有测量都在 2.0 cm 比色皿和以水作参比下进行,575 nm 处,计算:

(1) 游离试剂的摩尔吸光系数;

(2) 有色配合物的摩尔吸光系数。

解:(1) $\varepsilon_{游离} = \dfrac{A}{bc_{游离}} = \dfrac{0.018}{2.0 \times 1.0 \times 10^{-4}} = 90 \text{ L·mol}^{-1} \cdot \text{cm}^{-1}$

(2) $A_{混} = A_{配合} + A_{游离}$,则

$$A_{配合} = A_{混} - A_{游离} = 0.657 - 0.018 = 0.639$$

$$\varepsilon_{配合} = \frac{A}{bc_{配合}} = \frac{0.639}{2.0 \times 1.0 \times 10^{-5}} = 3.2 \times 10^4 \text{ L·mol}^{-1} \cdot \text{cm}^{-1}$$

3. 在临床诊断中的应用

血清中的葡糖糖、尿素、酶等物质可以通过传统的比色反应技术应用于临床分

析,而近年来分光光度法与生物免疫技术相结合,发展了酶联免疫光谱分析技术 (enzyme-link immune spectrometric assay, ELISA),使分光光度法在临床分析应用中得到了更大的发展。其检测对象不仅涉及磷酸盐、抗生素药物等小分子,也可用于血清和尿液中各种大分子蛋白质的测定。

【例9-3】 测定血清中的磷酸盐含量时,取血清试样 5.00 mL 于 100 mL 容量瓶中,加显色剂显色后,稀释至刻度。吸取该试液 25.00 mL,测得吸光度为 0.582;另取该试液 25.00 mL,加 1.00 mL 0.0500 mg 磷酸盐,测得吸光度为 0.693。计算每毫升血清中含磷酸盐的质量。

解: 在 25.00 mL 试液中加 1.00 mL 0.0500 mg 磷酸盐,溶液体积为 26.00 mL。

校正到 25.00 mL 的吸光度为:$0.693 \times \dfrac{26.0}{25.0} = 0.721$

加入 1.00 mL 0.0500 mg 磷酸盐所产生的吸光度为:$0.721 - 0.582 = 0.139$

由 ,25.00 mL 试液中磷酸盐质量 $= \dfrac{0.582}{0.139} \times 0.0500 = 0.2094$ mg

每毫升血清中含磷酸盐的质量 $= 0.2094 \times \dfrac{100}{25.00} \times \dfrac{1}{5.00} = 0.167$ mg

本章小结

一、本章主要知识点梳理

(1) 光的基本性质

光是一种电磁波,具有波粒二象性。熟悉各种电磁辐射包括可见光的波长范围。

(2) 物质对光的选择性吸收

不同的物质因其组成和分子结构不同,其能级跃迁所需吸收光的能量也不同,所以不同物质对不同波长的光的吸收具有选择性,表现出各自的特征吸收光谱,即吸光度-波长曲线,这是不同物质表现出不同颜色的原因,也是分光光度法定性分析的基础。而同一物质因含量不同而对同一波长的光吸收程度不同,从而可以得到吸光度-浓度曲线,这是分光光度法定量分析的基础。

(3) 朗伯-比尔定律

分光光度法定量分析的基本定律,数学表达式为:$A = -\lg T = kbc = abc = \varepsilon bc$。检测灵敏度可以用吸光系数 a、摩尔吸光系数 ε 及桑德尔灵敏度 S 来表示。由于一些物理和化学因素的影响,可能引起偏离朗伯-比尔定律的现象。

(4) 分光光度法的设计

① 显色反应及显色反应条件的选择:考察显色剂的用量、溶液的酸度、显色反应的时间和温度、有机溶剂和表面活性剂、共存离子的干扰等条件。

② 测量误差及测量条件的选择：对测量波长、吸光度范围及参比溶液进行考察和选择。

（5）分光光度计

包括光源、分光系统（单色器）、吸收池（比色皿）、检测和显示记录系统等四大基本单元。根据仪器结构不同可以分为单波长单光束、单波长双光束及双波长分光光度计，各自有不同的原理和应用特点。

（6）分光光度方法

根据分析原理、仪器结构和应用需求的不同，分光光度方法包括目视比色法、工作曲线法、标准加入法、光度滴定法、差示分光光度法、双波长分光光度法、多元光度分析法、导数分光光度法等。

（7）分光光度法的应用

① 物质的鉴别；

② 常数的测定；

③ 定量分析。

二、本章的主要知识点及相互关系

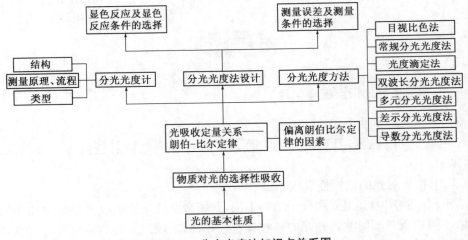

图 9 - 17　分光光度法知识点关系图

1. 解释下列名词。

（1）吸收曲线与标准曲线；　　　　　（2）吸光度与透光率；

（3）生色团与助色团；　　　　　　　（4）红移与蓝移。

2. 什么叫做选择吸收？它与物质的分子结构有什么关系？

3. 朗伯-比尔定律的物理意义是什么？为什么说该定律只适用于单色光？浓

度 c 与吸光度 A 的线性关系发生偏离的主要因素有哪些？

4. 简述紫外-可见分光光度计的主要部件、类型及基本性能。

5. 为什么最好在 λ_{max} 处测定物质的含量？

6. 双波长分光光度法怎样选择 λ_1 和 λ_2？

7. 简述导数光谱法的特点。

8. 如何选择或控制测量条件以提高分光光度法测量结果的准确度？

9. 分光光度法对显色反应有何要求？从哪些方面考虑显色反应的条件？

10. 称取某药物一定量，用 $0.1\ mol\cdot L^{-1}$ 的 HCl 溶解后，转移至 100 mL 容量瓶中用同样的 HCl 稀释至刻度。吸取该溶液 5.00 mL，再稀释至 100 mL。取稀释液用 2 cm 吸收池，在 310 nm 处进行吸光度测量，欲使吸光度为 0.350。问需称样多少克？（已知：该药物在310 nm处摩尔吸收系数 $\varepsilon=6\ 130\ L\cdot mol^{-1}\cdot cm^{-1}$，摩尔质量 $M=327.8\ g\cdot mol^{-1}$）

11. 某钢样含镍约 0.12%，用丁二酮肟分光光度法进行测定。试样溶解后转入 100 mL 容量瓶中，显色并加水稀释至刻度。取部分试液用 1 cm 吸收池在 470 nm 处进行测量。如果要求测量误差最小，应称取试样多少克？（已知显色产物 $\varepsilon=1.3\times10^4\ L\cdot mol^{-1}\cdot cm^{-1}$）

12. 用硅钼蓝分光光度法测定钢中硅的含量，通过以下测量数据获得标准曲线：

硅标准溶液浓度$(mg\cdot mL^{-1})$	0.050	0.100	0.150	0.200	0.250
吸光度(A)	0.210	0.421	0.630	0.839	1.01

测定试样时称取钢样 0.500 g，溶解后转入 50 mL 容量瓶中，在与标准曲线相同的条件下测得吸光度 $A=0.522$，求钢样中硅的质量分数。

13. 有 50.0 mL 含 5.0 g Cd^{2+} 的溶液，用 10.0 mL 二苯硫腙-氯仿溶液萃取（萃取率≈100%），在波长 518 nm 处，用 1 cm 比色皿测量得 $T=44.5\%$。求吸光系数 a、摩尔吸光系数 ε 和桑德尔灵敏度 S 各是多少？

14. 将 0.500 g 钢样溶解后用容量瓶配制成 100 mL 溶液，分别取 20.00 mL 该试液于 50 mL 容量瓶中，将其中的 Mn^{2+} 氧化成 MnO_4^- 后，稀释定容。然后在 525 nm 处，用 2 cm 的比色皿测得 $A=0.600$。已知 $\varepsilon_{525}=2.3\times10^3\ L\cdot mol^{-1}\cdot cm^{-1}$，计算钢样中 Mn 的质量分数。

15. 某有色溶液在 1 cm 比色皿中的 $A=0.400$，将该溶液稀释至浓度为原来的一半后，转移至 3 cm 的比色皿中。计算相同波长下溶液的 A 和 T 值。

16. 某吸光物质的标准溶液浓度为 $1.0\times10^{-3}\ mol\cdot L^{-1}$，吸光度 $A=0.699$。另有一含该吸光物质的试液在相同条件下测量的吸光度为 $A=1.000$。如果以上述标准溶液为参比，估算试液的吸光度以及两种方法下溶液的透光率 T。

17. 今有 A、B 两种药物组成的复方制剂溶液。在 1 cm 吸收池中，在 295 nm 和 370 nm 测得吸光度分别为 0.320 和 0.430。浓度为 $0.010\ mol\cdot L^{-1}$ 的 A 对照品溶液，在 1 cm 吸收池中，波长 295 nm 和 370 nm 处测得吸光度分别为 0.080 和

0.900;同样条件下,浓度为 0.010 mol·L^{-1} 的 B 对照品溶液测得吸光度分别为 0.670 和 0.120。计算复方制剂中 A 和 B 的浓度(假设复方制剂中其他组分不干扰测定)。

18. 在光度分析中由于单色光不纯,在入射光 λ_2 中混入杂散光 λ_1。λ_1 和 λ_2 组成强度比为 $I^0_{\lambda_1} : I^0_{\lambda_2} = 1 : 5$,吸光化合物在 λ_1 处的 $\varepsilon_{\lambda_1} = 5.0 \times 10^3$ L·mol^{-1}·cm^{-1},在 λ_2 处的 $\varepsilon_{\lambda_2} = 1.0 \times 10^4$ L·mol^{-1}·cm^{-1},用 2 cm 吸收池进行测定。

(1) 若吸光物质浓度为 5.0×10^{-6} mol·L^{-1},计算其理论吸光度 A;

(2) 若浓度为 1.0×10^{-5} mol·L^{-1},A 又为多少? 该吸光物溶液的浓度与吸光度是否服从朗伯-比尔定律?

19. 某有色溶液在 2.0 cm 厚的吸收池中测得透光率为 1.0%,仪器的透光率读数 T 有 $\pm 0.5\%$ 的绝对误差。试问:

(1) 测定结果的相对误差是多少?

(2) 欲使测量的相对误差最小,溶液的浓度应稀释多少倍?

(3) 若浓度不变,问应用多大吸收光程的比色皿较合适?

(4) 浓度或比色皿吸收光程改变后,测量误差是多少?

20. 有一个两色酸碱指示剂,其酸式(HA)吸收 420 nm 的光,摩尔吸光系数 325 L·mol^{-1}·cm^{-1}。其碱式(A$^-$)吸收 600 nm 的光,摩尔吸光系数 120 L·mol^{-1}·cm^{-1}。HA 在 600 nm 处无吸收,A$^-$ 在 420 nm 处无吸收。现有该指示剂的水溶液,用 1 cm 比色皿,在 420 nm 处测得吸光度为 0.108,在 600 nm 处吸光度为 0.280。若指示剂的 pK_a 为 3.90,计算该水溶液的 pH。

21. 某一元弱酸的酸式体在 475 nm 处有吸收,$\varepsilon = 3.4 \times 10^4$ L·mol^{-1}·cm^{-1},而它的共轭碱在此波长下无吸收,在 pH3.90 的缓冲溶液中,浓度为 2.72×10^{-5} mol·L^{-1} 的该弱酸溶液在 475 nm 处的吸光度为 0.261(用 1 cm 比色皿)。计算此弱酸的 K_a。

22. 某弱酸 HA 总浓度为 2.0×10^{-4} mol·L^{-1},于 λ_{520} nm 处,用 1 cm 比色皿测定,在不同 pH 的缓冲溶液中,测得吸光度如下:

pH	0.88	1.17	2.99	3.41	3.95	4.89	5.50
A	0.890	0.890	0.692	0.552	0.385	0.260	0.260

求:(1) 在 520 nm 处,HA 和 A$^-$ 的 ε_{HA} 和 ε_{A^-};

(2) HA 的离解常数 K_a。

23. 配合物 NiB$_2^{2+}$ 在 395 nm 处有最大吸收(同样条件下 Ni^{2+} 及 B 无吸收),当配位剂浓度比 Ni^{2+} 过量 5 倍时,Ni^{2+} 完全形成配合物。根据下列数据,求 Ni^{2+} + 2B === NiB$_2^{2+}$ 的稳定常数 K。

溶液组成及浓度/(mol·L^{-1})	吸光度 $A(\lambda=395$ nm)
Ni^{2+}(2.50×10^{-4}),B(2.20×10^{-1})	0.765
Ni^{2+}(2.50×10^{-4}),B(1.00×10^{-3})	0.360

第十章 复杂试样前处理及分析示例

奶粉、月饼;矿石、合金;河水、污水,这些实际样品是不能拿来直接滴定的。面对实际样品的分析问题,需要在对样品充分了解的基础上,综合学过的知识,通盘考虑,设计合理可行的分析方案,精心准备,稳步实施,最终获得正确的测定结果并给出规范的分析报告。一般的思路是:

(1)明确分析任务的要求,即分析结果最终需要以什么形式报出,准确度、精密度的要求如何。由此决定是做定性、半定量还是定量分析,是采用化学分析还是仪器分析,是可以自拟方案还是必须执行标准方法。

(2)了解试样的背景知识,如基本性状、均匀性、保存条件、除待测组分以外的共存组分或基体的情况等。这是确定采样、制样和试样分解方法的基础。

(3)拟定基本的分析方案。

(4)根据分析方案制订详细的实施步骤,包括所用试剂和仪器的规格、数量以及具体的分析操作,对获得的结果做出评价和误差分析,并提供分析报告。

本章主要针对前三个环节,以水泥熟料、液态奶、环境水样中相关指标的测定为对象,介绍复杂试样分析的一般过程,供读者参考。

§10.1 水泥熟料中硅、钙、镁、铁、铝的测定

10.1.1 水泥熟料

水泥熟料是调和水泥生料经 1 400 ℃以上高温煅烧而成,硅酸盐水泥就是由水泥熟料加适量石膏制成的。水泥熟料的主要化学成分范围见表 10-1。

表 10-1　水泥熟料的化学成分

化学成分	含量范围/%	一般控制范围/%	化学成分	含量范围/%	一般控制范围/%
SiO_2	18～24	20～22	CaO	60～67	62～66
Fe_2O_3	2.0～5.5	3～4	MgO	≤4.5	
Al_2O_3	4.0～9.5	5～7	SO_3	≤3.0	

可见,碱性氧化物是主要成分,因此易被酸分解。

10.1.2 试样采集和前处理

可以用自动采样器或图 3-2 所示的手工固体采样管采样,由于水泥熟料为均

匀细粉状,故所采集的样品代表性比较好,除非是专门的均匀性测试项目,一般无需制样,可直接称取适量样品进行分解和分析。取样量要与分析方法的适用范围匹配。若要求较高,可参照中华人民共和国国家标准"GB/T 12573—2008 水泥取样方法"进行操作。

试样加酸可以分解,由于大量钙、铁等的存在,不宜选用硫酸或磷酸溶样,宜选用盐酸。酸不溶物为含水二氧化硅($SiO_2 \cdot xH_2O$),过滤可得白色凝胶状沉淀,灼烧称重可得硅的含量。而钙、镁、铁、铝在滤液中,可用滴定法测定。

为减少沉淀对母液的吸附,同时降低其含水率以便于过滤,溶样前需在水泥熟料试样中预先拌入质量约为试样 2 倍的氯化铵固体,溶样时用浓盐酸水浴加热约 30 min,最好在压力消解罐中微波消解,时间可缩短至 2~3 min。然后用少量热的稀盐酸将呈黄色糊状的试样溶解后,用快速定量滤纸趁热过滤,并用热的稀盐酸溶液多次洗涤沉淀,滤液与洗液合并在容量瓶中,冷却至室温后定容得试液,用于滴定钙、镁、铁、铝。

10.1.3 定量分析方案

1. 沉淀重量法测定硅

将上述沉淀连同滤纸一道转入瓷坩埚中,在电炉上灰化至不冒黑烟,然后置于马弗炉中于 950 ℃灼烧 40 min,取出,在干燥器中冷却 50 min 后用分析天平称量 SiO_2 的质量。再次灼烧、冷却、称重,直至两次称量结果之差在±0.000 1 g 以内(恒重)。

2. 配位滴定法测定钙和镁

移取适量试液,用氨-铵缓冲溶液控制 pH 约 10.0,用三乙醇胺掩蔽铁和铝,以酸性铬蓝 K-萘酚绿 B 为指示剂,用 EDTA 标准溶液滴定钙与镁的合量。

再移取同量上述试液,搅拌下缓慢加入一定量 KOH 溶液使 pH≥12.5,以钙黄绿素为指示剂,用 EDTA 标准溶液滴定钙。

以上两个滴定结果相减可得镁的量。

3. 控制酸度连续配位滴定法与返滴定法测定铁和铝

移取适量试液,以少量磺基水杨酸为酸碱指示剂,用氨水和盐酸调节 pH 至约 2.0,再添加适量磺基水杨酸作配位滴定指示剂,加热,用 EDTA 标准溶液滴定铁。

在滴定过铁的溶液中加入一定量过量的 EDTA 标准溶液,用醋酸-醋酸钠缓冲溶液调至 pH 约 4.3,煮沸 3 min 使铝完全配合。稍冷后(约 80 ℃),加入 PAN 指示剂,用硫酸铜标准溶液返滴定过量的 EDTA,可得铝的量。

§10.2 液态奶中非蛋白氮的测定

10.2.1 乳制品中的非蛋白蛋

根据国标"GB/T 5413.1—1997"的规定,液态奶中蛋白质的测定采用凯氏定氮法(详见 4.9.5),通过测定氮的含量再乘以蛋白质系数来反映蛋白质的含量。这种方法虽然准确,但不能排除非蛋白氮的影响。因而市场上的牛奶及乳制品中存在用非蛋白氮掺假以提高蛋白质表观含量的现象,尽管为数极少,但危害极大,非蛋白氮的检测是一项重要的质检项目。

非蛋白氮大致可以分为以下几类:

(1) 尿素及其衍生物类,如缩二脲、羟甲基尿素等;

(2) 氨(胺)态氮类,如液氨、氨水、三聚氰胺等;

(3) 铵类,如硫酸铵、氯化铵等;

(4) 肽类及其衍生物,包括氨基酸、酰胺、胺等;

(5) 动物粪便及其他动植物废弃物等低劣生物质。

液态奶中的非蛋白氮多为前两类。

10.2.2 真蛋白的分离

将真蛋白质沉淀分离,使非蛋白氮留在溶液中进行测定是一种可行的办法。沉淀蛋白质方法很多,常用的有:加热、加碱或酸、加入氧化剂、离心、加重金属盐、加甲醛等。考虑到凯氏定氮法中需要加入硫酸铜作催化剂,不妨采用硫酸铜沉淀法。在煮沸的样品中加入硫酸铜溶液,重金属离子对蛋白质的变性及盐析作用使蛋白质沉淀,而非蛋白氮则在沸水中保持溶解,趁热过滤后可将两者分离。

也可采用三氯乙酸作为蛋白质的变性剂使蛋白质的构象发生改变,暴露出较多的疏水基团,使之在水溶液中聚集沉淀而与非蛋白氮分离。

10.2.3 非蛋白氮的测定

用凯氏定氮法,将滤除真蛋白沉淀而留在水溶液中的非蛋白氮转化为铵盐(NH_4^+),加强碱,用水蒸气蒸馏法蒸出氨水,用一定量酸标准溶液吸收后,再用碱标准溶液滴定剩余的酸,由此可得非蛋白氮的含量。

§10.3 环境水样中总磷的测定

10.3.1 水质富营养化的主要指标

总磷(Total phosphorus, TP)、总氮(Total nitrogen, TN)、COD(Chemical oxygen demand)是自然水体富营养化最重要的三项指标。水体富营养化主要是指

在人类活动的影响下,生物所需的营养物质大量进入自然水体,引起藻类及其他浮游生物迅速繁殖,造成水体溶解氧量下降,水质恶化,鱼类及其他生物大量死亡的现象。正常的淡水系统中磷酸盐和含磷化合物是植物生长的限制性因素,增加磷的含量则会破坏水体的生物平衡,导致植物过度生长。

10.3.2 含磷化合物的定量转化与分析

总磷测定的难点在于磷的价态众多,含磷化合物的存在形式多样,磷酸盐(正磷)、无机聚合磷酸盐、有机磷是磷的三大类存在形式。测定总磷时,需将无机聚合磷和有机磷完全转化为正磷。

其中无机聚合磷只需加酸、加热即可分解为正磷。

视频:连续流动总磷总氮测定仪

但有机磷化合物中的 C—P 键很稳定,需要有较强的氧化手段才能使其断裂而将磷完全转化为正磷。传统的方法是将水样在锥形瓶中加酸(或碱)、加强氧化剂、加热、加压煮解。分解反应条件较剧烈,耗时长,重现性也较差。

新近出现的纳米材料光催化降解技术可以非常方便地解决这个问题,只需让含磷水样流经总氮总磷微型光催化反应装置(参见 ZL200810123332.3),在接触纳米二氧化钛和紫外光照射的条件下可以产生大量具有超强氧化能力的羟基自由基(·OH),各种形态的磷即可在非常缓和的条件下迅速、完全地转化为正磷。

正磷与钼酸铵反应生成磷钼杂多酸,经抗坏血酸还原生成深蓝色配合物,可以用吸光度-浓度工作曲线对其进行准确定量。

$$H_2PO_4^- + 12(NH_4)_2MoO_4 + 24H^+ \Longrightarrow [H_2PMo_{12}O_{40}]^- + 24NH_4^+ + 12H_2O$$
$$[H_2PMo_{12}O_{40}]^- \longrightarrow H_3PO_4 \cdot 10MoO_3 \cdot Mo_2O_5(蓝色)$$

国内已有高校根据上述专利技术开发出了商品化的光催化流动注射水质总磷总氮分析仪,在化工、环保、科研等领域具有非常好的应用前景。

附　录

表 1　弱酸及其共轭碱在水中的解离常数(25 ℃,离子强度 $I=0$)

弱酸	分子式	K_a	pK_a	共轭碱	
				pK_b	K_b
砷酸	H_3AsO_4	$6.3\times10^{-3}(K_{a_1})$	2.20	11.80	$1.6\times10^{-12}(K_{b_3})$
		$1.0\times10^{-7}(K_{a_2})$	7.00	7.00	$1\times10^{-7}(K_{b_2})$
		$3.2\times10^{-12}(K_{a_3})$	11.50	2.50	$3.1\times10^{-3}(K_{b_1})$
亚砷酸	$HAsO_2$	6.0×10^{-10}	9.22	4.78	1.7×10^{-5}
硼酸	H_3BO_3	5.8×10^{-10}	9.24	4.76	1.7×10^{-5}
焦硼酸	$H_2B_4O_7$	$1\times10^{-4}(K_{a_1})$	4	10	$1\times10^{-10}(K_{b_2})$
		$1\times10^{-9}(K_{a_2})$	9	5	$1\times10^{-5}(K_{b_1})$
碳酸	H_2CO_3 (CO_2+H_2O)*	$4.2\times10^{-7}(K_{a_1})$	6.38	7.62	$2.4\times10^{-8}(K_{b_2})$
		$5.6\times10^{-11}(K_{a_2})$	10.25	3.75	$1.8\times10^{-4}(K_{b_1})$
氢氰酸	HCN	6.2×10^{-10}	9.21	4.79	1.6×10^{-5}
铬酸	H_2CrO_4	$1.8\times10^{-1}(K_{a_1})$	0.74	13.26	$5.6\times10^{-14}(K_{b_2})$
		$3.2\times10^{-7}(K_{a_2})$	6.50	7.50	$3.1\times10^{-8}(K_{b_1})$
氢氟酸	HF	6.6×10^{-4}	3.18	10.82	1.5×10^{-11}
亚硝酸	HNO_2	5.1×10^{-4}	3.29	10.71	1.2×10^{-11}
过氧化氢	H_2O_2	1.8×10^{-12}	11.75	2.25	5.6×10^{-3}
磷酸	H_3PO_4	$7.6\times10^{-3}(K_{a_1})$	2.12	11.88	$1.3\times10^{-12}(K_{b_3})$
		$6.3\times10^{-8}(K_{a_2})$	7.20	6.80	$1.6\times10^{-7}(K_{b_2})$
		$4.4\times10^{-13}(K_{a_3})$	12.36	1.64	$2.3\times10^{-2}(K_{b_1})$
焦磷酸	$H_4P_2O_7$	$3.0\times10^{-2}(K_{a_1})$	1.52	12.48	$3.3\times10^{-13}(K_{b_4})$
		$4.4\times10^{-3}(K_{a_2})$	2.36	11.64	$2.3\times10^{-12}(K_{b_3})$
		$2.5\times10^{-7}(K_{a_3})$	6.60	7.40	$4.0\times10^{-8}(K_{b_2})$
		$5.6\times10^{-10}(K_{a_4})$	9.25	4.75	$1.8\times10^{-5}(K_{b_1})$
亚磷酸	H_3PO_3	$5.0\times10^{-2}(K_{a_1})$	1.30	12.70	$2.0\times10^{-13}(K_{b_2})$
		$2.5\times10^{-7}(K_{a_2})$	6.60	7.40	$4.0\times10^{-8}(K_{b_1})$
氢硫酸	H_2S	$1.3\times10^{-7}(K_{a_1})$	6.88	7.12	$7.7\times10^{-8}(K_{b_2})$
		$7.1\times10^{-15}(K_{a_2})$	14.15	−0.15	1.4
硫酸	HSO_4^-	$1.0\times10^{-2}(K_{a_2})$	1.99	12.01	$1.0\times10^{-12}(K_{b_1})$

（续表）

弱酸	分子式	K_a	pK_a	共轭碱	
				pK_b	K_b
亚硫酸	H_2SO_3	$1.3 \times 10^{-2}(K_{a_1})$	1.90	12.10	$7.7 \times 10^{-13}(K_{b_2})$
	$(SO_2 + H_2O)$	$6.3 \times 10^{-8}(K_{a_2})$	7.20	6.80	$1.6 \times 10^{-7}(K_{b_2})$
偏硅酸	H_2SiO_3	$1.7 \times 10^{-10}(K_{a_1})$	9.77	4.23	$5.9 \times 10^{-5}(K_{b_2})$
		$1.6 \times 10^{-12}(K_{a_2})$	11.8	2.20	$6.2 \times 10^{-3}(K_{b_1})$
甲酸	$HCOOH$	1.8×10^{-4}	3.74	10.26	5.5×10^{-11}
乙酸	CH_3COOH	1.8×10^{-5}	4.74	9.26	5.5×10^{-10}
一氯乙酸	$CH_2ClCOOH$	1.4×10^{-3}	2.86	11.14	6.9×10^{-12}
二氯乙酸	$CHCl_2COOH$	5.0×10^{-2}	1.30	12.70	2.0×10^{-13}
三氯乙酸	CCl_3COOH	0.23	0.64	13.36	4.3×10^{-14}
氨基乙酸盐	$NH_3^+CH_2COOH$	$4.5 \times 10^{-3}(K_{a_1})$	2.35	11.65	$2.2 \times 10^{-12}(K_{b_1})$
	$NH_3^+CH_2COO^-$	$2.5 \times 10^{-10}(K_{a_2})$	9.6	4.40	$4.0 \times 10^{-5}(K_{b_1})$
乳酸	$CH_3CHOHCOOH$	1.4×10^{-4}	3.86	10.14	7.2×10^{-11}
苯甲酸	C_6H_5COOH	6.2×10^{-5}	4.21	9.79	1.6×10^{-10}
草酸	$H_2C_2O_4$	$5.9 \times 10^{-2}(K_{a_1})$	1.22	12.78	$1.7 \times 10^{-13}(K_{b_2})$
		$6.4 \times 10^{-5}(K_{a_2})$	4.19	9.81	$1.6 \times 10^{-10}(K_{b_1})$
d-酒石酸	$CH(OH)COOH$ $\|$ $CH(OH)COOH$	$9.1 \times 10^{-4}(K_{a_1})$	3.04	10.96	$1.1 \times 10^{-11}(K_{b_2})$
		$4.3 \times 10^{-5}(K_{a_2})$	4.37	9.63	$2.3 \times 10^{-10}(K_{b_1})$
邻-苯二甲酸	⬡—COOH —COOH	$1.1 \times 10^{-3}(K_{a_1})$	2.95	11.05	$9.1 \times 10^{-12}(K_{b_2})$
		$3.9 \times 10^{-5}(K_{a_2})$	5.41	8.59	$2.6 \times 10^{-9}(K_{b1})$
柠檬酸	CH_2COOH $C(OH)COOH$ CH_2COOH	$7.4 \times 10^{-4}(K_{a_1})$	3.13	10.87	$1.4 \times 10^{-11}(K_{b_1})$
		$1.7 \times 10^{-5}(K_{a_2})$	4.76	9.26	$5.9 \times 10^{-10}(K_{b_2})$
		$4.0 \times 10^{-7}(K_{a_3})$	6.40	7.60	$2.5 \times 10^{-8}(K_{b_1})$
苯酚	C_6H_5OH	1.1×10^{-10}	9.95	4.05	9.1×10^{-5}
乙二胺四乙酸	$H_6\text{-}EDTA^{2+}$	$0.13(K_{a_1})$	0.9	13.1	$7.7 \times 10^{-14}(K_{b_6})$
	$H_5\text{-}EDTA^+$	$3 \times 10^{-2}(K_{a_2})$	1.6	12.4	$3.3 \times 10^{-13}(K_{b_5})$
	$H_4\text{-}EDTA$	$1 \times 10^{-2}(K_{a_3})$	2.0	12.0	$1 \times 10^{-12}(K_{b_4})$
	$H_3\text{-}EDTA^-$	$2.1 \times 10^{-3}(K_{a_4})$	2.67	11.33	$4.8 \times 10^{-12}(K_{b_3})$
	$H_2\text{-}EDTA^{2-}$	$6.9 \times 10^{-7}(K_{a_5})$	6.16	7.84	$1.4 \times 10^{-8}(K_{b_2})$
	$H\text{-}EDTA^{3-}$	$5.5 \times 10^{-11}(K_{a_6})$	10.26	3.74	$1.8 \times 10^{-4}(K_{b_1})$
氨离子	NH_4^+	5.5×10^{-10}	9.26	4.74	1.8×10^{-5}
联氨离子	$^+H_3NNH_3^+$	3.3×10^{-9}	8.48	5.52	3.0×10^{-6}

（续表）

弱酸	分子式	K_a	pK_a	共轭碱	
				pK_b	K_b
羟氨离子	NH_3^+OH	1.1×10^{-6}	5.96	8.04	9.1×10^{-9}
甲胺离子	$CH_3NH_3^+$	2.4×10^{-11}	10.62	3.38	4.2×10^{-4}
乙胺离子	$C_2H_5NH_3^+$	1.8×10^{-11}	10.75	3.25	5.6×10^{-4}
二甲胺离子	$(CH_3)_2NH_2^+$	8.5×10^{-11}	10.07	3.93	1.2×10^{-4}
二乙胺离子	$(C_2H_5)_2NH_2^+$	7.8×10^{-12}	11.11	2.89	1.3×10^{-3}
乙醇胺离子	$HOCH_2CH_2NH_3^+$	3.2×10^{-10}	9.50	4.50	3.2×10^{-5}
三乙醇胺离子	$(HOCH_2CH_2)_3NH^+$	1.7×10^{-8}	7.76	6.24	5.8×10^{-7}
六次甲基四胺离子	$(CH_2)_6N_4H^+$	7.1×10^{-6}	5.15	8.85	1.4×10^{-9}
乙二胺离子	$^+H_3NCH_2CH_2NH_3^+$	1.4×10^{-7}	6.85	7.15	$7.1 \times 10^{-8}(K_{b_2})$
	$H_2NCH_2CH_2NH_3^+$	1.2×10^{-10}	9.93	4.07	$8.5 \times 10^{-5}(K_{b_1})$
吡啶离子	⌬NH⁺	5.9×10^{-6}	5.23	8.77	1.7×10^{-9}

* 如果不计水合 CO_2，H_2CO_3 的 $pK_{a_1} = 3.76$。

表 2　常用缓冲溶液

缓冲溶液	酸	共轭碱	pK_a
氨基乙酸-HCl	$^+NH_3CH_2COOH$	$^+NH_3CH_2COO^-$	$2.35(pK_{a_1})$
一氯乙酸-NaOH	$CH_2ClCOOH$	CH_2ClCOO^-	2.86
邻苯二甲氢钾-HCl	⌬$^{COOH}_{COOH}$	⌬$^{COO^-}_{COOH}$	$2.95(pK_{a_1})$
甲酸-NaOH	$HCOOH$	$HCOO^-$	3.76
HAc-NaAc	HAc	Ac^-	4.74
六次甲基四胺-HCl	$(CH_2)_6N_4H^+$	$(CH_2)_6N_4$	5.15
NaH_2PO_4-Na_2HPO_4	$H_2PO_4^-$	HPO_4^{2-}	$7.20(pK_{a_2})$
三乙醇胺-HCl	$^+HN(CH_2CH_2OH)_3$	$N(CH_2CH_2OH)_3$	7.76
Tris*-HCl	$^+HN_3C(CH_2OH)_3$	$NH_2C(CH_2OH)_3$	8.21
$Na_2B_4O_7$-HCl	H_3BO_3	$H_2BO_3^-$	$9.24(pK_{a_1})$
$Na_2B_4O_7$-NaOH	H_3BO_3	$H_2BO_3^-$	$9.24(pK_{a_1})$
NH_3-NH_4Cl	NH_4^+	NH_3	9.26

(续表)

缓冲溶液	酸	共轭碱	pK_a
乙醇胺-HCl	$^+NH_3CH_2CH_2OH$	$NH_2CH_2CH_2OH$	9.50
氨基乙酸-NaOH	$^+NH_3CH_2COO^-$	$NH_2CH_2COO^-$	$9.60(pK_{a_2})$
$NaHCO_3-Na_2CO_3$	HCO_3^-	CO_3^{2-}	$10.25(pK_{a_2})$

* 三(羟甲基)氨基甲烷

表 3 酸碱指示剂

指示剂	变色范围 pH	颜色		$pK_{a,HIn}$	浓度
		酸色	碱色		
百里酚蓝 (第一次变色)	1.2~2.8	红	黄	1.6	0.1%(20%乙醇溶液)
甲基黄	2.9~4.0	红	黄	3.3	0.1%(90%乙醇溶液)
甲基橙	3.1~4.4	红	黄	3.4	0.05%水溶液
溴酚蓝	3.1~4.6	黄	紫	4.1	0.1%(20%乙醇溶液),或指示剂钠盐的水溶液
溴甲酚绿	3.8~5.4	黄	蓝	4.9	0.1%水溶液,每100 mg指示剂加 0.05 mol·L^{-1} NaOH 2.9 mL
甲基红	4.4~6.2	红	黄	5.2	0.1%(60%乙醇溶液),或指示剂钠盐的水溶液
溴百里酚蓝	6.0~7.6	黄	蓝	7.3	0.1%(20%乙醇溶液),或指示剂钠盐的水溶液
中性红	6.8~8.0	红	黄橙	7.4	0.1%(60%乙醇溶液)
酚红	6.7~8.4	黄	红	8.0	0.1%(60%乙醇溶液),或指示剂钠盐的水溶液
酚酞	8.0~9.6	无	红	9.1	0.1%(90%乙醇溶液)
百里酚蓝 (第二次变色)	8.0~9.6	黄	蓝	8.9	0.1%(20%乙醇溶液)
百里酚酞	9.4~10.6	无	蓝	10.0	0.1%(90%乙醇溶液)

表 4 混合酸碱指示剂

指示剂溶液的组成	变色点 pH	颜色		备注
		酸色	碱色	
一份 0.1%甲基黄乙醇溶液 一份 0.1%亚甲基蓝乙醇溶液	3.25	蓝紫	绿	pH 3.4 绿色 pH 3.2 蓝紫色
一份 0.1%甲基橙水溶液 一份 0.25%靛蓝二磺酸钠水溶液	4.1	紫	黄绿	
三份 0.1%溴酚绿乙醇溶液 一份 0.2%甲基红乙醇溶液	5.1	酒红	绿	
一份 0.1%溴甲酚绿钠盐水溶液 一份 0.1%氯酚红钠盐水溶液	6.1	黄绿	蓝紫	pH 5.4 蓝紫色,5.8 蓝色 6.0 蓝带紫,6.2 蓝紫
一份 0.1%中性红乙醇溶液 一份 0.1%亚甲基蓝乙醇溶液	7.0	蓝紫	绿	pH 7.0 紫蓝
一份 0.1%甲酚红钠盐水溶液 三份 0.1%百里酚蓝钠盐水溶液	8.3	黄	紫	pH 8.2 玫瑰色,8.4 清晰的紫色
一份 0.1%百里酚蓝 50%乙醇溶液 三份 0.1%酚酞 50%乙醇溶液	9.0	黄	紫	从黄到绿再到紫
二份 0.1%百里酚酞乙醇溶液 一份 0.1%茜素黄乙醇溶液	10.2	黄	紫	

表 5 配合物的稳定常数(18~25 ℃)

金属离子	$I/ \text{mol} \cdot \text{L}^{-1}$	n	$\lg \beta_n$
氨配合物			
Ag^+	0.5	1,2	3.24,7.05
Cd^{2+}	2	1,…,6	2.65,4.75,6.19,7.12,6.80,5.14
Co^{2+}	2	1,…,6	2.11,3.74,4.79,5.55,5.73,5.11
Co^{3+}	2	1,…,6	6.7,14.0,20.1,25.7,30.8,35.2
Cu^+	2	1,2	5.93,10.86
Cu^{2+}	2	1,…,5	4.31,7.98,11.02,13.32,12.86
Ni^{2+}	2	1,…,6	2.80,5.04,6.77,7.96,8.71,8.74
Zn^{2+}	2	1,…,4	2.37,4.81,7.31,9.46
溴配合物			
Ag^+	0	1,…,4	4.38,7.33,8.00,8.73
Bi^{3+}	2.3	1,…,6	4.30,5.55,5.89,7.82,—,9.70
Cd^{2+}	3	1,…,4	1.75,2.34,3.32,3.70
Cu^+	0	2	5.89
Hg^{2+}	0.5	1,…,4	9.05,17.32,19.74,21.00

（续表）

金属离子	$I/\text{mol}\cdot\text{L}^{-1}$	n	$\lg\beta_n$
氯配合物			
Ag^+	0	$1,\cdots,4$	3.04,5.04,5.04,5.30
Hg^{2+}	0.5	$1,\cdots,4$	6.74,13.22,14.07,15.07
Sn^{2+}	0	$1,\cdots,4$	1.51,2.24,2.03,1.48
Sb^{3+}	4	$1,\cdots,6$	2.26,3.49,4.18,4.72,4.72,4.11
氰配合物			
Ag^+	0	$1,\cdots,4$	—,21.1,21.7,20.6
Cd^{2+}	3	$1,\cdots,4$	5.48,10.60,15.23,18.78
Co^{2+}		6	19.09
Cu^+	0	$1,\cdots,4$	—,24.0,28.59,30.3
Fe^{2+}	0	6	35
Fe^{3+}	0	6	42
Hg^{2+}	0	4	41.4
Ni^{2+}	0.1	4	31.3
Zn^{2+}	0.1	4	16.7
氟配合物			
Al^{3+}	0.5	$1,\cdots,6$	6.13,11.15,15.00,17.75,19.37,19.84
Fe^{3+}	0.5	$1,\cdots,6$	5.28,9.30,12.06,—,15.77,—
Th^{4+}	0.5	$1,\cdots,3$	7.65,13.46,17.97
TiO_2^{2+}	3	$1,\cdots,4$	5.4,9.8,13.7,18.0
ZrO_2^{2+}	2	$1,\cdots,3$	8.80,16.12,21.94
碘配合物			
Ag^+	0	$1,\cdots,3$	6.58,11.74,13.68
Bi^{3+}	2	$1,\cdots,6$	3.63,—,—,14.95,16.80,18.80
Cd^{2+}	0	$1,\cdots,4$	2.10,3.43,4.49,5.41
Pb^{2+}	0	$1,\cdots,4$	2.00,3.15;3.92,4.47
Hg^{2+}	0.5	$1,\cdots,4$	12.87,23.82,27.60,29.83
磷酸配合物			
Ca^{2+}	0.2	CaHL	1.7
Mg^{2+}	0.2	MgHL	1.9
Mn^{2+}	0.2	MnHL	2.6
Fe^{3+}	0.66	FeL	9.35
硫氰酸配合物			
Ag^+	2.2	$1,\cdots,4$	—,7.57,9.08,10.08
Au^+	0	$1,\cdots,4$	—,23,—,42
Co^{2+}	1	1	1.0
Cu^+	5	$1,\cdots,4$	—,11.00,10.90,10.48
Fe^{3+}	0.5	1,2	2.95,3.36
Hg^{2+}	1	$1,\cdots,4$	—,17.47,—,21.23

(续表)

金属离子	$I/\text{mol} \cdot \text{L}^{-1}$	n	$\lg \beta_n$
硫代硫酸配合物			
Ag^+	0	$1,\cdots,3$	$8.82, 13.46, 14.15$
Cu^+	0.8	$1,2,3$	$10.35, 12.27, 13.71$
Hg^{2+}	0	$1,\cdots,4$	$—, 29.86, 32.26, 33.61$
Pb^{2+}	0	$1,2$	$5.1, 6.4$
乙酰丙酮配合物			
Al^{3+}	0	$1,2,3$	$8.60, 15.5, 21.30$
Cu^{2+}	0	$1,2$	$8.27, 16.34$
Fe^{2+}	0	$1,2$	$5.07, 8.67$
Fe^{3+}	0	$1,2,3$	$11.4, 22.1, 26.7$
Ni^{2+}	0	$1,2,3$	$6.06, 10.77, 13.09$
Zn^{2+}	0	$1,2$	$4.98, 8.81$
柠檬酸配合物			
Ag^+	0	Ag_2HL	7.1
Al^{3+}	0.5	$AlHL$	7.0
		AlL	20.0
		$AlOHL$	30.6
Ca^{2+}	0.5	CaH_3L	10.9
		CaH_2L	8.4
		$CaHL$	3.5
Cd^{2+}	0.5	CdH_2L	7.9
Cd^{2+}	0.5	$CdHL$	4.0
		CdL	11.3
Co^{2+}	0.5	CoH_2L	8.9
		$CoHL$	4.4
		CoL	12.5
Cu^{2+}	0.5	CuH_3L	12.0
	0	$CuHL$	6.1
	0.5	CuL	18.0
Fe^{2+}	0.5	FeH_3L	7.3
		$FeHL$	3.1
		FeL	15.5
Fe^{3+}	0.5	FeH_2L	12.2
		$FeHL$	10.9
		FeL	25.0
Ni^{2+}	0.5	NiH_2L	9.0
		$NiHL$	4.8
		NiL	14.3
Pb^{2+}	0.5	PbH_2L	11.2
		$PbHL$	5.2
		PbL	12.3
Zn^{2+}	0.5	ZnH_2L	8.7

金属离子	$I/\,mol \cdot L^{-1}$	n	$\lg \beta_n$
		ZnHL	4.5
		ZnL	11.4
草酸配合物			
Al^{3+}	0	1,2,3	7.26,13.0,16.3
Cd^{2+}	0.5	1,2	2.9,4.7
Co^{2+}	0.5	CoHL	5.5
		CoH_2L	10.6
		1,2,3	4.79,6.7,9.7
Co^{3+}	0	3	~20
Cu^{2+}	0.5	CuHL	6.25
		1,2	4.5,8.9
Fe^{2+}	0.5~1	1,2,3	2.9,4.52,5.22
Fe^{3+}	0	1,2,3	9.4,16.2,20.2
Mg^{2+}	0.1	1,2	2.76,4.38
$Mn(Ⅲ)$	2	1,2,3	9.98,16.57,19.42
Ni^{2+}	0.1	1,2,3	5.3,7.64,8.5
$Th(Ⅳ)$	0.1	4	24.5
TiO^{2+}	2	1,2	6.6,9.9
Zn^{2+}	0.5	ZnH_2L	5.6
		1,2,3	4.89,7.60,8.15
磺基水杨酸配合物			
Al^{3+}	0.1	1,2,3	13.20,22.83,28.89
Cd^{2+}	0.25	1,2	16.68,29.08
Co^{2+}	0.1	1,2	6.13,9.82
Cr^{3+}	0.1	1	9.56
Cu^{2+}	0.1	1,2	9.52,16.45
Fe^{2+}	0.1~0.5	1,2	5.90,9.90
Fe^{3+}	0.25	1,2,3	14.64,25.18,32.12
Mn^{2+}	0.1	1,2	5.24,8.24
Ni^{2+}	0.1	1,2	6.42,10.24
Zn^{2+}	0.1	1,2	6.05,10.65
酒石酸配合物			
Bi^{3+}	0	3	8.30
Ca^{2+}	0.5	CaHL	4.85
	0	1,2	2.98,9.01
Cd^{2+}	0.5	1	2.8
Cu^{2+}	1	1,…,4	3.2,5.11,4.78,6.51
Fe^{3+}	0	3	7.49
Mg^{2+}	0.5	MgHL	4.65
		1	1.2

（续表）

金属离子	$I/\,mol \cdot L^{-1}$	n	$lg\,\beta_n$
Pb^{2+}	0	1,2,3	3.78,—,4.7
Zn^{2+}	0.5	ZnHL	4.5
		1,2	2.4,8.32
乙二胺配合物			
Ag^+	0.1	1,2	4.70,7.70
Cd^{2+}	0.5	1,2,3	5.47,10.09,12.09
Co^{2+}	1	1,2,3	5.91,10.64,13.94
Co^{3+}	1	1,2,3	18.70,34.90,48.69
Cu^+		2	10.8
Cu^{2+}	1	1,2,3	10.67,20.00,21.0
Fe^{2+}	1.4	1,2,3	4.34,7.65,9.70
Hg^{2+}	0.1	1,2	14.30,23.3
Mn^{2+}	1	1,2,3	2.73,4.79,5.67
Ni^{2+}	1	1,2,3	7.52,13.80,18.06
Zn^{2+}	1	1,2,3	5.77,10.83,14.11
硫脲配合物			
Ag^+	0.03	1,2	7.4,13.1
Bi^{3+}		6	11.9
Cu^+	0.1	3,4	13.1,5.4
Hg^{2+}		2,3,4	22.1,24.7,26.8
氢氧基配合物			
Al^{3+}	2	4	33.3
		$Al_6(OH)_{15}^{3+}$	163
Bi^{3+}	3	1	12.4
		$Bi_6(OH)_{12}^{6+}$	168.3
Cd^{2+}	3	1,…,4	4.3,7.7,10.3,12.0
Co^{2+}	0.1	1,3	5.1,—,10.2
Cr^{3+}	0.1	1,2	10.2,18.3
Fe^{2+}	1	1	4.5
Fe^{3+}	3	1,2	11.0,21.7
		$Fe_2(OH)_2^{4+}$	25.1
Hg^{2+}	0.5	2	21.7
Mg^{2+}	0	1	2.6
Mn^{2+}	0.1	1	3.4
Ni^{2+}	0.1	1	4.6
Pb^{2+}	0.3	1,2,3	6.2,10.3,13.3
		$Pb_2(OH)^{3+}$	7.6
Sn^{2+}	3	1	10.1
Th^{4+}	1	1	9.7
Ti^{3+}	0.5	1	11.8

(续表)

金属离子	$I/\text{mol} \cdot \text{L}^{-1}$	n	$\lg \beta_n$
TiO^{2+}	1	1	13.7
VO^{2+}	3	1	8.0
Zn^{2+}	0	1,…,4	4.4,10.1,14.2,15.5

表 6　金属离子的 $\lg \alpha_{M(OH)}$

金属离子	I mol·L^{-1}	pH													
		1	2	3	4	5	6	7	8	9	10	11	12	13	14
Ag(Ⅰ)	0.1											0.1	0.5	2.3	5.1
Al(Ⅲ)	2					0.4	1.3	5.3	9.3	13.3	17.3	21.3	25.3	29.3	33.3
Ba(Ⅱ)	0.1													0.1	0.5
Bi(Ⅲ)	3	0.1	0.5	1.4	2.4	3.4	4.4	5.4							
Ca(Ⅱ)	0.1													0.3	1.0
Cd(Ⅱ)	3									0.1	0.5	2.0	4.5	8.1	12.0
Ce(Ⅳ)	1~2	1.2	3.1	5.1	7.1	9.1	11.1	13.1							
Cu(Ⅱ)	0.1								0.2	0.8	1.7	2.7	3.7	4.47	5.7
Fe(Ⅱ)	1									0.1	0.6	1.5	2.5	3.5	4.5
Fe(Ⅲ)	3			0.4	1.8	3.7	5.7	7.7	9.7	11.7	13.7	15.7	17.7	19.7	21.7
Hg(Ⅱ)	0.1			0.5	1.9	3.9	5.9	7.9	9.9	11.9	13.9	15.9	17.9	19.9	21.9
La(Ⅲ)	3										0.3	1.0	1.9	2.9	3.9
Mg(Ⅱ)	0.1											0.1	0.5	1.3	2.3
Ni(Ⅱ)	0.1									0.1	0.7	1.6			
Pb(Ⅱ)	0.1							0.1	0.5	1.4	2.7	4.7	7.4	10.4	13.4
Th(Ⅳ)	1			0.2	0.8	1.7	2.7	3.7	4.7	5.7	6.7	7.7	8.7	9.7	
Zn(Ⅱ)	0.1									0.2	2.4	5.4	8.5	11.8	15.5

表 7　EDTA 的 $\lg \alpha_{Y(H)}$

pH	$\lg \alpha_{Y(H)}$	pH	$\lg \alpha_{Y(H)}$	pH	$\lg \alpha_{Y(H)}$	pH	$\lg \alpha_{Y(H)}$	pH	$\lg \alpha_{Y(H)}$
0.0	23.64	0.6	20.18	1.2	16.98	1.8	14.27	2.4	12.19
0.1	23.06	0.7	19.62	1.3	16.49	1.9	13.88	2.5	11.90
0.2	22.47	0.8	19.08	1.4	16.02	2.0	13.51	2.6	11.62
0.3	21.89	0.9	18.54	1.5	15.55	2.1	13.16	2.7	11.35
0.4	21.32	1.0	18.01	1.6	15.11	2.2	12.82	2.8	11.09
0.5	20.75	1.1	17.49	1.7	14.68	2.3	12.50	2.9	10.84

（续表）

pH	lg $\alpha_{Y(H)}$	pH	lg $\alpha_{Y(H)}$	pH	lg $\alpha_{Y(H)}$	pH	lg $\alpha_{Y(H)}$	pH	lg $\alpha_{Y(H)}$
3.0	10.60	4.9	6.65	6.8	3.55	8.7	1.57	10.7	0.13
3.1	10.37	5.0	6.45	6.9	3.43	8.8	1.48	10.8	0.11
3.2	10.14	5.1	6.26	7.0	3.32	8.9	1.38	10.9	0.09
3.3	9.92	5.2	6.07	7.1	3.21	9.0	1.28	11.0	0.07
3.4	9.70	5.3	5.88	7.2	3.10	9.1	1.19	11.1	0.06
3.5	9.48	5.4	5.69	7.3	2.99	9.2	1.10	11.2	0.05
3.6	9.27	5.5	5.51	7.4	2.88	9.3	1.01	11.3	0.04
3.7	9.06	5.6	5.33	7.5	2.78	9.4	0.92	11.4	0.03
3.8	8.85	5.7	5.15	7.6	2.68	9.5	0.83	11.5	0.02
3.9	8.65	5.8	4.98	7.7	2.57	9.6	0.75	11.6	0.02
4.0	8.44	5.9	4.81	7.8	2.47	9.7	0.67	11.7	0.02
4.1	8.24	6.0	4.65	7.9	2.37	9.8	0.59	11.8	0.01
4.2	8.04	6.1	4.49	8.0	2.27	9.9	0.52	11.9	0.01
4.3	7.84	6.2	4.34	8.1	2.17	10.1	0.39	12.0	0.01
4.4	7.64	6.3	4.20	8.2	2.07	10.2	0.33	12.1	0.01
4.5	7.44	6.4	4.06	8.3	1.97	10.3	0.28	12.2	0.005
4.6	7.24	6.5	3.92	8.4	1.87	10.4	0.24	13.0	0.0008
4.7	7.04	6.6	3.79	8.5	1.77	10.5	0.20	13.9	0.0001
4.8	6.84	6.7	3.67	8.6	1.67	10.6	0.16		

表 8　氨羧类配合物的稳定常数（18～25 ℃，$I=0.1$ mol·L^{-1}）

金属离子	lg$K$					NTA	
	EDTA	DCyTA	DTPA	EGTA	HEDTA	lgβ_1	lgβ_2
Ag$^+$	7.32			6.88	6.71	5.16	
Al^{3+}	16.3	19.5	18.6	13.9	14.3	11.4	
Ba^{2+}	7.86	8.69	8.87	8.41	6.3	4.82	
Be^{2+}	9.2	11.51				7.11	
Bi^{3+}	27.94	32.3	35.6		22.3	17.5	
Ca^{2+}	10.69	13.20	10.83	10.97	8.3	6.41	
Cd^{2+}	16.46	19.93	19.2	16.7	13.3	9.83	14.61
Co^{2+}	16.31	19.62	19.27	12.39	14.6	10.38	14.39
Co^{3+}	36				37.4	6.84	

（续表）

金属离子	lgK					NTA	
	EDTA	DCyTA	DTPA	EGTA	HEDTA	lg β_1	lg β_2
Cr^{3+}	23.4					6.23	
Cu^{2+}	18.80	22.00	21.55	17.71	17.6	12.96	
Fe^{2+}	14.32	19.0	16.5	11.87	12.3	8.33	
Fe^{3+}	25.1	30.1	28.0	20.5	19.8	15.9	
Ga^{3+}	20.3	23.2	25.54		16.9	13.6	
Hg^{2+}	21.7	25.00	26.70	23.2	20.30	14.6	
In^{3+}	25.0	28.8	29.0		20.2	16.9	
Li^+	2.79					2.51	
Mg^{2+}	8.7	11.02	9.30	5.21	7.0	5.41	
Mn^{2+}	13.87	17.48	15.60	12.28	10.9	7.44	
$Mo(V)$	~28						
Na^+	1.66					1.22	
Ni^{2+}	18.62	20.3	20.32	13.55	17.3	11.53	16.42
Pb^{2+}	18.04	20.38	18.80	14.71	15.7	11.39	
Pd^{2+}	18.5						
Sc^{3+}	23.1	26.1	24.5	18.2			24.1
Sn^{2+}	22.11						
Sr^{2+}	8.73	10.59	9.77	8.50	6.9	4.98	
Th^{4+}	23.2	25.6	28.78				
TiO^{2+}	17.3						
Tl^{3+}	37.8	38.3				20.9	32.5
U^{4+}	25.8	27.6	7.69				
VO^{2+}	18.8	20.1					
Y^{3+}	18.09	19.85	22.13	17.16	14.78	11.41	20.43
Zn^{2+}	16.50	19.37	18.40	12.7	14.7	10.67	14.29
Zr^{4+}	29.5		35.8			20.8	
稀土元素	16~20	17~22	19		13~16	10~22	

EDTA:乙二胺四乙酸;DCyTA(或 DCTA，CyTDA):1，2-二氨基环己烷四乙酸;DTPA:二乙基三胺五乙酸;EGTA:乙二醇二乙醚二胺四乙酸;HEDTA:N-β羟基乙基乙二胺三乙酸;NTA:氨三乙酸。

表 9 铬黑 T 和二甲酚橙的 $\lg \alpha_{In(H)}$ 及有关常数

(一) 铬黑 T

pH	红	$pK_{a_2}=6.3$		蓝	$pK_{a_3}=11.6$		橙
		6.0	7.0	8.0	9.0	10.0	11.0
$\lg \alpha_{In(H)}$		6.0	4.6	3.6	2.6	1.6	0.7
pCa_{ep}(至红)				1.8	2.8	3.8	4.7
pMg_{ep}(至红)		1.0	2.4	3.4	4.4	5.4	6.3
pMn_{ep}(至红)		3.6	5.0	6.2	7.8	9.7	11.5
pZn_{ep}(至红)		6.9	8.3	9.3	10.5	12.2	13.9

对数常数：$\lg K_{CaIn}=5.4$；$\lg K_{MgIn}=7.0$；$\lg K_{MnIn}=9.6$；$\lg K_{ZnIn}=12.9$；$c_{In}=10^{-5}$ mol·L^{-1}

(二) 二甲酚橙

pH	黄			$pK_{a_4}=6.3$			红		
	0	1.0	2.0	3.0	4.0	4.5	5.0	5.5	6.0
$\lg \alpha_{In(H)}$	35.0	30.0	25.1	20.7	17.3	15.7	14.2	12.8	11.3
pBi_{ep}(至红)		4.0	5.4	6.8					
pCd_{ep}(至红)						4.0	4.5	5.0	5.5
pHg_{ep}(至红)							7.4	8.2	9.0
pLa_{ep}(至红)						4.0	4.5	5.0	5.6
pPb_{ep}(至红)				4.2	4.8	6.2	7.0	7.6	8.2
pTh_{ep}(至红)		3.6	4.9	6.3					
pZn_{ep}(至红)							4.1	4.8	5.7	6.5
pZr_{ep}(至红)	7.5								

表 10　一些配位剂的 lg $\alpha_{L(H)}$

pH 络合剂	0	1	2	3	4	5	6	7	8	9	10	11	12
DCTA*	23.77	19.79	15.91	12.54	9.95	7.87	6.07	4.75	3.71	2.70	1.71	0.78	0.18
EGTA	22.96	19.00	15.31	12.48	10.33	8.31	6.31	4.32	2.37	0.78	0.12	0.01	0.00
DTPA	28.06	23.09	18.45	14.61	11.58	9.17	7.10	5.10	3.19	1.64	0.62	0.12	0.01
氨三乙酸	16.80	13.80	10.84	8.24	6.75	5.70	4.70	3.70	2.70	1.71	0.78	0.18	0.02
乙酰丙酮	9.0	8.0	7.0	6.0	5.0	4.0	3.0	2.0	1.04	0.30	0.04	0.00	
草酸盐	5.45	3.62	2.26	1.23	0.41	0.06	0.00						
氰化物	9.21	8.21	7.21	6.21	5.21	4.21	3.21	2.21	1.23	0.42	0.06	0.01	0.00
氟化物	3.18	2.18	1.21	0.40	0.06	0.01	0.00						

* 又称 CDTA 或 CyDTA，为氨羧配位剂的一种。

表 11　校正酸效应、水解效应及生成酸式或碱式配合物
效应后 EDTA 配合物的条件稳定常数

pH 离子	0	1	2	3	4	5	6	7	8	9	10	11	12	13	14
Ag^+					0.7	1.7	2.8	3.9	5.0	5.9	6.8	7.1	6.8	5.0	2.2
Al^{3+}			3.0	5.4	7.5	9.6	10.4	8.5	6.6	4.5	2.4				
Ba^{2+}					1.3	3.0	4.4	5.5	6.4	7.3	7.7	7.8	7.7	7.3	
Bi^{3+}	1.4	5.3	8.6	10.6	11.8	12.8	13.6	14.0	14.1	14.0	13.9	13.3	12.4	11.4	10.4
Ca^{2+}					2.2	4.1	5.9	7.3	8.4	9.3	10.2	10.6	10.7	10.4	9.7
Cd^{2+}		1.0	3.8	6.0	7.9	9.9	11.7	13.1	14.2	15.0	15.5	14.4	12.0	8.4	4.5
Co^{2+}		1.0	3.7	5.9	7.8	9.7	11.5	12.9	13.9	14.5	14.7	14.1	12.1		
Cu^{2+}			3.4	6.1	8.3	10.2	12.2	14.0	15.4	16.3	16.6	16.6	16.1	15.7	15.6	15.6
Fe^{2+}			1.5	3.7	5.7	7.7	9.5	10.9	12.0	12.8	13.2	12.7	11.8	10.8	9.8
Fe^{3+}	5.1	8.2	11.5	13.9	14.7	14.8	14.6	14.1	13.7	13.6	14.0	14.3	14.4	14.4	14.4
Hg^{2+}	3.5	6.5	9.2	11.1	11.3	11.3	11.1	10.5	9.6	8.8	8.4	7.7	6.8	5.8	4.8
La^{3+}			1.7	4.6	6.8	8.8	10.6	12.0	13.1	14.0	14.6	14.3	13.5	12.5	11.5
Mg^{2+}					2.1	3.9	5.3	6.4	7.3	8.2	8.5	8.2	7.4		
Mn^{2+}			1.4	3.6	5.5	7.4	9.2	10.6	11.7	12.6	13.4	13.4	12.6	11.6	10.6
Ni^{2+}			3.4	6.1	8.2	10.1	12.0	13.8	15.2	16.3	17.1	17.4	16.9		
Pb^{2+}			2.4	5.2	7.4	9.4	11.4	13.2	14.5	15.2	15.2	14.8	13.9	10.6	7.6	4.6
Sr^{2+}					2.0	3.8	5.2	6.3	7.2	8.1	8.5	8.6	8.5	8.0	
Th^{4+}	1.8	5.8	9.5	12.4	14.5	15.8	16.7	17.4	18.2	19.1	20.0	20.4	20.5	20.5	20.5
Zn^{2+}			1.1	3.8	6.0	7.9	9.9	11.7	13.1	14.2	14.9	13.6	11.0	8.0	4.7	1.0

表 12　标准电极电位(18～25 ℃)

半反应	$E^{\ominus}/V$
$F_2(气)+2H^++2e^-\!=\!=\!2HF$	3.06
$O_3+2H^++2e^-\!=\!=\!O_2+H_2O$	2.07
$S_2O_8^{2-}+2e^-\!=\!=\!2SO_4^{2-}$	2.01
$H_2O_2+2H^++2e^-\!=\!=\!2H_2O$	1.77
$MnO_4^-+4H^++3e^-\!=\!=\!MnO_2(固)+2H_2O$	1.695
$PbO_2(固)+SO_4^{2-}+4H^++2e^-\!=\!=\!PbSO_4(固)+2H_2O$	1.685
$HClO_2+2H^++2e^-\!=\!=\!HClO+H_2O$	1.64
$HClO+H^++e^-\!=\!=\!1/2\,Cl_2+H_2O$	1.63
$Ce^{4+}+e^-\!=\!=\!Ce^{3+}$	1.61
$H_5IO_6+H^++2e^-\!=\!=\!IO_3^-+3H_2O$	1.60
$HBrO+H^++e^-\!=\!=\!1/2\,Br_2+H_2O$	1.59
$BrO_3^-+6H^++5e^-\!=\!=\!1/2\,Br_2+3H_2O$	1.52
$MnO_4^-+8H^++5e^-\!=\!=\!Mn^{2+}+4H_2O$	1.51
$Au(III)+3e^-\!=\!=\!Au$	1.50
$HClO+H^++2e^-\!=\!=\!Cl^-+H_2O$	1.49
$ClO_3^-+6H^++5e^-\!=\!=\!1/2\,Cl_2+3H_2O$	1.47
$PbO_2(固体)+4H^++2e^-\!=\!=\!Pb^{2+}+2H_2O$	1.455
$HIO+H^++e^-\!=\!=\!1/2\,I_2+H_2O$	1.45
$ClO_3^-+6H^++6e^-\!=\!=\!Cl^-+3H_2O$	1.45
$BrO_3^-+6H^++6e^-\!=\!=\!Br^-+3H_2O$	1.44
$Au(III)+2e^-\!=\!=\!Au(I)$	1.41
$Cl_2(气)+2e^-\!=\!=\!2Cl^-$	1.3595
$ClO_4^-+8H^++7e^-\!=\!=\!1/2\,Cl_2+4H_2O$	1.34
$Cr_2O_7^{2-}+14H^++6e^-\!=\!=\!2Cr^{3+}+7H_2O$	1.33
$MnO_2(固)+4H^++2e^-\!=\!=\!Mn^{2+}+2H_2O$	1.23
$O_2(气)+4H^++4e^-\!=\!=\!2H_2O$	1.229
$IO_3^-+6H^++5e^-\!=\!=\!1/2\,I_2+H_2O$	1.20
$ClO_4^-+2H^++2e^-\!=\!=\!ClO_3^-+H_2O$	1.19
$Br_2(水)+2e^-\!=\!=\!2Br^-$	1.087
$NO_2+H^++e^-\!=\!=\!HNO_2$	1.07

(续表)

半反应	$E^{\ominus}/V$
$Br_3^- + 2e^- \!=\!=\! 3Br^-$	1.05
$HNO_2 + H^+ + e^- \!=\!=\! NO(气) + H_2O$	1.00
$VO_2^+ + 2H^+ + e^- \!=\!=\! VO^{2+} + H_2O$	1.00
$HIO + H^+ + 2e^- \!=\!=\! I^- + H_2O$	0.99
$NO_3^- + 3H^+ + 2e^- \!=\!=\! HNO_2 + H_2O$	0.94
$ClO^- + H_2O + 2e^- \!=\!=\! Cl^- + 2OH^-$	0.89
$H_2O_2 + 2e^- \!=\!=\! 2OH^-$	0.88
$Cu^{2+} + I^- + e^- \!=\!=\! CuI(固)$	0.86
$Hg^{2+} + 2e^- \!=\!=\! Hg$	0.845
$NO_3^- + 2H^+ + e^- \!=\!=\! NO_2 + H_2O$	0.80
$Ag^+ + e^- \!=\!=\! Ag$	0.799 5
$Hg_2^{2+} + 2e^- \!=\!=\! 2Hg$	0.793
$Fe^{3+} + e^- \!=\!=\! Fe^{2+}$	0.771
$BrO^- + H_2O + 2e^- \!=\!=\! Br^- + 2OH^-$	0.76
$O_2(气) + 2H^+ + 2e^- \!=\!=\! H_2O_2$	0.682
$AsO_2^- + 2H_2O + 3e^- \!=\!=\! As + 4OH^-$	0.68
$2HgCl_2 + 2e^- \!=\!=\! Hg_2Cl_2(固) + 2Cl^-$	0.63
$Hg_2SO_4(固) + 2e^- \!=\!=\! 2Hg + SO_4^{2-}$	0.615 1
$MnO_4^- + 2H_2O + 3e^- \!=\!=\! MnO_2(固) + 4OH^-$	0.588
$MnO_4^- + e^- \!=\!=\! MnO_4^{2-}$	0.564
$H_3AsO_4 + 2H^+ + 2e^- \!=\!=\! HAsO_2 + 2H_2O$	0.559
$I_3^- + 2e^- \!=\!=\! 3I^-$	0.545
$I_2(固) + 2e^- \!=\!=\! 2I^-$	0.534 5
$Mo(Ⅵ) + e^- \!=\!=\! Mo(Ⅴ)$	0.53
$Cu^+ + e^- \!=\!=\! Cu$	0.52
$4SO_2(水) + 4H^+ + 6e^- \!=\!=\! S_4O_6^{2-} + 2H_2O$	0.51
$HgCl_4^{2-} + 2e^- \!=\!=\! Hg + 4Cl^-$	0.48
$2SO_2(水) + 2H^+ + 4e^- \!=\!=\! S_2O_3^{2-} + H_2O$	0.40
$Fe(CN)_6^{3-} + e^- \!=\!=\! Fe(CN)_6^{4-}$	0.36
$Cu^{2+} + 2e^- \!=\!=\! Cu$	0.337
$VO^{2+} + 2H^+ + e^- \!=\!=\! V^{3+} + H_2O$	0.337

（续表）

半反应	$E^{\ominus}/V$
$BiO^+ + 2H^+ + 3e^- \Longrightarrow Bi + H_2O$	0.32
$Hg_2Cl_2(固) + 2e^- \Longrightarrow 2Hg + 2Cl^-$	0.267 6
$HAsO_2 + 3H^+ + 3e^- \Longrightarrow As + 2H_2O$	0.248
$AgCl(固) + e^- \Longrightarrow Ag + Cl^-$	0.222 3
$SbO^+ + 2H^+ + 3e^- \Longrightarrow Sb + H_2O$	0.212
$SO_4^{2-} + 4H^+ + 2e^- \Longrightarrow SO_2(水) + H_2O$	0.17
$Cu^{2+} + e^- \Longrightarrow Cu^+$	0.159
$Sn^{4+} + 2e^- \Longrightarrow Sn^{2+}$	0.154
$S + 2H^+ + 2e^- \Longrightarrow H_2S(气)$	0.141
$Hg_2Br_2 + 2e^- \Longrightarrow 2Hg + 2Br^-$	0.139 5
$TiO^{2+} + 2H^+ + e^- \Longrightarrow Ti^{3+} + H_2O$	0.1
$S_4O_6^{2-} + 2e^- \Longrightarrow 2S_2O_3^{2-}$	0.08
$AgBr(固) + e^- \Longrightarrow Ag + Br^-$	0.071
$2H^+ + 2e^- \Longrightarrow H_2$	0.000
$O_2 + H_2O + 2e^- \Longrightarrow HO_2^- + OH^-$	−0.067
$TiOCl^+ + 2H^+ + 3Cl^- + e^- \Longrightarrow TiCl_4^- + H_2O$	−0.09
$Pb^{2+} + 2e^- \Longrightarrow Pb$	−0.126
$Sn^{2+} + 2e^- \Longrightarrow Sn$	−0.136
$AgI(固) + e^- \Longrightarrow Ag + I^-$	−0.152
$Ni^{2+} + 2e^- \Longrightarrow Ni$	−0.246
$H_3PO_4 + 2H^+ + 2e^- \Longrightarrow H_3PO_3 + H_2O$	−0.276
$Co^{2+} + 2e^- \Longrightarrow Co$	−0.277
$Tl^+ + e^- \Longrightarrow Tl$	−0.336 0
$In^{3+} + 3e^- \Longrightarrow In$	−0.345
$PbSO_4(固) + 2e^- \Longrightarrow Pb + SO_4^{2-}$	−0.355 3
$SeO_3^{2-} + 3H_2O + 4e^- \Longrightarrow Se + 6OH^-$	−0.366
$As + 3H^+ + 3e^- \Longrightarrow AsH_3$	−0.38
$Se + 2H^+ + 2e^- \Longrightarrow H_2Se$	−0.40
$Cd^{2+} + 2e^- \Longrightarrow Cd$	−0.403
$Cr^{3+} + e^- \Longrightarrow Cr^{2+}$	−0.41
$Fe^{2+} + 2e^- \Longrightarrow Fe$	−0.440

（续表）

半反应	$E^{\ominus}/V$
$S+2e^-\!\!=\!\!=\!\!S^{2-}$	-0.48
$2CO_2+2H^++2e^-\!\!=\!\!=\!\!H_2C_2O_4$	-0.49
$H_3PO_3+2H^++2e^-\!\!=\!\!=\!\!H_3PO_2+H_2O$	-0.50
$Sb+3H^++3e^-\!\!=\!\!=\!\!SbH_3$	-0.51
$HPbO_2^-+H_2O+2e^-\!\!=\!\!=\!\!Pb+3OH^-$	-0.54
$Ga^{3+}+3e^-\!\!=\!\!=\!\!Ga$	-0.56
$TeO_3^{2-}+3H_2O+4e^-\!\!=\!\!=\!\!Te+6OH^-$	-0.57
$2SO_3^{2-}+3H_2O+4e^-\!\!=\!\!=\!\!S_2O_3^{2-}+6OH^-$	-0.58
$SO_3^{2-}+3H_2O+4e^-\!\!=\!\!=\!\!S+6OH^-$	-0.66
$AsO_4^{3-}+2H_2O+2e^-\!\!=\!\!=\!\!AsO_2^-+4OH^-$	-0.67
$Ag_2S(固)+2e^-\!\!=\!\!=\!\!2Ag+S^{2-}$	-0.69
$Zn^{2+}+2e^-\!\!=\!\!=\!\!Zn$	-0.763
$2H_2O+2e^-\!\!=\!\!=\!\!H_2+2OH^-$	-0.828
$Cr^{2+}+2e^-\!\!=\!\!=\!\!Cr$	-0.91
$HSnO_2^-+H_2O+2e^-\!\!=\!\!=\!\!Sn+3OH^-$	-0.91
$Se+2e^-\!\!=\!\!=\!\!Se^{2-}$	-0.92
$Sn(OH)_6^{2-}+2e^-\!\!=\!\!=\!\!HSnO_2^-+H_2O+3OH^-$	-0.93
$CNO^-+H_2O+2e^-\!\!=\!\!=\!\!CN^-+2OH^-$	-0.97
$Mn^{2+}+2e^-\!\!=\!\!=\!\!Mn$	-1.182
$ZnO_2^{2-}+2H_2O+2e^-\!\!=\!\!=\!\!Zn+4OH^-$	-1.216
$Al^{3+}+3e^-\!\!=\!\!=\!\!Al$	-1.66
$H_2AlO_3^-+H_2O+3e^-\!\!=\!\!=\!\!Al+4OH^-$	-2.35
$Mg^{2+}+2e^-\!\!=\!\!=\!\!Mg$	-2.37
$Na^++e^-\!\!=\!\!=\!\!Na$	-2.714
$Ca^{2+}+2e^-\!\!=\!\!=\!\!Ca$	-2.87
$Sr^{2+}+2e^-\!\!=\!\!=\!\!Sr$	-2.89
$Ba^{2+}+2e^-\!\!=\!\!=\!\!Ba$	-2.90
$K^++e^-\!\!=\!\!=\!\!K$	-2.925
$Li^++e^-\!\!=\!\!=\!\!Li$	-3.042

表 13　某些氧化还原电对的条件电位($E^{\ominus'}$)

半反应	$E^{\ominus'}$/V	介质
$Ag(II)+e^-\Longrightarrow Ag^+$	1.927	$4\ mol\cdot L^{-1}\ HNO_3$
$Ce(IV)+e^-\Longrightarrow Ce(III)$	1.74 1.44 1.28	$1\ mol\cdot L^{-1}\ HClO_4$ $0.5\ mol\cdot L^{-1}\ H_2SO_4$ $1\ mol\cdot L^{-1}\ HCl$
$Co^{3+}+e^-\Longrightarrow Co^{2+}$	1.84	$3\ mol\cdot L^{-1}\ HNO_3$
$Co(乙二胺)_3^{3+}+e^-\Longrightarrow Co(乙二胺)_3^{2+}$	-0.2	$0.1\ mol\cdot L^{-1}\ KNO_3+$ $0.1\ mol\cdot L^{-1}$乙二胺
$Cr(III)+e^-\Longrightarrow Cr(II)$	-0.40	$5\ mol\cdot L^{-1}\ HCl$
$Cr_2O_7^{2-}+14H^++6e^-\Longrightarrow 2Cr^{3+}+7H_2O$	1.08 1.15 1.025	$3\ mol\cdot L^{-1}\ HCl$ $4\ mol\cdot L^{-1}\ H_2SO_4$ $1\ mol\cdot L^{-1}\ HClO_4$
$CrO_4^{2-}+2H_2O+3e^-\Longrightarrow CrO_2^-+4OH^-$	-0.12	$1\ mol\cdot L^{-1}\ NaOH$
$Fe(III)+e^-\Longrightarrow Fe^{2+}$	0.767 0.71 0.68 0.68 0.46 0.51	$1\ mol\cdot L^{-1}\ HClO_4$ $0.5\ mol\cdot L^{-1}\ HCl$ $1\ mol\cdot L^{-1}\ H_2SO_4$ $1\ mol\cdot L^{-1}\ HCl$ $2\ mol\cdot L^{-1}\ H_3PO_4$ $1\ mol\cdot L^{-1}\ HCl-$ $0.25\ mol\cdot L^{-1}\ H_3PO_4$
$Fe(EDTA)^-+e^-\Longrightarrow Fe(EDTA)^{2-}$	0.12	$0.1\ mol\cdot L^{-1}\ EDTA$ $pH=4\sim6$
$Fe(CN)_6^{3-}+e^-\Longrightarrow Fe(CN)_6^{4-}$	0.56	$0.1\ mol\cdot L^{-1}\ HCl$
$FeO_4^{2-}+2H_2O+3e^-\Longrightarrow FeO_2^-+4OH^-$	0.55	$10\ mol\cdot L^{-1}\ NaOH$
$I_3^-+2e^-\Longrightarrow 3I^-$	0.5446	$0.5\ mol\cdot L^{-1}\ H_2SO_4$
$I_2(水)+2e^-\Longrightarrow 2I^-$	0.6276	$0.5\ mol\cdot L^{-1}\ H_2SO_4$
$MnO_4^-+8H^++5e^-\Longrightarrow Mn^{2+}+4H_2O$	1.45	$1\ mol\cdot L^{-1}\ HClO_4$
$SnCl_6^{2-}+2e^-\Longrightarrow SnCl_4^{2-}+2Cl^-$	0.14	$1\ mol\cdot L^{-1}\ HCl$
$Sb(V)+2e^-\Longrightarrow Sb(III)$	0.75	$3.5\ mol\cdot L^{-1}\ HCl$
$Sb(OH)_6^-+2e^-\Longrightarrow SbO_2^-+2OH^-+2H_2O$	-0.428	$3\ mol\cdot L^{-1}\ NaOH$
$SbO_2^-+2H_2O+3e^-\Longrightarrow Sb+4OH^-$	-0.675	$10\ mol\cdot L^{-1}\ KOH$

（续表）

半反应	$E^{\ominus\prime}/V$	介质
Ti(Ⅳ)+e⁻ ══ Ti(Ⅲ)	-0.01 0.12 -0.04 -0.05	$0.2\ mol \cdot L^{-1}\ H_2SO_4$ $2\ mol \cdot L^{-1}\ H_2SO_4$ $1\ mol \cdot L^{-1}\ HCl$ $1\ mol \cdot L^{-1}\ H_3PO_4$
Pb(Ⅱ)+2e⁻ ══ Pb	-0.32	$1\ mol \cdot L^{-1}\ NaAc$

表 14　微溶化合物的溶度积（18～25℃，$I=0$）

微溶化合物	K_{sp}	pK_{sp}	微溶化合物	K_{sp}	pK_{sp}
AgAc	2×10^{-3}	2.7	BiI₃	8.1×10^{-19}	18.09
Ag₃AsO₄	1×10^{-22}	22.0	BiOCl	1.8×10^{-31}	30.75
AgBr	5.0×10^{-13}	12.30	BiPO₄	1.3×10^{-23}	22.89
Ag₂CO₃	8.1×10^{-12}	11.09	Bi₂S₃	1×10^{-97}	97.0
AgCl	1.8×10^{-10}	9.75	CaCO₃	2.9×10^{-9}	8.54
Ag₂CrO₄	2.0×10^{-12}	11.71	CaF₂	2.7×10^{-11}	10.57
AgCN	1.2×10^{-16}	15.92	CaC₂O₄·H₂O	2.0×10^{-9}	8.70
AgOH	2.0×10^{-8}	7.71	Ca₃(PO₄)₂	2.0×10^{-29}	28.70
AgI	9.3×10^{-17}	16.03	CaSO₄	9.1×10^{-6}	5.04
Ag₂C₂O₄	3.5×10^{-11}	10.46	CaWO₄	8.7×10^{-9}	8.06
Ag₃PO₄	1.4×10^{-16}	15.84	CdCO₃	5.2×10^{-12}	11.28
Ag₃SO₄	1.4×10^{-5}	4.84	Cd₂[Fe(CN)₆]	3.2×10^{-17}	16.49
Ag₂S	2×10^{-49}	48.7	Cd(OH)₂新析出	2.5×10^{-14}	13.60
AgSCN	1.0×10^{-12}	12.00	CdC₂O₄·3H₂O	9.1×10^{-8}	7.04
Al(OH)₃无定形	1.3×10^{-33}	32.9	CdS	8×10^{-27}	26.1
As₂S₃*	2.1×10^{-22}	21.68	CoCO₃	1.4×10^{-13}	12.84
BaCO₃	5.1×10^{-9}	8.29	Co₂[Fe(CN)₆]	1.8×10^{-15}	14.74
BaCrO₄	1.2×10^{-10}	9.93	Co(OH)₂新析出	2×10^{-15}	14.7
BaF₂	1×10^{-5}	6.0	Co(OH)₃	2×10^{-44}	43.7
BaC₂O₄·H₂O	2.3×10^{-8}	7.64	Co[Hg(SCN)₄]	1.5×10^{-8}	5.82
BaSO₄	1.1×10^{-10}	9.96	α-CoS	4×10^{-21}	20.4
Bi(OH)₃	4×10^{-31}	30.4	β-CoS	2×10^{-25}	24.7
BiOOH**	4×10^{-10}	9.4	Co₃(PO₄)₂	2×10^{-35}	34.7

（续表）

微溶化合物	K_{sp}	pK_{sp}	微溶化合物	K_{sp}	pK_{sp}
$Cr(OH)_3$	6×10^{-31}	30.2	$Mn(OH)_2$	1.9×10^{-13}	12.72
$CuBr$	5.2×10^{-9}	8.28	MnS 无定形	2×10^{-10}	9.7
$CuCl$	1.2×10^{-3}	5.92	MnS 晶形	2×10^{-13}	12.7
$CuCN$	3.2×10^{-20}	19.49	$NiCO_3$	6.6×10^{-9}	8.18
CuI	1.1×10^{-12}	11.96	$Ni(OH)_2$ 新析出	2×10^{-15}	14.7
$CuOH$	1×10^{-14}	14.0	$Ni_3(PO_4)_2$	5×10^{-31}	30.3
Cu_2S	2×10^{-48}	47.7	$\alpha - NiS$	3×10^{-19}	18.5
$CuSCN$	4.8×10^{-15}	14.32	$\beta - NiS$	1×10^{-24}	24.0
$CuCO_3$	1.4×10^{-10}	9.86	$\gamma - NiS$	2×10^{-26}	25.7
$Cu(OH)_2$	2.2×10^{-20}	19.66	$PbCO_3$	7.4×10^{-14}	13.13
CuS	6×10^{-36}	35.2	$PbCl_2$	1.6×10^{-5}	4.79
$FeCO_3$	3.2×10^{-11}	10.50	$PbClF$	2.4×10^{-9}	8.62
$Fe(OH)_2$	8×10^{-16}	15.1	$PbCrO_4$	2.8×10^{-13}	12.55
FeS	6×10^{-18}	17.2	PbF_2	2.7×10^{-8}	7.57
$Fe(OH)_3$	4×10^{-38}	37.4	$Pb(OH)_2$	1.2×10^{-15}	14.93
$FePO_4$	1.3×10^{-22}	21.89	PbI_2	7.1×10^{-9}	8.15
Hg_2Br_2 ***	5.8×10^{-23}	22.24	$PbMoO_4$	1×10^{-13}	13.0
Hg_2CO_3	8.9×10^{-17}	16.05	$Pb_3(PO_4)_2$	8.0×10^{-43}	42.10
Hg_2Cl_2	1.3×10^{-18}	17.88	$PbSO_4$	1.6×10^{-8}	7.79
$Hg_2(OH)_2$	2×10^{-24}	23.7	PbS	8×10^{-28}	27.9
Hg_2I_2	4.5×10^{-29}	28.35	$Pb(OH)_4$	3×10^{-66}	65.5
Hg_2SO_4	7.4×10^{-7}	6.13	$Sb(OH)_3$	4×10^{-42}	41.4
Hg_2S	1×10^{-47}	47.0	Sb_2S_3	2×10^{-93}	92.8
$Hg(OH)_2$	3.0×10^{-25}	25.52	$Sn(OH)_2$	1.4×10^{-23}	27.85
HgS 红色	4×10^{-53}	52.4	SnS	1×10^{-25}	25.0
黑色	2×10^{-52}	51.7	$Sn(OH)_4$	1×10^{-56}	56.0
$MgNH_4PO_4$	2×10^{-13}	12.7	SnS_2	2×10^{-27}	26.7
$MgCO_3$	3.5×10^{-3}	7.46	$SrCO_3$	1.1×10^{-10}	9.96
MgF_2	6.4×10^{-9}	8.19	$SrCrO_4$	2.2×10^{-5}	4.65
$Mg(OH)_2$	1.8×10^{-11}	10.74	SrF_2	2.4×10^{-9}	8.61
$MnCO_3$	1.8×10^{-11}	10.74	$SrC_2O_4 \cdot H_2O$	1.6×10^{-7}	6.80

（续表）

微溶化合物	K_{sp}	pK_{sp}	微溶化合物	K_{sp}	pK_{sp}
$Sr_3(PO_4)_2$	4.1×10^{-28}	27.39	$Zn_3(PO_4)_2$	9.1×10^{-33}	32.04
$SrSO_4$	3.2×10^{-7}	6.49	$ZnCO_3$	1.4×10^{-11}	10.84
$Ti(OH)_3$	1×10^{-40}	40.0	ZnS	2×10^{-22}	21.7
$TiO(OH)_2$ ****	1×10^{-29}	29.0	$Zn_2[Fe(CN)_6]$	4.1×10^{-16}	15.39
$Zn(OH)_2$	1.2×10^{-17}	16.92			

* 为下列平衡的平衡常数 $As_2S_3+4H_2O \rightleftharpoons 2HAsO_2+3H_2S$

** $BiOOH$ $K_{sp}=[BiO^+][OH^-]$

*** $(Hg_2)_mX_n$ $K_{sp}:[Hg_2^{2+}]^m[X^{-2m/n}]^n$

**** $TiO(OH)_2$ $K_{sp}=[TiO^{2+}][OH^-]^2$

表 15 元素的相对原子质量

（1999 年）

元素	符号	相对原子质量	元素	符号	相对原子质量	元素	符号	相对原子质量
银	Ag	107.87	铜	Cu	63.546	氪	Kr	83.80
铝	Al	26.982	镝	Dy	162.50	镧	La	138.91
氩	Ar	39.948	铒	Er	167.26	锂	Li	6.941
砷	As	74.922	铕	Eu	151.96	镥	Lu	174.97
金	Au	196.97	氟	F	18.998	镁	Mg	24.305
硼	B	10.811	铁	Fe	55.845	锰	Mn	54.938
钡	Ba	137.33	镓	Ga	69.723	钼	Mo	95.94
铍	Be	9.0122	钆	Gd	157.25	氮	N	14.007
铋	Bi	208.98	锗	Ge	72.61	钠	Na	22.990
溴	Br	79.904	氢	H	1.0079	铌	Nb	92.906
碳	C	12.001	氦	He	4.0026	钕	Nd	144.24
钙	Ca	40.078	铪	Hf	178.49	氖	Ne	20.180
镉	Cd	112.41	汞	Hg	200.59	镍	Ni	58.693
铈	Ce	140.12	钬	Ho	164.93	镎	Np	237.05
氯	Cl	35.453	碘	I	126.90	氧	O	15.999
钴	Co	58.933	铟	In	114.82	锇	Os	190.23
铬	Cr	51.996	铱	Ir	192.22	磷	P	30.974
铯	Cs	132.91	钾	K	39.098	铅	Pb	207.2

（续表）

元素	符号	相对原子质量	元素	符号	相对原子质量	元素	符号	相对原子质量
钯	Pd	106.42	硒	Se	78.96	铥	Tm	168.93
镨	Pr	140.91	硅	Si	28.086	铀	U	238.03
铂	Pt	195.08	钐	Sm	150.36	钒	V	50.942
镭	Ra	226.03	锡	Sn	118.71	钨	W	183.84
铷	Rb	85.486	锶	Sr	87.62	氙	Xe	131.29
铼	Re	186.21	钽	Ta	180.95	钇	Y	88.906
铑	Rh	102.91	铽	Tb	158.9	镱	Yb	173.04
钌	Ru	101.07	碲	Te	127.60	锌	Zn	65.39
硫	S	32.066	钍	Th	232.04	锆	Zr	91.224
锑	Sb	121.76	钛	Tl	47.867			
钪	Sc	44.956	铊	Ti	204.38			

表 16 常见化合物的相对分子质量

化合物	M_r	化合物	M_r	化合物	M_r
Ag_3AsO_4	462.52	As_2O_3	197.84	CaC_2O_4	128.10
$AgBr$	187.77	As_2O_5	229.84	$CaCl_2$	110.99
$AgCl$	143.32	As_2S_3	246.02	$CaCl_2 \cdot 6H_2O$	219.08
$AgCN$	133.89	$BaCO_3$	197.34	$Ca(NO_3)_2 \cdot 4H_2O$	236.15
$AgSCN$	165.95	BaC_2O_4	225.35	$Ca(OH)_2$	74.09
Ag_2CrO_4	331.73	$BaCl_2$	208.24	$Ca_3(PO_4)_2$	310.18
AgI	234.77	$BaCl_2 \cdot 2H_2O$	244.27	$CaSO_4$	136.14
$AgNO_3$	169.87	$BaCrO_4$	253.32	$CdCO_3$	172.42
$AlCl_3$	133.34	BaO	153.33	$CdCl_2$	183.32
$AlCl_{13} \cdot 6H_2O$	241.43	$Ba(OH)_2$	171.34	CdS	144.47
$Al(NO_3)_3$	213.00	$BaSO_4$	233.39	$Ce(SO_4)_2$	332.24
$Al(NO_3)_3 \cdot 9H_2O$	375.13	$BiCl_3$	315.34	$Ce(SO_4)_2 \cdot 4H_2O$	404.30
Al_2O_3	101.96	$BiOCl$	260.43	$CoCl_2$	129.84
$Al(OH)_3$	78.00	CO_2	44.01	$CoCl_2 \cdot 6H_2O$	237.93
$Al_2(SO_4)_3$	342.14	CaO	56.08	$Co(NO_3)_2$	132.94
$Al_2(SO_4)_3 \cdot 18H_2O$	666.41	$CaCO_3$	100.09	$Co(NO_3)_2 \cdot 6H_2O$	291.03

(续表)

化合物	M_r	化合物	M_r	化合物	M_r
CoS	90.99	FeS	87.91	HgI_2	454.40
$CoSO_4$	154.99	Fe_2S_3	207.87	$Hg_2(NO_3)_2$	525.19
$CoSO_4 \cdot 7H_2O$	281.10	$FeSO_4$	151.90	$Hg_2(NO_3)_2 \cdot 2H_2O$	561.22
$Co(NH_2)_2$	60.06	$FeSO_4 \cdot 7H_2O$	278.01	$Hg(NO_3)_2$	324.60
$CrCl_3$	158.35	$FeSO_4 \cdot (NH_4)_2SO_4$ $\cdot 6H_2O$	392.13	HgO	216.59
$CrCl_3 \cdot 6H_2O$	266.45			HgS	232.65
$Cr(NO_3)_3$	238.01	H_3AsO_3	125.94	$HgSO_4$	296.65
Cr_2O_3	151.99	H_3AsO_4	141.94	Hg_2SO_4	497.24
CuCl	98.999	H_3BO_3	61.83	$KAl(SO_4)_2 \cdot 12H_2O$	474.38
$CuCl_2$	134.45	HBr	80.912	KBr	119.00
$CuCl_2 \cdot 2H_2O$	170.48	HCN	27.026	$KBrO_3$	167.00
CuSCN	121.62	HCOOH	46.026	KCl	74.551
CuI	190.45	CH_3COOH	60.052	$KClO_3$	122.55
$Cu(NO_3)_2$	187.56	H_2CO_3	62.025	$KClO_4$	138.55
$Cu(NO_3)_2 \cdot 3H_2O$	241.60	$H_2C_2O_4$	90.035	KCN	65.116
CuO	79.545	$H_2C_2O_4 \cdot 2H_2O$	126.07	KSCN	97.18
Cu_2O	143.09	HCl	36.461	K_2CO_3	138.21
CuS	95.61	HF	20.006	K_2CrO_4	194.19
$CuSO_4$	159.60	HI	127.91	$K_2Cr_2O_7$	294.18
$CuSO_4 \cdot 5H_2O$	249.68	HIO_3	175.91	$K_3Fe(CN)_6$	329.25
$FeCl_2$	126.75	HNO_3	63.013	$K_4Fe(CN)_6$	368.35
$FeCl_2 \cdot 4H_2O$	198.81	HNO_2	47.013	$KFe(SO_4)_2 \cdot 12H_2O$	503.24
$FeCl_3$	162.21	H_2O	18.015	$KHC_2O_4 \cdot H_2O$	146.14
$FeCl_3 \cdot 6H_2O$	270.30	H_2O_2	34.015	$KHC_2O_4 \cdot H_2C_2O_4$ $\cdot 2H_2O$	254.19
$FeNH_4(SO_4)_2 \cdot 12H_2O$	482.18	H_3PO_4	97.995		
$Fe(NO_3)_3$	241.86	H_2S	34.08	$KHC_4H_4O_6$	188.18
$Fe(NO_3)_3 \cdot 9H_2O$	404.00	H_2SO_3	82.07	KH_2PO_4	136.09
FeO	71.846	H_2SO_4	98.07	$KHSO_4$	136.16
Fe_2O_3	159.69	$Hg(CN)_2$	252.63	KI	166.00
Fe_3O_4	231.54	$HgCl_2$	271.50	KIO_3	214.00
$Fe(OH)_3$	106.87	Hg_2Cl_2	472.09	$KIO_3 \cdot HIO_3$	389.91

（续表）

化合物	M_r	化合物	M_r	化合物	M_r
$KMnO_4$	158.03	$(NH_4)_2C_2O_4$	124.10	Na_2S	78.04
$KNaC_4H_4O_6 \cdot 4H_2O$	282.22	$(NH_4)_2C_2OC_4 \cdot H_2O$	142.11	$Na_2S \cdot 9H_2O$	240.18
KNO_3	101.10	NH_4SCN	76.12	Na_2SO_3	126.04
KNO_2	85.104	NH_4HCO_3	79.055	Na_2SO_4	142.04
K_2O	94.196	$(NH_4)_2MoO_4$	196.01	$Na_2S_2O_3$	158.10
KOH	56.106	NH_4NO_3	80.043	$Na_2S_2O_3 \cdot 5H_2O$	248.17
K_2SO_4	174.25	$(NH_4)_2HPO_4$	132.06	$NiCl_2 \cdot 6H_2O$	237.69
$MgCO_3$	84.314	$(NH_4)_2S$	68.14	NiO	74.69
$MgCl_2$	95.211	$(NH_4)_2SO_4$	132.13	$Ni(NO_3)_2 \cdot 6H_2O$	290.79
$MgCl_2 \cdot 6H_2O$	203.30	NH_4VO_3	116.98	NiS	90.75
MgC_2O_4	112.33	Na_3AsO_3	191.89	$NiSO_4 \cdot 7H_2O$	280.85
$Mg(NO_3)_2 \cdot 6H_2O$	256.41	$Na_2B_4O_7$	201.22	P_2O_5	141.94
$MgNH_4PO_4$	137.32	$Na_2B_4O_7 \cdot 10H_2O$	381.37	$PbCO_3$	267.20
MgO	40.304	$NaBiO_3$	279.97	PbC_2O_4	295.22
$Mg(OH)_2$	58.32	$NaSCN$	81.07	$PbCl_2$	278.10
$Mg_2P_2O_7$	222.55	Na_2CO_3	105.99	$PbCrO_4$	323.20
$MgSO_4 \cdot 7H_2O$	246.47	$Na_2CO_3 \cdot 10H_2O$	286.14	$Pb(CH_3COO)_2$	325.30
$MnCO_3$	114.95	$Na_2C_2O_4$	134.00	$Pb(CH_3COO)_2 \cdot 3H_2O$	379.30
$MnCl_2 \cdot 4H_2O$	197.91	CH_3COONa	82.034	PbI_2	461.00
$Mn(NO_3)_2 \cdot 6H_2O$	287.04	$CH_3COONa \cdot 3H_2O$	136.08	$Pb(NO_3)_2$	331.20
MnO	70.937	$NaCl$	58.443	PbO	223.20
MnO_2	86.937	$NaClO$	74.442	PbO_2	239.20
MnS	87.00	$NaHCO_3$	84.007	$Pb_3(PO_4)_2$	811.54
$MnSO_4$	151.00	$Na_2HPO_4 \cdot 12H_2O$	358.14	PbS	239.30
$MnSO_4 \cdot 4H_2O$	223.06	$Na_2H_2Y \cdot 2H_2O$	372.24	$PbSO_4$	303.30
NO	30.006	$NaNO_2$	68.995	SO_3	80.06
NO_2	46.006	$NaNO_3$	84.995	SO_2	64.06
NH_3	17.03	Na_2O	61.979	$SbCl_3$	228.11
CH_3COONH_4	77.083	Na_2O_2	77.978	$SbCl_5$	299.02
NH_4Cl	53.491	$NaOH$	39.997	Sb_2O_3	291.50
$(NH_4)_2CO_3$	96.086	Na_3PO_4	163.94	Sb_3S_3	339.68

（续表）

化合物	M_r	化合物	M_r	化合物	M_r
SiF_4	104.08	SrC_2O_4	175.64	$Zn(CH_3COO)_2$	183.47
SiO_2	60.084	$SrCrO_4$	203.61	$Zn(CH_3COO)_2 \cdot 2H_2O$	219.50
$SnCl_2$	189.62	$Sr(NO_3)_2$	211.63	$Zn(NO_3)_2$	189.39
$SnCl_2 \cdot 2H_2O$	225.65	$Sr(NO_3)_2 \cdot 4H_2O$	283.69	$Zn(NO_3)_2 \cdot 6H_2O$	297.48
$SnCl_4$	260.52	$SrSO_4$	183.68	ZnO	81.38
$SnCl_4 \cdot 5H_2O$	350.596	$UO_2(CH_3COO)_2 \cdot 2H_2O$	424.15	ZnS	97.44
SnO_2	150.71	$ZnCO_3$	125.39	$ZnSO_4$	161.44
SnS	150.776	ZnC_2O_4	153.40	$ZnSO_4 \cdot 7H_2O$	287.54
$SrCO_3$	147.63	$ZnCl_2$	136.29		

参考文献

[1] 陈国松,张莉莉. 分析化学(第 2 版)[M]. 南京：南京大学出版社，2017.

[2] 武汉大学. 分析化学(第 6 版)[M]. 北京：高等教育出版社，2012.

[3] 华东理工大学,四川大学. 分析化学(第 7 版)[M]. 北京：高等教育出版社,2017.

[4] 彭崇慧,冯建章,张锡瑜. 分析化学:定量化学分析简明教程(第 4 版)[M]. 北京：北京大学出版社，2020.

[5] 南京大学《无机及分析化学》编写组. 无机及分析化学(第 5 版)[M]. 北京：高等教育出版社，2015.

[6] 郭伟强. 分析化学手册(第三版):1. 基础知识与安全知识(第 3 版)[M]. 北京：化学工业出版社,2016.

[7] 华毅超,唐美华,陈国松. 连续流动快速分析仪测定食品中的蛋白质[J]. 化学分析计量，2019,28(5):10 - 13.

[8] 黄千姿,唐美华,张之翼,等. 用 MATLAB 简化溶液氢离子浓度计算的教学内容[J]. 大学化学，2016(3):78 - 81.

[9] 陈国松,高旭昇,张之翼,等. 质子平衡思想用于酸碱滴定终点误差的计算[J]. 化学通报，2015(6):572 - 575.

[10] 陈勇杰,张蓓蓓,陈国松,等. 超高效液相色谱-串联质谱法测定污水和污泥基质中的 20 种全氟及多氟化合物[J]. 分析化学,2019(4):533 - 540.